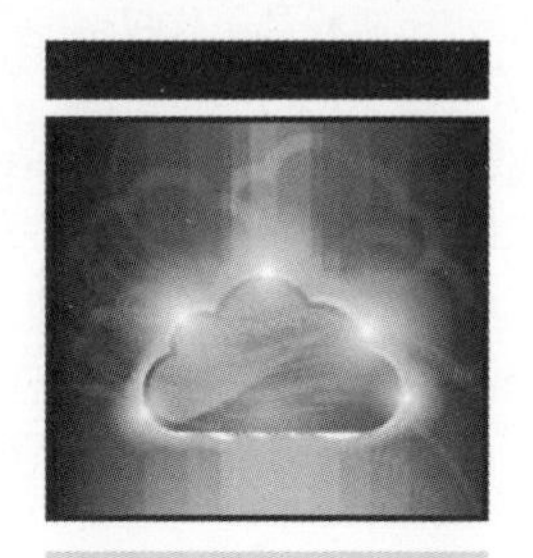

Linux x64 汇编语言编程

[美] 杰夫·邓特曼(Jeff Duntemann) 著
贾玉彬 王文杰 译

清华大学出版社
北 京

北京市版权局著作权合同登记号 图字：01-2024-0462
Jeff Duntemann
x64 Assembly Language Step-by-Step Programming with Linux，Fourth Edition
EISBN：978-1-394-15524-8

图书在版编目(CIP)数据

Linux x64 汇编语言编程/ (美) 杰夫·邓特曼
(Jeff Duntemann) 著；贾玉彬, 王文杰译. -- 北京：
清华大学出版社, 2025. 4. -- ISBN 978-7-302-68641-5
Ⅰ. TP316.85
中国国家版本馆 CIP 数据核字第 2025XH2635 号

责任编辑：王　军
封面设计：高娟妮
版式设计：恒复文化
责任校对：成凤进
责任印制：刘　菲

出版发行：清华大学出版社
网　　址：https://www.tup.com.cn，https://www.wqxuetang.com
地　　址：北京清华大学学研大厦 A 座　　邮　　编：100084
社 总 机：010-83470000　　邮　　购：010-62786544
投稿与读者服务：010-62776969，c-service@tup.tsinghua.edu.cn
质 量 反 馈：010-62772015，zhiliang@tup.tsinghua.edu.cn
印 装 者：河北盛世彩捷印刷有限公司
经　　销：全国新华书店
开　　本：170mm×240mm　　印　　张：29.25　　字　　数：670 千字
版　　次：2025 年 6 月第 1 版　　印　　次：2025 年 6 月第 1 次印刷
定　　价：158.00 元

产品编号：102406-01

关于技术编辑

David Stafford 是汇编语言低级编程的爱好者，从 8 位处理器到现代 64 位多核架构，他都游刃有余。他住在西雅图地区，从事机器人人工智能领域的工作。

致　谢

感谢在本书撰写和出版过程中以各种方式帮助我的所有人。首先感谢 Wiley 的 Jim Minatel 和 Pete Gaughan，他们启动了这个项目并确保了项目的完成。还要感谢 David Stafford，他担任技术编辑并不断提出宝贵的建议。

GitHub 的 Antony 成功创建了一个适用于 Linux 的 AppImage 版本，用于古怪、过时但非常易用的 Insight 调试器；该调试器在本书第 3 版于 2009 年出版后不久就从 Linux 存储库中移除了。非常感谢 Antony 完成了这个非常特别的项目。你可以在此找到他的 Insight AppImage：https://appimage.github.io/Insight。

还要特别感谢 Dmitriy Manushin，他创建了 SASM，这是一个面向初学者的免费汇编语言集成开发环境(IDE)：https://dman95.github.io/SASM/english.html。

当我在 glibc 中遇到奇怪的问题时，Contrapositive Diary 上的专家团队帮我解决了问题：

Jim Strickland

Bill Buhler

Jason Bucata

Jonathan O’Neal

Bruce 和 Keith(没有留下姓氏，没关系——建议很宝贵)

最后，和往常一样，我要向 Carol 致敬。感谢她 54 年来的支持和珍贵友谊，这不仅让我充满活力，还让我有能力承担这样充满挑战的项目，并坚持到底，无论这些项目一路上让我多么抓狂！

前　言

“你为什么要那样做？”

那是1985年，我在纽约市乘坐包车去参加一个新闻发布会，同行的还有一群焦躁不安的媒体狂人。我当时刚刚开始我的科技记者生涯(担任 *PC Tech Journal* 的技术编辑)，我的第一本书还要几个月后才会问世。碰巧，我坐在一位著名的编程作家/专家旁边，我对他印象深刻，因为他一直在对我唠叨一些事情。他确实很烦人，但我现在才明白为什么他那么令人讨厌：他的生活和工作与我完全没有交集。

在我们的聊天中，我无意中透露了我是一个Turbo Pascal狂热爱好者，而我真正想做的是学习如何编写利用全新Microsoft Windows用户界面的Turbo Pascal程序。他皱了皱鼻子，苦笑了一下，然后问出了那个著名的问题：

“你为什么要那样做？”

那时我还从未听过这个问题(尽管后来我听到了很多次)，这让我很惊讶。“为什么？因为，嗯，因为……我想知道它是如何工作的。”我这样想着，于是答道，

“呵呵，那就是C语言的用途。”

进一步的讨论并没有让我在Pascal的方向上有所进展。但经过一番探索，我明白了不能用Turbo Pascal编写Windows应用程序。这是不可能的。或者……那位编程作家/专家不知道怎么做。也许两者皆有。我从未了解过1985年的真实情况。Delphi在1995年彻底解答了这个问题。但我确实了解了那个著名问题的含义。

请注意，如果有人问你：“你为什么要那样做？”它的真正意思是：你问我如何做一件事情，这件事要么不可能用我偏爱的工具实现，要么完全超出了我的经验范围，但我不想通过承认这一点而失去面子。

这些年来我一次又一次听到这样的话：

问：如何设置C字符串，以便不必扫描即可读取其长度？

答：你为什么要那样做？

问：如何编写可从Turbo Pascal调用的汇编语言子程序？

答：你为什么要那样做？

问：如何用汇编语言编写Windows应用程序？

答：你为什么要那样做？

……

你明白这个意思了。对于这个著名的问题，答案永远都是一样的。如果那些狡猾的人问你这个问题，你就尽快反击："因为我想知道它是如何运作的。"

这是一个完全足够的回答。每次我都用这个答案，除了很多年前的一个例外，那时我提出我想写一本书，教人们如何将汇编语言编程作为他们的第一次编程体验。

问：天哪，你为什么要那样做？

答：因为这是培养理解编程世界其他部分如何运作所需技能的最佳方式。

成为一名程序员，首先要做到的一点是理解事物的工作原理。此外，学习成为一名程序员几乎完全是一个了解事物如何运作的过程。这可以在不同层次上完成，具体取决于你使用的工具。

如果你使用的是 Visual Basic 编程，你需要理解某些事物的工作原理，但这些事物基本上都局限于 Visual Basic 本身。Visual Basic 在程序员与计算机之间设置了一道屏障，隐藏了大量的底层机制。Delphi、Lazarus、Java、Python 及许多其他高级编程环境也是如此。如果你使用的是 C 编译器，你会离机器更近，你会看到更多的底层机制——因此，你必须理解这些机制的工作原理才能使用它们。然而，即使是资深的 C 程序员，也有许多东西仍然隐藏在他们的视野之外。

一方面，如果你在使用汇编语言编程，你会尽可能地接近机器。汇编语言不隐藏任何东西，也不会保留任何能力。当然，另一方面，你和机器之间没有任何神奇的层可以消除任何无知并且可以"处理"一切。如果你不理解某些东西的工作原理，你就会陷入困境——除非你足够了解，能够自己弄明白。

这是一个关键点：我编写本书的目标并非仅是讲授汇编语言本身。如果说本书有一个首要目标的话，那就是让你对机器底层产生一定的好奇心，同时提供一些基本的背景知识，帮助你开始探索机器的最底层，以及给予你信心去尽力尝试。这是困难的地方，但只要你集中注意力、耐心等待并投入必要的时间(可能会相当长)，你完全可以掌握它。

实际上，我真正教给你的，是如何去学习。

你需要什么

要按照我所讲授的方式进行编程，你需要一台运行 64 位 Linux 发行版的英特尔计算机。我在编写这本书时使用的是 Linux Mint Cinnamon V20.3 Una。Una 是这个 Linux Mint 版本的代码名称，是"Linux Mint 20.3"的简写。我推荐使用 Mint；它给我带来的麻烦比我用过的任何其他发行版都少，而且自从 Linux 首次出现以来，我就断断续续地使用它。我认为你选择哪个图形化 shell 并不重要。我喜欢 Cinnamon，你可以使用自己喜欢或熟悉的任何界面。

你需要在用户级别上对 Linux 有一定的熟练掌握能力。我无法在本书中教你如何安装、配置和运行 Linux。如果你还不熟悉 Linux，请找一本教程，学习并掌握它。网上有很多这样的教程。

你需要一款名为 SASM 的免费软件，这是一种简单的汇编编程交互式开发环境。它基本上包括一个编辑器、一个构建系统，以及一个标准 Linux 调试器 gdb 的前端。你还需要一个免费的汇编器，名为 NASM。

你不需要提前知道如何下载、安装和配置这些工具，因为在适当的时机，我会详细介绍所有必要的工具安装和配置方式。

请注意，其他不基于 Linux 内核的 UNIX 实现可能在底层的工作方式上有所不同。例如，BSD UNIX 在进行系统调用时使用了不同的约定，而其他 UNIX 版本(如 Solaris)则超出了我的经验范围。

请记住，本书是关于 x64 架构的。在 x64 的范围内，我也会讲解 x86 架构的元素。32 位 x86 和 64 位 x64 之间的差距比 16 位 x86 和 32 位 x86 之间的差距要小得多。如果你已经扎实掌握了 32 位 x86 的基础知识，你将很快掌握本书的大部分内容。如果你能做到这一点，那很好——只是请记住，本书是为了那些刚刚开始在英特尔 CPU 上编程的人准备的。

还要记住，这本书的版面受出版商的限制：纸张、油墨和装订都不免费。这意味着我必须在这些限制内缩小我讲授和解释的内容范围。我希望有足够的篇幅来介绍 AVX 数学子系统，而实际上没有。但是，我相信，一旦你读完这本书，就能搞清楚其中的大部分内容。

总体规划

本书从最基础的知识开始讲解。也许你在这个阶段，已经完全掌握了这些。我尊重这一点。我仍然认为，从第 1 章开始，一直到最后一章按顺序阅读不会有什么坏处。复习是有用的，你可能会意识到你对某些内容的了解没有你想象的那么深刻(这种情况经常发生在我身上)。

如果时间紧迫，可以按照下面的建议进行学习：

- 如果你已经了解计算机编程的基本思想，请跳过第 1 章。
- 如果你已经了解十进制以外的其他数字进制(尤其是十六进制和二进制)背后的思想，请跳过第 2 章。
- 如果你已经掌握了计算机的内部结构(内存、CPU 架构等)，请跳过第 3 章。
- 如果你已经了解 x64 内存寻址，请跳过第 4 章。
- 不。停下来。即使你已经了解 x64 内存寻址，也请阅读第 4 章。

最后一项需要特别强调一下，原因是：汇编语言编程涉及内存寻址。如果你不理解内存寻址，那么你在汇编语言中学到的其他任何知识都不会对你有帮助。所以，无论你已经知道或认为自己知道什么，都不要跳过第 4 章。从那里开始，一直到最后。内存寻址在书的其余部分会经常出现，它实际上是汇编语言编程的核心。

加载每个示例程序，汇编每个程序，并运行它们。努力理解每个程序中的每一行。不要盲目相信任何东西。此外，别仅仅停留于此。随着你对事物的理解加深，可修改示例程序。尝试不同的方法，尝试一些我没有提到的做法，要大胆，可以尽情尝试。最糟糕的情况只是 Linux 抛出一个分段错误，这可能损坏你的程序，但不会损害 Linux。唯一的注意事项是，当你尝试某些做法时，尽量理解为什么它没有像你理解的其他有效事物那样井井有条地工作。即使程序运行正常，也要在 SASM 调试器中逐步调试。

这就是我最终追求的目标：展示如何理解机器的每一个细节是如何运作的，以及它的所有组件是如何协同工作的。这并不意味着我会亲自解释它的每一个细节——因为没有人能活得足够久去做到这一点，而且计算机技术已经不再简单了。如果你已经养成耐心研究和实验的习惯，你可以自己弄明白。归根结底，这就是学习的唯一途径：靠自己。从朋友、网络或像这样的书籍中得到的指导只是引导和润滑剂。你必须决定谁才是主宰，是你还是机器，并使之成为现实。

关于大写惯例的说明

汇编语言在编程语言中有一个独特之处，即没有统一的大小写区分标准。在 C 语言中，所有标识符都区分大小写，而我见过一些汇编器完全不区分大小写。本书介绍的汇编器 NASM，仅对程序员定义的标识符区分大小写，指令助记符和寄存器名称是不区分大小写的。

汇编语言文献中有一个习惯，那就是在章节描述中将 CPU 指令助记符用大写字母表示，而源代码文件和文本中的代码段用小写字母表示。本书也会遵循这一习惯。在正文中，会使用 MOV、CALL 和 CMP；而在示例代码中，则使用 mov、call 和 cmp。代码片段和代码清单将以等宽的 Courier 风格字体呈现。当提到寄存器时，会使用大写字母(但不使用 Courier 字体)，而在代码片段和清单中则使用小写字母。

在正文中，助记符需要突出显示(用大写字母)。在一大堆普通的大小写字母混合的单词中，很容易忘记它们。

要阅读和学习本书以外的现有文档和源代码，你需要能够轻松地阅读大写、小写以及混合大小写的汇编语言。熟悉不同的表达方式非常重要。

记住你为什么在这里

不管你选择从书的哪一部分开始，现在是时候开始了。只要记住，假如遇到困难，无论是面对微妙的问题还是面对机器故障，你要始终把这个目标放在心中：要努力搞清楚它是如何运作的。

让我们一起出发吧。

源代码下载

可扫描封底二维码，下载源代码。

目　录

(以下内容可扫描封底二维码下载)

第 1 章

一切都在计划之中——真正理解计算机的工作原理

1.1 完美的周六计划

这又是一个温馨的周六，30 多岁的郊区家庭主妇拿着铅笔和便笺簿坐在餐桌前，试图理清这个足以累垮任何普通人的早晨。她嘴里念叨着：

“快点，迈克，叫醒你的妹妹和弟弟，已经 7 点多了。尼基要在 9 点参加少年棒球比赛，迪奥妮 10 点有芭蕾舞课。给麦克斯吃它的心丝虫药，但我们已经没药了。来，给你 10 美元，去兽医那儿买药。天哪，对了，汉克需要钱给车加油，我要破产了。Kmart 那边有一台自助取款机，我可以顺便把那个破马桶盖拿去退掉，我看我最好还是列个清单。”

她在脑海中思考着依赖关系并规划路线：“把尼基送到兰德公园，回到丹普斯特，然后到高尔夫磨坊购物中心大约需要 10 分钟。我的油够吗？最好先检查一下——如果不够的话，就得去德尔的壳牌加油站加油，否则我的油不够开到密尔沃基大道。在高尔夫磨坊的取款机取钱，然后穿过停车场去 Kmart 退掉汉克上周买的那个不能用的马桶盖。得记着把马桶盖放在面包车后面——我得把这个写在清单最上面。”

这位家庭主妇继续思忖着：“到那时已经是 8 点多甚至更晚了。芭蕾舞课设在格林伍德路尽头的里奇公园。密尔沃基大道不能左转，但有条小路可以绕到商场后面。我得记住不要像往常一样右转上密尔沃基大道——记下来。在里奇公园的时候，我可以顺便看看汉克的新眼镜有没有到货——应该打个电话确认，但眼镜店要到 9:30 才开门。哦，还需要买些杂货——可以趁迪奥妮跳舞的时候去买。回来的时候可以顺路去奥克顿给狗买心丝虫药。”

大约 90 秒后，她就梳理出了一份清单：

(1) 把马桶盖放进面包车。

(2) 查看车的油表——如果没油，去德尔的壳牌加油站加油。

(3) 送尼基到兰德公园。

(4) 去高尔夫磨坊的自助取款机取钱。

(5) 去 Kmart 退马桶盖。

(6) 送迪奥妮去上芭蕾舞课(记住通往格林伍德的小路)。

(7) 看看汉克的眼镜是否到货——如果已经到货，务必记得加防刮涂层。

(8) 去 Jewel 买些杂货。

(9) 接迪奥妮。

(10) 去兽医那里买心丝虫药。

(11) 把买的杂货带回家。

(12) 如果时间到了，接尼基。如果没到，休息几分钟，然后去接尼基。

(13) 休息！

我们通常所说的“洗衣清单”(无论是否涉及洗衣)是计算机程序的完美隐喻。不知不觉中，这位心思缜密的家庭主妇已经为自己编写了一个计算机程序，然后开始(以她自己作为计算机)执行程序并在中午之前完成。

计算机编程无非就是这样：你作为程序员写出一系列步骤和测试，然后计算机按顺序执行每个步骤和测试。执行完步骤列表后，计算机停止运行。

计算机程序就是一系列步骤和测试，仅此而已。

1.1.1 步骤和测试

想一想前面的清单中所说的测试。测试是一种非此即彼的决定，即使在最平静的日子里，我们也会做出几十甚至几百次决定，有时几乎不假思索。我们的家庭主妇在跳上面包车开始她的冒险时做了一个测试。她看了看油量表。油量表会告诉她两件事之一：①她有足够的油；②她没有足够的油。如果她有足够的油，就右转前往兰德公园。如果没有足够的油，就左转到拐角处，去德尔壳牌加油站加油(德尔接受信用卡)。加满油后，她继续自己的计划，掉头前往兰德公园。

测试由以下两部分组成：

- 考虑某件事，可能会有两种不同的情况出现。
- 根据具体情况，采取两种不同行动中的一种。

程序快要结束的时候，家庭主妇回到家，把杂货从车上卸下，然后看了看表。如果还不到接尼基的时间，她就可以倒在几乎空荡荡的房子里的沙发上休息一小会儿。如果到接尼基的时间了，那就不能休息了：她会冲向面包车，开回兰德公园。

程序结束时，她是否真能得到休息，你想猜一下吗？

1.1.2　决定总是具有二元性

你可能反驳说，大多数测试涉及的不仅仅是两种选择。抱歉，你错了——每种情况都是如此。请读两遍：除了完全冲动或精神错乱的行为，每个人类决策归根结底都是在两种选择之间做出决定。

更仔细地回味一下你在做决策时脑海里发生了什么。下次你去 Chow Now 吃中式快餐时，观察自己在翻阅菜单时的表现。最初，你可能觉得是在 26 道中国菜主菜中选择一道。其实不然——事实上，是在选择某一道菜和不选择某一道菜。你的目光停留在腰果鸡丁上。算了，太清淡了。这是一次测试。你往下看下一道菜，菌菇鸡丁。嗯，不，上周刚吃过。这是另一次测试。再下一道：宫保鸡丁。对，就这个！这是第三次测试。

选择并不是在腰果鸡丁、菌菇鸡丁和宫保鸡丁之间进行的。每道菜都有它上桌的时刻，在你批判的眼光前静候着，你逐一对它们做出赞成或反对的决定。最终，有一道菜胜出了，但它也是在同样的“吃还是不吃”的游戏中胜出的。

让我再举一个例子。生活中许多最复杂的决定都是因为 99.99867%的人不是裸奔主义者。你一定经历过这种情况：你穿着内衣站在衣柜前，翻找你的裤子。测试接踵而至。这个？不。那个？不。这个？不。这个？嗯，好。你选了一条蓝裤子。毕竟是星期一，蓝色似乎是合适的颜色。然后你踉踉跄跄地走到袜子抽屉前看看。哎呀，没有蓝色袜子。这又是一次测试。所以你又不情愿地回到衣柜前，把蓝色裤子挂回去，重新开始选择。这个？不。那个？不。这个？嗯，好。这次是棕色裤子，你把它搭在胳膊上，回到袜子抽屉再看看。糟了，没有棕色袜子。所以你又回到衣柜前……

你可能认为是一个单一的决定，或者是两个纠缠在一起的决定(比如根据现有“库存”挑选颜色相配的裤子和袜子)，但实际上是一系列小的决定。决定总是二元性质的：选还是不选，找到还是找不到。周一早上的衣柜情景很好地类比了一种称为循环的编程结构：你不断做一系列事情，直到你做对了，然后你才停止(假设你不是那种会穿蓝色袜子搭配棕色裤子的极客)。但无论你是否做对了所有事情，总归是由一连串简单的非此即彼的决定构成的。

1.1.3 计算机像我们一样思考

我几乎能听到你在说什么："当然，这是一本计算机书籍，它试图让我像计算机一样思考。"完全不是，是计算机像我们一样思考。我们设计了它们，否则它们怎么能思考？我是想让你仔细审视一下你自己是如何思考的。

计算机程序逻辑的最佳模型就是我们用来规划和管理日常事务的逻辑。不管我们做什么，归根结底都是在面对两个选择并采用其中一个。我们认为的一个大而复杂的决定不过是许多小决定的合成体。学会看待复杂决定并看到其内部的所有小决定的技能，将对你学习编程大有帮助。下次你必须做出决定时，观察一下自己。数数构成大决定的小决定，你会感到惊讶。

而且，恭喜你！你会成为一名程序员。

1.2 如果这是真的

不要惊慌。你刚才经历的只是一个隐喻。

我在本书中会经常使用隐喻。隐喻是对熟悉的事物(如周六早上的洗衣清单)和陌生的事物(如计算机程序)进行松散的类比，是用熟悉的事物来锚定不熟悉的事物。这样当我开始向你讲出事实时，你将更容易接受。

对你来说，现在最重要的事情就是保持开放的心态。如果你对计算机或编程有一点了解，就不要在意。是的，遵循草草写下的洗衣清单的家庭主妇和执行程序的计算机之间有着重要的区别。我会及时说明这些差异。

现在，这只是第 1 章。明白这些基本的隐喻对理解后续章节的内容会很有帮助。

1.3 将汇编语言编程比作方块舞

我的妻子卡罗尔(Carol)和我都比较喜欢"喊舞"(called dance)，最常见的是方块舞。还有其他的，比如新英格兰对舞，很像方块舞，但音乐更美。在喊舞中，喊舞者喊出动作，舞者表演这些动作。音乐提供节拍，就像时钟的滴答声。动作的顺序组合在一起就是舞蹈，而舞蹈通常都有一个名字。

卡罗尔和我第一次参加对舞时，我被震惊了：这就像汇编语言编程！喊舞者喊出"左转"，我们就表演"左转"动作。喊舞者喊出"向前向后"，我们就执行"向前向后"动作。喊舞者喊出"箱形舞"，我们就做"箱形舞"的动作(这不是我编的！)。有相当多的动作，要想跳好这种舞蹈，你必须记住它们的名字。否则，如果喊舞者喊出你不熟悉的动作，舞蹈可能会卡壳或停下来(就像电脑蓝屏)。

在最深层次上，计算机理解一系列称为指令的单独操作。这些指令执行算术运算，执行逻辑操作(如 AND 和 OR)，移动数据以及执行其他操作。每个指令在 CPU 芯片内部执行。舞蹈动作是组成方块舞的单个运动原子，指令是计算机程序的原子。程序就像整个舞蹈一样：按顺序执行的一系列指令。舞者按照喊舞者按顺序喊出的舞蹈动作名称执行。在这个隐喻中，夫妇就好比计算机中运行舞蹈的过程。关于方块舞的隐喻也就到此为止。一旦你掌握了汇编语言的诀窍，再去参加方块舞或者对舞课程，看看会不会得出和我一样的结论。

1.4　将汇编语言编程比作棋盘游戏

在我的少年时期，棋盘游戏真的很重要，棋盘是印在硬纸板上的。“大富翁”是几乎每个人都玩过的游戏。棋盘周围有路径，分成了方格。你手拿一个棋子，根据掷骰子的结果一格一格地前进，当棋子落在一个方格上时，你可以做几件事情：购买尚未被购买的地产，向其他玩家支付其拥有的地产的租金，从“机会”(Chance)牌堆中抽取一张卡，或者入狱。你有一堆大富翁货币可以使用，而当另一个玩家需要支付租金时，你就会赚到更多。

大富翁游戏的细节在这里并不重要，重要的是你要经历一系列步骤，每一步都会发生一些事情，你持有的大富翁货币会增加或减少。汇编语言有点像这样：程序就像游戏棋盘。程序中的每一步都会执行某些操作。有些地方可以存储数字。随着你在程序中的移动，这些数字会发生变化。

现在你已经开始以棋盘游戏的方式来思考，看一下图 1.1。我画的实际上是 50 或 60 年前在一些简单计算机上使用汇编语言编写的游戏。标记为“程序指令”的列是围绕棋盘边缘的主要路径，这里只展示了一部分。这就是汇编语言计算机程序中的一系列实际步骤和测试，当执行时，计算机会执行一些实用操作。设置这一系列程序指令就是实际上的汇编语言编程。

棋盘中间的一切都为正在进行的游戏服务。其中大部分包含数据的存储位置。你可能已经注意到有很多数字(而且这些数字还有些奇怪。例如，004B 是什么意思？我会在第 2 章中解决这个问题)。抱歉，但这就是游戏的规则。在最深层次上，汇编语言只是一连串数字，如果你像大多数人讨厌凤尾鱼一样讨厌数字，这对你将很艰难(但我喜欢吃凤尾鱼，这也是我的传奇的一部分。学会喜欢数字吧，它们并不像咸鱼那样令人讨厌)。像 Pascal 或 Python 这样的高级编程语言会通过符号化处理数字来掩饰它们，但汇编语言只有你和数字。

我需要提醒你，图 1.1 中的汇编语言示例并不代表像英特尔 Core i5 这样的真实计算机处理器。此外，我把指令的名称设计得更易理解，而实际上英特尔汇编语言中的指令名称通常是 LAHF、STC、INC、SHRX 这样简短且晦涩难懂的名称，如果没有详细的解释是很难明白的。我们正在渐进地学习这些知识。

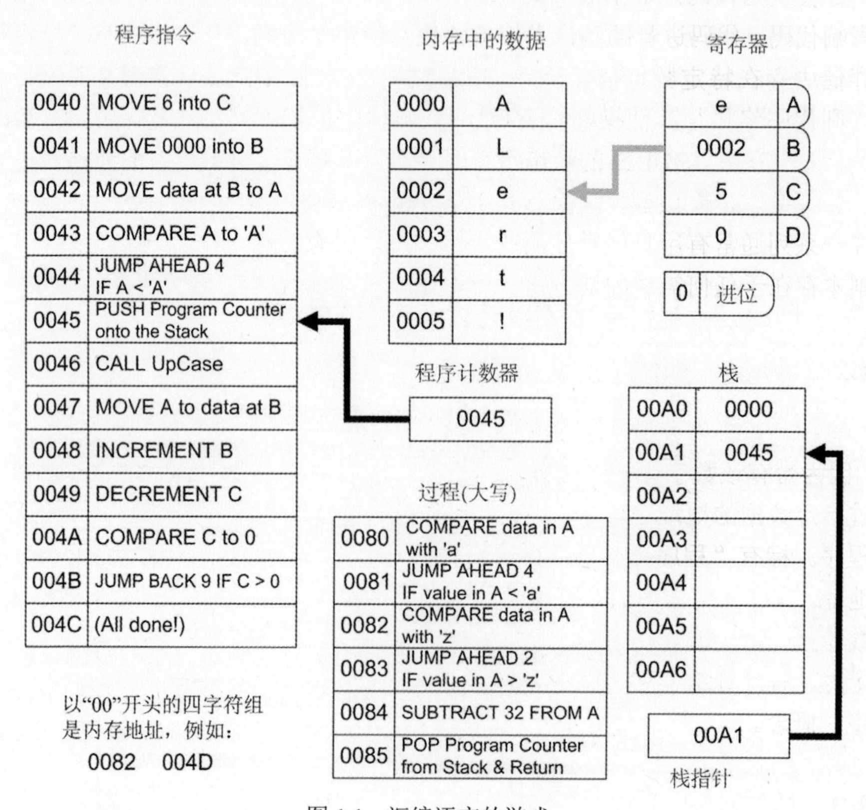

图 1.1　汇编语言的游戏

1.4.1　代码和数据

与大多数棋盘游戏一样，汇编语言棋盘游戏由两大类元素组成：游戏步骤和存储位置。游戏步骤是我一直在谈论的步骤和测试。存储位置就是这样：你可以将数字放入其中的小隔间，确信这些数字会留在你放置它们的地方，直到你取出它们或以某种方式更改它们。

用编程术语讲，游戏步骤称为代码，小隔间中的数字(与小隔间本身不同)称为数据。这些小隔间本身通常称为存储区域(存储信息的位置与你存储在其中的信息之间的区别至关重要，不要混淆它们)。考虑在汇编语言游戏中使用“将 32 加到 A”的指令。代码中的 ADD 指令更改存储在名为寄存器 A 的小隔间中的数据值。

代码和数据差异很大，但它们以一种使游戏变得有趣的方式进行交互。代码包括将数据放入存储区的步骤(MOVE 指令)以及更改已经存储在存储区中的数据的步骤(INCREMENT 和 DECREMENT 指令，以及 ADD 指令等)。大多数情况下，你会认为代码是数据的主人，因为代码将数据值写入存储中。然而，数据也会影响代码。代码进行的测试中包括检查存储中的数据，如 COMPARE 指令。如果存储中存在特定数据值，代码可能会执行一项操作；如果该值不存在于存储中，则代码将执行其他操作，就像 JUMP BACK 和 JUMP AHEAD 指令一样。

标有 PROCEDURE 的短指令块是主指令流的迂回路径。在程序中的任何时候，你都可以进入该过程，执行其中的步骤和测试，然后返回你离开的地方。这允许一系列通常有用且经常使用的步骤和测试只存在于一个地方，而不是作为单独副本存在于任何需要的地方。

1.4.2　地址

程序步骤位置和数据位置左侧的数字是另一个关键概念。每个数字都是唯一的，因为带有该数字标记的位置在计算机内部只出现一次。这种位置被称为地址。通过指定数据的地址在计算机中存储和检索数据。通过指定它们开始的地址来调用程序。标有“程序计数器”的小框(也是存储位置)保留着要执行的下一条指令的地址。程序计数器内的数字每次执行指令时都会增加 1(递增)，除非指令让程序计数器执行其他操作。例如，请注意地址 004B 处的 JUMP BACK 9 指令。执行此指令时，程序计数器将“倒退”九个位置。这类似于大多数棋盘游戏中的“退后三步”概念。

1.4.3　总结

这就是我现在提供的有关汇编语言游戏解释的全部内容了。这只是第 1 章，我们仍然处于隐喻环节。有计算机相关经验的人会理解图 1.1 的一些内容。完全没有接触过计算机内部结构的人也应该不会彻底迷失。我创作汇编语言游戏的目的仅在于阐述以下观点：

- 单个步骤非常简单。一条指令很少会有更多的作用，只是将一个值从一个存储位置移到另一个位置，进行非常基础的算术运算，比如加法或减法，或者比较一个存储位置中的值与另一个位置中的值。这是个好消息，因为它让你能够专注于一条指令完成的简单任务，而不被复杂性所压倒。然而，坏消息在于接下来的一点。
- 做任何有用的事情可能都需要很多步骤。在 Pascal 或者 BASIC 等语言中，通常可以用五六行代码编写出有用的程序。实际上，在 Visual Basic、Delphi 或 Lazarus 等可视化编程系统中，甚至可以在不写任何代码的情况下创建有用的程序(代码仍然存在，但代码在“黑盒”里，你真正需要做的是选择哪些代码块将被执行)。一个有用的汇编语言程序至少需要大约 50 行代码来实现，而任何具有挑战性的任务则需要数百、数千，甚至数万行代码。汇编语言编程的技巧在于组织数百或数千条指令，使得程序既能正确运行，又能被其他程序员和自己在一段时间(如 6 个月)后阅读并理解。

- 汇编语言的关键在于理解内存地址。在像 Pascal 和 BASIC 这样的语言中，编译器负责处理数据的位置——你只需要给这些数据一个符号名称，并在需要查看或更改时通过名称进行调用。而在汇编语言中，你必须始终注意计算机内存或寄存器集中的数据位置。因此，在学习本书时，要特别注意内存寻址的概念，其实质就是指定数据的位置。汇编语言的游戏中充斥着地址和处理地址的指令(例如将寄存器 B 指定地址存储的数据移到寄存器 C)。寻址是汇编语言中最棘手的部分，但掌握了它，你就掌握了要领。

到目前为止，我所说的一切都是方向性的。我试着让你一览汇编语言的全貌，以及体验它的基本原则如何与你的日常生活息息相关。生活是一系列步骤和检查，就像方块舞和棋盘游戏一样，汇编语言也是如此。在我们继续深入探讨计算机数字的本质时，请牢记这些隐喻。

第 2 章

外星人基地
——理解二进制和十六进制

2.1 新数学怪兽的回归

1966 年，也许你当时已经来到这个世界(我当时 13 岁，读八年级)。新数学席卷全美的小学课程，家庭作业变成了关于数轴、集合和其他进制的混合体。中产阶级家长和他们的孩子一起纠结于诸如“在五进制下，17 是多少？”和“空集属于哪些集合？”的问题，很快，这一套就被扔进了垃圾桶，原因在于这些当初都是被无所事事的教育官员匆匆凑合出来的。

作为一个书呆子，我实际上很喜欢在 1966 年以新方式摆弄数学，但当整件事过去时，我也很乐意放下它。直到 1976 年才再次拾起，经过几个星期像个疯子一样使用绞线枪工作后，我给我的 COSMAC ELF 微型计算机加电，屏幕上显示了一对十六进制数字的 LED 显示！

天啊，新数学再现。

本章存在的原因是，在汇编语言级别，计算机无法理解我们熟悉的十进制数字。计算机有点分裂地同时使用二进制和十六进制。如果你愿意限制自己使用 Basic 或 Pascal 等高级语言，你可以完全忽略这些陌生的进制，或者等你掌握了语言的其他部分后再将其视为一个高级主题。但在这里不行。在汇编语言中，一切都取决于你对这两种进制的彻底理解。因此，在我们做任何其他事情之前，将重新学习如何计数——用“火星文”。

2.1.1　使用火星文计数

假想火星上有智慧生命。

换句话说，火星人足够聪明，从过去 90 年来我们的电视节目中得知，繁荣的旅游业对他们并不有利。因此，他们一直隐藏起来，只偶尔露面，将大石头雕刻成猫王的脸部形状，以确保没有人会再认真对待火星。火星人偶尔会与像我这样的科幻作家交流。这就是本节的主要内容，涉及火星人计数的方式。

火星人一只手有三根手指，另一只手只有一根手指。雄性火星人的左手有三根手指，而雌性火星人是右手有三根手指。这使得华尔兹舞和其他某些事情变得更容易。

与人类和其他任何智慧种族一样，火星人开始时使用手指计数。正如我们用 10 个手指分组和以 10 的幂设置事物一样，火星人用他们的四根手指分组和以 4 的幂设置事物。随着时间的推移，我们的文明制定了一套包含 10 个数字的标准来构建数字系统。火星人同样制定了一套包含四个数字的标准来构建他们的数字系统。以下是四个数字，以及火星人发音的数字名称：Θ(xip)、⌠(foo)、∩(bar)、≡(bas)。

与我们的零一样，xip 是代表没有事物的占位符，虽然火星人有时会从 xip 开始计数，但他们通常从 foo 开始，表示一个事物。所以他们开始计数：foo、bar、bas……

现在怎么办？bas之后会是什么？表2.1展示了火星人如何表示我们地球人所说的 25。

表 2.1　火星的计数方式(以 fooby 为基数)

火星数字	火星发音	地球上对应的数字
Θ	xip	0
⌠	foo	1
∩	bar	2
≡	bas	3
⌠Θ	fooby	4
⌠⌠	fooby-foo	5
⌠∩	fooby-bar	6
⌠≡	fooby-bas	7
∩Θ	barby	8
∩⌠	barby-foo	9
∩∩	barby-bar	10
∩≡	barby-bas	11

(续表)

火星数字	火星发音	地球上对应的数字
≡Θ	basby	12
≡⌠	basby-foo	13
≡∩	basby-bar	14
≡≡	basby-bas	15
⌠ΘΘ	foobity	16
⌠Θ⌠	foobity-foo	17
⌠Θ∩	foobity-bar	18
⌠Θ≡	foobity-bas	19
⌠⌠Θ	foobity-fooby	20
⌠⌠⌠	foobity-fooby-foo	21
⌠⌠∩	foobity-fooby-bar	22
⌠⌠≡	foobity-fooby-bas	23
⌠∩Θ	foobity-barby	24
⌠∩⌠	foobity-barby-foo	25

由于火星人只有四个数字(包括表示零的那个)，若只用一个数字，只能数到 bas。bas 后面的数字有一个新名字，叫作 fooby。fooby 是火星数字系统的基数，是火星上最重要的数字。fooby 是火星人手指的数量，我们称之为四。

关于 fooby 最重要的是火星人用数字表示它的方式：⌠Θ。与我们的十进制系统不同，fooby 用两列表示。就像在十进制系统中，每列的值是基数的幂。这意味着当你从最右边的列向左移动时，每列代表的值是右边列的 fooby 倍。

最右边的列代表单位，以 foo 计数。再往左一列代表 fooby 倍的 foo，或者(考虑到火星上的算术运算方式与地球上一样，尽管新数学法可能有所不同)简单地表示为 fooby。fooby 左边的下一列代表 fooby 的平方，称为 foobity，以此类推。这种关系可通过表 2.2 更清楚地呈现。

表 2.2　fooby 的幂

⌠	foo	×fooby =⌠Θ	(fooby)
⌠Θ	fooby	×fooby =⌠ΘΘ	(foobity)
⌠ΘΘ	foobity	×fooby =⌠ΘΘΘ	(foobidity)
⌠ΘΘΘ	foobidity	×fooby =⌠ΘΘΘΘ	(foobididity)
⌠ΘΘΘΘ	foobididity	×fooby =⌠ΘΘΘΘΘ	(foobidididity)
⌠ΘΘΘΘΘ	foobidididity	×fooby =⌠ΘΘΘΘΘΘ	…

2.1.2 剖析火星数字

任何给定的列都可能包含一个从 xip 到 bas 的数字，表示该列值的实例在整个数字中包含多少个。让我们来看一个例子。如图 2.1 所示，这是火星数字∩≡⌠Θ≡的剖析，发音为“barbididity-basbidity-foobity-bas”(1954 年，一位伪装得很厉害的火星人在费城的一个公交车站数零钱时，掀起了 doo-wop 音乐狂潮)。

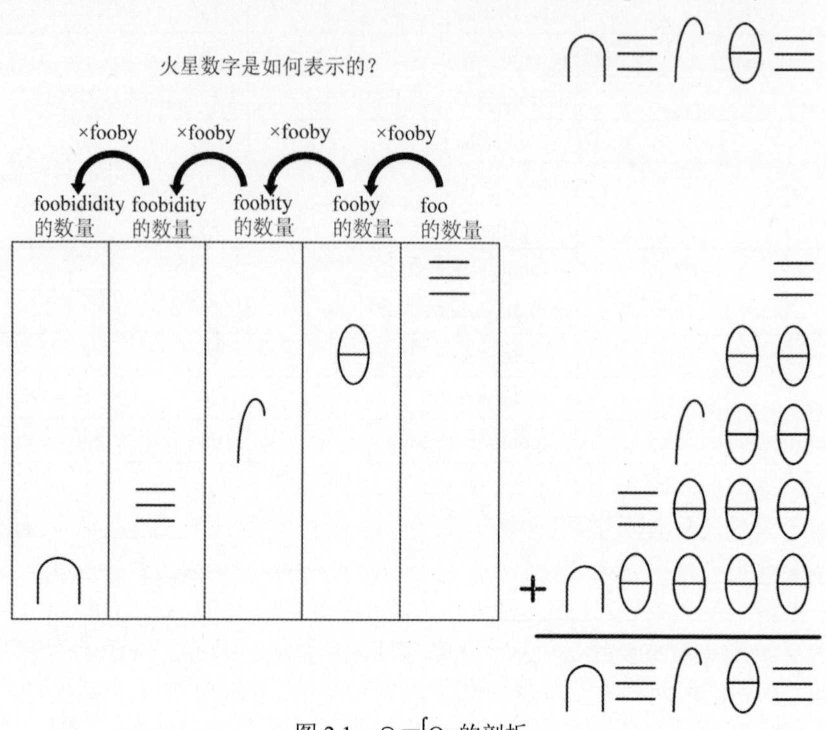

图 2.1 ∩≡⌠Θ≡的剖析

最右边的列表示数字中包含多少个单位。那里的数字是 bas，表示这个数字包含 bas 个单位。右起第二列的值是 fooby 乘以 foo(fooby 乘以 1)，即 fooby。fooby 列中的 xip 表示数字中没有 fooby。⌠Θ 中的 xip 数字是一个占位符，就像我们数字系统中的零一样。在数字表中所显示的纵向求和中，foobies 这一行是用双重 xip 表示的。不仅有一个 xip 告诉我们没有 foobies，而且有一个 xip 保留 foos 的位置。随着我们向左移到更高位的列，这种模式在列总和中继续。

fooby 乘以 fooby 等于 foobity，⌠数字表示该数中有 foo 个 foobity(一个 foobity)。按照这种模式，下一列是 foobity 乘以 fooby，或者 foobidity。在列表示法中，foobidity 写作⌠ΘΘΘ。≡数字表示该数中有 bas 个 foobidity。bas foobidities 是一个有自己名字的数字，称为 basbidity，可以写作≡ΘΘΘ。注意 basbidity 在列总和中的存在。

再左边的一列的值是 fooby 乘以 foobidity，即 foobididity。∩数字表示该数中有 bar 个 foobididity。bar foobididity(写作∩ΘΘΘΘ)也是一个有自己名字的数字，称为 barbididity。还要注意在列总和中存在 barbididity，以及占位空列的四个 xip 数字。

列总和表达了数字组合的方式：这个数字包含 barbididity、basbidity、foobity 和 bas。将这些简单相加，你会得到∩ ≡⌠Θ≡。这个名字通过将各组成值用连字符连接来读：barbididity-basbidity-foobity-bas。注意名字中没有表示空的 fooby 列的部分。在我们熟悉的十进制中，不会把数字 401 读作“四百，零十，一”。我们只是说“四百零一”。同样，火星人也不会读作“xip fooby”，只是省略它。

作为练习，根据我目前告诉你的火星数字系统，计算出∩ ≡⌠Θ≡在地球上的对应数字。

2.1.3　数基的本质

由于短时间内不太可能开始去火星旅游，那么了解火星数字系统对地球有什么用呢？答案是：这是理解数字基数的一种极好方法，而不会被我们熟悉的数字和普遍使用的十进制系统分散注意力。

在我们和火星人使用的列式数字符号系统中，数字系统的基数是数字的每一列超过其右侧列的数值的量级。在十进制中，每一列表示一个值，是其右侧列的 10 倍。在火星上使用的 fooby 基数系统中，每一列表示一个值，是其右侧列的 fooby 倍数(如果你还没明白，火星人实际上使用的是四进制——但我希望你先从火星人的角度看待它)。每个基数都有一组数字符号，其数量等于基数。在十进制中，有 10 个符号，从 0 到 9。在四进制中，有 4 个数字，从 0 到 3。在任何给定的数字基数中，基数本身都无法用一个数字来表示！

2.2　八进制：鬼精灵如何偷走 8 和 9

告别火星。除了大量的氧化铁和一些很棒的无伴奏合唱团，他们对我们这群拥有十根手指的人来说并没有太多可提供的。在这里也有一些类似的奇怪数字基数在使用，我想快速地带你看看其中一种：数字设备公司(Digital Equipment Corporation，DEC)的世界。

早在 20 世纪 60 年代，DEC 就发明了小型计算机，以挑战 IBM 开创的庞大而昂贵的大型机(小型计算机的时代早已过去，DEC 本身也已成为历史)。为了确保任何软件都不可能从 IBM 大型机移植到 DEC 小型计算机，DEC 将其机器设计为仅理解以八进制表示的数字。

让我们根据与火星人打交道的经验来思考一下。在八进制中，必须有 8 位数字。DEC 很体贴，没有发明自己的数字符号，因此它使用的是从 0 到 7 的传统地球数字。八进制中没有数字 8！这总是需要一点时间来适应，但它是数字基数定义的一部分。DEC 为其数字系统起了一个合适的名字：八进制。

八进制中的列数遵循我们在思考火星系统时遇到的规则：每列的值是其右边一列的基数倍(最右边的一列始终是个位)。对于八进制，每列的值都是其右侧下一列值的八倍。

谁偷走了 8 和 9

这样会更直观。八进制的计数一开始是很熟悉的：1, 2, 3, 4, 5, 6, 7, …, 10。

问题就出在 10 这里。在八进制中，10 紧接在 7 之后。那 8 和 9 去哪儿了？是被鬼精灵(或者是火星人)偷走了吗？当然不是。它们仍然存在——但它们有不同的名字。在八进制中，当你说 10 时，你的意思是 8。更糟的是，当你说 11 时，你的意思是 9。

遗憾的是，DEC 没有为列值发明巧妙的名称。第一列当然是个位列。个位列左边的下一列是十位列，就像我们自己的十进制一样。但问题就在这里，这也是引入火星系统的原因：八进制的“十位”列实际是 8。

你现在可能感到头疼了。吃一片阿司匹林吧。我等着。

计数表会有所帮助。表 2.3 显示了八进制的 1 到 30，其值为十进制的 0 到 24。我不喜欢在十进制以外的进制中使用 11、12 等术语，但八进制的惯例读法一直像十进制那样，只是在数字后面加上八进制这个词。别忘了说八进制——否则，会非常令人困惑！

表 2.3　以 8 为基数的八进制计数

八进制数字	八进制数字的英文读法	对应的十进制数字
0	Zero	0
1	One	1
2	Two	2
3	Three	3
4	Four	4
5	Five	5
6	Six	6
7	Seven	7
10	Ten	8
11	Eleven	9
12	Twelve	10

(续表)

八进制数字	八进制数字的英文读法	对应的十进制数字
13	Thirteen	11
14	Fourteen	12
15	Fifteen	13
16	Sixteen	14
17	Seventeen	15
20	Twenty	16
21	Twenty-one	17
22	Twenty-two	18
23	Twenty-three	19
24	Twenty-four	20
25	Twenty-five	21
26	Twenty-six	22
27	Twenty-seven	23
30	Thirty	24

请记住，给定数字基数中的每一列都有一个基数乘以其右边的列，因此八进制中的“十位”列实际上是“八位”列。同样，“十位”列左侧的列是“百位”列，但“百位”列的实际值为 8 乘以 8，即 64。左侧下一列的值为 64 乘以 8，即 512，其左侧一列的值为 512 乘以 8，即 4096。

表 2.4 总结了八进制列值及其十进制等价值。

表 2.4　八进制列作为 8 的幂

八进制值	8 的幂	十进制值
1	$=8^0$	$=1\times1=1$
10	$=8^1$	$=1\times8=8$
100	$=8^2$	$=8\times8=64$
1000	$=8^3$	$=64\times8=512$
10000	$=8^4$	$=512\times8=4096$
100000	$=8^5$	$=4096\times8=32768$
1000000	$=8^6$	$=32768\times8=262144$

八进制数中，第一列(即个位列)的数字表示包含多少个单位。左边的下一列(即十位列)的数字表示包含多少个 8。第三列(即百位列)的数字表示包含多少个 64，以此类推。例如，八进制数 400 表示这个数包含四个 64，即十进制数 256。

是的，这确实很令人困惑。让一切变得清晰的最好方法是剖析一个中等八进制数，就像我们处理中等火星数字一样。这就是图 2.2 的内容：将八进制数 76225 拆分成列并重新相加。

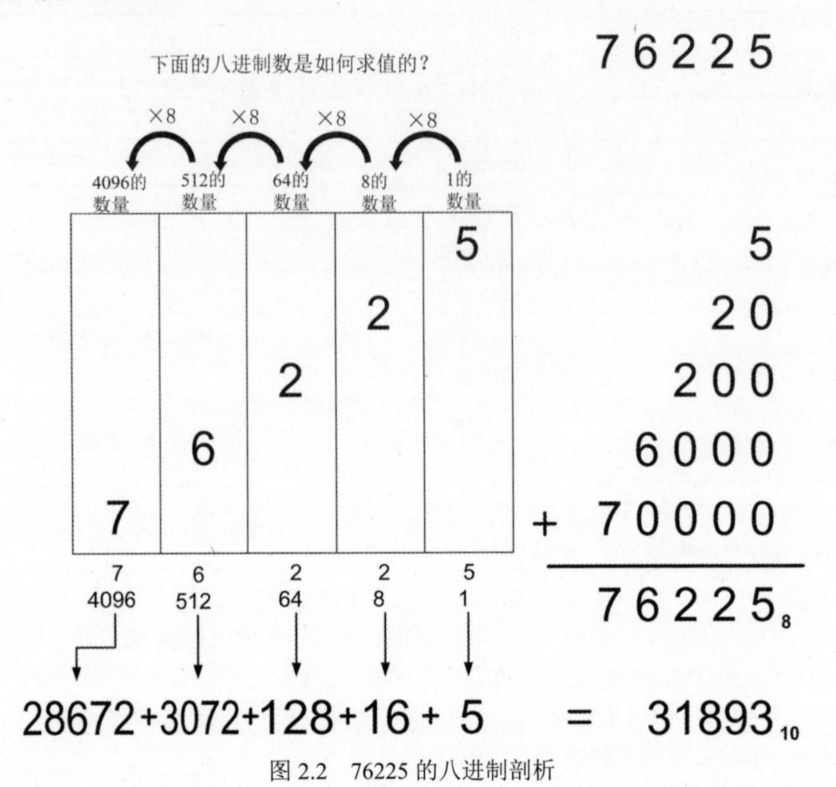

图 2.2　76225 的八进制剖析

工作方式与在火星数字、十进制或任何其他数字基数中的工作方式相同。一般来说，每一列的值是数字基数的幂，这个幂由列的序数位置减去 1 表示。例如，第一列的值是数字基数的(1−1)次方，即 0 次方。由于任何数字的 0 次方都是 1，因此任何数字基数的第一列的值都是 1，被称为单位列。第二列的值是数字基数的(2−1)次方，即 1 次方，这是数字基数本身的值。在八进制中这是 8，在十进制中是 10，在火星基数 fooby 数字中是 fooby。第三列的值是数字基数的(3−1)次方，即 2 次方，以此类推。

在每一列中，数字表示该列的值在整个数字中包含多少个实例。在这里，八进制数 76225 中的 6 告诉我们，在八进制数 76225 中，有 6 个该列值的实例。这个 6 位于第四列，第四列的值是 8 的(4−1)次方，即 8 的 3 次方，也就是 512。这告诉我们，这个数字包含 6 个 512。

通过确定外星(非十进制)进制中每一列的值，然后将每一列的值乘以该列中包含的数字(以创建每个数字的十进制等值)，最后求每列十进制等值的总和，可以将任何进制的数字值转换为十进制(我们的进制为 10)。图 2.2 中完成了这一操作，八进制数及其十进制等值并排显示。图 2.2 中值得注意的是列和右侧的小下标数字。许多技术出版物都使用这些下标来表示数字进制。例如，76225_8 中的下标表示值 76225 在这里表示八进制的量，即以 8 为基数。八进制数本身并没有任何东西将其描述为八进制(稍后当面对十六进制时，我们会遇到同样的问题)。相反，31893_{10} 的下标表示值 31893 为十进制数，即十进制数。这主要出现在科学和研究文献中。大多数计算机出版物(包括本书)中使用了其他标记，稍后会详细介绍。

现在我们已经从火星和八进制的角度研究了列表示法，在继续之前，请确保你理解了列表示法在任意进制中的工作原理。

2.3　十六进制：解决数字短缺问题

八进制对你来说可能没有什么用处，除非你像我的一个朋友一样，修复他从大学按重量购买的一台古老的 DEC PDP8 计算机(他说单价比土豆便宜得多，虽然煎炸起来不那么容易！)。正如我之前提到的，在微型计算机世界中，真正需要考虑的数字系统以 16 为基数，也就是我们所说的十六进制，或者(更亲切地)简写为 hex。

十六进制具有任何数字基数的基本特征，包括火星数字和八进制。在十六进制表示法中，每一列的值是其右侧列值的 16 倍。它有 16 个数字，从 0 到……什么？

这里我们缺少足够的数字。从 0 到 9 还好，但 10、11、12、13、14 和 15 需要用某种单一符号表示。在没有额外数字的情况下，20 世纪 50 年代早期开发十六进制表示法的人们借用了字母表的前六个字母作为所需的数字。

因此，十六进制的计数方式如下：1, 2, 3, 4, 5, 6, 7, 8, 9, A, B, C, D, E, F, 10, 11, 12, 13, 14, 15, 16, 17, 18, 19, 1A, 1B, 1C 等。表 2.5 以更有条理的方式重新陈述了这一点，并列出了十进制等值(到 32)的对应关系。

表 2.5　以 16 为基数的十六进制计数

十六进制数字	英文发音(后面跟 hex)	十进制等值
0	Zero	0
1	One	1
2	Two	2

(续表)

十六进制数字	英文发音(后面跟 hex)	十进制等值
3	Three	3
4	Four	4
5	Five	5
6	Six	6
7	Seven	7
8	Eight	8
9	Nine	9
A	A	10
B	B	11
C	C	12
D	D	13
E	E	14
F	F	15
10	Ten (or, One-oh)	16
11	One-one	17
12	One-two	18
13	One-three	19
14	One-four	20
15	One-fix	21
16	One-six	22
17	One-seven	23
18	One-eight	24
19	One-nine	25
1A	One-A	26
1B	One-B	27
1C	One-C	28
1D	One-D	29
1E	One-E	30
1F	One-F	31
20	Twenty (or, Two-oh)	32

我非常喜欢十六进制中的一种惯例，那就是去掉诸如 11 和 12 这样的词，因为它们与十进制系统过于紧密相关，只会造成严重的混淆。遇到十六进制数字 11(通常写作 11H 以表明我们使用的基数)，我们会说 One_One_hex。不要忘了在十六进制数字后面加上 hex 这个词，以免引起严重混淆。对于 0 到 9 的单个数字，这种做法是没必要的，因为它们在十进制和十六进制中表示的值完全相同。

有些人仍然会说类似 eleven hex 的话，这是有效的，意思是十进制的 17。但我不喜欢这种说法，也不建议这么做。外星基数的问题已经够令人困惑的了，不必再给外星人戴上查理 • 卓别林的面具了。

在十六进制中，每一列的值是其右侧列值的 16 倍(最右边的一列，在任何数字基数中都是个位列，其值为 1)。你可能会猜到，当你从右向左移动时，各列的值会急剧增加。表 2.6 显示了十六进制中前七列的值。注意，在十进制表示法中，第七列的值是 100 万，而在十六进制中，第七列的值是 16777216。

表 2.6　十六进制列作为 16 的幂

十六进制值	16 的幂	十进制值
1H	$= 16^0$	= 1×1 = 1
10H	$= 16^1$	= 1×16 = 16
100H	$= 16^2$	= 16×16 = 256
1000H	$= 16^3$	= 256×16 =4096
10000H	$= 16^4$	= 4096×16 = 65536
100000H	$= 16^5$	= 65536×16 = 1048576
1000000H	$= 16^6$	= 1048576×16 = 16777216

为了帮助你理解十六进制数字的结构，我在图 2.3 中剖析了一个中等长度的十六进制数字，就像我之前剖析火星基数 fooby 和八进制基数 8 的数字一样。和八进制一样，零在列中占据一个位置，但不会为整个数字增加任何值。请注意，在图 2.3 中，数字 3C0A9H 中没有 256，也就是说，256 的数量为 0。

如图 2.2 所示，每列的十进制值显示在列下方，所有列的总和以十进制和十六进制显示(注意下标)。

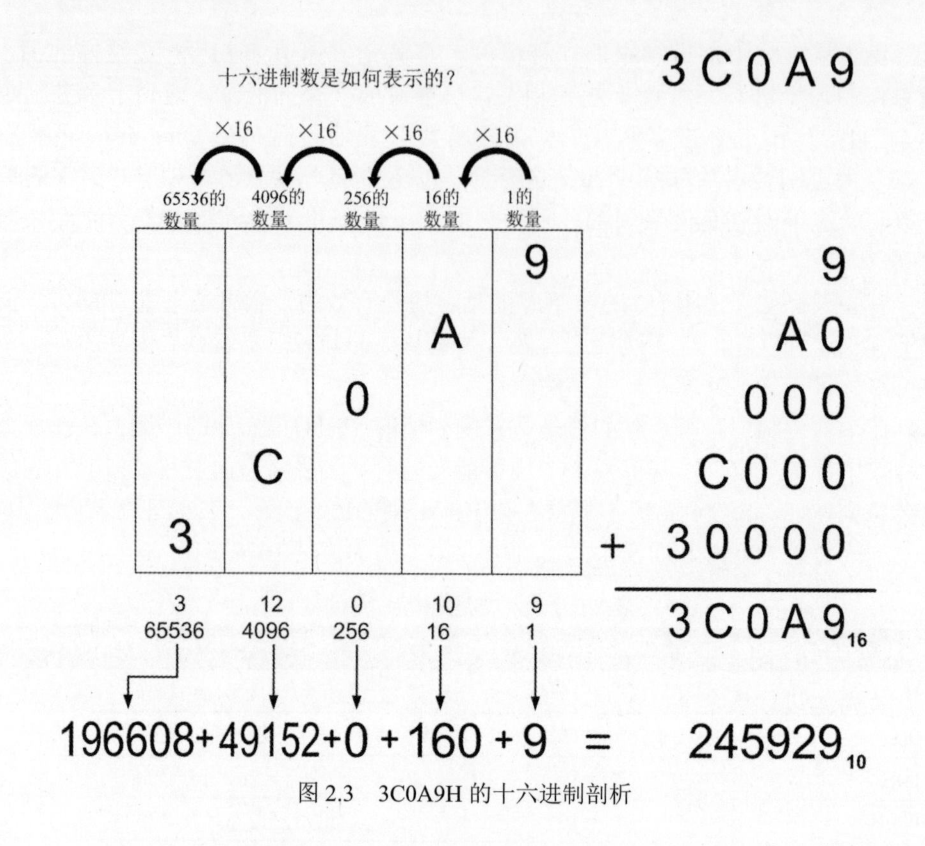

图 2.3 3C0A9H 的十六进制剖析

2.4 从十六进制到十进制以及从十进制到十六进制

你将执行的大多数十六进制数字操作都是在十六进制和十进制之间进行简单的双向转换。执行这种转换的最简单方法是使用十六进制计算器，可以是真实的计算器，比如 20 世纪 80 年代的 TI Programmer(我仍然会用，虽然它很耗电)，也可以是具有十六进制功能的软件计算器。你可以从大多数 Linux 软件库中安装 Galculator(Gnome Calculator)应用程序，选择 View，再选择 Scientific 后，它可以进行十进制、十六进制、八进制和二进制的计算。Windows 计算器也以同样的方式工作：默认视图是基本模式，你需要选择 Programmer 视图才能执行任何其他基数的计算。Speedcrunch 是另一种计算器，从一开始就可以进行十进制、十六进制、八进制和二进制计算。有些计算器可能已经安装在你的 Linux 发行版中，检查你的软件管理器应用程序，看看它们是否已经存在。

使用计算器虽然不需要动脑筋，但不会帮助你更好地理解十六进制数字系统。当你对外星进制还不熟悉时，暂时不要依赖任何外部事物的帮助来理解十六进制，无论是硬件、软件还是人类伙伴。

事实上，在你学习期间，最好的工具是一台简单的四功能记忆计算器。我在这里描述的转换方法都使用了这种计算器，因为我想教你的是数字基数转换，而不是十进制加法或长除法。

2.4.1　从十六进制到十进制

随着理解的深入，你会发现将十六进制数转换为十进制要比反过来容易得多。一般方法就是像我们在数字剖析图 2.1、图 2.2 和图 2.3 中一直在做的那样：确定十六进制数中每一列所代表的值，然后将所有列的值在十进制中相加得出总和。

让我们尝试一个简单的例子。十六进制数是 7A2。从最右边的列开始。这是任何数字系统中的个位列。这一列的数字是 2，所以在计算器上输入 2。现在将这个 2 存储到内存中(或者如果你有一个 SUM 按钮，可以按下 SUM 按钮)。

关于个位就说这么多。记住，你实际上在做的是对十六进制数中的各列值进行累加。移到左边的下一列。要记住，在十六进制中，每一列的值是其右侧列值的 16 倍。因此，从右边数第二列是 16 的列(参考表 2.6，如果你忘记了列的值)。十六进制中的 A 表示十进制的 10。因此，那一列的总值是 16×10，即 160。在你的计算器上进行这个乘法运算，然后将乘积加到你存储在内存中的 2 上。同样，如果你的计算器有 SUM 按钮，则 SUM 按钮是一种方便的方法。

记住你正在做的事情：用十进制计算每一列并保持累计总数。现在，移到右数第三列。这一列包含一个 7。第三列的值为 16×16，即 256。在计算器上执行 256 × 7，并将乘积添加到累计总数中。

你已经完成了。从计算器内存中检索累计总数。总数应为 1954，这是 7A2H 的十进制等价数。

让我们再试一次，这次速度更快一些，并且用一个更大的数字：C6F0DBH。

(1) 首先，计算个位列。B×1 = 11 × 1 = 11。累计总数以 11 开始。

(2) 计算 16s 列。D×16 = 13×16 = 208。将 208 加到累计总数中。

(3) 计算 256s 列。0×256 = 0。继续。

(4) 计算 4096s 列的值。F×4096 = 15×4096 = 61440。将其添加到累计总数中。

(5) 计算 65536s 列。6×65536 = 393216。将其添加到累计总数中。

(6) 计算 1048576s 列。C×1048576 = 12×1048576 = 12582912。将其添加到总数中。

最后，累计总数应为 13037787。

自己计算以下数字：1A55BEH。

2.4.2 从十进制到十六进制

现在你应该开始明白了。这很好，因为反过来，从我们熟悉的十进制(基数10)转换到十六进制要困难得多，并且涉及更多的数学运算。我们需要做的是在一个十进制数字中找到对应的十六进制列的值，这需要大量使用那个五年级的难题——长除法。

但让我们再次开始，从一个相对简单的十进制数字开始：449。计算器会非常有用。输入数字 449 并将其存储在计算器的内存中。

首先需要做的是找出在 449 中至少出现一次的最大的十六进制列的值。还记得小学时的“除数法”吗？除法通常是向学生介绍的一种方法，用于找出某个数字在另一个数字中出现了多少次。此时，256 是 16 的最大幂，因此是 449 中至少出现一次的最大十六进制列的值。

因此，我们从 256 开始，确定 256 可以除 449 多少次：449 / 256 ≈ 1.7539。至少一次，但不到两次。所以，449 中只有一个 256。在纸上写下 1，不要输入计算器中。我们这里不是保持一个累计总数；如果要说的话，可以说是保持一个累计余数。这个 1 是等于十进制 449 的十六进制值的最左边的十六进制数字。

我们知道 449 中只有一个 256。现在必须从原始数字中去掉这个 256，因为我们通过在纸上写下 1 来计数。从 449 中减去 256。将差值 193 存入计算器内存中。

我们已经从要转换的数字中去掉了 256 的列。现在移到右边的下一列，即 16 的列。193 中有多少个 16？193 / 16 = 12.0625。这意味着十六进制等于 449 的数在 16 的列中包含一个……12？嗯……记住数字短缺的情况，以及在十六进制中，我们称之为 12 的值用字母 C 表示。从十六进制的角度看，我们发现原始数字在 16 的列中包含 C。在 1 的右边写下一个 C，即 1C。到目前为止，一切顺利。

我们已经得到了 16 列的值，因此，就像 256 列一样，必须从原始数字的剩余部分中去掉 16 列的值。16 列的总值是 C × 16 = 12 × 16 = 192。从计算器的内存中取出 193，并从中减去 192。剩下的只有一个 1。

所以我们来看看个位列。显然，一列中有一个个位。将 1 写在十六进制数中 C 的右侧，即 1C1。十进制 449 相当于十六进制 1C1。

现在，也许你会开始理解为什么程序员如此喜欢十六进制计算器。

让我们回顾一下从十进制到十六进制转换的整体过程。我们在寻找隐藏在十进制值中的十六进制列。我们找到十进制数字中包含的最大列，找到该列的值，并从十进制数字中减去该值。然后寻找下一个最小的十六进制列，再下一个最小的，以此类推，在进行过程中，从十进制数字中去掉每一列的值。从某种意义上说，我们是在用连续较小的 16 的幂除这个数字，并通过去掉每一列来保持一个累计余数。

我们再试一次。“秘密数字”是 988664。

(1) 找出 988664 所包含的最大列：65536。988664 / 65536 = 15。15 在十六进制中是 F。记下 F。

(2) 从 988664 中减去(F×65536)。存储余数：5624。

(3) 移至下一最小列。5624 / 4096 = 1 和余数。记下 1。

(4) 从余数中减去(1×4096)：5624 － 4096 = 1528。存储新的余数：1528。

(5) 移至下一最小列。1528 / 256 = 5 和余数。记下 5。

(6) 从存储的余数 1528 中减去(5×256)。将 248 存储为新的余数。

(7) 移至下一最小列。248 / 16 = 15 和余数。15 在十六进制中是 F。记下 F。

(8) 从存储的余数 248 中减去 (F × 16)。余数 8 是最后一列的单位数。记下 8。

结果是：十进制 988664 = F15F8H。

请注意十六进制数字末尾的 H。从现在起，本书中的每个十六进制数字的末尾都会加上 H。这很重要，因为并不是每个十六进制数字都包含字母来显现出这个数字是十六进制的。157H 和十进制的 157 一样存在，但它们不是同一个数字(快说，它们相差多少？)。在编写汇编程序时，不要忘记这个 H，稍后会提醒你。

2.5　练习！练习！练习！

了解十六进制表示法的最佳方法(实际上也是唯一的方法)是大量使用它。将以下每个十六进制数字转换为十进制。将每个数字放在分解表中，并确定数字中有多少个 1、多少个 16、多少个 256、多少个 4096，等等，然后将它们以十进制形式相加。

```
CCH
157H
D8H
BB29H
7AH
8177H
A011H
99H
2B36H
FACEH
8DB3H
9H
```

完成之后，现在将其反过来，把以下每个十进制数字转换为十六进制。记住通用的方法：从表 2.6 中选择小于要转换的十进制数字的最大 16 次幂。找出该 16 次幂在十进制数字中出现的次数，并将其写为转换后数字的最左边的十六进制数字。然后从十进制数字中减去由该十六进制数字表示的总值。此后重复该过程，使用下一个较小的 16 次幂，直到将十进制数字减至零。

```
39
413
22
67349
6992
41
1117
44919
12331
124217
91198
307
112374777
```

如果你需要更多的练习，请选择一些十进制数字并将它们转换为十六进制，然后转换回来。完成后，用计算器检查你的成果。

2.6 十六进制算术

随着你对汇编语言的熟练程度越来越高，可以用十六进制进行越来越多的算术运算，甚至可能直接心算出来。不过，这需要一些练习。

加法和减法基本上和我们在十进制中所知的一样，只是多了一些额外的数字。诀窍无非是背诵加法表。最好不要这样想："如果 C 是 12，F 是 15，那么 C + F 是 12 + 15，即十进制的 27，但十六进制是 1BH。"相反，你应该在脑海中简单地说："C + F 是 1BH。"

是的，这要求很高。但我现在问你，就像我在这段学习过程中会再次问你的，你想真正学习汇编……还是只想敷衍了事？学习弹钢琴需要练习，将汇编语言编程的核心技能深入到你的神经系统中也是需要练习的。

所以让我像一位老教师一样告诉你，要记住以下内容。如果需要的话，可以做成卡片：

9	8	7	6	5
+1	+2	+3	+4	+5
0AH	0AH	0AH	0AH	0AH

A	9	8	7	6
+1	+2	+3	+4	+5
0BH	0BH	0BH	0BH	0BH

B	A	9	8	7	6
+1	+2	+3	+4	+5	+6
0CH	0CH	0CH	0CH	0CH	0CH

C	B	A	9	8	7
+1	+2	+3	+4	+5	+6
0DH	0DH	0DH	0DH	0DH	0DH

D	C	B	A	9	8	7
+1	+2	+3	+4	+5	+6	+7
0EH	0EH	0EH	0EH	0EH	0EH	0EH

E	D	C	B	A	9	8
+1	+2	+3	+4	+5	+6	+7
0FH	0FH	0FH	0FH	0FH	0FH	0FH

F	E	D	C	B	A	9	8
+1	+2	+3	+4	+5	+6	+7	+8
10H	10H	10H	10H	10H	10H	10H	10H

F	E	D	C	B	A	9
+2	+3	+4	+5	+6	+7	+8
11H	11H	11H	11H	11H	11H	11H

F	E	D	C	B	A	9
+3	+4	+5	+6	+7	+8	+9
12H	12H	12H	12H	12H	12H	12H

F	E	D	C	B	A
+4	+5	+6	+7	+8	+9
13H	13H	13H	13H	13H	13H

F	E	D	C	B	A
+5	+6	+7	+8	+9	+A
14H	14H	14H	14H	14H	14H

F	E	D	C	B
+6	+7	+8	+9	+A
15H	15H	15H	15H	15H

F	E	D	C	B
+7	+8	+9	+A	+B
16H	16H	16H	16H	16H

F	E	D	C
+8	+9	+A	+B
17H	17H	17H	17H

```
  F       E       D       C
 +9      +A      +B      +C
 ---     ---     ---     ---
 18H     18H     18H     18H

  F       E       D
 +A      +B      +C
 ---     ---     ---
 19H     19H     19H

  F       E       D
 +B      +C      +D
 ---     ---     ---
 1AH     1AH     1AH

  F       E
 +C      +D
 ---     ---
 1BH     1BH

  F       E
 +D      +E
 ---     ---
 1CH     1CH

  F
 +E
 ---
 1DH

  F
 +F
 ---
 1EH
```

不管怎样，这个练习至少应该让你感到庆幸计算机不是用 64 进制工作的。

2.6.1 列和进位

将所有这些单列加法(或多或少)记住后，你就可以处理多列加法了。它的工作方式与十进制基本相同。从右边开始添加每一列，当单列的总和超过 0FH 时，向下一列进位。

例如：

```
  1       1
  2 F 3 1 A DH
+ 9 6 B A 0 7H
--------------
  C 5 E B B 4H
```

仔细地逐列计算。第一列(即最右边)的总和是 14H，无法容纳在一列中，因此我们必须将 1 进位到左侧的下一列。但是，即使增加了 1，第二列的总和也是 0BH，可以容纳在一列中，不需要进位。

继续向左添加。倒数第二列将再次溢出，你需要将 1 进位到最后一列。只要你记住了个位数的总和，就很简单了。

好吧，或多或少是这样。

现在，有一件事你应该注意：单列相加两个数后，最多只能进 1 位。

2.6.2　减法和借位

如果你已经记住了单列加法的和，通常可以通过一种逆向思维来学习减法：“如果 E + 6 等于 14H，那么 14H − E 就必须等于 6。另一种方法是记住更多的表格，但由于我自己都没记住，我也不会要求你记住。

但随着时间的推移，这种情况往往会发生。在十六进制减法中，你应该能够通过反向思考一个熟悉的十六进制和来解决任何给定的单列减法。和十进制一样，多列减法也是一列一列地进行的：

```
  F76CH
- A05BH
  5711H
```

检查每一列时，你应该问自己：“什么数加上下面的数等于上面的数？在这里，你应该从表格中知道 B + 1 = C，所以 B 和 C 之间的差是 1。最左边的一列实际上更具挑战性：什么数加上 A 得到 F？打起精神来；即使是我，也需要想一下这个问题。

当然，当一列中上面的数小于下面的数时，问题就出现了。然后(就像联邦政府疯狂制造轰炸机时一样)，你别无选择，只能借位(译者注：“就像联邦政府疯狂制造轰炸机时一样”是一种比喻，用来形容不得不借位的情形。意思是说，就像联邦政府在大量制造轰炸机时会大举借款一样；在减法中，当上面的数比下面的数小时，你也不得不进行借位。这种比喻强调了借位的不可规避性和迫切性)。

借位是小学阶段需要死记硬背的学习内容之一，很少有人真正理解。总体来看，借位是从一列中取出一个单位并将其应用于其右侧的列。我说的是应用而不是添加，因为从一列移动到其右侧的列时，该单位要乘以 10，其中 10 代表进制(请记住，八进制中的 10 的值为 8，而十六进制中的 10 的值为 16)。

这听起来比实际情况更糟。让我们看看实际操作中的借位，你就会明白：

```
 9 2H
-4 FH
```

这里，最右边一列的减法无法直接进行，因为 F 大于 2。因此，我们从左边的下一列借位。

尽管已经过去了近 60 年，我的耳畔仍回响着老师玛丽・伯纳德耐心解释的声音，尽管是十进制的减法："划掉 9，把它变成 8。把 2 变成 12。那么 12 减去 F 是多少，同学们？是 3。这就是借位的原理"。我希望这位可怜的老人不会介意我用十六进制的数字来讲解她的话。

想一想刚才发生的事，从功能上讲，我们从 9 中减去了 1，然后将 10H 添加到 2。一个明显的错误是从 9 中减去 1 然后将 1 加到 2 之前，这是行不通的。换种方式想：我们将一列的部分剩余值移到它右边的一列，那里需要一些额外的值。上面数的整体值没有改变(这就是为什么我们称其为借而不是偷)，但借用的那列增加了 10(在十六进制计算中，是 16)。

借位后，我们得到的结果看起来像这样：

```
  8¹2H
- 4 FH
```

在玛丽·伯纳德的板书上，我们划掉了 9，把它变成 8。硅(指现代计算机)比粉笔(指传统粉笔和黑板)的优势在于只是 8 以前作为 9 的存在并不那么明显。

当然，一旦我们完成了这个步骤，各列的减法就都能顺利进行了，我们发现差值是 43H。

人们有时会问是否需要借位超过 1。答案显然是否定的。例如，如果你借 2，你需要在被借的那列加上 20，但 20 减去任何一位数仍然是一个两位数。也就是说，差值无法放入单列中。减法与加法存在重要的对称性：

在任何单列减法中，你最多只需要借 1。

2.6.3 跨多列借位

理解借位的基本原理让你在大部分情况下都能应对。不过，生活中常会遇到如下的减法问题：

```
 F 0 0 0H
-3 B 6 CH
```

第一列需要借位，但第二列和第三列都没有可以借出的值。回到童年时代，玛丽·伯纳德老师会像机关枪一样快速地讲解："划掉 F，变成 E。把 0 变成 10。然后划掉它，变成 F。把下一个 0 变成 10；再划掉，变成 F。然后把最后一个 0 变成 10。明白了吗？"

发生的情况是，中间的两个 0 作为借位经纪人(贷款中介)，连接 F 和最右边的 0，以保留足够的值来完成自己的列减法。每列从其左边的邻列借 10(十六进制计算中是 16)。所有借位在上面的数中逐一完成后，结果如下所示(没有女老师的所有划掉操作)：

```
 E F F¹0H
-3 B 6 CH
```

此时，每列的减法都可以进行，差值是 B494H。

在回忆童年时代的计算时，不要陷入旧的十进制思维定势，想着“划掉 10，变成 9。在十六进制的世界中，10H－1＝F。划掉 10，变成 F。

2.6.4　重点是什么？

如果你有一个十六进制计算器或一个支持十六进制的屏幕计算器，那么这一切有什么意义呢？意义在于练习。十六进制是汇编语言的通用语言，尽管这个比喻有点牵强。你对十六进制的理解越深入，学习汇编语言就会越容易。此外，如果你对十六进制值有直观的理解，理解机器内部结构也会更容易。我们在这里打下重要的基础。现在认真对待它，将来你会少掉些头发。

2.7　二进制

通过十六进制可以很好地练习掌握所有数字系统中最奇特的一个：二进制。二进制的基数是 2。根据我们到目前为止对数字基数的了解，我们能做出关于二进制的什么推测呢？

- 每列的值是其右侧列的两倍。
- 基数只有两位数字(0 和 1)。

二进制的计数方式有点奇怪，这一点你可能已经想到了。二进制的计数方式如下：0、1、10、11、100、101、110、111、1000……。因为 zero、one、10、11、100……听起来很荒谬，所以直接念出各个数字，然后加上“二进制”这个词更有意义。例如，大多数人在念 1011101 这个数字时，会念“one zero one one one zero one 二进制”，而不是“一百零一万一千一百零一二进制”。这个数字听起来非常大，但如果你考虑到它对应的十进制值只有 93，就会明白这一点。

虽然这看起来很奇怪，但二进制遵循了本章讨论过的所有关于数基的规则。二进制和十进制之间的转换使用与前面描述的十六进制相同的方法。

因为二进制计数既是计数列也是计数数字(由于只有两位数)，所以仔细查看表 2.7 是有意义的，该表显示了二进制数列的 32 位值(将其扩展到 64 位会有问题，因为对应的十进制值过大，表格中难以容纳；稍后会向你展示)。

表 2.7　2 的幂的二进制列

二进制	2 的幂	十进制
1	$=2^{0}=$	1
10	$=2^{1}=$	2
100	$=2^{2}=$	4
1000	$=2^{3}=$	8
10000	$=2^{4}=$	16
100000	$=2^{5}=$	32
1000000	$=2^{6}=$	64
10000000	$=2^{7}=$	128
100000000	$=2^{8}=$	256
1000000000	$=2^{9}=$	512
10000000000	$=2^{10}=$	1024
100000000000	$=2^{11}=$	2048
1000000000000	$=2^{12}=$	4096
10000000000000	$=2^{13}=$	8192
100000000000000	$=2^{14}=$	16384
1000000000000000	$=2^{15}=$	32768
10000000000000000	$=2^{16}=$	65536
100000000000000000	$=2^{17}=$	131072
1000000000000000000	$=2^{18}=$	262144
10000000000000000000	$=2^{19}=$	524288
100000000000000000000	$=2^{20}=$	1048576
1000000000000000000000	$=2^{21}=$	2097152
10000000000000000000000	$=2^{22}=$	4194304
100000000000000000000000	$=2^{23}=$	8388608
1000000000000000000000000	$=2^{24}=$	16777216
10000000000000000000000000	$=2^{25}=$	33554432
100000000000000000000000000	$=2^{26}=$	67108864
1000000000000000000000000000	$=2^{27}=$	134217728
10000000000000000000000000000	$=2^{28}=$	268435456
100000000000000000000000000000	$=2^{29}=$	536870912
1000000000000000000000000000000	$=2^{30}=$	1073741824
10000000000000000000000000000000	$=2^{31}=$	2147483648
100000000000000000000000000000000	$=2^{32}=$	4294967296

一眼望去，这座由零组成的金字塔就让人觉得，把较大的列作为数字串来读是毫无希望的："one zero zero zero zero zero zero zero . . .等等。这里迫切需要一个简写符号，所以稍后会给你提供一个——它的名称会让你惊讶。"

你可能会反对说表中最底部的那些大数不太可能在普通编程中遇到。抱歉，即使是过时的 32 位微处理器，如 386/486/Pentium，也能轻松处理这样的数字，并能在短时间内处理数十亿个。现在主流的个人电脑几乎都使用 64 位 CPU，你必须习惯于考虑像 2^{64} 这样的大数，即使这些数字本身是庞大的。

$$2^{64} = 1.8 \times 10^{19} = 18,446,744,073,709,551,616$$

可以想象这个数字(纯属巧合)就是我们可观测宇宙中的恒星数量(大致)。天文学家如何计算出这个数字是非常有趣的，请参阅 https://bigthink.com/starts-with-a-bang/how-many-stars。

甚至不要问 2^{128} 换算成十进制是多少。答案比我能想象的要多，就像汉・索罗一样，我能想象很多。

现在，就像八进制和十六进制一样，使用二进制时可能出现标识问题。二进制中的数字 101 与十六进制中的 101 或十进制中的 101 不同。因此，请始终在二进制值后附加后缀 B，以确保阅读程序的人(包括六周后的你)知道你使用的数字基数。

2.7.1　二进制值

将二进制值转换为十进制值的方式与将十六进制转换为十进制的方式相同——实际上更简单，原因是你不再需要计算某一列的值在特定列中出现了多少次。在十六进制中，你必须查看 16 的倍数在列中出现了多少次，等等。而在二进制中，一列的值要么存在(1 次)，要么不存在(0 次)。

通过一个简单例子应该可以说明这一点。二进制数 11011010B 是小型计算机工作中相对典型的二进制值(实际上是偏小的——许多常见的二进制数是它的两倍或更多)。将 11011010B 转换为十进制，就是从右到左扫描它，借助表 2.7，计算每个包含 1 的列的值，同时忽略包含 0 的列。

清空你的计算器，让我们开始吧：

(1) 第 0 列是 0。跳过它。

(2) 第 1 列是 1。这意味着它的值是 2。所以将 2 输入计算器。

(3) 第 2 列是 0。跳过它。

(4) 第 3 列是 1。该列的值为 2^3，即 8；将 8 添加到计数中。

(5) 第 4 列也是 1；2^4 为 16，我们将其添加到计数中。

(6) 第 5 列是 0。跳过它。

(7) 第 6 列是 1；2^6 为 64，因此将 64 添加到计数中。

(8) 第 7 列也是 1。第 7 列的值为 2^7，即 128。将 128 添加到计数中，我们得到什么？218。这就是 11011010B 的十进制值。就这么简单。

将十进制转换为二进制虽然更难，但其方法与将十进制转换为十六进制的方法完全相同。请复习一下那一节内容，找出所用的一般方法。换句话说，看看是如何操作的，并将基本原理与对十六进制等特定基数的任何引用分开。

我敢打赌，现在你可以毫不费力地搞明白。

顺便提一下，也许你注意到我从 0 而不是 1 开始计数列。在计算机领域，总是从 0 开始计数。实际上，称其为“特性是不公平的”；计算机的方法是合理的，因为 0 是一个完全有效的数字，不应被歧视。这种分歧的产生是因为在现实的物理世界中，计数是为了告诉我们有多少物品；而在计算机世界中，计数更多是为了命名它们。也就是说，我们需要处理第 0 位，然后是第 1 位，以此类推，远比我们需要知道有多少位重要得多。

这不是一个小问题。这个问题会在与内存地址相关的情况下反复出现，如我之前所说并将再次强调的那样，内存地址是理解汇编语言的关键。

在编程领域，始终从 0 开始计数！

这一原则可能引发冲突的一个实际例子源于以下问题：新千年是从哪一年开始的？大多数人会直观地说是 2000 年——在 2000 年到来之前，许多人确实这么认为——但严格来说，20 世纪一直持续到 2001 年 1 月 1 日才结束。为什么？因为没有 0 年。当历史学家从公元前到公元后纪年时，他们直接从公元前 1 年跳到公元 1 年。因此，第一个世纪是从公元 1 年开始，到公元 100 年结束。第二个世纪是从公元 101 年开始，到公元 200 年结束。通过延续这一序列，你可以看到 20 世纪是从 1901 年开始，到 2000 年结束。另一方面，如果我们在当前时代以计算机的方式从 0 年开始计年，那么 20 世纪确实会在 1999 年年底结束。

现在是练习将数字从二进制转换为十进制和从十进制转换为二进制的好时机。磨炼技能，将以下二进制值转换为十进制值：

```
110
10001
11111
11
101
1100010111010010
11000
1011
```

完成后，将这些十进制值转换为二进制值：

```
77
42
106
255
18
6309
121
58
18446
```

2.7.2　为什么是二进制

如果需要用八个完整的数字(如 11011010)来表示一个普通的三位数(218)，那么二进制作为一种数字基数似乎是一种糟糕的智力投资。对我们来说，这肯定是对脑力带宽的浪费，甚至只有两个手指的外星人可能也会想出一个更好的系统。问题在于，灯要么是亮的，要么是灭的(二进制系统的基础是两种状态：要么是开，用 1 表示；要么是关，用 0 表示)。

这只是另一种说法(将在第 3 章中详细讨论)，归根结底，计算机是电气设备。在电气设备中，要么有电压，要么没有电压；要么有电流流动，要么没有电流。很早的时候，计算机科学家决定，计算机电路中存在电压表示数字 1，而电路中同一点没有电压表示数字 0。这并不是很多数字，但对于二进制数字系统来说已经足够了。这是我们使用二进制的唯一原因，但这个原因非常有说服力，所以我们一直沿用这种方式。然而，你不一定会被大量的 1 和 0 淹没，因为我已经教给你一种简写形式。

2.8　十六进制作为二进制的简写

将数字 218 用二进制表示为 11011010B。然而，用十六进制表示时，相同的数值非常简洁：DAH。组成 DAH 的两个十六进制数字值得仔细研究。AH(或者按照汇编程序的要求，写作 0AH，原因我将在后面解释)表示十进制的 10。将任何数字转换为二进制，只需要检测其中的 2 的幂。在十进制数 10 中，最大的 2 的幂是 8。记下一个 1，然后从 10 中减去 8，剩下 2。现在，4 是 2 的一个幂，但 2 中没有 4，所以我们在 1 的右边写 0。下一个最小的 2 的幂是 2，而 2 中有 2。在 0 的右边记下另一个 1。2 减去 2 是 0，所以这个数字中没有 1 了。最后，在数字的最右侧记下一个 0，以表示 1 列：

```
1 0 1 0
```

回头看看 218 的二进制表示：11011010。最后四位是 1010，即 0AH 的二进制表示。对于 DAH 的上半部分也适用。如果你像我们刚才那样算出 0DH 的二进制等值数(这对大脑是个不错的练习)，它是 1101。以这种方式看 218 的二进制表示：

```
   218              十进制
 1101 1010          二进制
  D    A            十六进制
```

你应该已经意识到，通过将每四个二进制数字(从右边开始，而不是从左边开始！)转换为一个十六进制数字，可将长串的二进制 1 和 0 转换为更紧凑的十六进制格式。

例如，这是一个 32 位二进制数：

```
11110000000000001111101001101110
```

这是一组非常难以记忆或操作的位，所以让我们从右边将其分成四组：

```
1111 0000 0000 0000 1111 1010 0110 1110
```

每组四个二进制数字都可以用一个十六进制数字表示。现在进行转换。你应该得到以下内容：

```
1111 0000 0000 0000 1111 1010 0110 1110
  F    0    0    0    F    A    6    E
```

换句话说，这一串二进制数字的十六进制等值数是

```
F000FA6E
```

当然，在实际使用中你会在末尾加上 H，并在开头加上 0，因此在任何汇编语言工作中，数字实际上会写作 0F000FA6EH。突然间，这个过程看起来就变得更容易理解了。

十六进制是程序员用于表示计算机二进制数的简写。

这就是为什么我之前说计算机同时使用二进制和十六进制，而且方式相当混乱。我没有说的是，实际上并不是计算机有分裂症，而是你自己。计算机只使用二进制(我将在第 3 章中解释)。十六进制是你和我用来简化与计算机交互的手段。幸运的是，每四个二进制数字都可以用一个十六进制数字表示，因此尽管它有 64 位(即 16 个十六进制数字)长，其对应关系也清晰易懂。

2.9　准备计算

到目前为止，一切都是必要的基础工作。我已经概括性地解释了计算机的工作原理，但到目前为止，我还没有讲过计算机到底是什么，现在是时候了。在本书中，我们将一次又一次地回到十六进制数字；到目前为止，我还没有讲过十六进制的乘法或位操作。原因很简单：在你进行位操作之前，你必须知道这些位在哪里。所以，让我们看看能否捕捉到其中的一些动作。

第 3 章

揭开面纱——了解计算机的真实面貌

3.1 RAX 寄存器，我们几乎不了解

1970 年 1 月，我正在学习高三下半学期的课程。芝加哥的公立学校都配备一台计算机。整整一卡车的 IBM 高级打字机运送到莱恩理工高中，一位迷茫的数学老师被拉去给一群吵闹(且大多数是书呆子)的男生传授计算机科学知识。

我很快就弄明白了。你用打孔机制作一叠打孔卡片，把它们放进这些高级打字机的卡槽里，然后惊奇地看着打字机在绿条纸上跳跃着打出错误信息。这很有趣，我拿到了全 A。我甚至保留了我写的第一个有用的程序：一套生成手工计算望远镜镜片修正系数表的卡片，因为当时我迷上了天文学。虽然现在橡皮筋腐烂后留下的黏糊糊的东西对读卡机来说很糟糕，但假设现在还有读卡机存在，这套卡片应该依然可以使用。

一直困扰我的问题是 RAX(计算机的绝妙名称)到底是什么样的怪物。我们所拥有的是通过电话线由 RAX 控制的带有内存的打字机——这点我明白。但 RAX 本身究竟是什么呢？

我问了老师。简短地说，对话是这样的：

我：“嗯，先生，RAX 到底是什么？”

老师：“嗯？呃，一台计算机。一台电子计算机。”

我：“这是课程笔记上说的。但我想知道 RAX 是由什么组成的，它是怎么工作的。”

老师："嗯，我肯定 RAX 是全固态的。"

我："你的意思是里面没有杠杆和齿轮。"

老师："哦，可能有一些。但没有真空管。"

我："我不担心真空管。我猜它里面有某种计算器。但是什么让它记住 A 在 B 之前？它怎么知道 FORMAT 是什么意思？它怎么计时？它怎么接电话？"

老师："现在，听我说，这就是计算机的伟大之处！它们把所有东西组合在一起，我们就不用担心这些事！谁在乎 RAX 是什么？RAX 懂 FORTRAN，并且会执行任何正确的 FORTRAN 程序。这才是重要的，不是吗？"

老师开始冒汗了。我也是。对话结束。

那年 6 月，我毕业了，书包里装着 3 英寸的调试过的 FORTRAN 打孔卡片，但我仍然完全不知道 RAX 究竟是什么。

这件事至今仍困扰着我。

格斯前来救援

6 年后，我乘坐公交车经由芝加哥的德文大道去上班，膝上放着最新一期的《大众电子学》，我正思考着 RAX。封面故事描述了一个 DIY 项目，名为 COSMAC ELF，它由一块装满集成电路芯片的穿孔板组成，所有芯片都连接在一起，再加上一些拨动开关和一对 LED 数字显示器。

这就是一台计算机(标签上明确写着，哈哈)。文章告诉我们如何组装它，但除此之外没多少详细信息。这些芯片具体做什么？整个系统又能做什么？看不到任何高级的机械打字机，这让我着实苦恼。

像往常一样，我的朋友格斯·弗拉西格在阿什兰大道上车，坐在我旁边。我问他 COSMAC ELF 能做什么。他是第一个让我理解物理计算机概念的人，他告诉我：

> "这些是内存芯片。可以通过改变这些拨动开关的二进制编码模式向内存芯片加载数字，其中'向上'(up)表示 1 位，'向下'(down)表示 0 位。内存中的每个数字对 CPU 芯片来说都有特定含义。一个数字让它做加法，一个数字让它做减法，一个让它将不同的数字写入内存，还有其他很多功能。程序由一系列这些指令数字依次排列在内存中组成。计算机读取第一个数字，执行数字指示它要做的操作，然后读取第二个数字，执行其指示的操作，以此类推，直到所有数字执行完毕。"

如果你觉得这还不够清楚，别担心。我的优势在于我是一名电子爱好者(所以我知道一些芯片是做什么的)，而且我已经在 RAX 的 FORTRAN 语言中写过一些程序。但对我来说，天啊，突然间一切都达到了临界点，我的脑子像炸开了一样，直到我茅塞顿开。我明白了！

无论 RAX 到底是什么，我知道它肯定类似于 COSMAC ELF，只是规模更大。我建造了一个 ELF。这是一次非常有教育意义的经历，让我深入理解了计算机的本质。除了完全疯狂的人，我不再建议任何人用零散的芯片来组装自己的计算机，尽管在 20 世纪 70 年代中后期这种做法很普遍。

在本章中，我将分享我用最困难的方式组装自己的计算机时获得的一些见解。你想知道“硬件”(hardware)中的“硬”(hard)从何而来吗？我可以保证不是指你把它敲在桌子上发出的声音。

3.2 开关、晶体管和内存

开关具有记忆能力。

想想看：你按下门边墙壁上的开关，天花板中间的灯就亮了。它一直亮着。当你离开房间时，你再次按下开关，灯就灭了。它保持灭的状态。除非恶作剧，开关会一直保持你上次离开时的状态，直到你或别人回来，将它推到另一个位置。即使灯泡坏了，你也可以通过开关手柄的位置，判断灯的电路是开还是关。

在某种意义上，开关记得它的上一个指令，直到你改变它，并用新的指令“覆盖”了之前的指令。从这个意义上说，开关代表了一种基本的记忆元素。

灯的开关更多的是机械性质而不是电气性质。但这并不妨碍它们作为记忆的一部分。事实上，第一台计算机(巴贝奇的 19 世纪差分引擎)完全是机械的。事实上，他设计但从未完成的更大版本应该是由蒸汽驱动的。巴贝奇的机器有许多小凸轮，可以通过其他凸轮从一个位置翻转到另一个位置。数字被编码并作为凸轮位置的模式来记忆。

3.2.1 如果敌方陆路来袭，则点亮一盏灯

开关是机械的、电动的、液压的或其他类型的并不重要。重要的是，开关包含一个双向模式：开或关、上或下、有电流或无电流。这种模式可以赋予特定的意义。保罗・里维尔告诉他的朋友在北教堂设立一个标志：“如果敌方陆路来袭，则点亮一盏灯；如果敌方海路来袭，则点亮两盏灯。”一旦点亮，教堂塔楼中的灯就会一直亮着(因此记住了这个非常重要的表示)，足够保罗召集民兵并击败英国人。[1]

从总体上看，我们所谓的记忆(或存储)实际上由大量开关组成，这些开关能

---

1 译者注：作者在此处引用了历史事件中的一个经典例子来说明开关及其基本原理和用途。具体来说，引用了保罗・里维尔在美国独立战争期间的一段故事，形象地解释了开关的作用和信息传递机制。

够长时间保持某种模式，足够让人或机械读取和理解。对于我们的讨论而言，这些开关将是电气的，但需要注意的是，机械和液压计算机也曾被提出并建造，并且取得了不同程度的成功。

记忆由可改变模式的容器组成，这些容器会保留输入的模式，直到某人或某物改变该模式。

3.2.2　晶体管开关

在构建一个由电灯开关组成的计算机记忆系统时，会遇到一个问题：电灯开关非常特殊，它们需要手指来操作，其输出是电流路径。理想情况下，计算机记忆开关应该由一致的控制力度来操作。这使得存储在记忆中的模式可以传递到其他存储位置。在粗放的机电世界中，这样的开关被称为继电器。

继电器是一种由电力驱动的机械开关，用于控制电力。通过给继电器提供电脉冲来“翻转”继电器，电脉冲会为小锤提供动力，将杠杆推向一侧或另一侧。然后，杠杆会打开或关闭一组电触点，就像普通的电灯开关一样。计算机曾是由继电器制成的，尽管你可以想象，这已经是很久以前的事了，而且典型的继电器大约有冰块大小，它们并不是特别强大的计算机。

完全电子化的计算机是由晶体管开关组成的。晶体管是利用硅的特殊电特性的微小硅晶体，起到开关的作用。我不会尝试解释这些特殊性质是什么，因为那需要占用整本书的篇幅。可将晶体管开关视为一种电气黑盒子，并用输入和输出来描述。

图 3.1 显示了一个晶体管开关(这是一个场效应晶体管，是晶体管的一种类型，但当前的计算机正是由这种类型的晶体管构成的)。当电压施加于引脚 1 时，引脚 2 和引脚 3 之间会有电流流动。当电压从引脚 1 移除时，引脚 2 和引脚 3 之间的电流就会消失。

在现实生活中，为使计算机记忆系统顺利运行，还需要少量其他组件(通常是二极管和电容器)。这些组件不一定是通过电线连接到晶体管外部的小装置(尽管在早期的晶体管计算机中确实如此)，而是现在从与晶体管本身相同的硅晶体上切割出来，几乎不占用任何空间。晶体管开关及其支持组件统称为存储单元。在图 3.1 中，我用一个合适的黑盒子符号隐藏了存储单元的电气复杂性。

存储单元将流经其中的电流保持在最低限度，因为电流会产生热量，而热量是电子元件的大敌。存储单元的电路布置方式是，如果你在其输入引脚上施加一个微小的电压，并在其选择引脚上施加类似的电压，则电压将出现在其输出引脚上并保持。该输出电压将保持其设定状态，直到你从整个单元中移除电压，或移除输入引脚的电压并在选择引脚上施加电压。

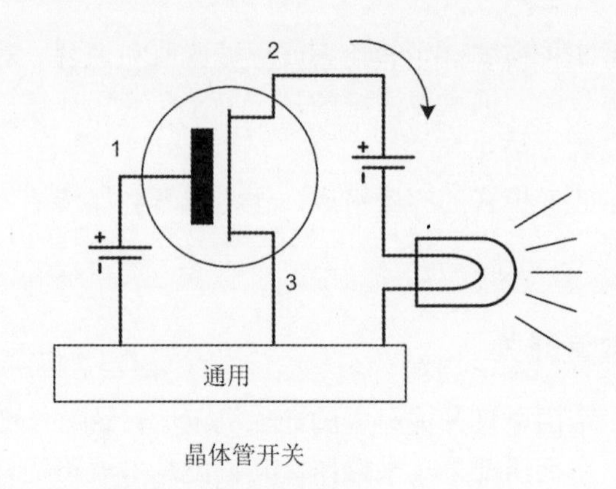

晶体管开关

存储单元

图 3.1　晶体管开关和存储单元

所有这些引脚上施加的开启电压都保持在一致水平(当然，除非完全移除电压)。换句话说，你不会在输入引脚上施加 12 伏电压，然后将其改为 6 伏或 17 伏。计算机设计人员会选择一个电压并保持不变。模式本质上是二元的：要么在输入引脚上施加电压，要么完全移除电压。输出引脚也一样：要么保持固定电压，要么完全不保持电压。

我们对这种状态应用了一种代码：有电压表示二进制的 1，没有电压表示二进制的 0。这种代码是任意的。也可以说没有电压表示二进制的 1，有电压表示二进制的 0(出于一些晦涩的原因，计算机也曾以这种方式构建)，但选择权在我们手中。用存在的某物表示二进制的 1 更自然，这也是计算领域的主流发展方向。

单一的计算机记忆单元，比如这里讨论的基于晶体管的存储单元，保存一个二进制数字，要么是 1，要么是 0。这称为一位或一个比特(bit)。比特是信息的不可分割的基本单位。没有半个比特，也没有一个半比特。

一个比特是一个二进制数字，要么是 1，要么是 0。

3.2.3　令人难以置信的比特缩小现象

一个比特并不能告诉我们太多信息。为了有用，我们需要将许多存储单元组合在一起。晶体管最初较大(20 世纪 50 年代的晶体管看起来很像锡兵的烟囱帽)，然后逐渐缩小。第一批晶体管是由大约八分之一平方英寸的锗或硅晶体小芯片制成的。从那时起，晶体芯片的尺寸并没有发生太大变化，但晶体管本身却显著缩小了。

最初，一个芯片上只有一个晶体管，后来，半导体设计师将芯片分成四个相等的区域，每个区域都做成一个独立的晶体管。这样很容易就能添加将晶体管变成计算机存储单元所需的其他微小元件。

硅芯片很小且易碎，被包裹在一个长方形的塑料外壳中，就像一小块口香糖，上面有金属引脚，用于连接电子元件。

我们现在拥有的是一种电气“鸡蛋盒”：四个小格子，每个格子都可以容纳一个二进制比特。然后开始缩小。首先是 8 比特(或位)，然后是 16 比特，再后是 8 和 16 的倍数，都在同一个微小的硅芯片上。到 20 世纪 60 年代后期，一片硅芯片上可以制造 256 个存储单元，通常是 8×32 的数组。1976 年，我的 COSMAC ELF 计算机包含了两块内存芯片。每块芯片上有一个 4×256 的存储单元数组(想象一下一个非常长的鸡蛋盒)。因此，每块芯片可以容纳 1024 位。

这在当时是一种相当典型的内存芯片容量。我们称它们为 1KB RAM 芯片，因为它们是大约可以存储 1000 比特的随机存取存储器(RAM)。这里的 KB 来源于千比特(kilobit)，即 1000 比特。稍后会进一步解释随机存取的概念。

到了 20 世纪 70 年代中期，内存缩小的过程进入高速发展阶段。1KB 的芯片被进一步分成包含 4096 比特内存的 4KB 芯片。4KB 芯片几乎立即又被分成包含 16 384 比特内存的 16KB 芯片。这些 16KB 芯片是 1981 年 IBM PC 首次出现时的标准配置。到 1982 年，这些芯片再次被分割，16KB 变成了 64KB，在同一个小巧的芯片中包含了 65 536 比特存储空间。请记住，我们说的是在大约四分之一英寸见方的硅片上形成的超过 65 000 个晶体管(以及其他一些组件)。

到 1985 年，64KB 芯片已经被其四分之一的后代——256KB 芯片(262 144 比特)取代。内存芯片的容量通常会以四倍的速度增加，因为新一代芯片通常被划分为四个相等的区域，每个区域上放置的晶体管数量与前一代芯片整个硅片上的晶体管数量相同。

到 1990 年，256KB 芯片已经成为历史，1MB 芯片成为最先进的技术。到 1992 年，4MB 芯片占据了主导地位。这种芯片共包含 4 194 304 比特存储空间，但其尺寸仍然和一根小肉桂口香糖差不多。大约在那个时候，芯片本身变得足够小且脆弱，因此将四个或八个芯片焊接到微型印刷电路板上，以便它们能经受住笨拙的人类操作。这些“内存条”就是现代计算机所使用的。它们的优点是，在许多情况下，你可以移除并替换为更大的内存条，因为随着技术的发展，更大容量的内存条不断涌现。

内存芯片的发展一直在持续，到 2022 年，16GB 芯片已成为主流。

这会是终点吗？不太可能。在这个实时动画视频游戏和 4KB 视频的世界里，存储空间越大越好，并且我们正在使用一些惊人的、强大的技术来创建密度越来越高的存储系统。一些物理学家警告说，物理定律可能很快会在这场游戏中叫停，因为晶体管现在已经小到几乎只能一次通过一个电子。这时，一些被称为量子力学的真正麻烦的限制开始出现。我们会找到绕过这些限制的方法(我们总是能做到)，但在这个过程中，计算机存储的整个性质可能会发生变化。

如果试图跟上计算机世界中的“当前发展步伐”让你感到头疼，那么，你并不孤单。

3.2.4 随机访问

新手会对“随机”一词感到困惑和不安，因为它通常意味着混乱或不可预测。但在这里，这个词的真正含义是“随意”，表示你可以在随机存取存储器芯片中随意取出它包含的任何一个比特而不会干扰其他比特，就像你可以从公共图书馆成千上万的书架上随意选出一本书，而不需要按顺序筛选或打乱其他书的位置一样。

很久之前，数据通常存储在某种电磁设备上，通常是旋转的盘，这些设备与我们今天使用的硬盘有一些远亲关系。旋转磁存储器会将一组循环的比特传送到磁传感器的下方。这些比特一个接一个地经过传感器，如果错过了你想要的那一个，就像一月份的芝加哥公交车一样，你只能等待它再次出现[1]。这些是串行访问设备。它们按固定顺序将比特串行地呈现给你，一个接一个地进行，你必须等待你想要的那个比特按顺序出现。

不需要记住这些，我们早已在主计算机存储中抛弃了串行访问设备。不过，我们仍然在大容量存储中使用这样的系统，稍后会详细描述(你的硬盘本质上是一种串行访问设备)。

随机存取是这样工作的：在芯片内部，每个比特存储在各自的存储单元中，类似于图 3.1 所示的存储单元。每个存储单元都有一个唯一的编号。这个编号就是单元(因此也是比特)的地址。这就像街道上的地址：街角的比特是硅谷 0 号，隔壁的比特是 1 号，以此类推。你不需要敲开 0 号的门问是哪个比特，然后去隔壁问，直至找到你想要的比特。如果你知道地址，你可以直接走到那条街上，准确地停在你要访问的比特前面。

每个芯片都有多个引脚。大多数引脚称为地址引脚。其中一个引脚称为数据

1 译者注：“一月份的芝加哥巴士”是一个比喻，形容事情来得很慢或者等待时间很长。在一月份的芝加哥，由于冬季严寒的天气，巴士可能延误或者来得很慢。因此，这句话用来形容错过了想要的比特后，需要花费很长时间等待它再次出现，就像在寒冷的一月份等待巴士一样漫长。

引脚(见图 3.2)。地址引脚是传输二进制地址代码的电引线。地址是一个二进制数，仅用多个 1 和多个 0 表示。你通过将二进制 1 编码为 5 伏特(或除了 0 的其他电压值)，将二进制 0 编码为 0 伏特来将这个地址应用于地址引脚。计算机硬件中已经使用并仍在使用许多其他电压。重要的是我们都同意，引脚上的某个电压表示二进制 1。RAM 芯片内的特殊电路将这个地址解码为芯片内众多存储单元中的一个选择输入。对于应用于地址引脚的任何给定地址，只有一个选择输入会被升至 5 伏特，从而选择那个存储单元。

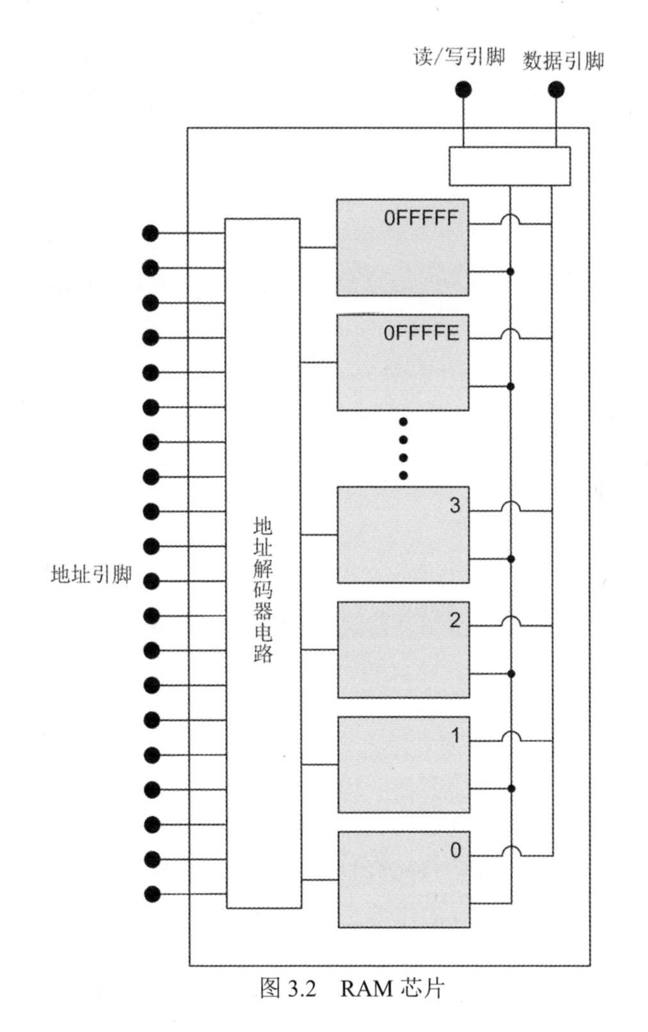

图 3.2 RAM 芯片

取决于你是打算读取还是写入一个比特，数据引脚会在存储单元的输入和输出之间切换，如图 3.2 所示。

但这一切都在芯片内部完成。对于外部操作来说，一旦你将地址应用到地址引脚上，数据引脚将包含一个表示你请求的比特值的电压。如果那个比特包含一个二进制 1，数据引脚将包含一个 5 伏特的信号；否则，二进制 0 比特将用 0 伏特表示。

3.2.5 内存访问时间

芯片的性能评估主要依据是你将地址应用到地址引脚后，数据出现在数据引脚上所需的时间。显然，速度越快越好，但是一些芯片(由于电气原因，这些原因很难解释)比其他芯片更快。

多年前，当计算机使用插入主板的单独芯片时，内存访问时间大多数情况下是指数据在地址应用到芯片后出现所需的时间。即便那时，还有其他因素影响着 CPU 芯片的速度及整个内存系统的设计方式。

如今，PC 内存系统主要使用内存条(稍后会详细介绍)，内存条由多个内存芯片和大量支持电路组成。内存条对其所在计算机的 CPU 速度及其所适配的插槽类型非常敏感。内存时序在过去 20 年里变得极其复杂。有几个因素决定了内存芯片接收地址和传输数据的速度。以下是一个很好的解释，但需要提醒的是，这是一份技术含量很高的介绍：

```
https://appuals.com/ram-timings-cas-ras-trcd-trp-tras-explained
```

我可以向你保证，你不需要完全理解 PC 内存硬件的复杂细节就能学习汇编语言。随着你对 PC 内部结构的逐步了解，一切都会逐渐变得清晰明了。

3.2.6 字节、字、双字和四字

仅用一块内存芯片就能制造出一台真正意义上的计算机的时代早已一去不复返了(事实上已经过去了几十年)。我那台可怜的 1976 年 COSMAC ELF 至少需要两块内存芯片。今天的计算机需要许多内存芯片，尽管今天的内存芯片可以存储数十亿比特的数据，而 ELF 的内存仅有区区 2048 比特。

内存系统必须存储信息。如何将一堆内存芯片组织成一个内存系统，很大程度上取决于我们如何组织这些信息。

答案从字节(Byte)开始。所有计算机杂志的鼻祖 *Byte* 杂志就以这个词作为杂志名，表明了字节在计算机领域的重要性。可惜，*Byte* 杂志在 1998 年末停刊了。从功能角度看，内存是以字节为单位衡量的。一字节是八比特(bit)。两个并排的字节称为一个字(word)，两个并排的字称为一个双字(double word)。如你所料，四字(quad word)由两个双字组成，总共是四个字或八字节。往相反的方向看，过去有些人把四比特组成的组称为半字节(nybble)——半字节就是一字节的一半(这个术语现在基本已经消失)。

以下是快速导览：

- 一比特是一个二进制数字，0 或 1。
- 一字节是并排的 8 个比特。
- 一个字是并排的两个字节：16 比特。
- 一个双字是并排的两个字：32 比特。
- 一个四字是并排的两个双字：64 比特。

计算机被设计用来存储和处理人类信息。人类交流的基本元素是由一组符号组成的，这些符号包括字母表中的字母(每个字母有大写和小写两种形式)、数字及逗号、冒号、句号、感叹号等符号。再加上各种国际变体字母，如 ä 和 ò 及更复杂的数学符号。你会发现人类信息需要一个包含超过 200 个符号的符号集。几乎所有 PC 风格的计算机中使用的符号集都列在附录 C 中。

字节在计算机系统中至关重要，因为符号集中的一个符号可以整齐地用一字节表示。一字节是 8 比特，而 2 的 8 次方是 256。这意味着 8 比特的二进制数可以表示 256 种不同的值，编号从 0 到 255。由于我们频繁使用这些符号，因此在计算机程序中所做的大部分工作都是以包含数字或文本的字节块来表示的。这并不意味着计算机只处理单字节。事实上，大多数现代计算机一次可以处理一个四字(quad word，8 字节或 64 比特)的信息。20 年前看起来无敌的 32 位机器正迅速淡出历史舞台。

为使软件的国际化和本地化切实可行，有一个名为 Unicode 的字符集标准，它本身就是一个标准集合。Unicode 字符集可以用一到四个字节表示，其中第一个字节几乎与长期建立的 ASCII 标准字符集相同。解释 Unicode 编码的工作原理超出了本书的范围，但对于美国以外的程序员来说，这是值得研究的。

3.2.7　排成一排的精美芯片

对于初学者来说，最难理解的事情之一是单个 RAM 芯片甚至连 1 个字节都不到……，尽管它可能包含数十亿比特。我们今天使用的大多数单个 RAM 芯片的数据引脚不超过 8 个，有些只有一个数据引脚。巧妙地将单个内存芯片以电气方式组合成整个内存系统。

一个简单的例子会有所帮助。请参见图 3.3。我绘制了一个将单个存储字节分布在 8 个独立 RAM 芯片上的内存系统。每个黑色矩形表示一个 RAM 芯片，如图 3.2 所示。8 个芯片中每个芯片都存储一字节中的一比特(或一位)，并且所有 8 个芯片中的地址相同。所有 8 个芯片的 20 个地址引脚连接在一起，用电工的话来说就是“并联”。当计算机将内存地址应用于 20 条地址线时，该地址会同时出现在内存系统中所有 8 个内存芯片的地址引脚上。这样，一个地址可以同时应用于所有 8 个芯片的地址引脚，这些芯片通过 8 条数据线同时传输 8 位数据，每个芯片传输 1 比特数据。

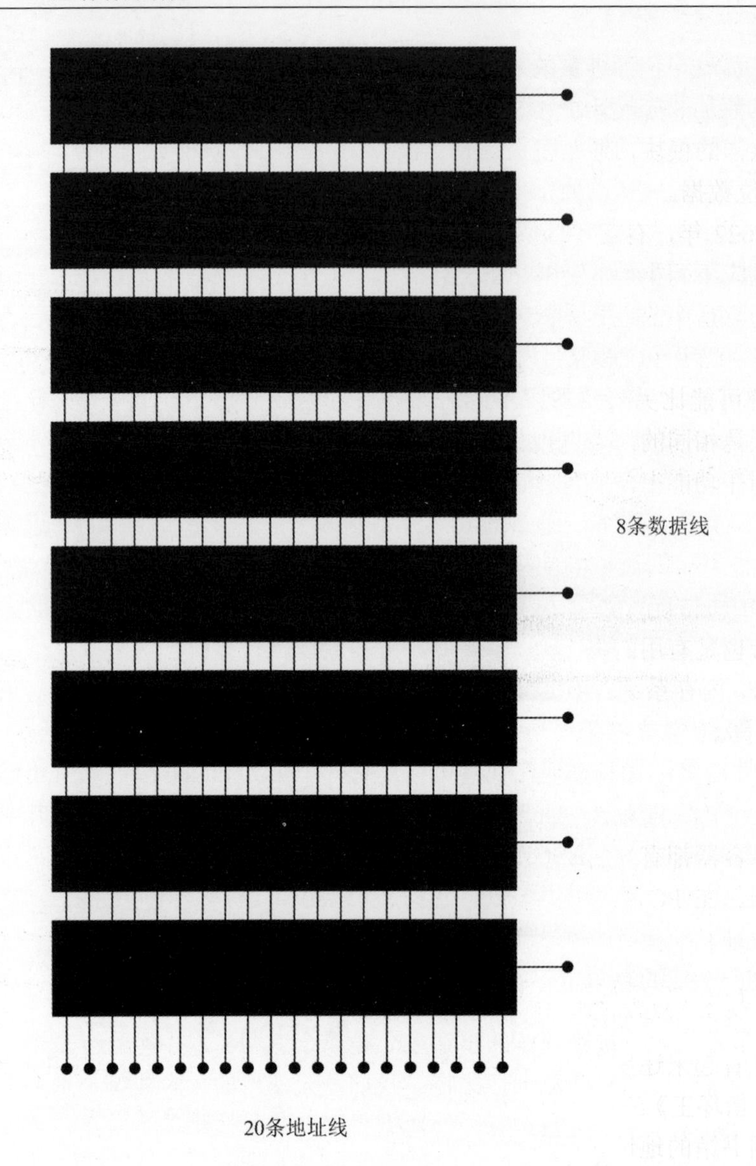

图 3.3　一个简单的 1MB 内存系统

在现实世界中，如此简单的内存系统已不复存在，将芯片(及其存储的位)分配到内存系统中的方式有许多种。如今，所有内存芯片在每个地址上实际存储不止一比特的数据。每个地址存储一比特、两比特、三比特、四比特或八比特的芯片相对常见。如何设计快速高效的计算机内存系统是电气工程中的一个完整子学科，随着内存芯片的改进以容纳更多内存单元，设计物理内存系统的“最佳方式”也将发生变化，可能是根本性变化。

毕竟，我们已经很久不需要将单个内存芯片插入计算机了。如今，内存芯片几乎总是被集成在各种容量的双列直插式内存模块(DIMM)中。这些模块是大约 5 英寸长、1 英寸高的小型绿色电路板。自 1990 年以来，所有兼容桌面 PC 的计算机都使用这样的模块，通常是成对使用。目前使用的每个模块通常在每个内存地址存储 64 位数据。

到了 2022 年，有各种各样的 DIMM 内存模块，引脚数量不同，芯片组合也各异，以适应不同类型的计算机。重要的是要记住，内存芯片组合成内存系统的方式并不影响程序的运行方式。当你编写的程序访问特定地址的内存字节时，计算机会负责从芯片和 DIMM 电路板的适当位置提取数据。一个按照某种方式排列的内存系统可能比另一种按照不同方式排列的内存系统更快地从内存中获取数据，但地址是相同的，数据也是相同的。从程序的角度看，除非程序运行速度很重要，否则在功能上没有区别。

总之，从电气角度看，计算机内存由一排或多排内存芯片组成，这些芯片位于小型电路板(电路板通常是可拆卸的)上，每个芯片包含大量由晶体管和其他微小电子元件组成的存储单元。大多数情况下，为了避免混淆，忘记晶体管甚至物理芯片的行也是有用的。

多年来，内存系统的访问方式发生了变化。8 位计算机(现已过时且几乎绝迹)每次访问 8 位(1 字节)内存。16 位计算机每次访问 16 位(1 字)，32 位计算机每次访问 32 位(1 双字)。基于 64 位处理器的现代计算机每次访问 64 位(1 四字)内存。这可能令人困惑，所以在大多数情况下，最好将其想象成一排很长的字节大小的容器，每个容器都有自己独特的地址。不要以为只能按字处理信息的计算机只有字才有地址。在 PC 架构中，无论一次从内存中提取多少字节，每字节都有其独特的数字地址。

计算机内存中的每字节都有自己唯一的地址，即使在一次处理 2、4 或 8 字节信息的计算机中也是如此。

如果这看起来违反直觉，另一个比喻可能会有所帮助。当你去图书馆借托尔金的巨著《指环王》三部曲时，你会发现每一本都有自己的卡片目录编号(基本上就是它在图书馆的地址)，但你会一次性把三本书都拿下来，并将它们作为一个整体处理。如果你真的想要，可以一次只从图书馆借一本书，但这样做时，你需要此后再去两次图书馆才能借到另外两本，会浪费你的时间和精力。

64 位计算机也是如此。每个字节都有自己的地址，但当 64 位计算机访问主内存中的一字节时，它实际上读取了 64 字节，其中请求的字节位于读取的块中的某个位置。这个 64 字节的块称为缓存行。缓存基本上是 CPU 芯片内部的一块内存位置，而不是主板上的 DIMM 外部内存。从缓存读取数据或指令比从外部内存读取要快得多。当你的程序继续运行、读取、写入和执行时，程序使用的大部分内容已经存在于缓存中。CPU 有一些非常复杂的机制来管理缓存，这些机制不断从 CPU 外部交换内存，并尽最大努力预测你的程序下一步将使用什么内存。

描述缓存管理机制的工作原理涉及其他复杂的概念，例如虚拟内存、分页和分支预测，这超出了这本入门书籍的范围。好消息是，所有这些机制都是由 CPU 和操作系统之间的协作控制的。无论缓存中有什么内容，你的程序运行方式都是一样的。当然，程序的运行速度可能会因为 CPU 从外部内存中调入数据的多少而有所不同。作为初学者，你不需要关心缓存运行和其他细节。然而，当你成为足够了解汇编语言的专家，并理解缓存和其他内存管理机制如何影响程序速度时，你就需要从头到尾学习这些机制。

3.3　CPU 和装配线

所有关于从内存读取和向内存写入的讨论到目前为止都小心地避开了“谁”在进行这些读取和写入的问题。这个“谁”几乎总是一个单独的芯片，而这个芯片也非常了不起：中央处理器，简称 CPU。如果你是个人计算机的总裁和首席执行官，CPU 就是你的车间主管，负责确保你的指令在芯片之间得到执行。

有人会说 CPU 才是真正做工作的人，虽然这在很大程度上是正确的，但这种说法过于简单了。许多实际工作是在内存系统及外围设备(如视频显示板、USB 和网络端口等)中完成的。因此，虽然 CPU 确实做了很多工作，但它也将相当多的工作分配给计算机内的其他组件，主要是为了让 CPU 能够更快地完成它最擅长的工作。与任何优秀的管理者一样，车间主管会将自己能做的所有工作委托给其他计算机子系统。

大多数 PC 中使用的 CPU 芯片都是由英特尔公司设计的，该公司在 20 世纪 70 年代早期发明了单芯片 CPU。从那时起，英特尔 CPU 迅速发展，正如稍后将描述的那样。多年来，细节上发生了许多变化，但从高层次看，任何英特尔或兼容英特尔的 CPU 的功能大致相同。

3.3.1　与内存对话

CPU 芯片最重要的工作是与计算机的内存系统通信。和内存芯片一样，CPU 芯片是一个小小的硅片，上面放置了大量晶体管——数量达到数十亿个！脆弱的硅片被封装在金属/陶瓷外壳中，底部或边缘有许多突出的电连接引脚。与内存芯片的引脚一样，CPU 的引脚传输以电压水平编码的信息，通常为 3~5 伏。引脚上的 5 伏表示二进制 1，而引脚上的 0 伏表示二进制 0。

像内存芯片一样，CPU 芯片也有一些专门用于内存地址的引脚，这些引脚连接到计算机的内存芯片系统，如图 3.4 所示；CPU 左侧的内存系统与图 3.3 中绘制的内存系统相同，只是侧放了一下。当 CPU 需要从内存中读取一字节(或一个字、双字、四字)时，会将要读取的字节的内存地址作为二进制数放在其地址引脚上。一秒钟后，请求的字节会出现在内存芯片的数据引脚上(同样是二进制数的形式)。CPU 芯片也有数据引脚，并通过其数据引脚接收内存芯片呈现的字节。

当然，这个过程也可反向进行。要将一字节写入内存，CPU 首先将想要写入的内存地址放在其地址引脚上。几纳秒后(具体时间因系统的整体速度和内存的排列方式而异)，CPU 将想要写入内存的字节放在其数据引脚上。内存系统会在请求的地址中存储该字节。

如图 3.4 所示的 CPU 和内存当然是纯概念性的。现代内存系统要比图中所示复杂得多，但从某种程度上讲，它们的工作方式都是相同的：CPU 将地址传递给内存系统，内存系统要么接收来自 CPU 的数据并将数据存储在该地址，要么将该地址处的数据放在计算机的数据总线上供 CPU 处理。

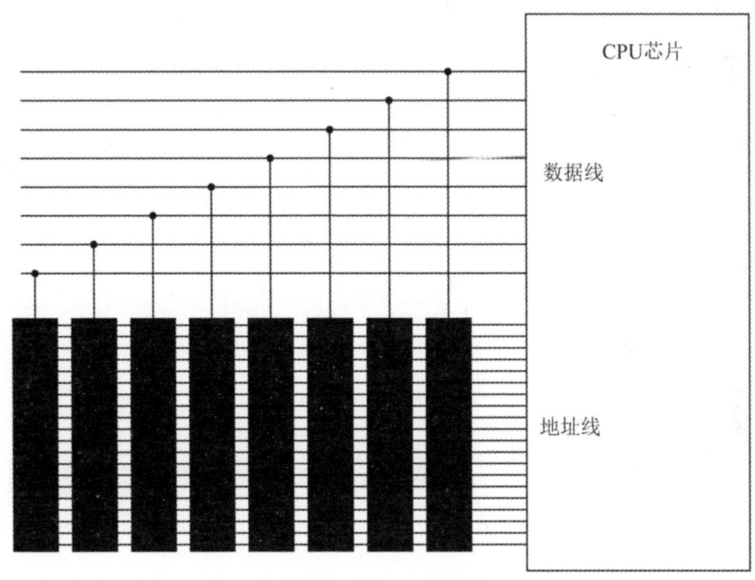

图 3.4　CPU 和内存

3.3.2　搭乘数据总线

CPU 和内存系统之间的这种交互代表了计算机内部发生的大部分事情。信息从内存流入 CPU，然后流回。信息也通过其他路径流动。你的计算机还包含一些称为外围设备(或外设)的附加设备，这些设备既可以是信息的来源，也可以是信息的目的地(或两者兼具)。

PC 型计算机中最常见的外围设备包括显卡、磁盘驱动器、USB 端口和网络端口。与 CPU 和内存一样，外围设备都是电子设备。大多数现代外围设备由一个或两个大型芯片及可能支持这些大型芯片的几个小型芯片组成。像 CPU 芯片和内存芯片一样，这些外围设备也有地址引脚和数据引脚。一些外围设备(特别是显卡)拥有自己的内存芯片，如今还有自己专用的 CPU。现代高性能的显卡本身就是一台功能强大的计算机，尽管它具有特定和有限的任务。

外围设备与 CPU 进行“对话”(即它们向 CPU 传递数据或从 CPU 接收数据)，有时也会相互对话。这些对话通过连接所有计算机设备共有的地址引脚和数据引脚的电气连接进行。这些电气线路被称为数据总线，形成了一种连接 CPU 与计算机所有其他部件的公共通信线路。有一个复杂的电气仲裁系统，确定不同设备何时及以何种顺序使用这个通信线路进行对话。但总体上是相同的：首先在总线上放置一个地址，然后是一些数据。一次可以移动多少数据取决于涉及的外围设备。在总线上与地址一起发送特殊信号，以指示地址是内存中的位置，还是附加到数据总线的外围设备之一。外围设备的地址称为 I/O 地址，以区别于我们一直讨论的内存地址。

数据总线是许多 PC 型计算机中扩展插槽的主要组成部分，尽管现在的计算机中扩展插槽数量比几十年前少了很多。许多外围设备(特别是视频显示适配器)是插入这些插槽的印刷电路板。这些外围设备通过扩展插槽中的电气引脚连接，与 CPU 和内存进行通信。

尽管扩展插槽非常方便，但它们会给计算机系统带来延迟。随着时间的推移，越来越多的外围设备只是主电路板(即主板)一个角落上的几个芯片。这些外围设备被称为集成外围设备，其中最常见的是集成显卡，它由主板上的一个或多个专用芯片组成。现代的个人计算机为了处理高分辨率实时动画图形(主要用于游戏)，通常有专门设计的扩展插槽来容纳显卡。

3.3.3 寄存器

每个 CPU 都包含一些称为寄存器的数据存储“小格子”。这些寄存器就像车间主管的衣袋或工作台。当 CPU 需要一个地方暂时存放某些数据时，空闲的寄存器就是理想的选择。CPU 也可将数据存储在内存中，但这比将数据放入寄存器要花费更多时间。因为寄存器实际上在 CPU 内部，所以将数据放入寄存器或从寄存器中读取数据都非常快。

更重要的是，寄存器是主管的工作台。当 CPU 需要将两个数字相加时，最简捷的方法是将这两个数字放入两个寄存器中，然后将这两个寄存器相加。在通常的 CPU 实践中，和的结果会替代原先相加的两个数字中的一个，但之后这个和可以被放入另一个寄存器，与另一个寄存器中的数字相加，被存储到内存中，或者参与其他许多操作。

CPU 正在进行的即时工作保存在称为“寄存器”的临时存储容器中。

涉及寄存器的工作总是很快，因为寄存器位于 CPU 内，彼此之间以及与 CPU

的内部机制之间有特殊的连接。数据的移动距离非常短，所需的数据移动量也非常少。

像内存单元以及整个 CPU 一样，寄存器也是由晶体管构成的。但与具有数字地址的内存单元不同，寄存器有各自的名称，例如 RAX 或 RDI。更复杂的是，虽然所有 CPU 寄存器具有某些共同的特性，但有些寄存器拥有其他寄存器不具备的独特功能。理解 CPU 寄存器的方式和限制有点像参加世界和平会议：有合作关系、联盟关系，而且每个寄存器都有一系列令人困惑的秘密议程。没有一个通用系统来描述这些事情；就像不规则动词一样，你只能通过记忆来掌握它们。

大多数外设也有寄存器，但外设寄存器的作用范围比 CPU 寄存器更有限。它们的功能非常明确，虽然毫不隐秘，但依然让人感到困惑，任何尝试在寄存器级别为显卡编写代码的人都会证明这一点。幸运的是，如今几乎所有与外设的通信都由操作系统处理，正如将在本书后面解释的那样。

3.3.4　装配线

如果说 CPU 是车间主管，那么外设就是装配线上的工人，而数据总线就是装配线本身。然而，与大多数装配线不同的是，主管在这条线上的工作强度比其他工人更大！

例如，信息通过网络端口外设进入计算机，该外设将从计算机网络电缆接收到的比特组装成表示字符和数字的数据字节。然后，网络端口将组装好的字节放到数据总线上，CPU 从数据总线上拾取这些字节，对其进行统计或其他处理，再将其放回数据总线。显示板从数据总线上检索该字节，并将其写入视频内存，这样你就可以在屏幕上看到它。

这是一个极其简化的描述，但显然，这个盒子内部发生了很多事情。沿着数据总线，CPU、内存和外设之间的持续快速通信完成了计算机所做的工作。那么问题来了：谁来告诉主管和工人该做什么？是你。你是如何做到的呢？你编写一个程序。程序在哪里？程序和内存中存储的所有其他数据一起在内存中。事实上，程序本身也是数据，这正是我们所知道的编程概念的核心。

3.4　遵循计划的盒子

最后，我们来谈谈计算的本质：程序的性质以及它们如何指示 CPU 控制计算机并完成你的工作。

我们已经看到内存可以用来存储信息字节。这些字节都是二进制代码，由存储为微小电压水平的 1 位和 0 位组成，合在一起构成二进制数字。我们还讨论了符号以及某些二进制代码如何被解释为对我们有意义的东西，如字母、数字、标点符号等。

就像字母和数字代表一组对我们有意义的代码和符号一样，也有一组对 CPU 有意义的代码，这些代码被称为机器指令，名称反映了它们的实际作用：给 CPU 的指令。当 CPU 执行程序时，它一次从数据总线上读取一个数字。每个数字告诉 CPU 要做什么，CPU 知道如何执行。当它完成一条指令后，会读取下一条并执行。它会一直这样做，直到某些东西(程序中的命令或像复位按钮这样的电信号)告诉它停止。

让我们来看几个例子，这些例子来自较早的英特尔 32 位 CPU 芯片。从中你可以了解到，机器指令是作为 CPU 命令的数字。在这个特定的讨论中，具体的机器指令并不重要。

8 位二进制代码 01000000(40H)对 CPU 来说具有特定的含义。它是一条指令：将寄存器 AX 中的值加 1，并将和放回 AX。这大概是最简单的指令了。大多数机器指令占用的字节数超过一个。许多指令长度为两字节，也有不少是四字节长。实际上，最长指令的长度为 15 字节。二进制代码 11010110 01110011(0D6H 073H)构成另一条指令：将值 73H 加载到寄存器 DH 中。另外，二进制代码 11110011 10100100(0F3H 0A4H)指示 CPU 执行以下操作：开始将寄存器 CX 中指定数量的字节从存储在寄存器 DS 和 SI 中的 32 位地址移到存储在寄存器 ES 和 DI 中的 32 位地址中，在移动每字节后更新 SI 和 DI 中的地址，并且每次移动后将 CX 减 1，最后在 CX 变为零时停止。

我们将在后续章节中详细讨论机器指令的具体内容，在真正开始编写 x64 汇编代码时会更深入地进行介绍。这里的重点是，机器指令是 CPU 理解为执行某些操作的数字(或短序列的数字)。有执行算术操作(加法、减法、乘法和除法)和逻辑操作(AND、OR、XOR 等)的指令，也有在内存中移动信息的指令。一些指令用于调整程序执行的路径，即在程序逻辑中决定程序的执行路线。一些指令具有非常神秘的功能，除了操作系统的内部结构外，很少出现。目前重要的是要记住，每条指令都告诉 CPU 执行一个通常较小且有限的任务。许多指令按顺序传递给 CPU，指导 CPU 执行更复杂的任务。编写这一系列指令就是汇编语言编程的实质所在。

让我们进一步加以讨论。

3.4.1 获取并执行

计算机程序无非是存储在内存中的一系列机器指令。这个序列本身并没有什么特别之处，它在内存中的位置也没有什么特殊性。它几乎可以位于任何地方，序列中的字节只是二进制数字。

构成计算机程序的二进制数字的特殊之处在于 CPU 对它们的处理方式。当现代 64 位 CPU 开始运行一个程序时，会首先从内存中一个约定好的地址获取字节(而非字、双字或四字)。这个起始地址的约定是操作系统的问题，目前不必关心。这些初始字节是从内存中读取并执行的指令流的开头。这个指令流被加载到 CPU 内部的一个特殊内存系统(称为指令缓存)中；CPU 可以非常快速地访问它。当 CPU 处理缓存中的指令时，会自动从内存加载更多指令，以保持缓存始终是满的(或接近于满)。

这里要记住的关键点是，并非所有的机器指令长度都相同。在 x64 架构中，指令的长度可以从 1 字节到 15 字节不等。CPU 会检查缓存中输入的机器指令字节流，以确定每条指令的起始和结束位置。当 CPU 在流中识别出一条指令时，它会执行该指令，然后继续检查流以识别下一条指令。

CPU 内部有一个特殊的寄存器，称为指令指针，它实际上包含下一条要执行的指令的地址。在 x64 CPU 中，指令指针名为 RIP。每次执行一条指令时，指令指针会更新为指向内存中的下一条指令。在现代 CPU 内部，有一种硅技术的“魔法”会猜测接下来要获取的内容，并将其放在旁边的存储区，这样在需要时可以更快地获取，而且结果是正确的。

所有这些都像钟表一样精确完成。计算机有一个称为系统时钟的电气子系统，它实际上是一个振荡器，以非常精确的时间间隔发出方波脉冲。CPU 内部大量微小的晶体管开关根据系统时钟产生的脉冲协调其动作。在过去，执行一条指令通常需要几个时钟周期(基本上就是时钟的脉冲)。随着计算机速度的加快和内部设计的精密化，大多数机器指令可以在一个时钟周期内执行。现代 CPU 可以并行执行指令，因此多条指令通常可以在一个时钟周期内执行。

因此，这个过程是：获取并执行，再次获取并执行。CPU 在内存中逐步执行，由指令指针寄存器引导。在操作过程中，它会完成以下工作：在内存中移动数据，在寄存器中移动数值，将数据传递给外围设备，执行算术或逻辑运算。

计算机程序是存储在内存中的二进制机器指令列表。它们与存储在内存中的其他数据字节列表没有区别，只是在被 CPU 获取时的解释方式不同。

3.4.2　CPU 的内部结构

之前提到，机器指令是二进制代码。要理解 CPU 的本质，就必须跳出将机器指令视为数字的固定观念。它们不是数字，而是用来切换电开关的二进制模式。我们称它们为数字，只是为了避免处理(大量)1 和 0 的序列。01010001 还是 51H？你来告诉我。

CPU 内部包含大量的晶体管。我桌上的英特尔 Core i5 四核处理器包含了 5.82 亿个晶体管，而拥有超过 10 亿个晶体管的 CPU 芯片现在已经很常见了。2016 年推出的 10 核 i7 Broadwell E 拥有 33 亿个晶体管，而且这个数字还在不断增加。

顺便说一下：为什么我仍然使用一台拥有区区 5.82 亿个晶体管的 10 年老机器？因为它能满足我所有的需求，而且对散热要求不高。散热很重要。当凤凰城夏天室外温度达到 30 摄氏度时，我最不需要的就是一个装满风扇并向我的办公室排出热空气的箱子，然后我还得付电费把这些热空气排出去。如果我是视频游戏开发者或科学家，需要运行大型计算模型，那么我会买一台我能负担得起的、拥有尽可能多晶体管的 CPU，并将电费视为业务成本。你需要什么样的计算机性能取决于你的工作需求。计算机性能的提升在成本和散热上都是有代价的。

这些晶体管中有相当一部分用于构成主管的“衣袋”：用于存储信息的机器寄存器。在 x64 架构中，这些寄存器都是 64 位(8 字节)大小。还有大量的晶体管用于构建称为“缓存”的短期存储(稍后会详细描述缓存)。目前，可以将缓存理解为放在主管手边的一小组存储架，使得主管不必走到房间的另一端获取更多材料。然而，CPU 中的绝大多数晶体管都是连接到其他开关的开关，这些开关又连接到更多开关，形成一个复杂得令人难以理解的网络。

这是一个需要“从高处俯瞰”的示例，也就是说，为了更好地理解这个过程，有必要采用一种整体、宏观的视角来看待。用这种视角解释 CPU 处理简单指令的步骤，可以帮助我们更清楚地理解计算机的实际工作原理。极其简单的单字节机器指令 01010001(51H)指示 CPU 将存储在 64 位寄存器 RCX 中的值压入栈。CPU 将其分解为两个独立步骤。首先，CPU 从栈指针寄存器(RSP)中的值减去 8，以在栈上为 64 位寄存器腾出空间。接下来，将 RCX 中的值复制到现在由栈指针寄存器引用的内存位置。然后任务完成，CPU 准备执行下一条指令。你将很快看到，CPU 如何将单个指令解释为一个或多个细化步骤的序列。以这种方式思考机器指令 01010001 的执行，非常有助于理解计算机的本质。

准确来说，所有这些电气过程的发生是极其复杂的，但你必须记住，存储在 CPU 内的任何数字都可以看作二进制代码，包括存储在寄存器中的值。此外，CPU 内的大多数开关有多个句柄。这些开关称为“门(gate)”，按逻辑规则工作。或许需要两个、三个甚至更多“上(up)”开关同时到达某个特定的门，才能让一个“下(down)”开关通过该门。

这些门用于构建 CPU 内部复杂的机械结构。多个门集合在一起可以在称为加法器的装置中实现两个数的相加，这实际上不过是成百上千个小开关首先作为门一起工作，然后这些门一起工作形成加法器。CPU 内还有其他机制，所有这些机制都是由晶体管开关和门构成的。

计算机的主管(CPU)是由开关构成的——就像计算机的其他部分一样。它包含数量惊人的开关，这些开关以更加令人惊叹的方式相互连接。但重要的是，无论你感到震撼，还是像我一样仅仅对这一切麻木不仁，CPU 最终都会精确地执行我们告诉它的操作。我们将一系列机器指令作为一个表格设置在内存中，然后，这块沉默的硅砖就会活跃起来，开始履行它的职责。

3.4.3　改变路线

计算机本质中的第一个真正魔法在于，内存中的一串二进制代码一步步告诉计算机该做什么。第二个魔法实际上是皇冠上的明珠：存在可以改变机器指令获取和执行顺序的机器指令。

换句话说，一旦 CPU 执行了一条有用的机器指令，下一条机器指令可能会告诉 CPU 回到前面再次执行那条指令——一次又一次，直到需要的次数为止。CPU 可以记录它执行特定指令或指令列表的次数，并不断重复这些指令，直到达到预定的计数。

或者，如果某些机器指令根本不需要执行，CPU 可以完全跳过这些指令序列。

这意味着内存中的机器指令列表不一定从头到尾按顺序执行。CPU 可以先执行前 50 条、100 条或 1000 条指令，然后跳到程序的末尾，或者跳回到开头重新执行。它可以像在平静的池塘上抛掷的石子一样，在指令列表中上下跳跃。它可以在这里执行几条指令，然后快速跳到其他地方执行更多指令，再返回继续从中断的地方执行，所有这一切都不会错过任何一步，甚至不会浪费太多时间。

这是如何实现的呢？请记住，CPU 包含一个特殊寄存器，始终包含下一条要执行的指令的地址。这个寄存器，即指令指针，与 CPU 中的其他寄存器并没有本质上的区别。正如一条机器指令可以给寄存器 RCX 加 1，另一条机器指令也可以对存储在指令指针中的地址进行加减运算。如果给指令指针加上 100(十进制)，CPU 会立即跳过 100 字节的机器指令，然后继续执行。相反，如果从指令指针中的地址减去 100，CPU 会立即沿机器指令列表向上跳回 100 字节。

最后，还有第三个魔法：CPU 可以根据它正在执行的工作来改变执行路径。CPU 可以根据存储在内存中的值或几个特殊的单比特(one-bit)CPU 寄存器(称为标志)的状态来决定是否执行某条指令或一组指令。CPU 可以计算需要执行某项操作的次数，然后执行该操作相应的次数。或者，它可以执行某项操作，然后一次次地执行，每次都检查(通过查看某处的数据)是否完成了任务，或者是否需要再执行一次。

所以，你不仅可以告诉 CPU 做什么，还可以告诉它去哪里。更好的是，有时你可以让 CPU 像忠实的猎犬一样，嗅出前进的最佳路径，以最快的方式完成工作。

在第 1 章中，我提到计算机程序是一个步骤和测试的序列。大多数 CPU 理解的机器指令是步骤，但其他指令是测试。测试总是双向的，实际上选择的操作总是相同的：跳转或不跳转。就是这样。你可以测试 CPU 中的任何多种条件，但选择总是跳转到程序的另一个位置或继续执行下去。

3.5 什么与如何：架构和微架构

本书实际上是关于为英特尔的 64 位 CPU 及其他兼容英特尔的 CPU 编写汇编语言程序。英特尔和兼容英特尔的 x86 系列 CPU 有很多种。如果列出完整的清单，包括 8086、8088、80186、80286、80386、80486、赛扬(Celeron)、奔腾(Pentium)、奔腾 Pro、奔腾 MMX、奔腾 II、奔腾 D、奔腾 III、奔腾 4、奔腾至强(Pentium Xeon)、至强(Xeon)、酷睿(Core)，以及其他许多现今以 Haswell 和 Coffee Lake 等名字命名的系列。此外，这些只是英特尔设计和销售的 CPU 芯片。其他公司(主要是 AMD)也设计了自己的与英特尔架构兼容的 CPU 芯片，这使得完整的列表增加了几十种。在单一的 CPU 类型内通常还有三到四种变体，具有像 Coppermine、Katmai、Conroe、Haswell、Coffee Lake 等奇特的名字。

如何跟踪所有这些信息呢？

简单回答是：实际上没有人真的这样做。为什么呢？因为对于几乎所有用途来说，大量细节并不重要。CPU 的核心可以清晰地分为两部分：CPU 做什么，以及 CPU 如何做。我们作为程序员，从外部看到的是 CPU 做什么。设计计算机主板和其他硬件系统并整合英特尔处理器的电气工程师和系统设计师需要了解其余的一些细节，他们是一个规模虽小但精干的团队，而且非常清楚自己的角色。

3.5.1 不断演变的架构

程序员从外部看到的包括 CPU 寄存器、CPU 理解的机器指令集，以及像快速数学处理器这样的特殊用途子系统，这些子系统通常包括自己的机器指令和寄存器。所有这些内容都由英特尔详细定义，并将其发布在网上或在大块头书籍中描述，以便程序员可以学习和理解它们。总的来说，这些定义被称为 CPU 的架构。

CPU 架构随着时间的推移而演变，因为厂商会向产品线添加新的指令、寄存器和其他功能。理想情况下，这种演变是为了保持向后兼容性，这意味着新功能通常不会替换、禁用或改变旧功能的外部效果。英特尔在其主要的 x86 产品线中非常注重向后兼容性，该产品线始于 1978 年的 8086 CPU。在某些限制内，即使是为古老的 8086 编写的程序也能在我桌上的现代 64 位 Core i5 Quad CPU 上运行。任何不兼容性更多地与不同的操作系统相关，而不是 CPU 本身的细节造成的。

当然，反之则不然。新机器指令会逐渐进入英特尔的产品线。1996 年首次引入的新机器指令不会被设计于 1993 年的 CPU 识别。但是，1993 年首次引入的机器指令几乎总会出现在更新的 CPU 中，并且以相同的方式运行。

除了定期增加指令集，架构偶尔也会发生重大飞跃。这种重大飞跃通常涉及 CPU“宽度”的变化。1986 年，英特尔的 16 位架构随着 80386 CPU 的推出而扩展到 32 位，增加了许多指令和操作模式，并将 CPU 寄存器的宽度翻倍。2003 年，英特尔的主流架构再次扩展，这次扩展到 64 位，具有新的指令、操作模式和扩展的寄存器。但是，遵循扩展的 64 位架构的 CPU 仍然可以运行为 32 位架构编写的软件。

英特尔的 32 位架构被称为 IA-32(Intel Architecture 32-bit)。而较新的 64 位架构因为一些特殊原因被称为 x64，其中最主要的原因是这个架构不是由英特尔发起的。英特尔的主要竞争对手 AMD 在本世纪初创建了一种向后兼容的 64 位 x86 架构，非常成功，以至于英特尔不得不放下面子采纳它。这个决定对英特尔来说是一个巨大的妥协：英特尔自己的 64 位架构叫做 IA-64 Itanium，由于技术原因，在市场上被普遍拒绝，这些技术原因远远超出了本书中可以解释的范围。

几乎没有什么问题，较新的 64 位英特尔架构包含了 IA-32 架构，而 IA-32 架构则包含了更早的 16 位 x86 架构。了解各个 CPU 将哪些指令添加到架构中是很有用的，要记住，当你使用一个“新”指令时，你的代码将无法在出现该新指令之前制造的 CPU 芯片上运行。

3.5.2　地下室的秘密机器

由于向后兼容性问题，CPU 设计师不会在没有充分理由的情况下向架构添加新指令或寄存器。改进一系列 CPU 的更好方法有其他几种，最重要的是提高处理器的吞吐量，这不仅仅是提高 CPU 时钟频率。另一种方法是降低功耗。正如我之前提到的，CPU 使用的电能中有一部分会作为热量浪费，如果不加以控制，废热会烤坏 CPU 芯片并损坏周围的组件。这也导致风扇的噪声更大和更高的电费。因此，设计师总是在寻找方法来降低执行相同任务所需的功率。

提高处理器吞吐量意味着增加 CPU 在单位时间内执行的指令数量。提高吞吐量有很多秘诀，例如预取(prefetching)、L1、L2 和 L3 缓存、分支预测(branch prediction)、超流水线(hyper-pipelining)、宏操作融合(macro-ops fusion)等。其中一些技术是为了减少或消除 CPU 内部的瓶颈而创建的，以便 CPU 和内存系统几乎可以一直保持忙碌状态。其他技术则扩展了 CPU 并发处理多个指令的能力。

总的来说，所有这些神秘的电气机制，使得 CPU 能够按照指令执行任务，被称为 CPU 的微架构。这是你看不见的底层机械结构。在这里，车间主管的比喻有些不太恰当。让我给你提供另一个比喻。

假设你拥有一家为福特制造自动变速器零件的公司。你有两个独立的工厂，一个有 40 年历史，另一个刚刚建成。这两个工厂生产完全相同的零件——这是必需的，因为福特将这些零件装入其变速箱时，不知道也不关心它们是由你的哪个工厂制造的。因此，无论凸轮或外壳是在旧工厂还是新工厂制造的，它们在尺寸上都精确到 0.01 英寸。

你的老工厂已经存在了一段时间。你的新工厂是在过去 40 年运营老工厂所积累经验的基础上设计和建造的。新工厂布局更合理，照明更好，现代化的自动化工具需要更少的人来操作，并且可以更长时间地运行而不需要调整。

结果就是，你的新工厂能够更快速、更高效地制造这些凸轮和外壳，耗费更少的电力和原材料，并且需要更少的人力来完成。这意味着有一天，你会根据在运营第二个工厂时学到的经验建造一个更加高效的第三个工厂，并关闭第一个工厂。

然而，无论这些凸轮和外壳是在哪里制造的，它们都是一样的。它们如何被制造的细节并不是福特或其他人关心的事情。只要这些凸轮是用相同的材料按照相同的规格和尺寸公差制造的，“如何制造并不重要”。

所有的工具、装配线布局以及每个工厂的总体结构可以被视为该工厂的微架构。每次你建造一个新工厂，新工厂的微架构在做老工厂一直在做的事情时更加高效。

处理器也是如此。英特尔和 AMD 不断重新设计它们的 CPU 微架构，使其更加高效。推动这些努力的是改进的硅制造技术，这些技术允许在单个 CPU 芯片上放置越来越多的晶体管。更多的晶体管意味着更多的开关和更多解决吞吐量和功耗效率问题的潜力。

当然，改进微架构的首要指导原则是避免通过改变机器指令或寄存器操作的方式来“破坏”现有程序。这就是为什么它是地下室中的秘密机械。CPU 设计者极其努力地保持 CPU 所做的事情与那些数十亿晶体管森林深处实际完成任务的方式之间的清晰界限。

所有像 Conroe、Katmai、Haswell 或 Coffee Lake 这样的奇异代码名称实际上指的是微架构中的优化。微架构的重大变化也有特定的名称，例如 P6、Netburst、Core 等。这些都在网上有详细的描述，但如果你并不完全理解也不要感到难过。大部分时间我也是在勉强理解。

我说这些是为了让你作为一个新手程序员不要过分关注英特尔微架构的差异。微架构细节的不同几乎不会给你编写程序提供可利用的优势。微架构并不是保密的(有大量关于它的信息可以在线获取)，但为了你的心理健康，你可能应该暂时将它视为一个谜。我们现在有更重要的知识要学习。

3.6 工厂经理

我描述的不仅仅是“一台计算机”，更像是“计算过程”。执行程序的 CPU 并不能构成一台完整的计算机。1976 年我建造的 8 位 COSMAC ELF 设备只是一个实验，最多也只能算是一种教育玩具。

COSMAC ELF 带有一些内存和足够的电子支持(使用了开关和 LED 数字显示器)，我可以输入二进制机器指令并查看寄存器和存储器芯片内部发生的事情。我从中学到了很多，但它从某种意义上说并不实用。

我的第一台有用的计算机是几年后出现的。它有一个键盘、一个 CRT 显示器(尽管不能显示图形)、一对 8 英寸软盘驱动器和一个菊轮(daisy-wheel)打印机。复古科技爱好者会喜欢，它的核心是一颗 1MHz 的 8080 CPU！这台机器非常有用，我用它写了许多杂志文章和我的前三本书。我为它编写了许多简单的应用程序，比如最初的 WordStar 文字处理器。但真正让它变得有用的是另一件事情：操作系统。

3.6.1　操作系统：转角办公室

操作系统是管理计算机系统运行的程序。它和其他程序一样，由 CPU 执行的一系列机器指令组成。操作系统的区别在于，它拥有文字处理器和电子表格程序通常未拥有的特殊权限。如果我们继续把 CPU 比作车间主管，操作系统就是工厂经理。整个工厂都在经理的控制之下。经理负责监督原材料的引入，管理工厂内部的工作(包括车间主管的工作)，并将成品打包发货给客户。

事实上，早期的微型计算机操作系统并不强大，功能也很有限。它们转动磁盘，负责将数据存储到磁盘驱动器上，并在需要时从磁盘中取回数据。它们从键盘获取按键输入的字符，并将字符发送到视频显示器。经过一些调整，可将字符发送到打印机。仅此而已。

CP/M 在 1979 年是台式微型计算机的“最先进”操作系统。如果你在键盘上输入一个程序的名称，CP/M 会从磁盘中读取该程序，将其从磁盘文件加载到内存中，然后将计算机的所有控制权交给加载的程序。当 WordStar 运行时，它会覆盖内存中的操作系统命令处理器，因为那个时代的内存非常昂贵且容量有限。当 WordStar 退出时，CP/M 命令处理器会从软盘中重新加载，并简单地等待来自键盘的另一个命令。

3.6.2　BIOS：软件不“软”

随着计算机系统速度的提升和内存成本的降低，操作系统也随之改进，文字处理器和电子表格软件的性能也得到显著提升。1981 年 IBM PC 问世时，PC DOS 几乎在一夜之间取代了 CP/M。IBM PC 的内存空间大得多(是 CP/M 的 16 倍)，使得许多事情成为可能，并且大多数操作变得更快。DOS 比 CP/M 能做的事情更多。这是因为 DOS 的帮助。

IBM 将处理键盘、显示器、串口和磁盘驱动器的代码刻录到一种特殊的存储芯片中，这种芯片称为只读存储器(ROM)。普通的随机存取存储器(RAM)在断电时会清空，而 ROM 则无论是否有电都能保留其数据。ROM 上的软件被称为基本输入输出系统(BIOS)，因为它处理计算机的输入(如键盘)和输出(如显示器和打印机)。

为了完全公平地对待 CP/M，它也有一个 BIOS，但其范围远不如 DOS BIOS 广泛，并且必须与操作系统一起加载到内存中。从某种实际意义上说，CP/M BIOS 是操作系统的一部分，而 DOS BIOS 则是计算机本身的一部分。

在某个时候，像 BIOS 这样的软件存在于非易失性的 ROM 芯片上，被昵称为固件，因为虽然它仍然是软件，但不像存储在内存中的软件那样“软”。所有现代计算机都有一个固件 BIOS，尽管现在的 BIOS 软件与 1981 年时的功能不同。

3.6.3 多任务魔法

PC DOS 统治了很长一段时间。最初的 Windows 版本并不是真正全新的操作系统，只是以图形模式在屏幕上显示的文件管理器和程序启动器。在图标的底层，DOS 仍然存在，继续执行它一贯的任务。

直到 1995 年情况才发生了根本性变化。那一年，微软发布了 Windows 95，它不仅拥有全新的图形用户界面，而且在底层有了更彻底的改变。Windows 95 在 32 位保护模式下运行，并且至少需要 80386 级的 CPU 才能运行。第 4 章将详细解释“保护模式”的含义。目前，可以将保护模式理解为允许操作系统真正成为“老板”，不再仅仅是文字处理器和电子表格的同级。Windows 95 并没有完全利用保护模式，因为它仍然需要处理 DOS 和 DOS 应用程序，这些“遗留”软件早在保护模式成为可能之前就已经编写了。然而，Windows 95 确实引入了以前低成本个人计算机世界中未曾见过的东西：抢占式多任务处理。

到 1995 年，内存变得足够便宜，可以同时在内存中驻留不止一两个程序，而是多个程序。Windows 95 通过与 CPU 的精密合作，创造了所有驻留内存中的程序同时运行的逼真假象。这是通过给每个加载到内存中的程序分配一小段 CPU 时间来实现的。一个程序开始在 CPU 上运行，执行一定数量的机器指令。然而，在设定的一段时间(通常是几分之一秒)后，Windows 95 会“抢行驱逐”第一个程序，并将 CPU 的控制权交给列表上的第二个程序。第二个程序会执行几毫秒的指令，直到它也被抢占。Windows 95 会依次处理列表中的程序，允许每个程序运行一小段时间。当到达列表底部时，它会重新从顶部开始，以循环的方式运行列表中的每个程序，让每个程序都运行一小段时间。那个时代的 32 位 CPU 速度足够快，以至于坐在显示器前的用户会认为所有程序都是同时运行的。

图 3.5 中的比喻可能会使这一点更加清楚。想象一个旋转开关，转子不断旋转并按顺序依次接触多个触点，每旋转一周接触一次每个触点。每次接触到其中一个程序的触点时，该程序就被允许运行。当转子移动到下一个触点时，前一个

程序立即停止，接着下一个程序获得一些运行时间。

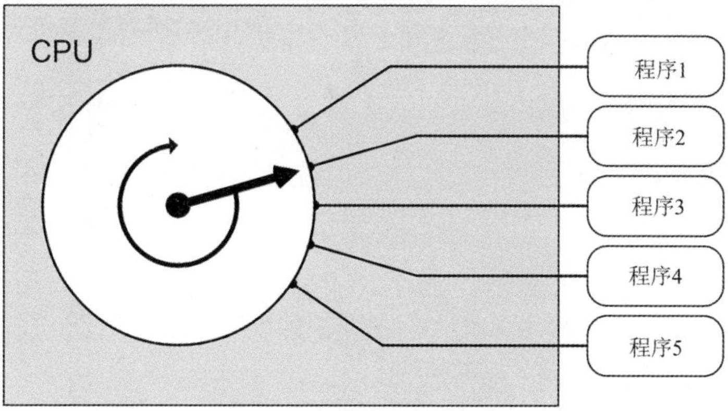

图 3.5　多任务处理的想法

操作系统可以为列表中的每个程序定义优先级，以便某些程序获得比其他程序更多的运行时间。高优先级任务会获得更多的时钟周期来执行，而低优先级任务则获得较少的时钟周期。

3.6.4　提升至内核

Windows 95 的多任务处理能力受到了广泛关注，但在 1995 年，几乎没有人听说过一个名为 Linux 的类 UNIX 操作系统。这是由一位名叫林纳斯·托瓦兹(Linus Torvalds)的芬兰年轻人几乎出于玩笑写成并于 1991 年发布的。

Linux 的首个版本在文本模式下运行，并没有 Windows 95 那样复杂的图形用户界面，但它能够处理多任务，并且内部结构更强大。Linux 的核心是一个称为内核的代码块，它充分利用了 IA-32 保护模式。Linux 内核完全独立于用户界面，并且受保护，免受系统中其他故障程序的损害。系统内存被标记为内核空间或用户空间，运行在用户空间的程序无法写入(通常也无法读取)存储在内核空间的内容。内核空间与用户空间之间的通信通过严格控制的系统调用来处理。本书后面将介绍更多信息。

对物理硬件(包括内存、视频和外设)的直接访问仅限于运行在内核空间中的软件。想要使用系统外设的程序只能通过内核模式的设备驱动程序来获取访问权限。

1993 年，微软发布了其受 UNIX 启发的操作系统。Windows NT 的内部结构与 Linux 非常相似，内核和设备驱动程序运行在内核空间，其他所有内容运行在用户空间。无论是 Linux 还是 Windows NT 的继任者(从 Windows 2000 到今天的 Windows 11)，仍在使用这一基本设计。真正保护模式操作系统的总体设计如图 3.6 所示。

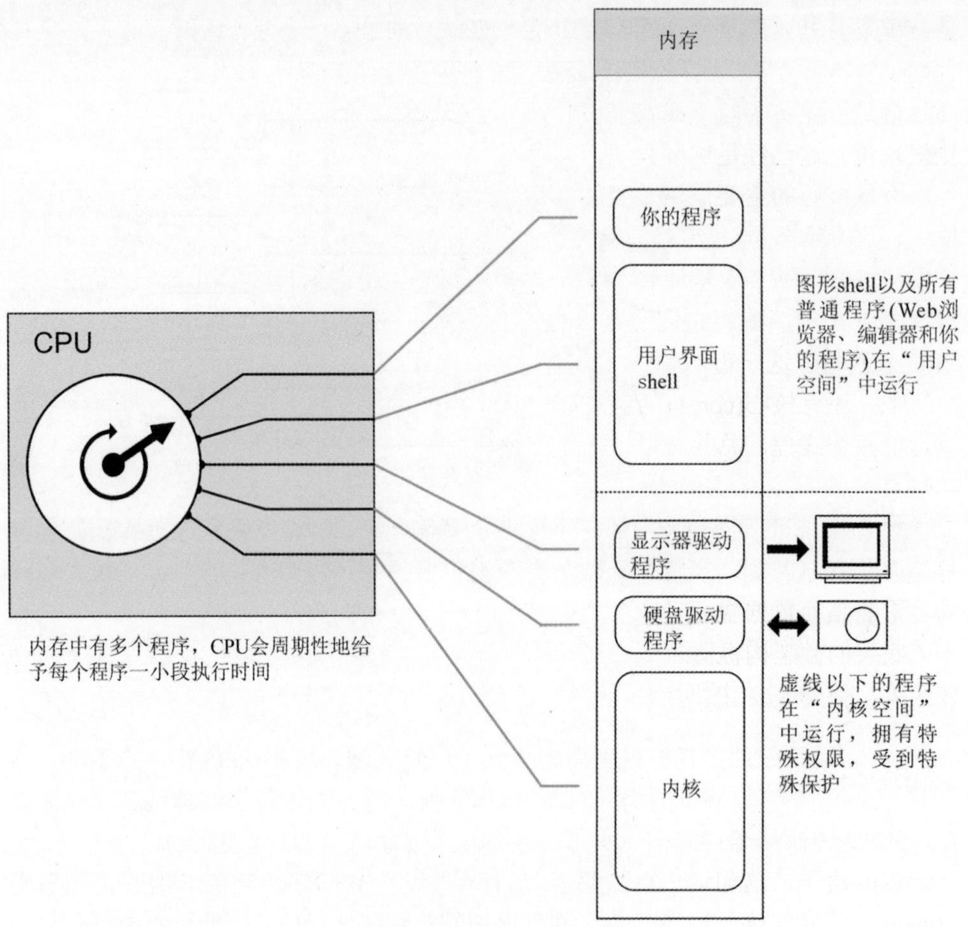

图 3.6　保护模式操作系统的总体设计

3.6.5　内核爆炸

在本世纪初，桌面 PC 开始销售带有两个 CPU 插槽的型号。Windows 2000/XP/Vista 和 Linux 都支持通过称为对称多处理(SMP)的机制在单个系统中使用多个 CPU 芯片。当所有处理器相同时，多处理就是“对称的”。大多数情况下，当有两个 CPU 时，操作系统在一个 CPU 上运行自己的代码，而用户模式应用程序则在另一个 CPU 上运行。

随着技术的进步，英特尔和 AMD 能够在单个芯片上放置两个相同但完全独立的代码执行单元。结果出现了第一个双核 CPU，即 AMD Athlon 64 X2(2005 年)和英特尔 Core 2 Duo(2006 年)。四核 CPU 在 2007 年变得普遍。八核 CPU 在 2014 年随着 Haswell 微架构的推出而问世。2016 年，配备 10 个核心和新 Broadwell 微架构的 i7-6950X 进入了市场。

重要的是要记住，性能不仅取决于核心数量，还与处理器吞吐量有关，某种程度上也与缓存有关(有关缓存的更多内容将在后面介绍)。截至 2023 年，大多数商用台式机配备了四个或八个核心。对于传统的文字处理器、电子表格和网页浏览器来说，这已经足够强大了。

大量核心的主要作用是能够并行处理许多相对简单的任务。在互联网服务器群中，许多服务器(每台都有许多内核)坚定地为众多互联网用户提供网页服务。分发网页并不需要大量计算。服务器接收请求，找到 HTML 文档及其组件，并通过请求进入的端口将它们发送出去。英特尔和 AMD 现在正在设计专用的多核 CPU 来服务于这一市场。

哦，还有核心(core)。英特尔在 2022 年推出了一款 56 核 CPU。每个核心可以运行两个线程，总共可以运行 112 个线程。AMD 的 EPYC Milan 7763 芯片在 2021 年发布，拥有 64 个核心，共可运行 128 个线程。

想要在你的桌面上放一台这样的设备吗？只需要支付 7900 美元就能买到芯片。但除非你需要以最快速度并行运行 128 个任务，否则它对你不会有太大的帮助。这些是为数据中心设计的芯片。

底层的微架构机器随着时间的推移不断变化和发展。自 2007 年以来已经有四核系统，但 2022 年的四核系统要比最初的四核系统快得多、效率高得多。

3.6.6　计划

我可以借用一句关于计算机的最妙比喻来总结这一切：计算机是一个按照计划运行的盒子。这句话出自特德 • 尼尔森之口，他是 1974 年出版的神奇之书 *Computer Lib/Dream Machines* 的作者，也是极少数几乎总是正确的人之一。

你写好计划，计算机按照计划逐字节地将指令传递给 CPU。这个过程的底层是一个极其复杂的电子链式反应，涉及数十万个开关，由数十万、数百万甚至数十亿个晶体管组成。不过，这部分对你来说是隐藏的，所以你不必担心。一旦你告诉那堆晶体管要做什么，它们知道如何去做。

这个计划(即存储在内存中的机器指令列表)就是你的汇编语言程序。本书的次要目标是教会你如何正确地将机器指令排列在内存中，供 CPU 使用。本书的主要目标是教会你理解计算机如何按照你的程序来完成你给它安排的工作。

希望到目前为止，你已经对计算机是什么以及它们做什么有了一个合理的概念性理解。现在是时候更仔细地研究机器指令指导 CPU 执行的操作的本质了。大多数情况下，与计算机中的所有事物一样，这都与内存有关，无论是主板上的普通内存，还是那些记忆之王——CPU 寄存器。

第 4 章

寻址、寻址、寻址——寄存器、内存寻址及了解数据的位置

我撰写本书在很大程度上是因为我找不到一本令我心悦诚服的汇编语言入门书籍。几乎所有关于汇编的书籍都从介绍指令集的概念开始，然后逐一描述机器指令。这简直是愚蠢透顶，这些书的作者应该被狠狠教训。即使你学会了指令集中每一个指令，你也没有真正学会汇编语言。

你甚至还远远没接近目标。

CPU 的真正任务，以及汇编语言的真正挑战，实际上在于在内存中寻址所需的指令和数据。任何人都可以学会机器指令。汇编语言的技巧在于对内存寻址的深入理解。其他一切都是细节——而且是简单的细节。

4.1 内存模型的乐趣

内存寻址是一项艰难的工作，由于英特尔/AMD CPU 系列中有相当多不同的内存寻址方式，使这项工作变得更加困难。这些不同的寻址方式称为内存模型。对于英特尔系列的较新成员，有三种主要的内存模型可供使用；在这三种模型的基础上还有许多次要的变体，尤其是中间的模型。

为现代 64 位 Linux 编程时，你几乎只能使用一种内存模型，一旦你对内存寻址有了更好的理解，你会对此非常感激。不过，这里将详细描述这三种模型，即使其中两个旧模型已经成为博物馆藏品。不要跳过对这些“博物馆藏品”的讨论。就像研究化石以了解各种生命如何随时间演化，从而更好地理解今天存在的生物一样，了解一些旧的英特尔内存模型将使你对可能使用的那种内存模型有更直观的理解。

最古老、现已过时的内存模型称为实模式平面模型。它完全僵化，但相对简单。次老的(现已被弃用的)内存模型称为实模式分段模型；这可能是你在任何类型的编程中学到的最讨厌的东西，无论是汇编编程还是其他语言编程。如果你在 2023 年刚开始学习，几乎肯定不需要学习它。DOS 编程在其鼎盛时期使用的是实模式分段模型。最新的内存模型称为保护模式平面模型，有两种版本：32 位和 64 位。这是现代操作系统(如 Windows 2000/XP/Vista/7/8/10/11 和 Linux)所使用的内存模型。请注意，保护模式平面模型仅在支持 IA-32 或 x64 架构的 386 及更新的 CPU 上可用。8086、8088 和 80286 不支持它。Windows 9*x* 介于这些模型之间，我怀疑除了微软员工，几乎没人真正理解它的内存寻址方式，甚至连微软员工也可能不完全明白。幸运的是，即使它还没有成为化石，也已经彻底消亡并进入了坟墓。

本书中提出了一个策略：将首先解释内存寻址在实模式平面模型下的工作原理，该模型在 DOS 下可用，非常容易学习。我将在一定程度上讨论实模式分段模型，因为你将不断遇到它并需要理解它，即使你从未为其编写过一行代码。今天和未来真正的工作在于 64 位长模式，适用于 Windows、Linux 或任何真正的 64 位保护模式操作系统。保护模式平面模型本身也容易学习——困难的部分是尝试像 C 编译器一样思考，而你的代码会调用支持它的库，这与内存模型本身几乎没有关系。整个事情的关键是：实模式平面模型非常像保护模式平面模型的缩小版。

如果你掌握了实模式平面模型，在理解保护模式平面模型时将不会有任何问题。中间那个复杂的实模式分段模型只是你成为内存寻址真正大师所必须付出的代价。

那么，让我们来看看这些疯狂的东西是如何运作的吧。

4.1.1　16 位能“买到”64KB

1974 年，我大学毕业的那一年，英特尔推出了 8080 CPU，从此发明了微型计算机(是的，我是个老家伙，但很幸运有历史感——因为我的经历丰富)。当时，8080 是一个非常热门的小玩意儿。我有一台运行频率为 1MHz 的机器，它是一个相当有效的文字处理器，这也是我主要用它做的事情。

8080 是一款 8 位 CPU，意味着它一次处理 8 位的信息。然而，它有 16 条地址线。CPU 的“位数(bitness)”指它的通用寄存器有多少位宽(bits wide)。但在我看来，衡量 CPU 效能的更重要指标是它能同时处理多少条地址线。在 1974 年，拥有 16 条地址线是非常先进的，因为当时内存非常昂贵，大多数机器最多只有 4KB 或 8KB。

16 条地址线可以寻址 64KB。如果按二进制计数(计算机总是这样做)，并限制在 16 个二进制列中，你可以从 0 数到 65 535(口语中的 64 KB 是对 65 536 这个数字的简写)。这意味着 65 536 个独立的内存位置中的每一个都可以有自己独特的地址，从 0 到 65 535。

8080 的内存寻址方案非常简单：你将一个 16 位地址放在地址线上，然后从那个地址上读取到存储的 8 位值。需要注意的是，内存系统中地址线的数量与每个内存位置存储的数据大小之间没有必然的关系！8080 在每个位置存储了 8 位，但它也可以在每个位置存储 16 位甚至 32 位，并且仍然使用 16 条地址线。

到目前为止，8080 最常用的操作系统是 CP/M-80。CP/M-80 有点不寻常，因为它位于已安装内存的顶部——有时是为了将其包含在 ROM 中，但主要是为了让它不妨碍并为那些临时程序提供一个一致的内存起始点；与操作系统不同，临时程序在需要时才会加载到内存中并运行。当 CP/M-80 从磁盘读取程序以运行时，它会将程序加载到低内存的地址 0100H 处，也就是从内存底部往上的 256 字节处开始加载。内存的前 256 字节称为 PSP(程序段前缀)，其中包含各种奇怪的信息及程序的磁盘 I/O 的通用内存缓冲区。但是，可执行代码本身从地址 0100H 才开始。

图 4.1 中绘制了 8080 和 CP/M-80 的内存模型。

8080 与 CP/M-80 使用的内存模型非常简单，人们经常使用它。因此，当英特尔创造其第一款 16 位 CPU 8086 时，希望让人们能够轻松将旧的 8080 上的 CP/M-80 软件迁移到 8086 上，我们称之为移植。实现这一目标的一种方式是确保 8080 的 16 位寻址系统仍然能够工作。因此，尽管 8086 可以寻址的内存是 8080 的 16 倍(16 × 64KB = 1MB)，英特尔也会设置 8086，以便程序可以在这 1MB 内存中的任意 64KB 字节段内运行，并完全像较小的 8080 内存系统一样运行。

这是通过使用分段寄存器(segment registers)来实现的，分段寄存器基本上是 CPU 寄存器中的内存指针，指向内存中数据存储、代码或其他任何内容的起始位置。稍后会详细介绍分段寄存器。目前，可以简单地将它们看作指针，指示从 8080 移植的程序将在 8086 的 1MB 内存中的开始位置。请参见图 4.2。

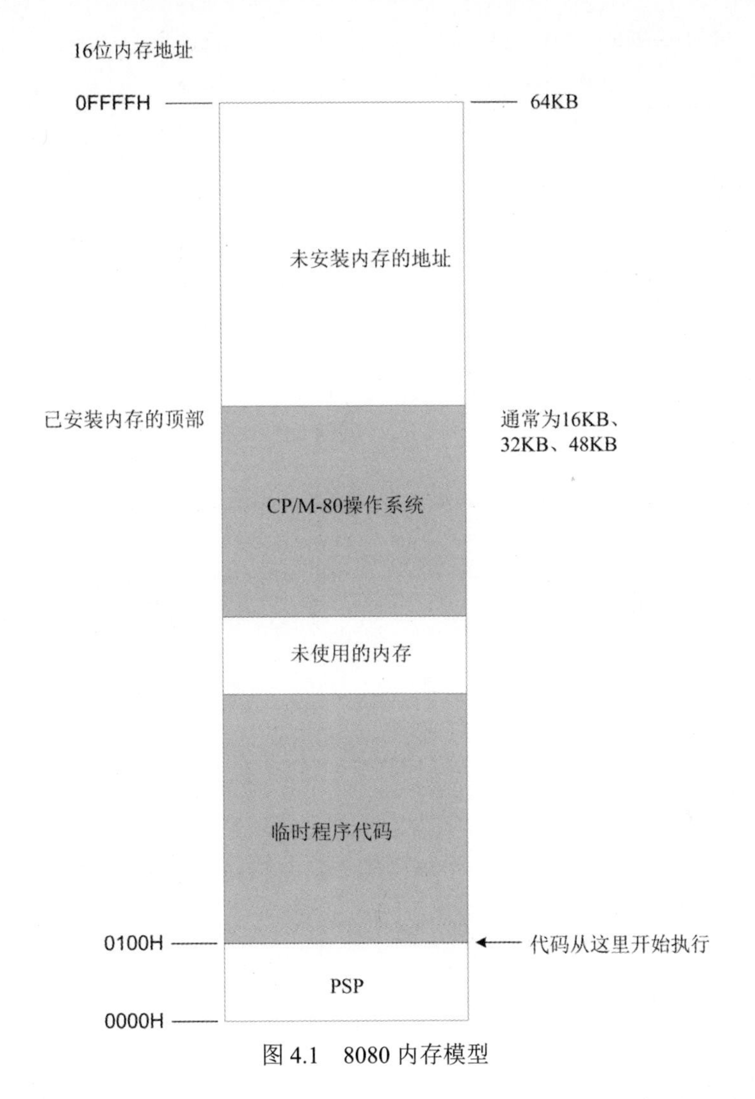

图 4.1　8080 内存模型

说到 8086 和 8088，有四个分段寄存器需要考虑——稍后会详细讨论它们。但是就图 4.2 而言，请考虑被称为 CS 的寄存器——它代表代码段(code segment)。再次强调，它是一个指针，指向 8086 的 1MB 内存中的某个位置。这个位置作为内存中一个 64KB 区域的起始点，使得一个经过快速转换的 CP/M-80 程序可以非常顺利地运行。

这简直是一场噩梦。好消息是，除了复古技术爱好者，没有人需要再使用它。不过，有一个很好的理由去学习它：理解实模式分段内存寻址的工作原理将有助于你理解当今平面模型的工作方式，在这个过程中，你会更好地理解现代 CPU 的本质。

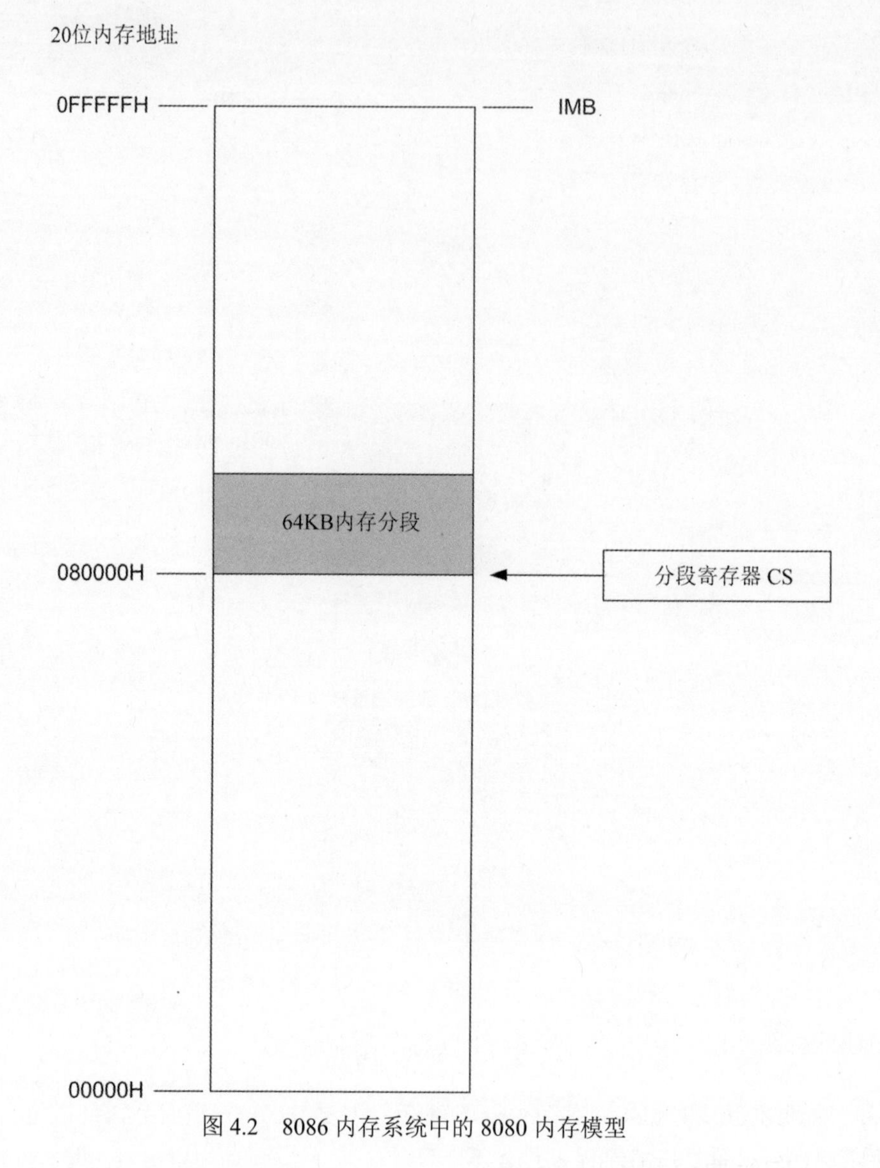

图 4.2　8086 内存系统中的 8080 内存模型

4.1.2　兆字节(MB)的本质

在分段实模式下运行时，x86 CPU 可以使用多达 1MB 的直接可寻址内存。这种内存也被称为实模式内存。正如第 3 章中简要讨论过的，1MB 的内存实际上不是 100 万字节，而是 1 048 576 字节。同样，像“64 KB 这样的简写术语在我们的十进制系统中并不完全符合，因为计算机以二进制运行。这 1 048 576 字节在二进制中表示为 100000000000000000000B 字节。这是 2^{20}，稍后将再次提到这一事实。打印出来的数字 100000000000000000000B 太冗长，因此更好的做法是使用兼容的(且紧凑得多的)十六进制表示法，这在第 2 章中我们已经讲过。数量 2^{20} 等同于 16^5，可以在十六进制中写作 100000H。如果数字基数的概念仍然让你困惑，我建议你再看看第 2 章。

现在，有一个棘手且至关重要的问题：在包含 100000H 字节的内存块中，最后一字节的地址是什么？答案不是 100000H。线索在于这个问题的另一面：内存中第一字节的地址是什么？你可能记得，答案是 0。计算机总是从 0 开始计数。这种二分法在计算机编程中会一再出现。在一排四个项目中，最后一个项目是项目 3，因为一排四个项目中的第一个项目是项目编号 0。数一数：0，1，2，3。因此，在包含 100000H 字节的内存块中，最后一字节的地址是 100000H - 1，即 FFFFFH。

内存块中一个字节的地址只是从零开始的该字节的编号。这意味着，在包含 1MB 的内存块中，最后一个或最高的地址是 100000H 减去 1，即 0FFFFFH。虽然最前面的零在数学上并不是必需的，但它对汇编器来说很方便，有助于防止汇编程序混淆。养成在任何以十六进制数字 A 到 F 开头的十六进制数前面加上一个初始零的习惯。

那么，1MB 内存中的地址范围是从 00000H 到 0FFFFFH。用二进制表示，相当于从 00000000000000000000B 到 11111111111111111111B。这是很多位——确切地说，是 20 位。如果你回顾第 3 章的图 3.3，会看到 1MB 内存块有 20 条地址线。这 20 个地址位中的每一位都被路由到这 20 条地址线中的一条，因此任何用 20 位表示的地址都可以唯一标识内存块中的 1 048 576 字节中的一个。

这就是 1MB 内存的定义：计算机内的一些内存芯片的排列，通过 20 条线路的地址总线连接。一个 20 位地址被送到这 20 条地址线，以标识 1MB 中的一个字节。

4.1.3 向后兼容和虚拟 86 模式

现代 CPU 能够寻址远远超过这个数量的内存，稍后会解释如何实现这一点。对于最初的 8086 和 8088 CPU 来说，20 条地址线和 1MB 的内存就是它们所拥有的全部。386 及以后的英特尔 32 位 CPU 可在不将内存划分为较小段的情况下寻址 4GB 的内存。当 32 位 CPU 在保护模式平面模型下工作时，一个段就是 4GB——因此大多数情况下，一个段已经足够了；你的系统也可能安装了 8GB、16GB 或 64GB 的内存。而在 x64 长模式下，一个段可以有任意长度。这一长度可能让你感到惊讶。

然而，大量使用分段的 DOS 软件无处不在，必须处理这些软件。因此，为保持与古老的 8086 和 8088 的向后兼容性，较新的 CPU 可以自我约束，以便旧芯片可以寻址和执行。当奔腾级或更高级的 CPU 需要运行为实模式分段模型编写的软件时，它会采用一个巧妙的方法，临时使其变成 8086。这被称为虚拟 86 模式，为 DOS 软件提供了出色的向后兼容性。

在 Windows NT 及之后的 Windows 版本中启动一个 MS-DOS 窗口或“DOS 框”时，你正在使用虚拟 86 模式在 Windows 保护模式内存系统中创建一个相当于小型实模式的“岛”。这是保持向后兼容性的唯一有效方法，原因你很快就会明白。

4.1.4 16 位的视野限制

在实模式分段模型中，x86 CPU 可以看到完整的 1MB 内存。也就是说，CPU 芯片设置为可以使用 32 个地址引脚中的 20 个，并可将 20 位地址传递给内存系统。从这个角度看，这似乎非常简单和直接。然而，你在理解实模式分段模型时可能遇到的主要问题源于这一事实：虽然这些 CPU 可以看到完整的 1MB 内存，但它们被限制在通过 16 位的“眼罩”来查看这 1MB 的内存。

这个“视野限制”的比喻比你想象的更贴切。看看图 4.3。长方形代表 CPU 在实模式分段模型中可以寻址的 1MB 内存。CPU 在右侧，中间是一个带有切口的象征性“硬纸板”。这个切口宽 1 字节，长 65 536 字节。CPU 可以将这块硬纸板在其整个内存系统中上下滑动。然而，在任何一个时间点，它只能访问 65 536 字节。

在实模式分段模型中，CPU 对内存的视图是特殊的。CPU 被限制在块状内存中查看，每个块不超过 65 536 字节长度——也就是我们所说的“64KB”。如何利用这些块(即了解当前正在使用哪个块，以及如何从一个块移到另一个块)是实模式分段模型编程的真正挑战。现在是时候仔细看看这些块是什么以及它们如何工作了。

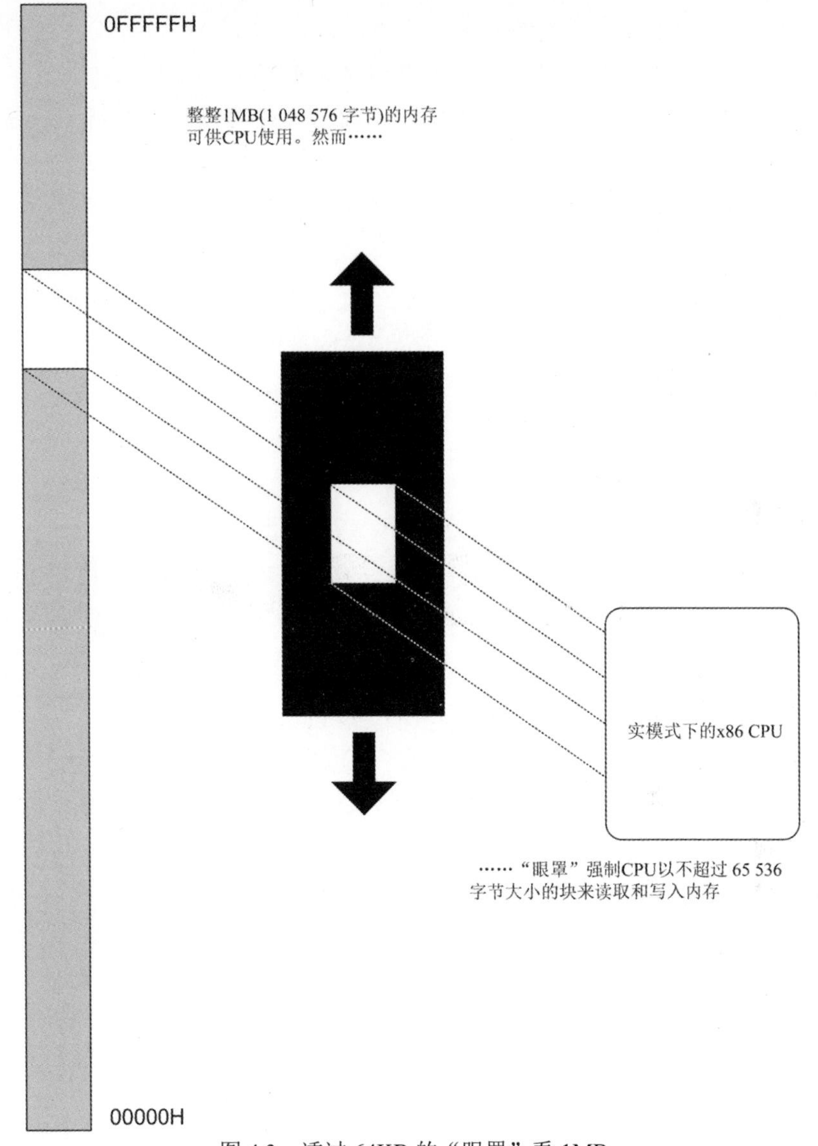

图 4.3　透过 64KB 的“眼罩”看 1MB

4.2　分段的本质

到目前为止，我们已经非正式地提到过分段(segment)是 CPU 在更大内存空间中可以看到和使用的内存块。在实模式分段模型的上下文中，分段是从一个段落边界开始并延伸若干字节的内存区域。在实模式分段模型中，这个字节数小于或等于 64KB(65 536 字节)。我们之前提到过 64KB 这个数字。那么段落呢？

暂停一下，来上一堂古老的 86 家族小知识课。段落(paragraph)是一种内存度量单位，等于 16 字节。这是用来描述各种内存数量的众多技术术语之一。我们之前已经提到过其中一些术语，这些术语都是 1 字节的倍数(除了现在已经过时的 nybble，它是 4 位或半字节)。记住，字节是数据的原子；松散的内存位更像是亚原子粒子，永远不会在没有 1 字节(或更多)内存来容纳它们的情况下存在。这些术语中有些比其他术语使用得更多，但你应该了解它们，它们列在表 4.1 中。

表 4.1　内存的集合术语

名称	十进制字节数	十六进制字节数
字节(Byte)	1	01H
字(Word)	2	02H
双字(Double word)	4	04H
四字(Quad word)	8	08H
十字节(Ten byte)	10	0AH
段落(Paragraph)	16	10H
页(Page)	256	100H
分段(Segment)	65 536	10000H

其中一些术语，如十字节，很少出现；而另一些术语，如页(page)，几乎从未出现过。段落这个术语从未常用过，大多数情况下仅用于描述内存中分段可能开始的位置。

任何可以被 16 整除的内存地址都称为段落边界。第一个段落边界是地址 0。第二个是地址 10H，第三个是地址 20H，以此类推。请记住，10H 等于十进制的 16。任何段落边界都可以被视为一个分段的起始位置。

这并不意味着在 1MB 内存中，分段实际上每 16 字节开始一次。分段就像那些现代可调节书架中的一层架子。在书架的背面有许多间隔半英寸的小槽。架子的托架可以插入任何一个小槽中。然而，并没有成百上千层架子，而是只有四五层。几乎所有的小槽都是空的，没有被使用。它们的存在是为了使少量的架子可以根据需要上下调节书架的高度。

同样，段落边界是分段可以开始的那些小槽。在实模式分段模型中，一个程序可能只使用四到五个分段，但每个分段都可以从实模式分段模型中可用的 1MB 内存中存在的 65 536 个段落边界中的任意一个开始。

那个数字又出现了：65 536——我们钟爱的 64KB。有 64KB 不同的段落边界，一个分段可以从这些段落边界中的任何一个开始。每个段落边界都有一个编号。通常，编号从 0 开始，一直到 64KB 减 1；即十进制的 65 535，或十六进制的 0FFFFH。由于分段可以从任何段落边界开始，因此分段开始的段落边界的编号被称为该特定段的分段地址。实际上，我们很少谈到段落或段落边界。当你看到与实模式分段模型相关的“分段地址”这个术语时，请记住每个分段地址在内存中比前一个分段地址多 16 字节(一个段落)。请参见图 4.4。在图中，每个阴影条表示一个分段地址，分段每隔 16 字节开始。最高的分段地址是 0FFFFH，它距离实模式的 1MB 内存的最顶端 16 字节。

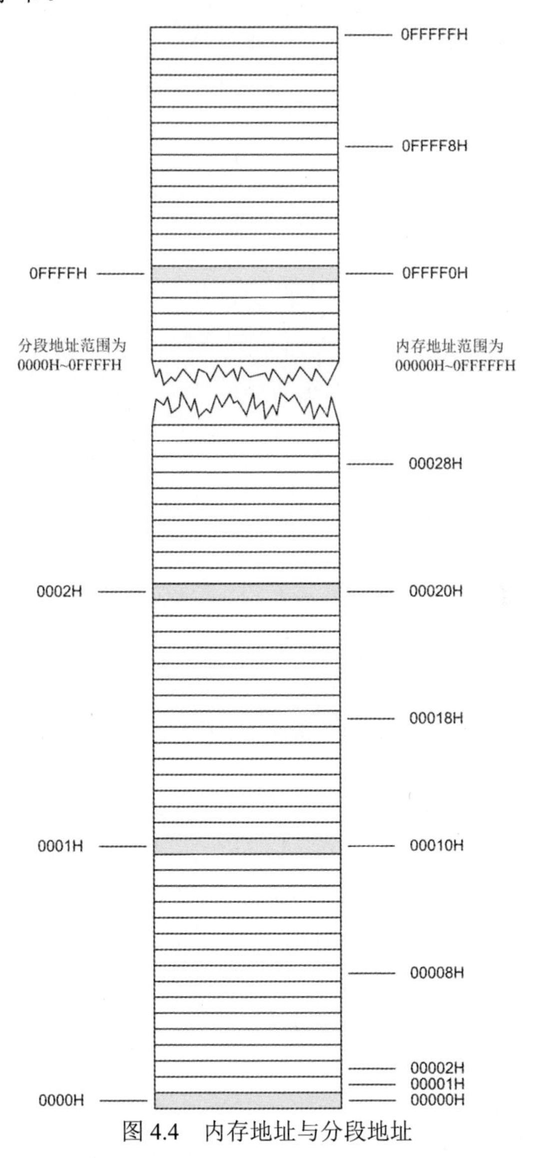

图 4.4　内存地址与分段地址

总之，分段可以从任何分段地址开始。在实模式的 1MB 内存中有 65 536 个分段地址，均匀分布，每隔 16 字节有一个分段地址。分段地址更像一种许可而不是强制；在所有 64KB 可能的分段地址中，任何时候实际上只有五六个分段地址用于开始段。可将分段地址看作可以放置分段的位置槽。

关于分段地址就说到这里，那么分段本身呢？最重要的是要理解，分段可以长达 64 KB，但不一定非要达到这个长度。一个分段可以只有 1 字节长，也可以是 256 字节长，或者 21 378 字节长，或任何小于 64 KB 的长度。

4.2.1 一条地平线，而不是一个具体位置

定义分段的主要方式是声明它的起始位置。那么，是什么定义了一个分段的长度呢？实际上，什么也没有——这里涉及一些非常棘手的语义问题。分段更像是一条地平线，而不是一个具体位置。一旦你定义了一个分段的起始位置，该段可以包含从那个起始位置到地平线之间的任何内存位置——即 65 536 字节的范围内。

当然，没有什么规定一个分段必须使用所有这些内存。大多数情况下，当一个分段在某个分段地址定义时，一个程序只会将接下来的几百或几千字节视为该分段的一部分，除非这是一个真正的世界级程序。大多数初学者在阅读关于分段的内容时，会将其视为某种内存分配，认为是两侧有保护墙的内存保护区域，保留用于某些特定用途。

关键在于了解分段是如何使用的，而要最终理解这一点，就需要详细讨论寄存器。

4.2.2 使用 16 位寄存器生成 20 位地址

正如在前几章中提到的，寄存器是位于 CPU 芯片内部的存储位置，而不是位于某个内存模块中的外部存储位置。8086、8088 和 80286 通常被称为 16 位 CPU，因为它们的内部寄存器几乎都是 16 位大小。80386 及其后的一些继任者被称为 32 位 CPU，因为它们的大多数内部寄存器都是 32 位大小。英特尔的最后一款 32 位 CPU 是 2010 年推出的 Lincroft Atom 系列，主要面向便携设备。英特尔最后一款 32 位桌面 CPU 是 2002 年推出的奔腾 4 家族的一员。32 位时代可能值得仔细回顾，但到了 2023 年，这个时代已经彻底结束。

x64 CPU 是 64 位设计，寄存器宽度为 64 位。英特尔的 CPU 有相当多的寄存器，它们确实是一个有趣的组合。寄存器的任务有很多，但也许它们最重要的单一任务是保存内存中重要位置的地址。如果你还记得，8086 和 8088 有 20 个地址引脚，它们的 1MB 内存(我们所说的实模式分段内存)需要 20 位大小的地址。

如何将一个 20 位的内存地址放入一个 16 位的寄存器中呢？

很简单。你不需要这么做。

你可以将一个 20 位地址放入两个 16 位的寄存器中。

情况是这样的：实模式下 1MB 内存中的所有内存位置不仅有一个地址，而

是有两个。假定内存中的每个字节都位于一个分段中。因此，一个字节的完整地址包括它所在分段的地址以及该字节相对于该段起始位置的距离。分段的地址是字节的段地址。字节距离分段起始位置的距离是字节的偏移地址。为了完全描述实模式内存中的任何一个字节位置，必须指定这两个地址。书写时，分段地址在前，偏移地址在后，两者之间用冒号分隔。Segment:offset(分段:偏移)地址总是以十六进制表示。

我绘制了图 4.5 来帮助说明这一点。一个我们称为 MyByte 的数据字节存在于标记的位置。它的地址是 0001:0019。这意味着 MyByte 位于段 0001H 内，并且距离该段的起始位置 0019H 字节。请注意，约定俗成的做法是，用冒号分隔的两个数字来指定地址时，不要在每个数字后面加上表示十六进制的 H。

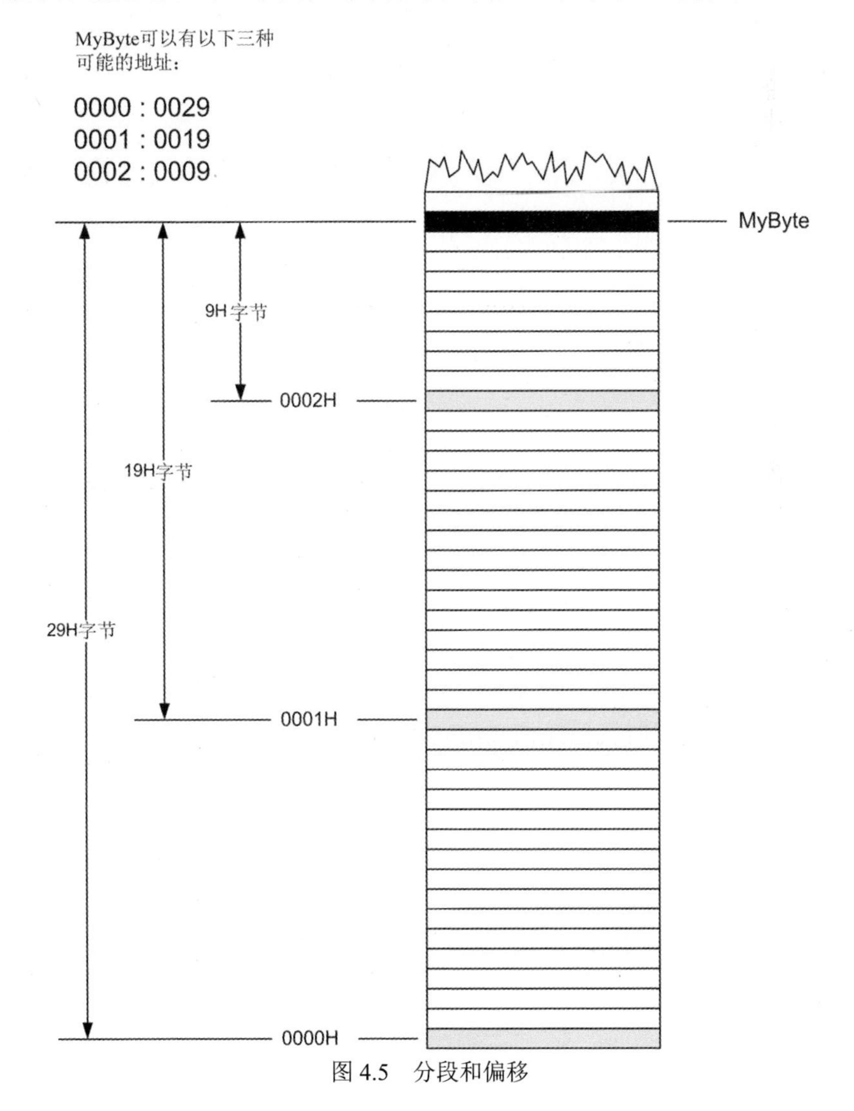

图 4.5　分段和偏移

然而，世界是复杂多变的，聪明的人会注意到 MyByte 还有两个完全合法的地址：0000:0029 和 0002:0009。这是怎么回事呢？请记住，整个 1MB 的实模式内存中，每 16 字节就可以开始一个段。一旦分段开始，就包含从其起点到内存中更高 65 535 字节的所有字节。分段重叠并没有什么问题，图 4.5 中有三个重叠的分段。MyByte 位于第一个分段的 0029H 字节处，该段始于段地址 0000H。MyByte 位于第二个分段的 0019H 字节处，该段始于段地址 0001H。MyByte 并非同时存在于两个或三个地方。它只存在于一个地方，但那个地方可以用三种方式中的任一种来描述。

这有点像芝加哥的街道编号系统。Howard 街在芝加哥“起点”Madison 街以北 76 个街区。然而，Howard 街仅在 Touhy 大道以北 4 个街区。你可以根据需求描述 Howard 街相对于 Madison 街或 Touhy 大道的位置。

在分段实模式内存的 1MB 中，一个任意字节可能处于数千个不同的分段中。该字节实际上在哪个分段，完全取决于惯例。

总之，要将一个 20 位地址表示在两个 16 位寄存器中，需要将分段地址放入一个 16 位寄存器，并将偏移地址放入另一个 16 位寄存器。这两个寄存器共同标识实模式 1MB 内存中的 1 048 576 字节中的 1 个字节。

这是否显得笨拙？你完全无法想象。但这是我们多年来能做到的最好方式。

4.3 分段寄存器

将分段地址视为实模式下 64KB“眼罩”的起始位置。通常情况下，你会将“眼罩”移到你想要操作的位置，然后将眼罩固定在一个位置，同时在其 64KB 范围内进行移动。

这正是寄存器在实模式分段模型中的常用方式。8086、8088 和 80286 有四个专门用来保存分段地址的分段寄存器。386 及以后的 CPU 有另外两个分段寄存器，也可以在实模式下使用。如果你打算使用这两个额外的分段寄存器，需要了解运行的 CPU 型号，因为旧的 CPU 不支持。每个分段寄存器都是 CPU 芯片本身内存在的 16 位内存位置。无论 CPU 在做什么，如果它正在访问内存中的某个位置，该位置的分段地址就存在于六个分段寄存器的一个中。

分段寄存器的名称反映了它们的基本功能：CS、DS、SS、ES、FS 和 GS。FS 和 GS 仅存在于 386 及以后的英特尔 x86 32 位 CPU 中，但它们仍然是 16 位大小。不管是哪类 CPU，所有分段寄存器都是 16 位大小。这甚至适用于现代 64 位的英特尔 CPU，不过这其中存在一个问题——稍后会详细介绍。

- CS 代表代码段。机器指令存在于代码段中的某个偏移位置。当前执行指令的代码段的分段地址包含在 CS 中。

- DS 代表数据段。变量和其他数据存在于数据段中的某个偏移位置。可能有许多数据段，但 CPU 一次只能使用一个，通过将该段的分段地址放入 DS 寄存器中来实现。
- SS 代表栈段。栈是 CPU 用于临时存储数据和地址的重要组件。稍后会解释栈的工作原理；现在只需要理解，和实模式 1MB 内存中的其他内容一样，栈也有一个分段地址，该地址包含在 SS 中。
- ES 代表额外分段。额外分段正如其名，是一个备用分段，可以用来指定内存中的位置。
- FS 和 GS 是 ES 的副本。它们都是额外的“备用”分段，没有特定的任务或专门用途。它们的名称来源于在 ES 之后创建的事实。想想 E、F、G 的顺序。不要忘记它们仅存在于 386 及以后的英特尔 CPU 中。

4.3.1　分段寄存器和 x64

如今的 x64 架构中，分段寄存器有些奇怪：它们在应用程序中根本不使用。想想看：64 位可以标识 2^{64} 字节的内存。用十进制科学记数法表示，那是 1.8×10^{19} 字节。也就是 18EB。如果你没听说过 EB 这个词，也很正常。一个 EB 是十亿个 GB 字节。我的日常工作机器有 16GB 的 RAM。如今，大多数新装的桌面电脑可以安装 64GB 的内存，这已经是极限了。即使是游戏玩家也知道，超过 64GB 的内存不会提高他们的游戏体验。

分段寄存器的整体意义在于允许通过两个 16 位寄存器来寻址 20 位的地址空间。当一个 64 位寄存器几乎可以寻址可观测宇宙中的恒星数量一样多的字节时(这并不夸张！)，分段寄存器在应用程序编程中变得毫无用处。操作系统使用其中的两个分段寄存器来实现一些本书无法解释的目的。其他分段寄存器虽然存在，但如果你尝试使用它们，可能会引发问题。简而言之，当你切换到 x64 长模式时，那些熟悉的 16 位分段寄存器就会消失。

那么，英特尔的 x64 CPU 有 64 条地址线吗？没有。在较旧的 x64 CPU 中，芯片内部甚至没有支持超过 48 位地址的机制。几年前，英特尔将某些高端 CPU 的地址位数提高到 52 位。为什么需要这么多呢？部分原因是为了应对我们尚未能想象的未来内存技术。问题并不那么简单，本书也没有足够的篇幅详细讨论这个问题。但重要的是：

从 64 位角度看，分段寄存器现在已经成为历史。

4.3.2　通用寄存器

所有英特尔 CPU 都配备了一组通用寄存器，用于执行大部分汇编语言计算的工作。这些通用寄存器存储用于算术和逻辑操作的值，用于位移操作(稍后将详细说明)，以及许多其他任务，包括存储内存地址。可以说它们是 CPU 内部的工具箱。

现在来看看英特尔微型计算不同时代之间最大、最明显的一个区别：通用寄存器的宽度。最原始的 8080 拥有 8 位寄存器。16 位的 x86 CPU(如 8086、8088、80186 和 80286)拥有 16 位寄存器。从 386 开始的 32 位 x86 CPU 拥有 32 位寄存器。在 x64 世界中，CPU 有 14 个通用的 64 位寄存器。另外两个寄存器是专用的，即栈指针和基址指针寄存器，在 16 位、32 位和 64 位架构中都存在。

栈指针始终指向栈顶(后续章节中将详细讨论栈)。基址指针类似于书签，用于访问栈中“更深处”的数据；同样，我们最终会详细讲解栈的相关内容。

与分段寄存器一样，x64 通用寄存器是存在于 CPU 芯片内部的内存位置。通用寄存器确实是通用的，因为它们共享一个广泛的功能套件。然而，一些通用寄存器也有我所说的“隐藏议程”(hidden agenda)：只有它们才能执行的任务或任务集。后面会解释所有这些隐藏议程——要记住，一些隐藏议程实际上是旧的 16 位 CPU 的限制。更新的 32 位和 64 位通用寄存器则更通用。

在当前的 64 位世界中，通用寄存器可以分为四类：16 位通用寄存器、32 位扩展通用寄存器、64 位通用寄存器和 8 位寄存器。这四类并不完全代表四组完全不同的寄存器。实际上，8 位、16 位和 32 位寄存器是 64 位寄存器内部的区域名称。在经典的 x86 CPU 家族中，寄存器的增长是通过扩展旧 CPU 中存在的寄存器而实现的。在你的房子旁扩建一个房间并不意味着有两栋房子，而只是一栋更大的房子。x86 寄存器也是如此。

有八个 16 位通用寄存器：AX、BX、CX、DX、BP、SI、DI 和 SP，SP 和 BP 不如其他寄存器通用，但本书仍会介绍它们。这些寄存器都存在于 8086、8088、80186 和 80286 CPU 中。它们的大小都是 16 位，你可以在这些寄存器中存放任何可用 16 位或更少位表示的值。当英特尔在 1985 年将 x86 架构扩展到 32 位时，它扩大了所有八个寄存器的大小，并在每个寄存器名字前加上 E，形成了 EAX、EBX、ECX、EDX、EBP、ESI、EDI 和 ESP。

2003 年，英特尔开始采用 AMD 的 64 位向后兼容的 x64 架构，情况发生了变化。此前，英特尔已经有自己的 64 位架构，名为 IA-64 Itanium，但 Itanium(安腾)在微架构上存在一些微妙但重要的技术难点，这在像本书这样的入门书中无法详细描述。随后，英特尔放下了自己的身段，明智地采纳了 AMD 成功的 64 位架构。可惜，8080 孤军奋战。向后兼容性只能延伸到一定程度，否则它就会变成一个缺陷，而不是一个功能。

x64 架构将通用寄存器从 32 位扩展到 64 位。这一次，前缀变成 R。所以现在，32 位的 EAX 变成 RAX，以此类推，包括其他 32 位寄存器。此外，英特尔还增加了八个新的 64 位寄存器，这些寄存器在之前的架构中从未存在过。它们的名字大多是数字：R8 到 R15。64 位 x64 寄存器实际上是寄存器中的寄存器。就像很多事情一样，这种情况展示出来比解释更为直观。请看图 4.6，它展示了 x64 寄存器 RAX 和 R8 的工作方式。

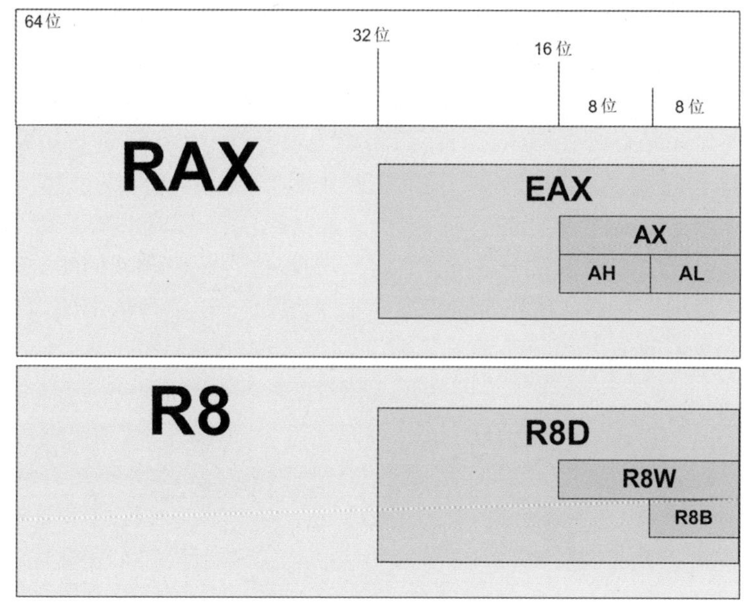

图 4.6　寄存器内的寄存器

RAX 包含 EAX、AX、AH 和 AL。EAX 包含 AX、AH 和 AL。AX 包含 AH 和 AL。在 x64 架构中，RAX、EAX、AX、AH 和 AL 这些名称都是有效的。你可以在汇编语言程序中使用所有这些名称来访问 RAX 中的 64 位数据，或者它的某些较小部分。想要访问 RAX 的低 32 位？使用名称 EAX。想要访问 RAX 的最低 16 位？使用 AX。

4.3.3　寄存器的高位和低位

四个通用寄存器 RAX、RBX、RCX 和 RDX 也是如此，但有一个额外的变化：低 16 位本身又被分成两个具名的半部分(half，每个 half 都是 8 位)。因此，我们拥有四个级别的寄存器名称。16 位寄存器 AX、BX、CX 和 DX 存在于 EAX、EBX、ECX 和 EDX 中作为低 16 位部分，而这些寄存器又作为 RAX、RBX、RCX 和 RDX 的低 32 位部分存在。

但是 AX、BX、CX 和 DX 本身也被分为两个 half，汇编器识别这两个 half 的特殊名称。保留了 A、B、C 和 D，但是用 H(表示高半部分，high half)或者 L(表示低半部分，low half)替代了 X。每个寄存器半部分的大小为 1 字节(8 位)。因此，对于 16 位寄存器 AX，你有大小为 1 字节的寄存器半部分 AH 和 AL；在 BX 中有 BH 和 BL，以此类推。

新的 x64 寄存器 R8~R15 可以寻址为 64 位、32 位、16 位和 8 位。然而，低 16 位的 AH/AL 方案只适用于 RAX~RDX。R 寄存器的命名方案提供了一个记忆方法：D 代表双字(double word)、W 代表字(word)、B 代表字节(byte)。例如，如果你想处理 R8 的最低 8 位，你可以使用名称 R8B。

不要犯初学者常见的错误，认为 R8、R8D、R8W 和 R8B 是四个独立的寄存器！更好的比喻是将寄存器名称看作国家。一个省是一个国家的一小部分，县又是一个省的一小部分，以此类推。如果你向 R8B 中写入一个值，你改变了存储在 R8、R8D 和 R8W 中的值。

同样，最好用图表来展示这一点。请参考图 4.7，这是图 4.6 的扩展版本，包括所有 x64 通用寄存器。这些寄存器属于低半部分。除了 AH、BH、CH 和 DH，没有通用寄存器的高半部分的专用名称。

64 位	32 位	16 位	8 位	8 位
R	E	X	H	L
RAX	EAX	AX	AH	AL
RBX	EBX	BX	BH	BL
RCX	ECX	CX	CH	CL
RDX	EDX	DX	DH	DL
RSI	ESI	SI		SIL
RDI	EDI	DI		DIL
RBP	EBP	BP		BPL
RSP	ESP	SP		SPL
R8	R8D	R8W		R8B
R9	R9D	R9W		R9B
R10	R10D	R10W		R10B
R11	R11D	R11W		R11B
R12	R12D	R12W		R12B
R13	R13D	R13W		R13B
R14	R14D	R14W		R14B
R15	R15D	R15W		R15B

图 4.7　8 位、16 位、32 位和 64 位寄存器

当然，可以通过使用多个机器指令来访问任何寄存器的高半部分。但是除了上面提到的四个 8 位异常情况，你不能通过一个名称一次性完成此操作。

能够将 AX、BX、CX 和 DX 寄存器视为 8 位的两个半部分(half)，在处理大量 8 位数据时非常方便。每个寄存器的半部分可以被视为一个独立寄存器，这样在程序运行时，你有两倍的位置可以存放数据。正如稍后你将看到的，找到一个临时存放值的位置是汇编语言程序员面临的重要挑战之一。

4.3.4　指令指针

在所有英特尔 CPU 中，包括 x64 架构，还存在一种类型的寄存器，那就是指令指针 IP。指令指针 IP 属于独立的一类。在 16 位模式下，指令指针被简称为 IP。在 32 位模式下，它被称为 EIP。在 x64 架构中，它被称为 RIP。然而，在所有情况下，这个寄存器对汇编程序员来说并不直接可访问。相反，当执行跳转、条件分支、过程调用或中断时，它会间接地被访问。在一般讨论中，不局限于特定模式，我会按照惯例称其为 IP。

与真正的通用寄存器相比，IP 是一个卓越的专家——甚至比分段寄存器还要专业。它只能做一件事：它包含当前代码段中要执行的下一个机器指令的偏移地址。

代码段是存储机器指令的内存区域。根据所使用的内存模型，程序中可能有多个代码段，但大部分情况下只有一个代码段。当前代码段是指当前存储在代码段寄存器 CS 中的代码段地址。在任何给定时间，当前正在执行的机器指令存在于当前代码段中。在实模式分段模型中，CS 中的值可能频繁变化。在平面模型(包括 x64 长模式)中，CS 中的值几乎不会改变，特别是不会在应用程序的要求下改变。管理代码段和指令指针现在是操作系统的工作。在 x64 长模式中尤其如此，因为只有一个包含所有内容的段，而分段寄存器在用户空间几乎没有什么事情做，对于你编写的用户空间程序来说，它们基本上是不可见的。

在执行程序时，CPU 使用 IP 来跟踪当前代码段中的执行位置。每当执行一条指令时，IP 会增加一定数量的字节，这个数量等于刚执行指令的大小。这样做的结果是将 IP 向内存中推进，使其指向即将执行的下一条指令的起始位置。指令的大小不同，通常在 1 到 15 字节之间变化。CPU 知道每条执行的指令的大小，它会精确地增加 IP 的字节数，确保 IP 确实指向下一条指令的起始位置，而非上一条指令的中间或者其他指令的中间。

如果 IP 包含下一条机器指令的偏移地址，那么分段地址在哪里呢？分段地址存储在代码段寄存器 CS 中。CS 和 IP 共同组成了即将执行的下一条机器指令的完整地址。

这个地址的性质取决于你使用的 CPU 和所用的内存模型。在 8086、8088 和(通常情况下)80286 中，IP 的大小为 16 位。在 386 及以后的 CPU 中，IP(像所有其他寄存器一样，除了分段寄存器)扩展到 32 位大小，并称为 EIP。

在实模式分段模型中，CS 和 IP 共同工作，给出一个 20 位地址，指向实模式内存中的 1 048 576 字节之一。在平面模型中(稍后会详细讨论)，CS 由操作系统设置并保持不变。IP 负责所有指令指向，这是程序员必须处理的部分。在 16 位平面模型(实模式平面模型)中，这意味着 IP 可以跟踪指令执行，跨越完整的 64KB 内存段。而 32 位平面模型的能力远远超过这个，32 位可以表示 4 294 967 290 个不同的内存地址。在 64 位长模式中，RIP 可以寻址的内存量几乎是你一生中和我的一生中能够安装到机器中的所有内存。关于是否会出现 128 位 CPU，人们看法不一。我认为不会，原因将在稍后提到。

IP 是唯一既不能直接读取也不能直接写入的寄存器。有一些技巧可以用来获取 IP 的当前值，但实际上 IP 的值并不像你可能想象的那么有用，而且你不需要经常这样做。

4.3.5 标志寄存器

在 CPU 内部还有一种类型的寄存器：我们通常称之为标志寄存器(flags register)。在 8086、8088 和 80286 中，它的大小是 16 位，正式名称是 FLAGS。在 32 位 CPU 中，它的大小是 32 位，正式名称是 EFLAGS。在 x64 中，RFLAGS 寄存器的大小是 64 位。RFLAGS 寄存器中将近一半的位被用作单位(位)寄存器，称为标志(flags)。其余的位是未定义的。每个单独的标志都有一个带有两个字符缩写的名称，例如 CF、DF、OF 等，每个标志在 CPU 内部都有非常具体的含义。

由于单个位只能包含两个值之一，即 1 或 0，在汇编语言中测试标志实际上有两种情况：要么标志的值是 1，要么不是。当标志的值是 1 时，我们说标志被置位。当标志的值是 0 时，我们说标志被清除。

当程序执行测试时，它测试的是 RFLAGS 寄存器中的一个或偶尔两个单位(位)标志。然后，根据标志或标志的状态，它会采取不同的执行路径。对于所有常见的标志，都有单独的跳转指令，还有一些用于测试特定成对标志的指令。

RFLAGS 寄存器几乎不会作为一个整体来处理，除非在将标志保存到栈上时。目前我们专注于内存寻址，因此现在我只会简单承诺，在本书后面讨论测试 RFLAGS 寄存器中各种标志的机器指令时，会更详细地介绍标志的相关知识。

4.3.6 数学协处理器及其寄存器

自从 32 位的 80486DX CPU 以来，数学协处理器就与通用 CPU 集成在同一个硅芯片上。在早期，数学协处理器是一个完全独立的集成电路芯片，插入主板上的独立插槽中。所有 x64 CPU 都集成了数学协处理器，具有它们自己的寄存器和机器指令。x64 架构使用的是第三代数学协处理器，称为 AVX(高级矢量扩展)。在 AVX 之前，第一代和第二代数学协处理器架构分别是 MMX(多媒体扩展)和 SSE(流 SIMD 扩展)。

人们经常会问：什么时候会有 128 位的 CPU？事实上，对于重要的应用，我们已经有了 128 位的处理能力。128 位寄存器在高级数学应用中是必不可少的，如 3D 建模、视频处理、加密、数据压缩和人工智能。所有现代 CPU 中集成了 SSE 协处理器，SSE 协处理器具有 128 位寄存器供数学运算使用。通用 CPU 不能直接使用这些寄存器。而且，还不止于此。AVX 协处理器将寄存器扩展到 256 位。而 AVX-512(于 2021 年推出，主要用于服务器 CPU)可以在 512 位寄存器中进行数学运算。既然有了 128 位、256 位和 512 位的数学寄存器用于处理数字运算，将通用寄存器扩展到 128 位的意义就很小了。64 位被广泛认为是通用计算的“最佳选择”，并且应该在很长一段时间内保持这种状态。

解释如何使用 SSE 及 AVX，已经超出了本书的范围。对于初学者来说，可以参考 Jo Van Hoey 的 *Beginning x64 Assembly Programming*。数学协处理器编程既微妙又复杂。我建议在深入数学协处理器编程之前，先掌握普通的 x64 汇编语言。

4.4 四种主要的汇编编程模型

本章前面提到过，x64 位英特尔 CPU 上有四种主要的编程模型可用，尽管其中两种现在被认为是过时的。它们之间的区别主要在于寄存器用于寻址内存的方式。而其他区别，特别是在高端应用中，大部分被操作系统隐藏了。在本节中，我将总结这四种模型作为历史参考。只有其中一种，即 x64 长模式(x64 long mode)，将在本书的其余部分中详细讨论。

4.4.1 实模式平面模型

在实模式下，如果你还记得，CPU 只能看到 1MB(1 048 576 字节)的内存。你可以使用前面介绍的分段：偏移寄存器技巧，通过将分段寄存器和偏移寄存器中的两个 16 位地址组合成一个 20 位地址，访问这 100 多万字节的每一字节。或者，你也可以满足于 64KB 的内存，而不需要处理分段寄存器。

在实模式平面模型(real-mode flat model)中，你的程序及其操作的所有数据必须存在于一个 64KB 的内存块中。在仅仅 64KB 的内存中，你可能做什么呢？IBM PC 的 WordStar 的第一个版本就只有 64KB。前三个主要版本的 Turbo Pascal 也是如此——实际上，Turbo Pascal 程序本身占用的空间远少于 64 KB，因为它将编译后的程序放入内存中。整个 Turbo Pascal 软件包——编译器、文本编辑器和一些其他工具——总共刚好超过 39KB。如今，在这么小的空间里，你甚至无法用 Microsoft Word 给你妈妈写一封信！

图 4.8 以图表形式展示了实模式平面模型。这里面并没有太多复杂的内容。分段寄存器都被设置为指向你可以使用的 64KB 内存块的起始位置。操作系统在加载和运行你的程序时设置它们。它们都指向同一个地方，并且在你的程序运行期间不会改变。因此，你可以简单地忘记它们。没有分段寄存器，不需要处理分段，也没有相关的复杂性问题。

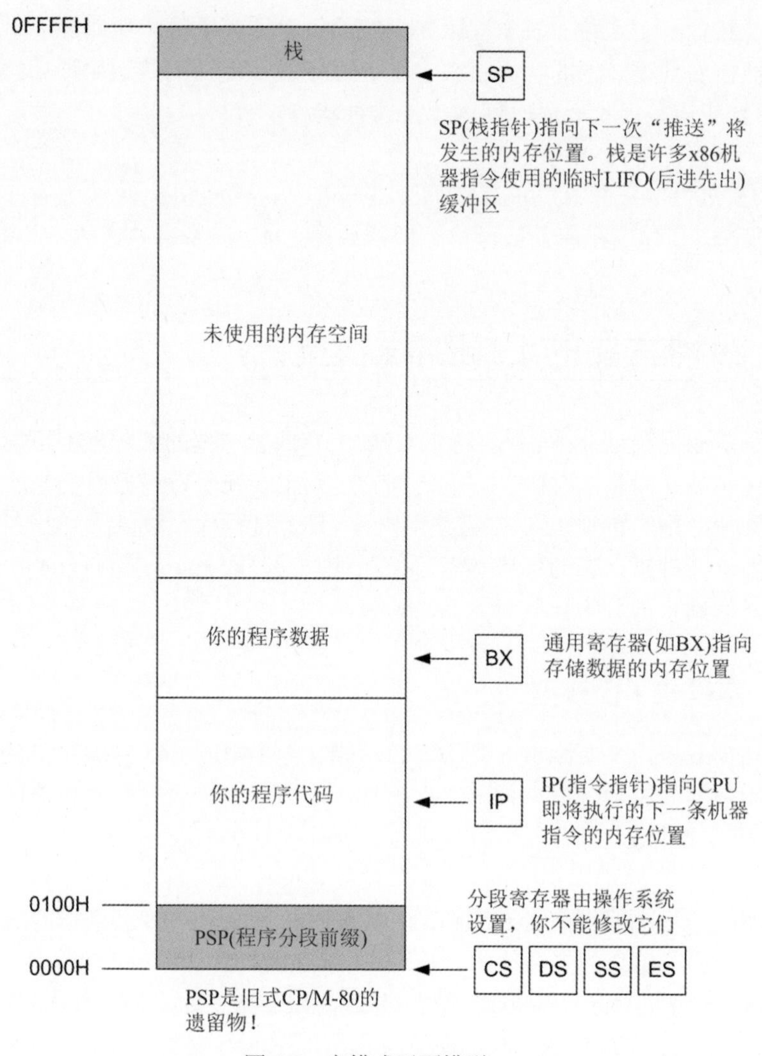

图 4.8　实模式平面模型

大多数通用寄存器可以包含内存中位置的地址。你可以将它们与机器指令配合使用，从内存中读取数据并将其写回。

在程序所在的单个段的顶部，你会看到一个称为栈(stack)的小区域。栈是一个后进先出(LIFO)的存储位置，具有一些非常特殊的属性和用途。我将在后续章节中详细解释栈是什么及其工作原理。

4.4.2　实模式分段模型

本书的前两版完全专注于实模式分段模型，这是整个 MS-DOS 时代的主流编程模型。这是一个复杂且难看的系统，需要你记住许多细则并避开陷阱。本章前面解释过分段的概念，这里不再详细展开，尤其考虑到如今实模式分段模型的使用已经非常少。

在实模式分段模型中，你的程序可以看到 CPU 在实模式下可用的全部 1MB 内存。它通过组合一个 16 位分段地址和一个 16 位偏移地址来实现这一点。不过，并非简单地将它们组合成一个 32 位地址。你需要回顾一下我在本章前面关于分段的讨论。分段地址实际上不是一个内存地址。分段地址指定了 65 535 个插槽中的一个，分段可以在这些插槽中的任意一个开始。从内存底部到顶部，每 16 字节就有一个这样的槽位。分段地址 0000H 指定了第一个插槽，在内存的第一个位置。分段地址 0001H 指定了下一个插槽，该插槽位于内存高 16 字节的位置。再向上跳 16 字节，就到了分段地址 0002H，以此类推。可通过分将段地址乘以 16 将其转换为实际的 20 位内存地址。因此，分段地址 0002H 相当于内存地址 0020H，即内存中的第 32 字节。

CPU 在内部将分段和偏移量组合成完整的 20 位地址。你的任务是告诉 CPU 这 20 位地址的两个不同组件存储在哪里。通常的表示方法是用冒号分隔分段寄存器和偏移寄存器。以下是一个示例：

```
SS : SP
SS : BP
ES : DI
DS : SI
CS : BX
```

这五个寄存器组合中的每一个都指定一个完整的 20 位地址。例如，ES:DI 指定的地址是从额外段寄存器 ES 开始的分段内，距离为 DI 的地址。

图 4.9 直观地总结了实模式分段模型。与实模式平面模型(图 4.8)相比，图 4.9 展示了整个内存，而不仅仅是你的实模式平面模型程序在运行时被分配的那个小小的 64KB 区块。为实模式分段模型编写的程序可以看到所有实模式内存。

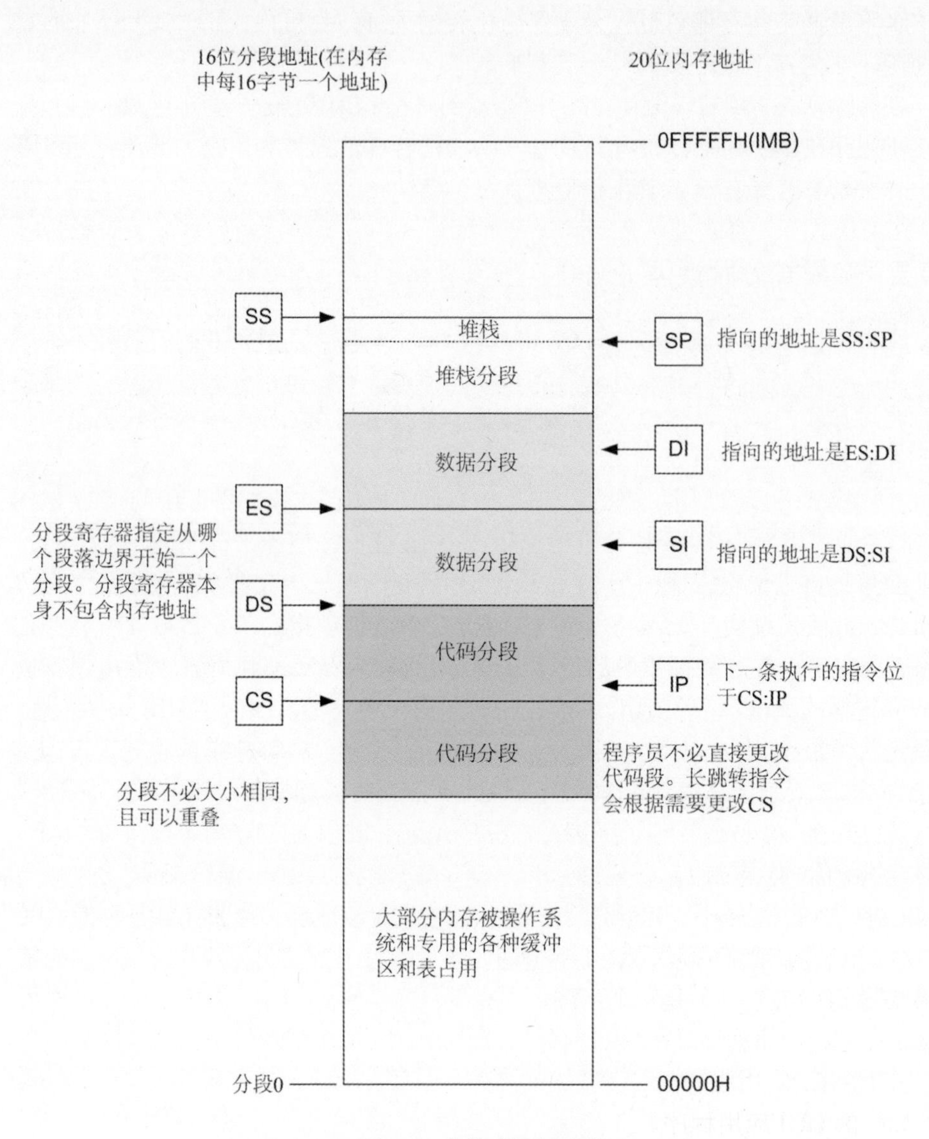

图 4.9　实模式分段模型

图 4.9 展示了两个代码段和两个数据段。实际上，在实模式分段模型中，可以有任意合理数量的代码段和数据段，不限于每种只有两个。你可以同时访问两个数据段，因为有两个分段寄存器可用来完成这项工作：DS 和 ES。在 386 及更高版本的处理器中，还有两个额外的分段寄存器，FS 和 GS。每个寄存器可指定一个数据段，你可以使用多种机器指令将数据从一个分段移到另一个分段。然而，你只有一个代码段寄存器，即 CS。CS 始终指向当前代码段，下一条将要执行的指令是 IP 寄存器指向的指令。你不能直接将值加载到 CS 中来切换到另一个代码

段。你的程序可以跨越多个代码段，当跳转指令(有多种类型)需要执行一个不同的代码段时，会自动更改 CS 寄存器的值。

对于任何单个程序，只有一个栈段，由栈段寄存器 SS 指定。栈指针寄存器 SP 指向内存地址(相对于 SS 而言，但方向相反)，指示下一个栈操作将发生的位置。关于栈，需要进行详细解释，稍后将详细讨论。

在实模式下，你需要记住，除了你的程序，内存中还会有操作系统的一些部分以及重要的系统数据表。如果不小心使用分段寄存器，可能破坏操作系统的部分内容，导致操作系统和你的程序一起崩溃。正是这种危险促使英特尔在其 80386 及之后的 CPU 中引入新特性，支持“保护模式”。在保护模式中，应用程序(即你编写的程序，而不是操作系统或设备驱动程序)无法通过多任务方式破坏操作系统或者其他可能在内存中运行的应用程序。这就是“保护”一词的含义。

4.4.3　32 位保护模式平面模型

自从 1985 年首次出现的 80386 处理器起，英特尔的 CPU 就实现了一个非常良好的保护模式架构。然而，应用程序自身无法单独使用保护模式。操作系统必须在应用程序运行之前设置和管理保护模式。MS-DOS 无法做到这一点，而微软的 Windows 直到 1994 年的 Windows NT 出现后才真正做到这一点。Linux 则没有实模式“遗留问题”，自从 1992 年首次出现以来就一直在保护模式下运行。

从 Windows NT 版本开始，可为 Linux 和 Windows 编写保护模式汇编语言程序。我排除 Windows 9x 是出于技术原因。它的内存模型是实模式和保护模式的奇怪专有混合体，非常难以完全理解，现在几乎已经不用了。需要注意的是，为 Windows 编写的程序不一定是图形化的。在 Windows 下编写保护模式程序的最简单方法是创建控制台应用程序，这些是在称为控制台的文本模式窗口中运行的文本模式程序。控制台通过类似于 MS-DOS 中的命令行来控制，提供了更多可用的命令。控制台应用程序使用保护模式平面模型，相比编写 Windows 或 Linux 图形用户界面(GUI)应用程序，它们要简单得多。然而，本书不涉及如何编写 Windows 或 Linux 的 GUI 应用程序。

图 4.10 中显示了 32 位保护模式平面模型。在这个模型中，程序可以看到一个从零到略高于 4GB 的连续内存地址块。每个地址都是一个 32 位的值。所有通用寄存器的大小都是 32 位，因此一个通用寄存器可以指向 4GB 地址空间中的任何位置。指令指针(EIP)也是 32 位大小，因此可以指示内存中任何位置的机器指令。

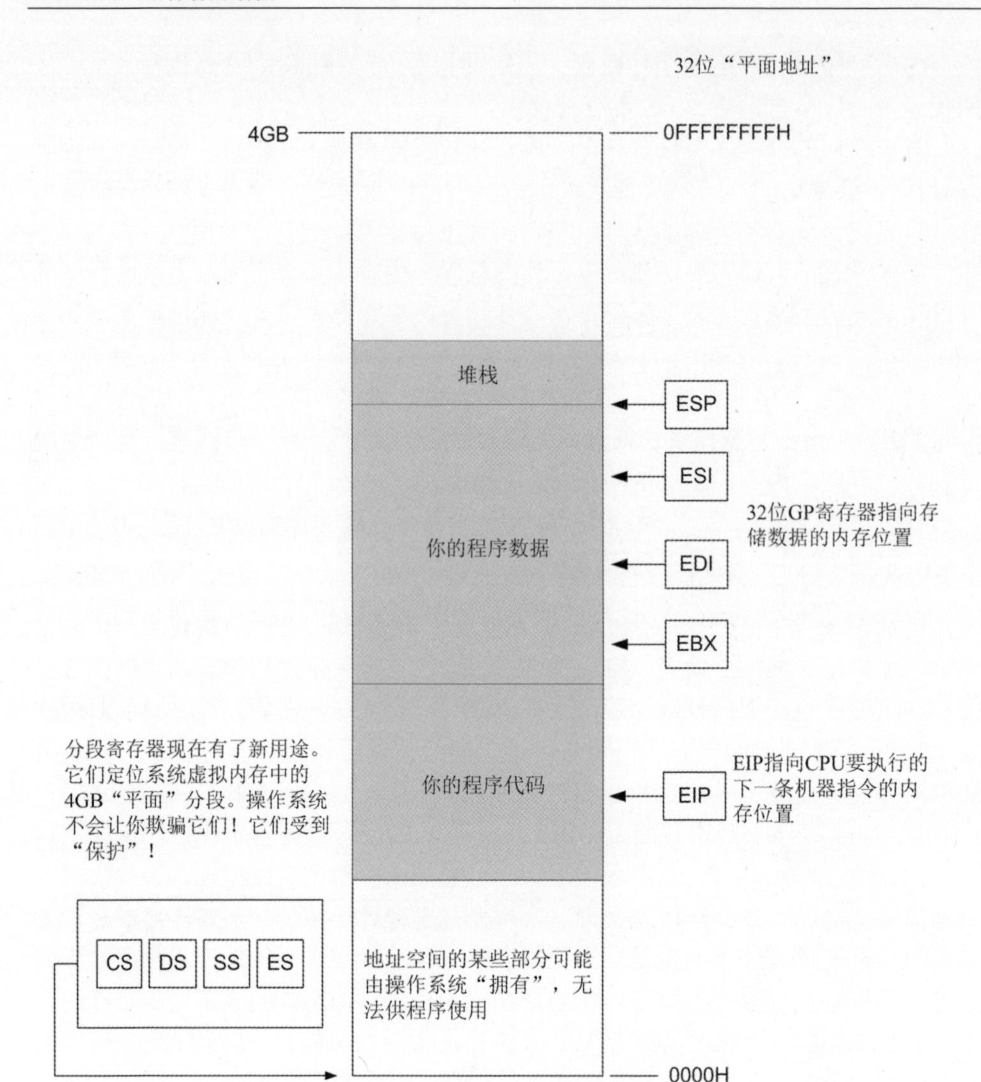

图 4.10　32 位保护模式平面模型

分段寄存器仍然存在，但它们的工作方式发生了根本性变化。你不需要也无法对它们执行操作。分段寄存器现在被视为操作系统的一部分，在几乎所有情况下，你既不能直接读取也不能更改它们。它们的新职责是定义 4GB 内存空间在物理内存或虚拟内存中的位置。

物理内存可能远大于 4GB，截至目前，4GB 的内存并不特别昂贵。然而，32 位寄存器只能表达 4 294 967 296 个不同的位置。如果你的计算机内存超过 4GB，操作系统必须在内存中安排一个 4GB 的区域，而你的 32 位程序只能在这个区域内操作。定义这个 4GB 区域在更大内存系统中的位置是分段寄存器的任务，操作系统对此进行严格控制。

在本书中，我不会详细讨论虚拟内存。虚拟内存是一种将更大的内存空间“映射”到磁盘存储上的系统，因此即使你的机器中只有 4GB 的物理内存，CPU 也可以寻址到一个数十亿字节的更大“虚拟”内存空间。同样，这由操作系统处理，并且处理方式对你编写的软件几乎完全透明。

你只需要理解，当你的 x86 程序运行时，它会获得一个 4GB 的地址空间，任何 32 位寄存器都可以单独寻址这 40 亿个内存位置中的任何一个。是的，这是一个简化的描述，特别是对于普通的基于 Intel 的桌面 PC 来说。并非所有的 4GB 空间都可以供你的程序使用，有些内存空间是你无法使用甚至无法查看的。遗憾的是，这些规则取决于你运行的操作系统，而我无法在不具体指明是 Linux、Windows NT 或其他保护模式操作系统的情况下进行过多概括。

但是，有必要回顾一下图 4.8，并比较实模式平面模型和 32 位保护模式平面模型。主要区别在于，在实模式平面模型中，你的程序拥有操作系统分配的全部 64KB 内存。而在 32 位保护模式平面模型中，你获得了 4GB 内存中的一部分，其他部分仍然属于操作系统。此外，两者的相似之处非常明显：一个通用寄存器(GP 寄存器)可以独立指定整个内存地址空间中的任何内存位置，分段寄存器则是操作系统的工具，而不是程序员的工具。

4.4.4　64 位长模式编程模型

之前的总结是历史背景。第四种编程模型是我们将在本书中用于实际代码示例的模式。x64 架构定义了三种主要模式：实模式、保护模式和长模式。实模式是一种兼容模式，允许 CPU 运行较旧的实模式操作系统和软件，如 DOS 和 Windows 3.1。在实模式下，CPU 的工作方式与 8086 或其他 16 位 x86 CPU 在实模式下的工作方式相同，并支持实模式平面模型和实模式分段模型。保护模式也是一种兼容模式，使 CPU 对软件而言看起来像一个 32 位 CPU，这样 x64 CPU 可以运行 Windows 2000/XP/Vista/7/8 和其他 32 位操作系统(如较旧版本的 Linux)，以及它们的 32 位驱动程序和应用程序。Windows 10 和 Windows 11 在新的 64 位机器中严格来说是 64 位的。

但那些只是为了兼容旧版软件而包含的 16 位和 32 位兼容模式。长模式是真正的 64 位模式。当 CPU 处于长模式时，除了分段寄存器外，所有寄存器都是 64 位的，并且所有处理 64 位操作数的机器指令都可以使用。长模式中只有一个分段，其大小(目前)取决于你能负担得起的内存。你的程序中的所有内容，或程序处理的数据，都完全包含在这个巨大的分段中。x64 长模式在概念上非常简单，以至于我没有画图。它几乎与图 4.10 完全相同，只是没有 4GB 的“上限”。

长模式也是一种保护模式，普通计算需要一个理解保护模式并能够进行深层次管理的操作系统。在长模式下，分段寄存器属于操作系统，你不必操作它们，甚至不需要意识到它们，对于初学者来说尤其如此。

x64 长模式的内存寻址有很多内容，只有先解释一些编程过程及其使用的工具才能对其进行详细说明。

第 5 章

汇编的正确方式——汇编语言程序的开发过程

5.1　编程的 96 种方法

鲁德亚德·吉卜林的诗《新石器时代》对一位部落首领的自以为是进行了巧妙的讽刺。诗中的新石器时代首领用他可靠的闪长岩战斧成功地击败了敌人后，洋洋自得地吃掉了这些昔日的敌人，同时自我庆幸地认为自己创作了唯一正确的部落歌谣。可惜，他的图腾柱另有想法，并在一个午夜的幻象中让这位自大的首领认清了现实：

“部落歌谣的创作方法有 96 种，每一种都是正确的！”

这首诗的寓意是要信任你的图腾柱(并且多读吉卜林的作品！)。部落传统所适用的道理同样适用于编程方法。编写程序的方法至少有 96 种，自 1970 年我写下第一行 FORTRAN 代码以来，我尝试了其中的大部分。它们各不相同，但都能起作用，因为它们都能生成可以加载和运行的程序——只要程序员搞清楚如何遵循特定的方法并使用相应的工具。

尽管所有这些编程技术都有效，但它们并不是可以互换的，一种编程语言或工具集所适用的方法不一定适用于另一种编程语言或工具集。1977 年，我学会了一种名为 APL(a programming language)的编程语言，输入代码行并观察每一行的执行结果。这就是 APL 的工作方式：每一行代码基本上都是一个独立实体，执行计算或某种数组操作，一旦按下回车键，相应的代码行就会生成一个结果并输出。我是在一台 IBM Selectric 打印机/终端上学的。当然，你可以将多行代码串在一起，生成更复杂的程序，我也确实这样做了，但从完全无知的初始状态开始，每次测试一个微小的步骤，这是一种令人陶醉的编程方式。

后来，我以几乎与学习 APL 相同的方式学习了 Basic，但还有其他语言需要其他更好的技巧。Pascal 和 C 都需要在编程前进行大量的学习，因为你不能只输入一行代码就让它独立执行，当微软 Windows 成为主流时，Visual Basic 和 Delphi 彻底改变了编程规则。编程变成了一种刺激-响应机制，操作系统发送事件(按键、鼠标单击等)，简单的程序主要由对这些事件的响应组成。

汇编语言的构建方式与 C、Java 或 Pascal 不同。显然，你不能纯粹通过试错来编写汇编语言程序，也不能让别人代替你思考。与 Basic、Perl、Delphi、Lazarus 或 Gambas 等可视化环境相比，这是一个棘手的过程。你必须集中注意力。你必须阅读手册。最重要的是，你必须练习。

在本章中，将引导你开发汇编语言程序。

5.2 文件及其内容

所有编程都与处理文件有关。有些编程方法会隐藏其中的一些文件，而所有方法在某种程度上都努力使人们更容易理解这些文件中的内容。但归根结底，你将创建文件、处理文件、读取文件和执行文件。

大多数人理解文件是存储在介质(如硬盘驱动器、U 盘或闪存卡、光盘或某种偶尔使用的特殊设备)上的数据集合。这些数据集合被赋予一个名称并作为一个整体进行操作。操作系统管理存储介质上的文件；最终，它允许你查看文件中的数据，并将你所做的更改写回文件或使用操作系统创建的新文件中。

汇编语言的显著特点是它几乎不隐藏任何东西，如果你想精通它，就必须深入理解你处理的任何文件，并理解到字节(甚至是位)级别。这需要更长的时间，但在知识上会有巨大的回报：你会知道一切是如何工作的。相比之下，APL 和 Basic 的过去和现在都是谜。我输入一行代码，计算机就会给出一个响应。而中间发生的事情被隐藏得很好。在汇编语言中，你可以看到所有内容。诀窍在于理解你看到的内容。

5.2.1 二进制文件与文本文件

查看文件并不总是那么容易。如果你使用过一段时间 Windows 或 Linux(以及之前的 DOS)，你可能会对如何查看文件的差异有一些了解。简单的文本文件可以在简单的文本编辑器中打开和查看。一个文字处理器文件需要在创建它的那个文字处理器中打开。一个 PowerPoint 幻灯片文件需要在 PowerPoint 应用程序中打开。如果你尝试在 Word 或 Excel 中加载它，应用程序会显示乱码或者(更可能)礼貌地拒绝执行打开命令。尝试在文字处理器或其他文本编辑器中打开一个可执行程序文件，通常不会有任何结果，或者会出现一屏幕的乱码。

文本文件是可以在以下文本编辑器中有意义地打开和查看的文件：Windows 中的记事本或 Wordpad，或者 Linux 中提供的众多文本编辑器等。二进制文件包含的值无法作为文本有意义地显示。大多数高端文字处理器通过处理文本然后将文本与格式信息混合来混淆这个问题，这些格式信息无法转换为文本，而是控制段落间距、行高等。如果你在记事本这样的简单文本编辑器中打开一个 Word 或 OpenOffice 文档，你就会明白我的意思。

文本文件包含大小写字母和数字字符，以及一些符号(如标点符号)。共有 94 个这样的可见字符。文本文件还包含一组称为空白字符的字符。空白字符通过将文本文件分为行并在行内提供空格来赋予文本文件结构。这些字符包括熟悉的空格字符、制表符、表示行结束的新行字符，有时还包括其他几个字符。还有一些像 BEL 字符这样的遗留字符，几十年前用于电传打字机中的机械铜铃，尽管 BEL 在技术上被视为空白字符，但大多数文本编辑器会忽略它。

在 PC 世界中，文本文件稍微复杂一些，因为还有 127 个字符，这些字符包含了数学符号的字形、带有重音符号和其他修饰符的字符、希腊字母，以及用于在图形用户界面(如 Windows 和 Cinnamon)出现之前的文本屏幕上绘制屏幕表单的“方框”字符。这些附加字符在文本编辑器或终端窗口中的显示方式完全取决于文本编辑器或终端窗口及其配置方式。

文本文件在引入 Unicode 标准的非西方字母时变得更加复杂。详细解释 Unicode 超出了本书的范围，但可以在 Wikipedia 上找到很好的介绍。

文本文件容易显示、编辑和理解。然而，编程世界不仅仅是文本文件。在前几章中，我定义了计算机程序从计算机的角度来看是什么。程序可以比喻为一段由非常小的步骤组成的漫长旅程。这些步骤是一系列二进制值，代表机器指令，指导 CPU 完成当前任务。这些机器指令，即使以十六进制形式表示，对于人类来说也是难以理解的。以下是以十六进制表示的二进制值序列：

```
    FE FF A2 37 4C 0A 29 00 91 CB 60 61 E8 E3 20 00 A8 00 B8 29 1F FF
69 55
```

这是真实程序的一部分吗？除非你是 1978 年以来从未见过的二进制机器码狂人，否则你可能不得不让 CPU 来找出答案(剧透：不是)。

但 CPU 处理以这种形式呈现的程序毫无困难。事实上，CPU 无法以任何其他方式处理程序。CPU 本身根本无法理解和执行诸如

```
LET X = 42
```

的字符串，也无法理解如下的汇编语言：

```
mov rax,42
```

对于 CPU 来说，它只能处理二进制。CPU 可能会将一系列文本字符解释为二进制机器指令，但如果这种情况发生，那纯属巧合，并且这种巧合不会超过三四个字符的长度。而且，这些指令序列不太可能执行任何有用的操作。

简单来讲，汇编语言编程(或许多其他语言编程)的过程包括将人类可读的文本文件以某种方式翻译成包含 CPU 可以理解的二进制机器指令序列的文件。作为一名汇编语言程序员，你需要了解哪些文件是哪种类型(稍后会详细讲解)，以及每种文件是如何处理的。此外，你需要能够“打开”一个可执行的二进制文件并检查其中包含的二进制值。

5.2.2 使用 GHex 十六进制编辑器查看二进制文件内部

幸运的是，有一些工具允许你打开、显示任何类型的文件并更改其中的字符或二进制字节。这些工具被称为二进制编辑器或十六进制编辑器，在我看来，最好的工具是 GHex 十六进制编辑器(至少对于 64 位 Linux 而言)。该工具可在 Cinnamon 这样的图形用户界面下操作，可以通过浏览菜单轻松上手。

GHex 并未在 Linux Mint 中默认安装。不同的 Linux 发行版有不同的应用程序安装方式。自 Maya 版本以来，我一直是 Linux Mint 的用户。这里提供的安装说明适用于 Linux Mint 20.3 Una Cinnamon，这是我在 2023 年撰写本书时的一个长期支持(LTS)版本。

要在 Linux Mint 下安装 GHex，请打开软件管理器并搜索 GHex。搜索结果中会显示 Debian 包和 Flatpack 版本。我推荐使用 Debian 包(这里不解释它们的区别)。选择 Debian 包并单击 Install。安装完成后，关闭软件管理器。单击 Mint 菜单按钮，选择 Programming 类别，GHex 图标会在其中显示。如果你想将其添加到桌面图标，右击 GHex 并选择 Add To Desktop。

演示 GHex 的一个好方法就是演示为什么程序员有必要理解字节级别的文本文件。本书的代码文档中有两个文件，samwindows.txt 和 samlinux.txt。将它们都解压缩。启动 GHex，然后连续选择 File 和 Open 命令打开 samlinux.txt。

图 5.1 显示了最小尺寸的 GHex 窗口，以节省空间；毕竟，文件本身只有 15 字节长。对于较大的文件，可以水平和垂直放大 GHex。

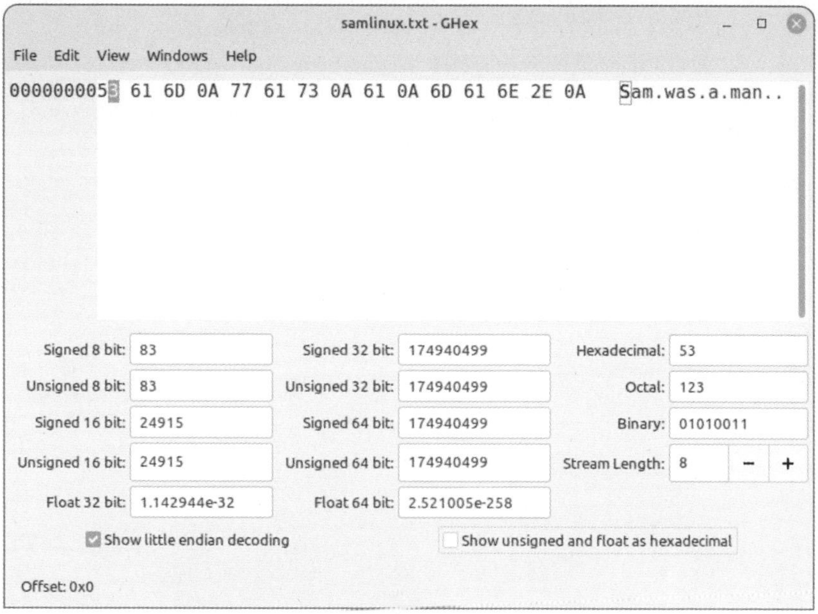

图 5.1　使用 GHex 编辑器显示 Linux 文本文件

显示窗格分为三部分。左列是偏移量列。它包含中间列中该行上显示的第一字节相对于文件开头的偏移量。偏移量以十六进制给出。如果你位于文件的开头，则偏移量列将为 00000000H。中间列是十六进制显示列。它以十六进制格式显示文件中的一行数据字节。显示多少字节取决于你如何调整 GHex 窗口的大小。在中间列中，显示始终为十六进制，每字节与相邻字节之间用空格分隔。右列是同一行数据，任何“可见”文本字符都显示为文本。不可显示的二进制值用句点字符表示。

如果打开 samwindows.txt 选项卡，GHex 会创建一个新窗口，你将看到另一个文件的相同显示，该文件是用 Windows 记事本编辑器创建的。samwindows.txt 文件稍长一些，中心列中有第二行数据字节。第二行的偏移量是 00000010。这是第二行第一字节的十六进制偏移量。那么，为什么这两个文件不同呢？打开一个终端窗口，并导航到你用于学习汇编的文件夹。使用 cat 命令显示这两个文件。这两种情况下，显示内容都是相同的。

```
Sam
was
a
man.
```

图 5.2 所示为使用 GHex 编辑器显示的 Windows 文本文件 samwindows.txt。仔细观察 GHex 显示的两个文件(或者图 5.1 和图 5.2)，试着自己找出不同之处。

两个文件的每行文本末尾都有一个 0AH 字节。Windows 版本的文件多了一些东西：每个 0AH 字节前都有一个 0DH 字节。Linux 文件则没有 0DH 字节。虽然“纯文本文件”已经相对标准化，但根据文件创建的操作系统，仍可能存在一些细微差异。按照惯例，Windows 文本文件(以及早期的 DOS 文本文件)用两个字符标记每行的结束：0DH 后跟 0AH。而 Linux(以及几乎所有 UNIX 后裔操作系统)只用一个 0AH 字节标记每行的结束。

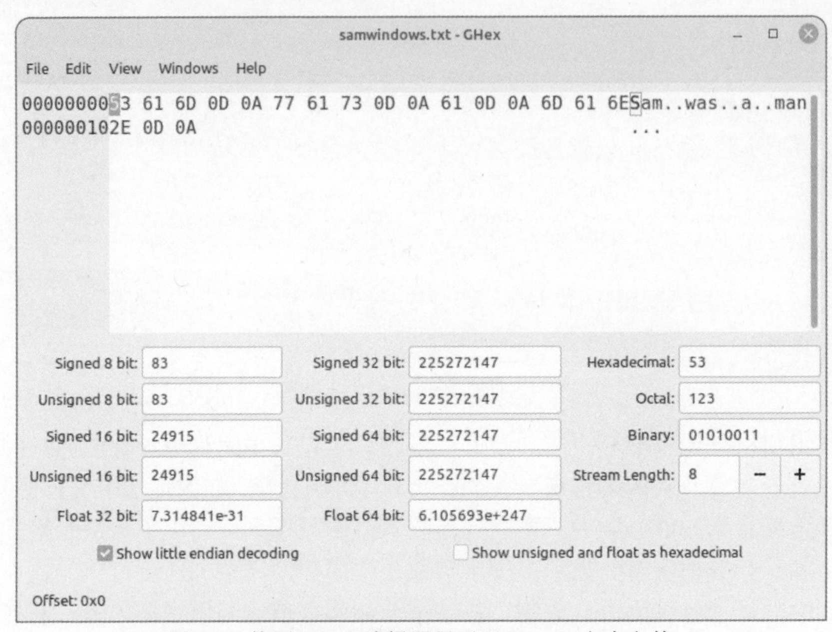

图 5.2　使用 GHex 编辑器显示 Windows 文本文件

如你在使用 cat 命令显示两个文件时所见，Linux 能够准确无误地显示两个版本。然而，如果你将 Linux 版本的文件加载到 Windows 的记事本编辑器中，你会看到一些不同之处，如图 5.3 所示。

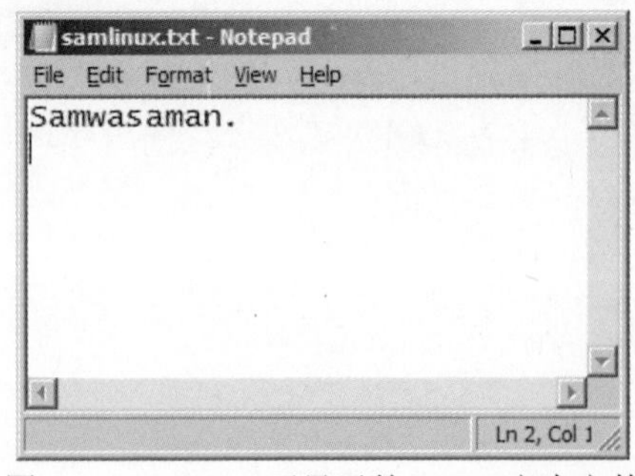

图 5.3　Windows 下显示的 Linux 文本文件

记事本期望在每行文本的末尾看到 0DH 和 0AH，它无法理解单独的 0AH 值作为行尾(EOL)标记，因此会忽略 0AH 字符，所有单词都会在同一行上连在一起。请记住，从 GHex 的显示中可以看到，samlinux.txt 中没有空格字符。并不是所有的 Windows 软件都这么挑剔。大多数其他 Windows 实用程序都理解 0AH 是一个 EOL 标记。

每行末尾的 0DH 和 0AH 字节突显了另一个古老字符的例子。很久以前，在电传打字机时代，电传打字机中内置了两个独立的电子命令，用于在打印文档时处理文本行的结束：一个命令将纸张向上索引到下一行，另一个命令将打印头返回左边距。这些命令被称为换行和回车。回车编码为 0DH，换行编码为 0AH。现在，许多计算机系统和软件忽略了回车编码，尽管一些软件(如记事本)仍然需要它才能正确显示文本文件。

文本文件标准的这一细微差异对于初学者来说不会是大问题。现在重要的是理解如何将文件加载到 GHex 编辑器(或者你喜欢的任何十六进制编辑器)中，并在单字节级别检查文件。

你可以在 GHex 中做的不仅仅是查看。加载文件的编辑可以在中间(二进制)列或右侧(文本)列进行。你可以通过按 Tab 键在两列之间切换编辑光标。在任一列内，可以使用独立的箭头键在字节之间移动光标。GHex 忽略了 Insert 键的状态。无论你输入什么，都会覆盖光标处的字符。

不需要特别说明的是，一旦你对文件进行了有用的更改，可单击“保存”按钮将其保存回磁盘。

5.2.3　解释原始数据

将文本文件视为一行十六进制值可以很好地体现计算的基本原理：一切都是由位(比特)组成的，位模式的含义是我们约定的。GHex 显示的两个文本文件中，第一个字符 S 是十六进制数 53H，它也是十进制数 83。归根结底，它是一个由八个位组成的模式：01010011。在这个文件中，我们约定位模式 01010011 表示大写字母 S。在可执行的二进制文件中，位模式 01010011 可能代表完全不同的含义，取决于它在文件中的位置及文件中附近的其他位模式。

这就是 GHex 编辑器底部窗格存在的原因。它从光标开始的字节序列并显示这些字节可能被解释的各种方式。记住，你在像 GHex 这样的十六进制编辑器中查看的文件并不总是文本文件。你可能正在检查一个你正在编写的程序生成的数据文件，而该数据文件可能表示一系列 32 位有符号整数，可能表示一系列无符号 16 位整数，可能表示一系列 64 位浮点数，可能是以上任何一种或所有的混合。在中间窗格中，你看到的只是一些十六进制值。这些值代表什么，取决于将这些值编写到文件的程序，以及这些值在“现实世界中代表什么”的约定。它们是美元金额吗？是测量数据吗？是某种仪器生成的数据点吗？这取决于你以及你使用的软件。该文件与所有文件一样，只是存储在某个地方的一系列二进制模式，我们使用 GHex 将它们显示为十六进制值，以方便理解和操作。

在中心列的十六进制值列表中移动光标，并观察底部窗格中的解释是如何变化的。请注意，一些解释只查看一字节(8 位)；而另一些则查看两字节(16 位)、四字节(32 位)或八字节(64 位)。在每种情况下，被解释的字节序列从光标开始并向右延伸。例如，当光标位于文件的第一个位置时：

- 53H 可能被解释为十进制值 83。
- 53 61H 可能被解释为十进制 21345。
- 53 61 6D 0AH 可能被解释为十进制 1398893834。
- 53 61 6D 0A 77 61 73 0AH 可能被解释为浮点数 4.54365038640977^{93}。

带符号值和无符号值之间的区别将在本书后面讨论。重要的是要理解，在所有情况下，它都是文件中同一位置的相同字节序列。唯一变化的是我们查看的字节数，以及我们选择同意该字节序列代表的值类型。

5.2.4 字节顺序

GHex 编辑器底部窗格的左下角有一个标记为 Show little endian decoding 的复选框。默认情况下，该复选框未选中，但在几乎所有情况下都应该选中。该框告诉 GHex 是否将字节序列解释为“大端顺序”或“小端顺序”的数值。如果单击并取消选中该复选框，即使你根本不移动光标，下部窗格中显示的值也会发生根本变化。当你更改该复选框的状态时，你正在更改 GHex 编辑器将文件中的字节序列解释为某种数字的方式。

如第 4 章所述，一个字节可以表示从 0 到 255 的数字。如果要表示大于 255 的数字，必须使用多个字节。连续的两个字节可以表示从 0 到 65 535 的任意数字。然而，一旦多个字节表示一个数值，字节顺序就变得至关重要。

让我们回到之前加载到 GHex 中的两个文件的前两个字节。它们表面上是字母 S 和 a，但这只是另一种解释。十六进制序列 53 61H 也可以被解释为一个数字。文件中首先出现的是 53H，其后是 61H(参见图 5.1 和图 5.2)。因此，将这两个字节作为一个 16 位值合并，它们就变成了十六进制数 53 61H。

或者并非如此？也许有些奇怪，事情并不那么简单。图 5.4 左侧显示了示例文本文件在 GHex 十六进制显示窗格中的部分信息，仅显示了前两个字节及其相对于文件开头的偏移量。图中右侧是相同的信息，但左右颠倒，就像在镜子中看到的一样。这些字节以相同的顺序出现，但我们看到它们的方式不同。最初假设的 16 位十六进制数 53 61H 现在看起来是 61 53H。

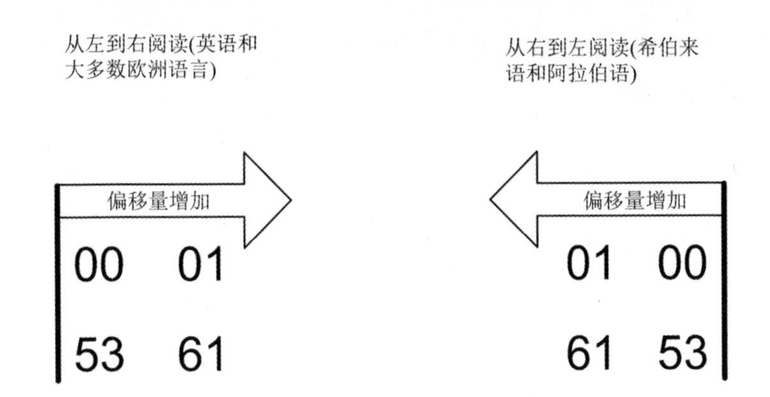

图 5.4　显示顺序的差异与评估顺序的差异

数字有变化吗？从计算机的角度看，并没有变化。改变的只是我们在这本书的页面上打印它的方式。按照惯例，英语读者从左到右阅读。GHex 十六进制编辑器的布局反映了这一点。但世界上某些其他语言，包括希伯来语和阿拉伯语，从右开始向左阅读。阿拉伯语程序员的第一反应可能是将这两个字节视为 61 53H，特别是如果他们使用设计为阿拉伯语惯例的软件，从右到左显示文件内容。

实际上，情况比这更令人困惑。西方语言(包括英语)在阅读文本时是从左到右的，但在评估数字列时却是从右到左的。例如，数字 426 由 400、20 和 6 个单位组成，而不是由 4 个单位、2 个十位和 6 个百位组成。在西方的习惯中，最低有效数字列在右边，而数字列的值从右向左增加。最高有效数字列在最左边。第 2 章详细介绍了数字列。

在计算中，混淆是不可取的。因此，无论字节序列是从左到右还是从右到左显示，我们都必须就多字节数字中哪个字节代表最低有效数字及哪个字节代表最高有效数字达成一致。在计算机中，我们有两种选择。

- 我们可以同意，多字节值的最低有效字节存储在最低偏移处，而最高有效字节存储在最高偏移处。
- 我们可以同意，多字节值的最高有效字节存储在最低偏移处，而最低有效字节存储在最高偏移处。

这两种选择是互斥的。计算机必须使用其中一种选择，不能在程序的任意时刻同时使用两种。此外，这个选择不仅限于操作系统或特定程序，而是直接融入 CPU 和其指令集的硅片中。将多字节值的最低有效字节存储在内存或寄存器中的最低偏移处的计算机架构称为小端(little endian)。将多字节值的最高有效字节存储在最低偏移处的计算机架构称为大端(big endian)。

图 5.5 应该能让这一点更加清楚。在大端系统中，多字节值以其最高有效字

节开头。在小端系统中，多字节值以其最低有效的字节开头。记住：大端系统，大端在前。小端系统，小端在前。

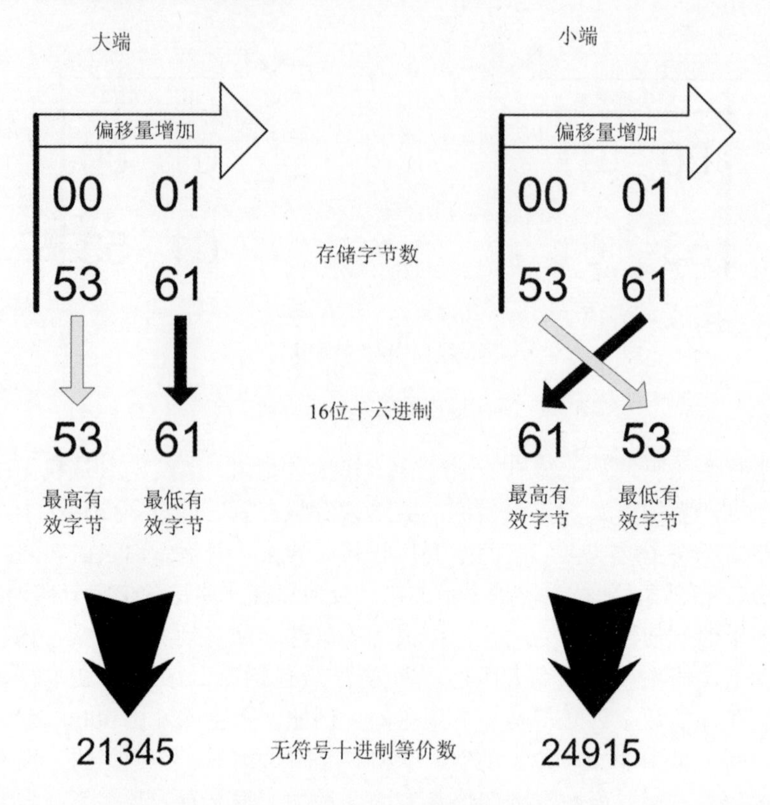

图 5.5　16 位值的大端与小端

这里存在很大的差异！在大端系统中，我们示例文本文件开头的两个字节代表十进制数 21 345，而在小端系统中，它们代表的是 24 915。

在不了解系统的“字节序”的情况下进行编程是完全可能的。如果你使用高级语言(如 Visual Basic、Pascal 或 C)进行编程，大多数字节序的影响都会被语言和语言编译器隐藏起来——至少在低级别出现问题之前是这样的。一旦你开始在字节级别读取文件，就必须知道如何读取它们。而如果你在用汇编语言编程，最好在一开始就对字节序非常熟悉。

在大端系统中读取数字数据的十六进制显示很容易，因为数字按西方人预期的顺序出现，最高有效位在左边。在小端系统中，一切都反过来了，表示一个数字所用的字节越多，就越容易混淆。图 5.6 显示了一个 32 位值的端序差异。小端程序员必须像阅读希伯来文或阿拉伯文那样，从右到左读取多字节值的十六进制显示。我不会在这里展示一个 64 位数值的图，因为它的复杂性可能掩盖其含义。如果你能以小端模式“看懂”一个 32 位数值，那么理解 64 位数值只会是一个小的飞跃，甚至可以说不算是飞跃。

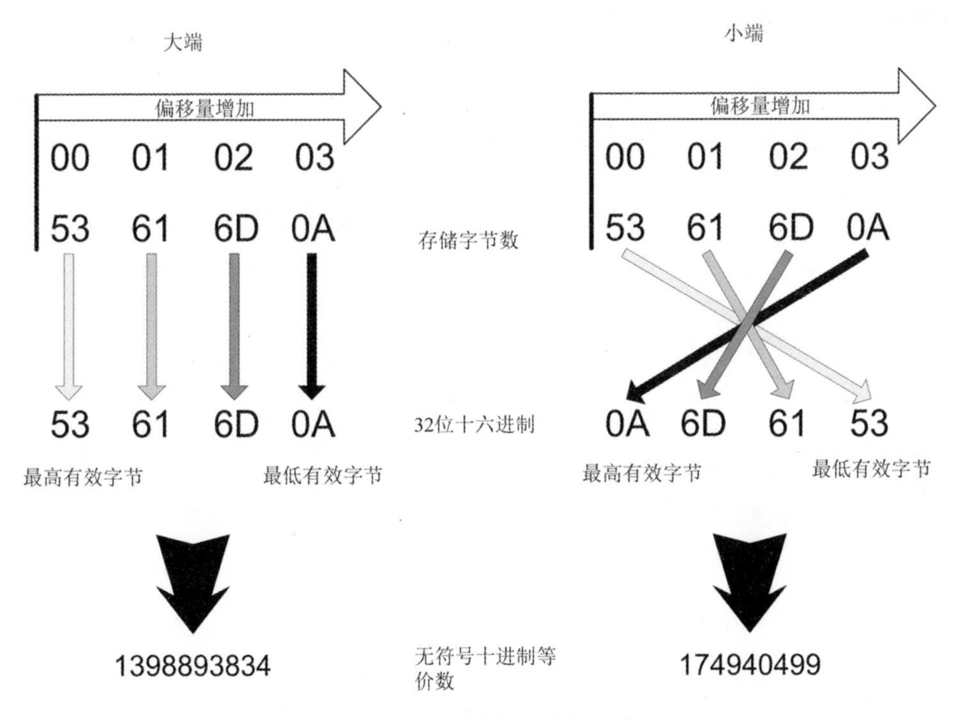

图 5.6　32 位值的大端与小端

请记住，字节序差异不仅适用于文件中存储的字节，也适用于内存中存储的字节。当你使用调试器检查存储在内存中的数值时(稍后将解释)，所有相同的规则都适用。

那么，Linux 系统使用哪种“字节序”？两者都用(虽然不同时用)！同样，这与操作系统无关。整个英特尔 x86/x64 硬件架构，从低端的 8086 到最新的 Core i9，都是小端的。其他硬件架构，如摩托罗拉的 68000 和原始的 PowerPC，以及大多数 IBM 大型机架构，如 System/370，都是大端的。较新的硬件架构被设计为“双端”，这意味着它们可以配置为在硬件级别以某种方式解释数值。Alpha、MIPS 和英特尔的安腾 IA-64 架构都是双端的。

如果你按照本书要求，在普通的英特尔或 AMD x64 CPU 上运行 Linux，那么你将使用小端，并且应该勾选 GHex 编辑器上的 Show little-endian decoding 选项。其他编程工具可能会为你提供选择大端显示或小端显示的选项。确保无论你使用什么工具，都选择了正确选项。

当然，Linux 可以在任何硬件架构上运行。因此，仅仅使用 Linux 并不能保证你面对的是大端系统还是小端系统，这也是这里详细讲解字节序的原因之一。你需要通过研究系统来了解当前使用的字节序，不过你也可以通过检查来学习：

将一个 32 位整数存储到内存中，然后用调试器查看它。如果你熟悉十六进制，系统的字节序会一目了然。

5.3 输入文本，输出代码

概括地讲，所有编程都是处理文件的过程。目标是将一个或多个可读的文本文件进行处理，创建一个可执行的程序文件，该文件可以在你所使用的操作系统和硬件架构下加载并运行。对于本书来说，这将是在英特尔 x64 CPU 上运行的 Linux，但本节中描述的一般过程适用于几乎任何操作系统下的几乎任何编程类型。

编程作为一个过程，因语言和支持该语言的工具集而异。在诸如 Visual Basic、Delphi 和 Lazarus 的现代图形交互式开发环境中，许多文件处理工作都是在“幕后”进行的，而你，作为程序员，则是在显示屏上盯着一个或多个文件，思考你的下一步动作。在汇编语言中情况并非如此。大多数汇编语言程序员使用的是一个简单得多的工具集，并且通过从命令行或脚本文件输入的离散步骤序列显式地处理文件。

无论如何完成，将文本文件转换为二进制文件的通用过程就是翻译，这类程序统称为翻译器。翻译器是接受人类可读源文件并生成某种二进制文件的程序。输出的二进制文件是 CPU 可以理解的可执行程序文件，是字体文件、压缩的二进制数据文件或其他数百种类型的二进制文件。

程序翻译器是生成 CPU 能理解的机器指令的翻译器。程序翻译器逐行读取源代码文件，并写入一个包含机器指令的二进制文件，这些指令实现源代码文件所描述的计算机操作。这个二进制文件称为目标代码文件。

编译器是一种程序翻译器，它读取用高级语言(如 C 或 Pascal)编写的源代码文件，并写出目标代码文件。

汇编器是一种特殊类型的编译器。它也是一种程序翻译器，读取源代码文件并输出由 CPU 执行的目标代码文件。然而，汇编器是一种专用于将我们称为汇编语言的代码翻译成目标代码的翻译器。正如 Pascal 或 C 的语言编译器将源代码文件编译成目标代码文件一样，我们说汇编器将汇编语言源代码文件汇编成目标代码文件。两者的过程都是翻译。然而，汇编语言有一个极其重要的特征，使其与编译器不同：对目标代码的完全控制。

5.3.1 汇编语言

有人将汇编语言定义为一行源代码生成一条机器指令的语言。这从来都不是字面上的正确说法，因为汇编语言源代码文件中的某些行是针对翻译程序(而不是CPU)的指令，根本不会生成机器指令。

这里有一个更好的定义：

> 汇编语言是一种翻译语言，可以完全控制翻译程序生成的每条机器指令。这样的翻译程序称为汇编程序。

另一方面，Pascal 或 C 编译器对如何将给定的语言语句转换为一系列机器指令做出了许多不可见且不可更改的决定。例如，下面的 Pascal 语句将值 42 分配给名为 I 的数值型变量：

```
I := 42;
```

当 Pascal 编译器读取这一行时，它会输出四五条机器指令，这些指令将文本中的数值 42 存储在内存中的一个由名称 I 编码的位置。通常情况下，作为 Pascal 程序员，你不知道这四五条指令实际上是什么，也完全无法改变它们，即使你知道一系列比编译器使用的指令序列更快、更高效的机器指令。Pascal 编译器有其自己生成机器指令的方式，你别无选择，只能接受它在目标代码文件中写入的内容，以执行你在源代码文件中编写的 Pascal 语句的工作。

公平地说，现代高级语言编译器通常实现了称为内联汇编的功能，这允许程序员“夺回”控制权，将自己设计的一系列机器指令“插入”编译器中。现代汇编语言工作中有相当一部分是通过这种方式完成的，但实际上这被认为是一种高级技术，因为你首先必须了解编译器如何生成自己的代码，然后才能使用内联汇编“做得”更好。不要认为可以在没有大量学习和实践的情况下比编译器做得更好！21 世纪的编译器在生成高效代码方面非常出色！

汇编语言中的每条机器指令对应源代码文件中的至少一行。它会看到更多行，处理各种其他事务，但最终生成的目标代码文件中的每条机器指令都受源代码文件中相应行的控制。

CPU 的许多机器指令都在汇编语言中有对应的助记符。顾名思义，这些助记符最初是帮助程序员记住特定二进制机器指令的设备。例如，二进制机器指令 FCH 的助记符是 CLD，用来清除方向标志，比 FCH 容易记住。而且这仅仅是针对一个字节的机器指令。许多具有简单助记符的机器指令汇编成四个或更多字节。

当你用汇编语言编写源代码文件时，将安排一系列助记符，通常在源代码文本文件中每行有一个助记符。x64 源代码文件的一部分可能如下所示：

- mov rax,1　　　　　　　; 01H 指定 sys_write 内核调用
- mov rdi,1　　　　　　　; 01H 指定文件描述符 stdout
- mov rsi,Message　　　　; 将显示字符串的起始地址加载到 RSI 中
- mov rdx,MessageLength　; 将要显示的字符数加载到 RDX 中

- syscall ; 进行内核调用

这里，左边的 mov 和 syscall 是助记符。紧接着每个助记符右侧的数字和文本项是该助记符的操作数。不同的机器指令有各种操作数，一些指令(如 CLD 或 SYSCALL)根本不使用操作数。

总的来说，助记符和它的操作数一起被称为指令。分号右侧的文字是注释，不是指令的一部分。在本书中，我将大部分时间使用指令这个词来指代 CPU 纯二进制机器码指令的人类可读代理。当具体讨论二进制代码时，我们总是指机器指令。

汇编器最重要的任务是从源代码文件中读取行，并将机器指令写入目标代码文件。参见图 5.7。

助记符操作数　　注释

mov rax,rbx ; 将rbx中的sum复制到rax

汇编程序从源代码文件中读取如下一行，并
将等效的机器指令写入目标代码文件：

48 89 D8

图 5.7　汇编器的作用

5.3.2　注释

在每条指令的右侧(见图 5.7)，都有以分号开头的文本。这些文本称为注释，其目的显而易见：为关联的汇编语言指令提供一些解释。指令 MOV RAX, RBX 将寄存器 RBX 的当前值放入寄存器 RAX 中，但为什么这样做呢？在你编写的汇编语言程序的上下文中，这条指令达到了什么效果？注释提供了原因，而你则提供了注释。

从结构上讲，注释从一行的第一个分号开始，向右延伸至该行末尾的 EOL 标记。注释不需要与指令在同一行上。汇编语言程序中有很多有用的描述存在于注释块中，这些注释块是由一系列仅包含注释文本的行组成的。注释块中的每一行都以左边的分号开头。

与任何其他编程语言相比，注释对于汇编语言程序的成功至关重要。我个人的建议是，源代码文件中的每条指令右侧都应该有注释。此外，每一组在某种方式下一起操作的指令，应该在其前面加上一个注释块，解释这组指令的“高层次”功能以及它们如何协同工作。

注释是理解文本文件结构重要的一个方面，因为在汇编语言中，注释会在行尾结束。在大多数其他语言(如 Pascal 和 C)中，注释被放置在注释分隔符对(如*和*)之间，行尾的 EOL 标记会被忽略。

简而言之，注释从分号开始，到行尾结束。

有点奇怪的注意事项：当我在 2022 年撰写本书时，遇到了 SASM IDE 中违反注释“规则”的一个 bug。在注释中使用单词 section 有时会导致 SASM 崩溃。这是一个 bug，我已经报告了，并最终会被修复。如果在使用 SASM 时崩溃，请检查是否在注释中某处使用了 section 这个词。

5.3.3　当心“只写源代码”！

现在正是指出汇编语言严重问题的最佳时机。指令本身几乎简洁得令人发指，而做任何有用的事情都需要大量指令。尽管每条指令都(简洁地)说明了它的作用，但源代码本身却很少表明该指令运行的上下文。命名时应考虑提示这些命名项的用途。这包括过程名称、代码标签、变量和等式。TheBuffer 并没有告诉我们该缓冲区的用途，而 CharInputBuffer 至少暗示它与字符输入有关。

指示性命名(我这样称呼它)有一点帮助，但是在创建上下文方面，注释起了很大作用。没有上下文，汇编语言就会开始变成我们所说的“只写代码”。它可能是这样的：在 11 月 1 日的创作热潮中，你在一个短小的实用程序中写了大约 300 条指令，该程序完成了一些重要事情。到了 1 月 1 日，你回去为程序添加一个功能，却发现已经不记得它是如何工作的了。每条指令都是正确的，程序也能够正确编译和运行，但关于程序如何组合在一起以及从高层次上如何工作的知识已经在圣诞节的狂欢和八周的其他事务之后从记忆中消失了。换句话说，你写了它，但你不再能读懂它，也无法修改它。这就是“只写代码”。

虽然注释确实会占用源代码磁盘文件的空间，但它们不会被复制到可执行代码文件中，因此带有大量注释的源代码程序的运行速度与完全没有注释的程序完全一样。

编写汇编语言程序时，你将投入大量时间和精力——远比在 C、Pascal、Delphi 和 Lazarus 这样的语言和 IDE 中投入得多。汇编语言编程比几乎任何其他编程方式都要困难，如果不加注释，最终可能不得不将数百行难以理解的代码扔掉，从头开始重写。

聪明点。注释到不能再注释为止。

5.3.4 目标代码、链接器和库

汇编器读取你的源代码文件，并生成一个包含 CPU 理解的机器指令的目标代码文件，以及源代码中定义的任何数据。

实际上，完全没有理由说汇编器不能读取源代码文件并将其写成一个完整的可执行程序作为目标代码文件，但这种做法几乎从未被采用。我在本书中讲授的汇编器 NASM，可以为 DOS 程序执行这种操作，并可以为实模式平面模型写出 COM 可执行文件。对于像 Linux 和 Windows 这样更现代的操作系统来说，这太复杂了，而且除了在你初学汇编语言时，单步汇编几乎没有什么真正的用处。

因此，现代汇编器生成的目标代码文件是源代码和可执行程序之间的一个中间步骤。这一步是生成一种被称为目标模块或简单地称为目标代码文件的二进制文件。

目标代码文件本身不能作为程序运行。需要一个额外的步骤，称为链接，将目标代码文件转换为可执行程序文件。

将目标代码文件作为中间步骤的原因是，可以将单个大型源代码文件分成多个较小的源代码文件，以保持文件的大小和复杂性易于管理。汇编器将各个片段分别汇编，然后链接器将生成的多个目标代码文件编织成单个可执行程序文件。此过程如图 5.8 所示。

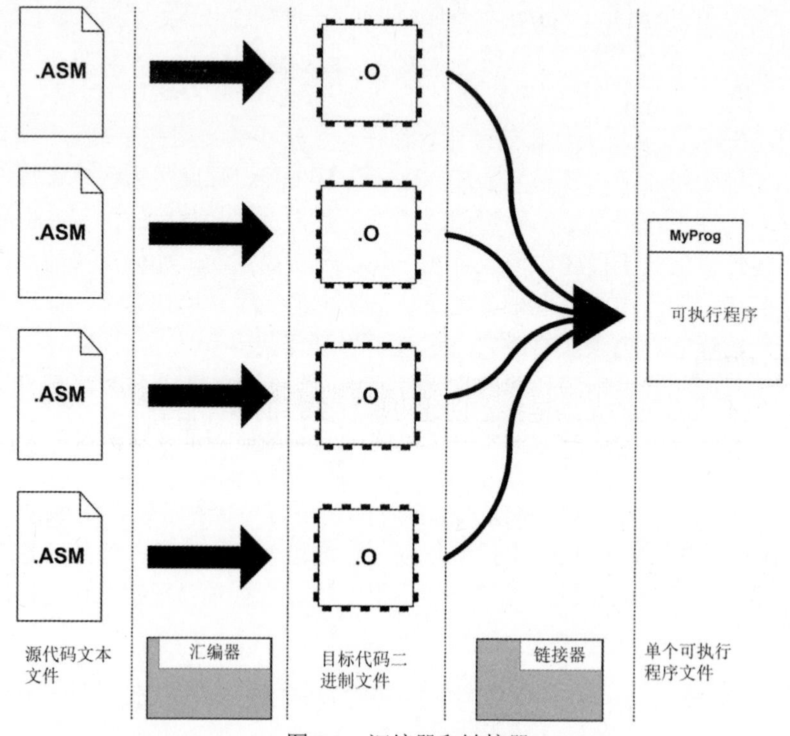

图 5.8 汇编器和链接器

初学汇编编程时，不太可能编写分散在多个源代码文件中的程序。这可能会让链接器显得多余，因为你的程序只有一个部分，因此没有什么需要链接的。然而，与编程(特别是汇编编程)中的许多其他事情一样，事情并不那么简单。链接器在从源代码到可执行程序的路径上处理一个关键步骤：它将汇编器生成的目标代码转换为可执行程序。对于简单程序，可能只有一个目标代码文件需要转换。对于更大、更复杂的程序，可能会有几个，甚至许多个。

请记住，链接器的作用不仅仅是链接。它不仅将多个目标代码块拼接成一个可执行文件，还确保一个目标模块中的函数调用能到达目标对象模块，并且所有内存引用实际上都引用它们应该引用的内容。汇编器的任务是显而易见的；链接器的任务则更加微妙。两者都是生成一个完整的、正常工作的可执行文件所需的。

此外，你很快就会开始将程序中经常使用的部分提取到你自己的代码库中。这样做有两个原因。

- 你可将经过测试和验证的例程移到单独的库中，并将它们链接到你编写的任何可能需要它们的程序中。这样，你可以反复重用代码，而不是每次开始一个新的汇编语言编程项目时都重新构建相同的旧轮子。
- 一旦程序的某些部分经过测试并被确认是正确的，就没必要与程序的新部分和未测试部分一起反复汇编它们。当一个大型程序达到成千上万行代码时(你会比想象中更快达到这个级别！)，只汇编你当前正在处理的部分，并将完成的部分链接到最终程序中，而不必每次汇编某个部分时都重新汇编整个程序的每一个部分，这样可以节省大量时间。

链接器的工作很复杂，不容易描述。每个目标模块可能包含以下内容：

- 包括命名过程的程序代码
- 对模块外部命名过程的引用
- 具有预定义值的数字和字符串等命名数据对象
- 只是“留出”供程序稍后使用的空白空间的命名数据对象
- 对模块外部数据对象的引用
- 调试信息
- 其他不太常见的帮助链接器创建可执行文件的零碎信息

为将多个目标模块处理成单个可执行模块，链接器首先必须构建一个称为符号表的索引。符号表中包含了链接的每个目标模块中每个命名项的条目，以及有关每个名称(称为符号)在模块内哪个位置的信息。一旦符号表完成，链接器就会构建一个可执行程序在操作系统加载时在内存中排列的映像。然后，这个映像被写入磁盘作为可执行文件。

链接器构建的映像中最重要的事情与地址有关。目标模块允许引用其他目标模块中的符号。在汇编过程中，这些外部引用被留作稍后填补的空缺——这很自然，因为包含这些外部符号的模块可能尚未被汇编或甚至尚未写入。当链接器构建最终可执行程序文件的映像时，它会了解映像中所有符号的位置，因此可以将真实的地址填入所有外部引用的空缺中。

从某种意义上说，调试信息是一种倒退。在汇编过程的早期被剥离掉的源代码部分，被汇编器放回目标模块中。源代码的这些部分主要是数据项和过程的名称，它们嵌入目标文件中，以便程序员在调试程序时更容易看到数据项的名称。稍后将更深入地介绍调试概念。调试信息是可选的；也就是说，链接器在构建正确的可执行文件时并不需要它。在你还在开发程序时，可以选择将调试信息嵌入目标文件中。一旦程序完成并且经过了你的最大努力调试，你可以再次运行链接器，这次不需要调试信息。链接一个经过彻底调试的程序而不包含调试信息，更像是通过减少最终可执行文件的大小来“整理”，从而更容易分发给其他人。

5.3.5 可重定位性

原始的微型计算机(如运行 CP/M-80 的 8080 系统)具有简单的内存架构。程序被编写为加载并在特定的物理内存地址上运行。对于 CP/M 来说，这个地址是 0100H。程序员可以假设任何程序都从 0100H 开始，并向上执行。数据项和过程的内存地址是实际的物理地址，每次程序运行时，其数据项都会被加载并在内存中完全相同的位置引用。

随着 8086 处理器及针对 8086 的操作系统(如 CP/M-86 和 PC DOS)的问世，一切都发生了改变。随着 8086 引入的英特尔架构改进，程序不再需要被汇编到特定的物理内存地址上运行。这个特性称为可重定位性，是任何现代操作系统的必要组成部分，特别是在可能同时运行多个程序的情况下。处理可重定位性是复杂的，这里没有足够的空间深入解释。一旦你对汇编语言过程更加熟悉，这将成为进一步研究的重要课题。

5.4 汇编语言的开发过程

正如你所见，编写、汇编和测试汇编语言程序涉及许多不同的文件类型和相当数量的程序。这个过程本身听起来比实际复杂得多。我为你绘制了一张地图，帮助你在本章剩余的讨论中保持方向。图 5.9 展示了汇编语言开发过程最常见的形式(从高层次的视角来看)。它可能看起来像洛杉矶高速公路系统的地图，但实际上流程是相当直接的，你会经常这样做，花几个晚上专注于一个或两个程序后，它将变得非常熟悉。

简而言之，该过程可以归结为以下几点：

(1) 在文本编辑器中创建汇编语言源代码文件。

(2) 使用汇编器从源代码文件创建对象模块。

(3) 使用链接器将对象模块(以及项目中任何先前组装的对象模块)转换为单个可执行程序文件。

(4) 通过运行程序文件进行测试，必要时使用调试器。

(5) 返回步骤(1)中的文本编辑器，修复之前可能犯的任何错误，并根据需要编写新代码。

(6) 重复步骤(1)~(5)，直到完成。

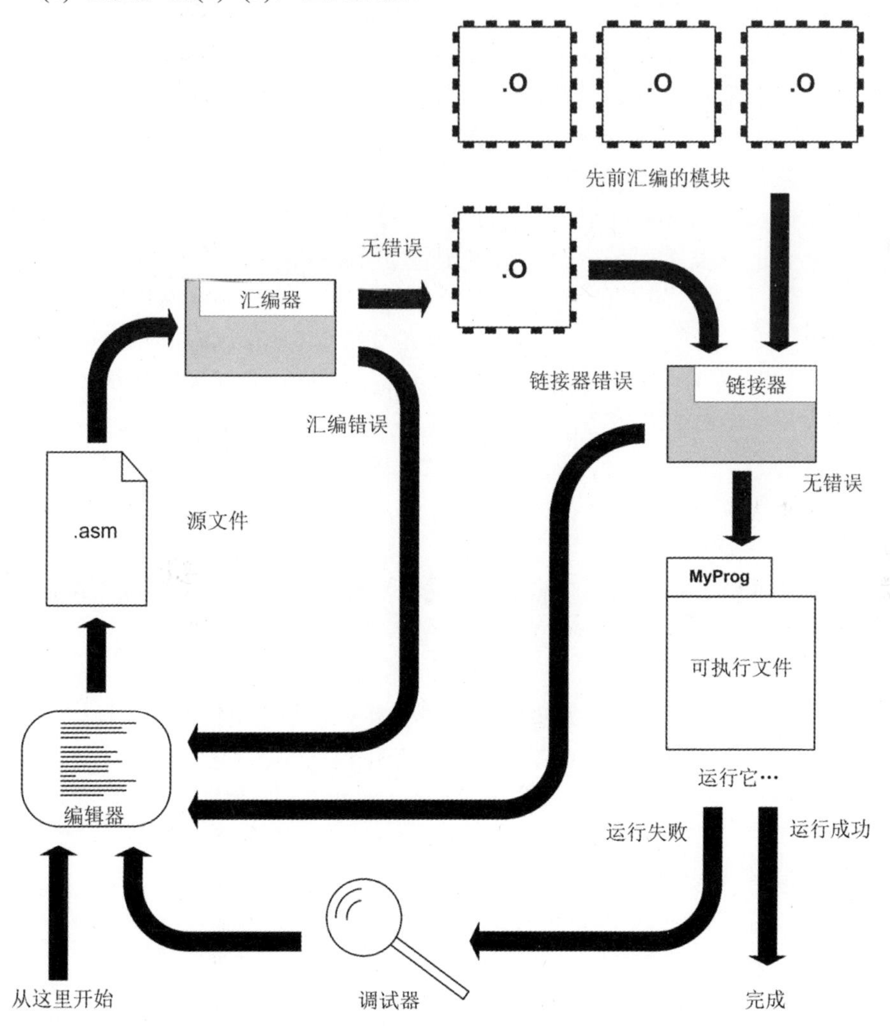

图 5.9　汇编语言开发过程

5.4.1 工作目录的规则

程序员通常从 0 开始计数，如果我们计算汇编语言开发过程中的步骤，那么第 0 步就是在你的 Linux 电脑上设置一个目录系统，以管理你在此过程中创建和处理的文件。

这里有一条规则你需要理解并立即采用：每个目录中只存储一个项目。也就是说，当你想编写一个名为 TextCaser 的 Linux 程序时，创建一个名为 TextCaser 的目录(或其他不会让你感到困惑的名称)，并且只在该目录中存放与 TextCaser 项目直接相关的文件。如果你有另一个名为 TabExploder 的项目，让该项目拥有自己的独立目录。这是良好的管理实践，首先可以防止你的 makefile 文件混淆(后面讨论 make 和 makefile 文件时会详细讲解)。

我建议你为你的汇编开发项目建立一个目录方案，根据我的经验，类似这样的方案会比较合适：在你的 Linux 主目录下创建一个名为 Assembly 的目录(或者起一个其他合适的描述性名称)，然后在该总汇编语言目录下创建各个项目的子目录。

顺便提一下，目录名称与项目的主 ASM 文件名称相同是没有问题的；也就是说，textcaser.asm 完全可以存放在一个名为 textcaser 的目录中。

我将这两个域名放在两个不同的互联网托管服务上，以便至少其中一个始终处于可用状态。无论你从哪个网站下载文件，都是相同的。

解压后，代码示例存档会在你选择的父目录下创建各个项目目录。我建议在 Assembly 目录下解压它，或者根据你的命名选择其他目录。

给第一次使用 Linux 的 Windows 用户的一个小提示：Linux 的标识符是区分大小写的。这意味着 textcaser 和 Textcaser 是两个不同的目录，并且可以用于存放两个完全独立的项目。

如你所料，这并不是一个好主意。选择文件夹名称和文件名时，请遵循某种命名方案，比如 CamelCase。或者干脆全部使用小写字母，这也是整个 UNIX 世界的常规做法。

5.4.2 编辑源代码文件

你开始实际开发过程时，可以将程序代码输入一个文本编辑器中。具体使用哪个文本编辑器并不重要，有很多选择。在本书中，我会推荐一个集成开发环境(IDE)，它包含一个文本编辑器、一个构建工具和一个 gdb(Linux 调试器)的前端。重要的是要记住，像 Microsoft Word 和 Open Office Writer 这样的文字处理器会在文档文件中嵌入大量额外的二进制数据，这些数据除了你输入的文本，还控制行间距、字体和字体大小、页眉和页脚等许多其他内容。而你的汇编器既不需要这些数据，也无法理解这些数据。汇编器并不总是能忽略这些数据，这可能会在汇编时导致错误。

至于如何构思你要输入的内容，那是另一个问题，我将在后面的一个简短章节中详细讲解。你肯定会有一堆笔记，可能还有一些伪代码、一些图表，甚至可能还有一个正式的流程图。这些都可以用软件工具在屏幕上完成，也可以用铅笔在方格纸上完成。

汇编语言源代码文件几乎总是以 .asm 文件扩展名保存到磁盘上。换句话说，对于一个名为 MyProg 的程序，汇编语言源代码文件将被命名为 MyProg.asm。

5.4.3　汇编源代码文件

如图 5.9 所示，文本编辑器生成一个带有 .asm 扩展名的源代码文本文件。然后将该文件传递给汇编程序进行翻译，生成一个目标模块文件。在本书中使用的 Linux 系统和 NASM 汇编器，目标代码文件的扩展名将是.o。

当你在命令行调用汇编器时，需要提供要处理的源代码文件的名称。Linux 将从磁盘加载并运行汇编器，汇编器将打开命令行中指定的源代码文件。几乎同时(特别是对于你在本书中试用的小型学习程序)，它将创建一个与源文件同名但带有.o 扩展名的目标文件。

当汇编器从源代码文件中读取行时，它会检查这些行，构建一个符号表，总结源代码文件中任何命名项，构造这些源代码行所代表的二进制机器指令，然后将这些机器指令和符号信息写入目标模块文件。当汇编器完成并关闭目标模块文件时，它的工作就完成了，并且会终止。在现代 PC 上，对于少于 500 行代码的程序，这个过程在一秒钟内(有时甚至更短)就完成了。

5.4.4　汇编器错误

请注意，前面的段落描述了当 .asm 文件是正确时会发生的情况。正确的意思是，该文件对汇编器来说是完全可以理解的，并且可以被翻译成机器指令，而不会让汇编器感到困惑。如果汇编器在读取源代码文件中的某行时遇到它不理解的内容，我们称这些无法理解的文本为错误，汇编器将显示错误信息。

例如，下面这行汇编语言将会让汇编器感到“困惑”并提示错误信息：

```
mov rax,rvx
```

原因很简单：根本没有 rvx。实际上，rvx 是打算写成 rbx 的，rbx 是一个 CPU 寄存器的名称。V 键就在 B 键旁边，手指不一定会意识到按错了键。我也干过这样的事！像这样的拼写错误是最容易发现的一类错误。其他需要仔细研究才能找到的错误，通常是违反了汇编器的许多规则——在大多数情况下是 CPU 的规则。例如：

```
mov eax,rbx
```

乍一看，这似乎是正确的，因为EAX和RBX都是真实的寄存器。然而，再想一想，你可能会注意到EAX是一个32位寄存器，而RBX是一个64位寄存器。你不能将一个64位寄存器的值复制到一个32位寄存器中。

这里你不必记住指令操作数的细节；稍后讨论每个指令时将详细介绍这些规则。现在，只需要理解，有些对你来说可能看起来合理的做法(尤其是作为初学者)由于技术原因违反了规则，因此被认为是错误。

这些错误算是简单的。还有许多更难的错误，它们涉及两行本身合法的源代码之间的不一致。这里不会提供任何例子，但我想指出的是，错误可能是非常棘手且隐藏的东西，需要大量的检查才能找到。

不同汇编器的错误消息各不相同，可能不会总是像你希望的那样有用。当NASM遇到evx拼写错误时显示的错误消息如下：

```
testerr.asm:20: symbol 'evx' undefined
```

这很简单，假设你知道symbol是什么。它会告诉你在哪里查看：20是它发现错误的行号。当你试图将64位寄存器加载到32位寄存器时，NASM提供的错误消息就没那么有用了。

```
testerr.asm:22: invalid combination of opcode and operands
```

这让你知道你在操作码及其操作数上犯了错误，但仅此而已。你必须知道什么是正确的，什么是错误的，才能真正理解你做错了什么。就像闯红灯一样，不懂法不能作为借口，而与当地交警部门不同，汇编器每次都会抓住你。

汇编程序错误消息不会免除你理解CPU或汇编程序规则的责任。

第一次坐下来编写自己的汇编代码时，这一点就会变得清晰起来。我希望我没有吓到你，因为我想警告你，对于更难懂的错误，错误消息可能几乎没有任何帮助。

你可能会在编写源代码文件时犯不止一个错误。这种情况下，汇编器会显示多个错误信息，但不一定会显示源代码文件中每个错误的错误信息。在某些时候，多个错误会使汇编器彻底混淆，以至于无法区分对错。尽管汇编器是逐行读取和翻译源代码文件，但在整个汇编过程中会逐步建立一个最终的汇编语言程序的全貌。如果这个全貌中错误太多，最终整个汇编过程就会崩溃。

汇编器会在打印出许多错误消息后终止。从第一条错误开始，确保理解它(记下来！)，然后继续。如果接下来的错误消息不太清楚，先修复前面的一两个错误，然后再次进行汇编。

5.4.5　回到编辑器

修复错误的方法是将有问题的源代码文件重新加载到文本编辑器中，然后开始查找错误。这个循环过程在图 5.9 中显示出来，可能会是你在这张特定路线图上看到的最常见路径。

汇编器的错误消息几乎总会包含一个行号。将光标移动到那个行号，开始查找错误。如果能立即找到错误，请修复它，然后继续查找下一个。假设你正在使用类似 Cinnamon 的 Linux 图形桌面，同时保持终端窗口和编辑器窗口打开是很有用的，这样就不必在纸上记录行号列表或将编译器的输出重定向到文本文件中。有一个 20 英寸或更大的显示器，同时打开多个窗口是非常方便的。

有一种方法可以让 NASM 汇编器在汇编过程中将其错误消息写入文本文件，我们将在第 6 章中讨论这一点。

5.4.6　编译器警告

很多时候，汇编器虽然看起来是个“沉默寡言”的生物，但有时在汇编过程中会显示警告消息。对于初学者来说，这些警告消息是一个巨大的难题：它们是错误吗？我可以忽略它们吗？还是应该修改源代码直到它们消失？

遗憾的是，没有一个明确的答案。抱歉，关于这个问题我无法给出一个清晰的答案。

汇编时的警告就像汇编器在扮演一个有经验的顾问，提示你源代码中可能存在一些有风险的地方。虽然这些问题可能不足以让汇编器停止汇编文件，但它们可能足够重要，值得你留意并进一步调查。例如，NASM 有时会在你定义一个命名标签但后面没有指令时发出警告。这可能不是错误，但很可能是你的遗漏，你应该仔细检查那一行，并尝试回忆当时编写它时的想法。这可能并不总是容易的，特别是在凌晨 3 点或者最初编写该行代码三周后。

如果你是一个按照书本循规蹈矩进行操作的初学者，应该翻开你的汇编器参考手册，弄清楚为什么汇编器会对你发出警告。忽略警告可能导致在程序测试期间出现奇怪的错误。或者，忽略警告消息可能根本不会产生不良后果。然而，我觉得知道发生了什么总是更好的。遵循以下规则：

仅当你确切了解其含义时才忽略汇编程序警告消息。

换句话说，在你理解为什么会收到警告信息之前，应该把它当作错误信息来对待。只有在你完全理解了警告出现的原因及其含义后，才可以决定是否忽略它。

总之，汇编语言开发过程的第一部分(如图 5.9 所示)是一个循环。你必须编辑源代码文件，进行汇编，并返回编辑器修正错误，直到汇编器不再发现错误为止。只有在汇编器给予你的源代码文件“健康证明”——即没有错误时，你才能继续进行。我还建议在你刚开始时，要仔细研究汇编器提供的任何警告，直到你完全理解它们。修复引发警告的情况总是一个好主意。

当没有进一步的错误被发现时，汇编器将会向磁盘写入一个 .o 文件，然后你就准备好进行下一步了。

5.5 链接目标代码文件

正如本章前面稍微解释过的那样，链接步骤对新手来说并不明显而且有点神秘，尤其是当你只有一个目标代码模块时，就像本书中的简单例子那样。尽管如此，链接步骤还是至关重要的。在过去，直接将简单的 DOS 汇编语言程序汇编成可执行文件而不需要链接步骤是可能的，但现代操作系统(如 Linux 和 Windows)的性质使得这成为不可能。

链接步骤显示在图 5.9 的右半部分。右上角是一排.o 文件。这些.o 文件是先前从正确的.asm 文件汇编而来的，生成了包含机器指令和数据对象的目标模块文件。当链接器链接由你正在处理的.asm 文件生成的.o 文件时，它会加入先前汇编好的.o 文件。链接器写入磁盘的单个可执行文件包含了所有传递给链接器的.o 文件中的机器指令和数据项。

一旦正在处理的 .asm 文件完成并且正确，其.o 文件就可以与其他文件一起放置，并添加到你接下来处理的.asm 源代码文件中。你可以逐步构建应用程序，每次构建和测试一个模块。

一个重要的好处是，.o 模块中的一些过程可以在尚未开始的未来汇编语言程序中使用。创建这样的“工具包”过程是一种非常有效的节省时间的方法，通过重复使用代码，甚至不需要再次通过汇编器！

世界上有许多汇编器(尽管只有少数是非常优秀的)和大量的链接器。Linux 自带一个名为 ld 的链接器。这个名字实际上是 load 的缩写，而“加载器”是链接器在 UNIX 的第一时代(即 20 世纪 70 年代)最初被称呼的名称。在本书中，我们会使用 ld 来处理一些最简单的程序，但在后续章节中，我们将采用 Linux 的一个特殊做法，使用 C 编译器作为链接器。

正如我所说，我们不再使用 BASIC 了。

与汇编器一样，调用链接器通常是在 Linux 终端命令行中进行的。链接多个文件涉及在命令行中指定每个文件的名称，以及输出可执行文件的期望名称。你可能还需要输入一个或多个命令行开关，以便向链接器提供额外的指示和指导。在你还是初学者时，这些内容中只有很少一部分会引起你的兴趣，我将在此过程中讨论你需要的内容。

你需要了解如何调用 ld 链接器的工作原理，但一旦我们使用名为 SASM 的集成开发环境(IDE)，IDE 将在后台调用链接器，这样就不必在终端窗口命令行中进行大量输入。

5.5.1　链接器错误

与汇编器一样，链接器在将多个.o 文件“编织”成一个可执行程序文件的过程中可能会发现问题。链接器错误比汇编器错误更微妙，通常也更难发现。幸运的是，这些错误不太常见，也不容易犯。

与汇编器错误一样，链接器错误是“致命的”；也就是说，它们会导致无法生成可执行文件，当链接器遇到错误时，会立即终止。当你遇到链接器错误时，你必须返回编辑器并找出问题所在。一旦你确定了问题并在源代码文件中做了修改来解决问题，你必须重新汇编然后重新链接程序，看看链接器错误是否消失。如果没有消失，你就得返回编辑器，再尝试其他方法，然后进行汇编和链接。

如果可能的话，避免通过反复试验来解决问题。阅读你的汇编器和链接器文档。了解你在做什么。你对汇编器和链接器内部发生的事情了解得越多，就越容易确定是什么导致了链接器的问题。

5.5.2　测试 EXE 文件

如果你没有收到链接器错误，链接器将创建一个可执行文件，该文件包含所有在链接器命令行中指定的.o 文件中的机器指令和数据项。这个可执行文件就是你的程序。你可以通过在终端命令行中输入其路径并按 Enter 键来运行它，看看它的运行结果。

同样，如果你熟悉 Linux，你已经知道这一点，但 Linux 中的可执行程序没有.exe 后缀或任何其他后缀。它只是程序的名称。

这里会涉及 Linux 路径；如果你对 Linux 有任何实际经验，你已经知道这一点。终端窗口是查看工作目录的纯文本方式，所有熟悉的命令行工具都会对工作目录中的内容进行操作。但是，请记住，除非你明确将其放入路径中，否则你的工作目录不在路径中，尽管人们对此存在争论且一直如此，但不将工作目录放入路径中是有充分理由的。

当你在终端窗口命令行执行一个程序时，你必须在程序名称前加上 ./ 前缀告诉 Linux 程序的位置，这个前缀简单地意味着在“当前”工作目录中。这与 DOS 不同，DOS 中当前目录同时也在可执行程序的搜索路径中。在 Linux 下，通过命令行调用你的程序可能看起来像这样：

```
./myprogram
```

这时乐趣才真正开始。

5.5.3 错误与缺陷

当你以这种方式启动程序时，将发生以下两种情况之一：程序按预期运行，或者你会遇到一个或多个程序缺陷(bug)。缺陷是指程序中任何未按预期工作的内容。这使得缺陷比错误更具主观性。一个人可能认为在蓝色背景上显示红色字符是一个缺陷，而另一个人可能认为这是一个新颖功能，并感到非常满意。解决这种“缺陷”与功能的冲突取决于你。你应该对程序做什么以及它如何工作有一个清晰的理解，并通过书面规范或其他形式的文档支持，这是你判断缺陷的标准。

奇数颜色的字符是最不重要的。在使用汇编语言时，错误会中止程序的执行，而屏幕上几乎没有或根本没有任何线索表明发生了什么，这种情况非常常见。如果你很幸运，操作系统会“惩罚”你的可执行文件并显示一条错误消息。举个例子，这是你迟早会看到的：

```
Segmentation Fault
```

这种错误被称为运行时错误，以区别于汇编错误和链接错误。大多数情况下，你的程序不会“惹恼”操作系统。它只是不按你期望的那样工作，可能在失败过程中也不会说明太多。

幸运的是，Linux 是一个坚固的操作系统，设计时考虑到了有缺陷的程序，因此你的程序导致整个机器“崩溃”的可能性极小，这在几十年前的 DOS 时代经常发生。

尽管如此，为了避免混淆，我认为在这里仔细区分错误和缺陷是很重要的。错误是源代码文件中的某些问题，汇编器或链接器认为是不可接受的。错误会阻止汇编或链接过程的完成，从而阻止最终可执行文件的生成。

相较之下，程序缺陷是在程序执行过程中发现的问题。程序缺陷不会被汇编器或链接器检测到。程序缺陷可以是无害的，比如屏幕消息中的拼写错误或行位置错误；也可以导致程序过早终止。如果你的程序尝试执行某些禁止的操作，Linux 将终止它并显示一条消息。我们称这些为运行时错误，但它们实际上是由程序缺陷引起的。

无论是错误还是程序缺陷，都需要你回到文本编辑器中更改源代码文件中的某些内容。区别在于，大多数汇编器报告的错误都会带有行号，精确地告诉你在源代码文件中的哪个位置修复问题。而程序缺陷则留给你自己解决。你必须自己去寻找它们，汇编器和链接器不会给你太多线索。

图 5.9 表明，当你的程序完美运行时，汇编语言开发过程就完成了。一个严肃的问题是：你怎么知道它是否完美运行？在学习语言时汇编的简单程序可能很容易在几分钟内测试完毕。但任何实现有用功能的程序至少需要数小时的测试。一个严肃且有雄心的应用程序可能需要数周甚至数月的彻底测试。一个程序接收各种输入值并产生各种输出。应尽可能多地使用不同的输入值组合进行测试，每

次都要仔细检查每种可能的输出。

即便如此，在一个复杂程序中找到每一个缺陷被一些人认为是一个不可能实现的理想。也许是这样——但你应该尽可能高效地接近这个目标。本书的后续章节将更多地讨论程序缺陷和调试。

5.5.4　调试器和调试

汇编语言开发过程的最后一部分是调试，几乎可以肯定是最痛苦的部分。调试简单来说就是一种系统性的过程，通过这种过程来定位和修正程序中的缺陷。调试器是一种专门设计的实用程序，旨在帮助你定位和识别程序中的缺陷。

调试器是所有软件类别中最神秘和难以理解的部分。调试器就像是 X 光机和放大镜的结合体。调试器与你的程序一起加载到内存中，并且与程序并存于内存中。然后，调试器会将其“触角”伸入你的程序，并使一些非常奇特的操作成为可能。

调试计算机程序的一个问题是它们运行速度太快。每秒可以执行数百万甚至数十亿条机器指令，如果其中一条指令有问题，它会在你通过屏幕观察到底是哪一条之前就已经执行完毕了。调试器允许你逐条执行程序中的机器指令，使你能够在每条指令之间无限期地暂停，以检查上一条指令的执行效果。调试器还允许你在这些指令之间的暂停期间查看命名数据项的内容，以及任何 CPU 寄存器中存储的值。一些调试器还会提供一个类似“十六进制转储”的窗口，显示程序运行时的内存内容。

调试器能做所有这些神秘的事情，是因为它们是必需的，并且 CPU 的硅片中内置了特殊功能，使调试器成为可能。调试器内部的工作原理超出了本书的范围，但这是一个迷人的领域，一旦你对 x64 CPU 内部有了深入了解，我鼓励你进行进一步研究。掌握的知识越多，你就会做得越好。

大多数调试器具有显示源代码和机器指令对应关系的功能，这样你可以看到哪些源代码行对应于哪些二进制操作码。其他一些调试器允许你通过变量名称(而不是内存地址)来定位程序变量。

许多操作系统都附带了调试器。DOS 和早期版本的 Windows 附带了 DEBUG 调试器，在本书的早期版本中我详细解释了 DEBUG。Linux 拥有一个强大的调试器称为 gdb，我将在第 6 章介绍它。

5.6　走进汇编语言的世界

接下来的这一章中，我们将使用一个简单的程序，通过我在图 5.9 中详细绘制的过程来运行它。

你不必亲自编写程序。我已经解释了整个过程，但我还没有详细讲解任何机器指令或CPU寄存器。因此，我会提供一个简单的示例程序，并解释它的运行原理，使得它不再是完全神秘的。在后续章节中，我们将详细研究机器指令及其操作。与此同时，你必须理解汇编语言开发过程，否则知道指令如何工作对你没有任何帮助。

5.6.1 安装软件

Linux 的一个了不起之处在于，它拥有庞大的软件库，几乎所有软件都完全免费。如果你使用Linux已有一段时间，你可能遇到过LibreOffice、Gimp、Scribus和Calibre等产品。其中一些在安装操作系统时就预装了。其余的则通过使用软件包管理器获取。软件包管理器是一个目录程序，驻留在你的PC上，并维护着所有可用于Linux的免费软件包的列表。你可以选择你想要的软件包，然后软件包管理器会从在线存储库(在Linux世界中称为仓库)下载它们，然后自动安装。

在最近版本的Linux Mint上，软件包管理器被称为软件管理器(software manager)。你可以通过单击显示器左下角的Mint图标来打开它。图5.10展示了软件管理器的初始窗口。正如你所见，大部分内容可以被视为“广告”，尽管这些广告宣传的是完全免费的产品。

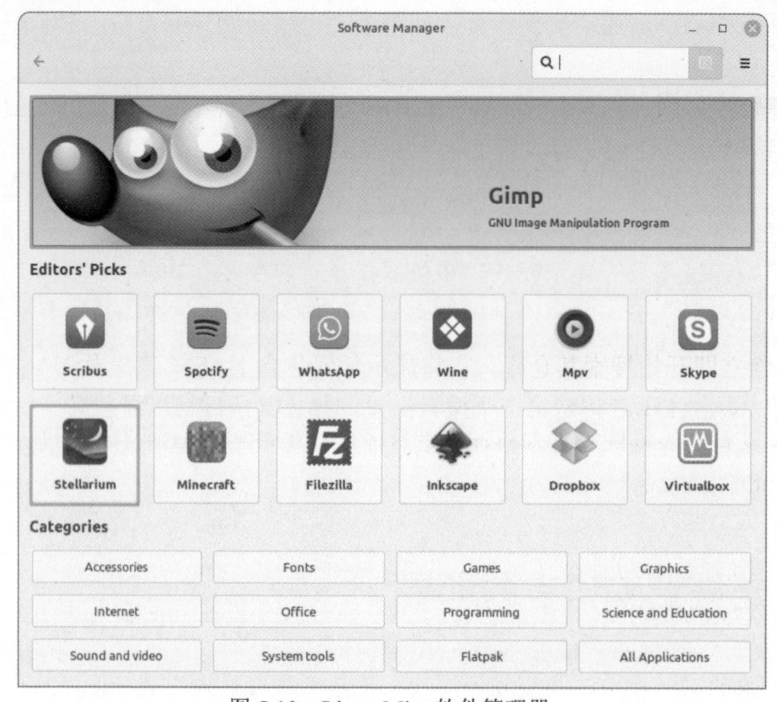

图5.10　Linux Mint 软件管理器

使用Linux Mint软件管理器需要保持互联网连接。如果你来自Windows世界，了解在 Linux 下你不必担心软件安装的位置是很有好处的。几乎所有软件都安装在/usr 目录层级中，这个目录在你的文件搜索路径中。一旦安装到搜索路径中，你可通过在终端窗口命令行中输入程序名来运行程序。

如果要运行不在搜索路径中的程序，则需要多输入一些内容。打开一个终端窗口，导航到任何目录作为你的工作目录，然后通过在命令行中使用当前目录指示符加上程序名称来启动该目录中的程序，如下所示：

```
./eatsyscall
```

./ 前缀指定当前目录。

在本章中，我们将需要一些组件来快速了解汇编语言开发过程：编辑器、汇编器和链接器。

- Xed 编辑器已预装在 Linux Mint 20 中。
- 必须安装 NASM 汇编器。
- Linux 链接器 ld 已预装在 Linux Mint 20 中。

还需要一个调试器，以便进行后续的探索。调试器的情况稍微复杂些。经典的 Linux 调试器 gdb 几乎预装在所有 Linux 版本中。然而，gdb 更像是一个调试器“引擎”，而不是一个完整的调试器。它非常强大，但是以命令行驱动，学习曲线极其陡峭。为了使其真正有用(尤其是对初学者而言)，我们需要下载一些工具来简化其控制和理解其输出。这个功能内建在一个名为SASM的集成开发环境中，其中包含一个 gdb 的“前端”及其他功能。我将在下一章中解释如何安装 SASM 以及如何使用它(包括其针对 gdb 的前端)。目前，只需要相信调试器在汇编语言工作中是有用且必要的。附录 A 中包含有关调试器问题的建议。

注意，在 Linux Mint 20 中，Xed 被称为“文本编辑器(Text Editor)”。它可以在 Accessories 类别中找到(在显示器左下角单击 Mint 按钮后跳出的菜单中)。如果连续选择 Help 和 About，你会在关于对话框中看到它的真实名称。

安装 NASM 非常简单。在软件管理器窗口顶部的搜索框中键入 NASM。软件管理器将立即开始搜索其仓库。它将显示任何包含 NASM 或提及 NASM 的软件包列表。NASM 本身将是第一个搜索结果，并且其条目将以绿色高亮显示。单击 NASM 条目。这将打开一个对话框，允许你阅读有关汇编器的更多信息。对话框上会有一个绿色的 Install 按钮。单击它。软件管理器将从其仓库下载 NASM，并在安装之前要求输入你的 Linux 密码。输入密码后，将完成安装。

注意，软件管理器不会在 Programming 类别中放置 NASM 的图标。NASM 没有自己的用户界面窗口，因此不符合通过桌面图标来运行它的条件。你必须像我接下来将要解释的那样，从终端窗口运行它，或者通过 SASM 来运行，我将在下一章中解释。

5.6.2 步骤 1：在编辑器中编辑程序

很多文本编辑器适用于 Linux Mint，其中最容易理解的可能是 Xed。你可以从“附件”菜单启动 Xed，在那里它被称为“文本编辑器”。你可以通过右击“附件”中的文本编辑器图标，并选择“添加到桌面”，将其图标放置在桌面上。稍后将使用 SASM 作为文本编辑器，但目前请打开 Xed。

在 Xed 中连续选择“文件”和“打开”，在对话框中导航到放置 eatsyscall.asm 文件的目录。我使用 Home 目录下一个名为 Assembly 的目录，并在 Assembly 目录下创建项目目录。在该目录中双击 eatsyscall.asm 文件。Xed 将显示该文件。代码清单 5.1 中显示了该文件。阅读文件内容。你不必完全理解它，但它足够简单，你应该能够大致了解它的功能。

代码清单 5.1 eatsyscall.asm

```
; Executable name  : EATSYSCALL
; Version          : 1.0
; Created date     : 4/25/2022
; Last update      : 4/25/2022
; Author           : Jeff Duntemann
; Architecture     : x64
; From             : Assembly Language Step By Step, 4th Edition
; Description      : A simple program in assembly for x64 Linux,
;                   using NASM 2.14, demonstrating the use of the
;                   syscall instruction to display text.
;
; Build using these commands:
;   nasm --f elf64 --g --F stabs eatsyscall.asm
;   ld --o eatsyscall eatsyscall.o
;
SECTION .data        ; Section containing initialized data
    EatMsg: db "Eat at Joe's!",10
    EatLen: equ $--EatMsg
SECTION  .bss         ; Section containing uninitialized data
SECTION  .text        ; Section containing code
global   .start       ; Linker needs this to find the entry point!
start:
    mov rbp, rsp      ; for correct debugging
    nop               ; This no--op keeps gdb happy...
    mov rax,1         ; 1 = sys_write for syscall
    mov rdi,1         ; 1 = fd for stdout; i.e., write to the
                      ; terminal window
```

```
mov rsi,EatMsg    ; Put address of the message string in rsi
mov rdx,EatLen    ; Length of string to be written in rdx
syscall           ; Make the system call
mov rax,60        ; 60 = exit the program
mov rdi,0         ; Return value in rdi 0 = nothing to return
syscall           ; Call syscall to exit
```

5.6.3　步骤 2：使用 NASM 汇编程序

NASM 汇编器不具备非技术人员今天理解的“用户界面”。它不会弹出窗口，也没有地方让你输入文件名或选择复选框中的选项。NASM 仅通过文本方式工作，你需要通过终端和 Linux 控制台会话与它进行通信。这有点像过去的 DOS 时代，当时所有操作都必须在命令行上输入。

因此，打开一个终端窗口。Ubuntu Linux 有许多不同的终端工具可供选择。我大部分时间使用的是称为 Konsole 的工具，但它们都可以在这里使用。终端窗口通常以你的主目录作为工作目录启动。一旦出现命令提示符，使用 cd 命令导航到 eatsyscall 项目目录。

```
myname@mymachine:~$ cd assembly/eatsyscall
```

如果你是 Linux 新手，请确保通过使用 ls 命令检查目录内容来确认你在正确的目录中。文件 eatsyscall.asm 应该至少存在其中，可能是从本书的列表存档中提取，或者是你自行在文本编辑器中输入的。

假设 eatsyscall.asm 文件存在，请仔细输入以下命令并按回车键进行汇编：

```
nasm -f elf64 -g -F dwarf eatsyscall.asm
```

当 NASM 没有发现问题时，它将不会显示任何内容，你将简单地回到命令提示符。这意味着汇编工作正常！如果你自己输入了 eatsyscall.asm 文件，并且有输入错误，你可能会收到错误信息。确保文件与代码清单 5.1 中的内容匹配。

现在，你在终端输入的所有内容都表示什么呢？图 5.11 中分解了你刚输入的命令行。NASM 的调用以程序本身的名称开头。其后的所有内容都是控制汇编过程的参数。这里显示的几乎是你在学习汇编语言开发过程中可能需要的所有参数。还有一些参数的用途更神秘，所有这些参数都在 NASM 的文档中有详细说明。让我们按顺序逐一介绍这里使用的参数。

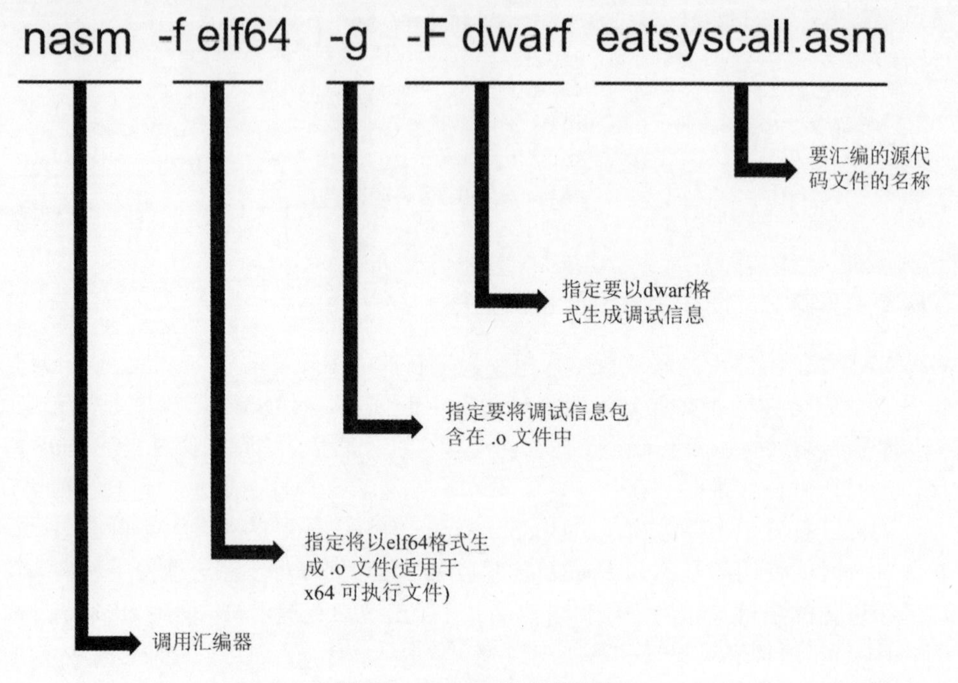

图 5.11　NASM 命令行结构

- -f elf64 参数告诉 NASM 汇编器生成什么格式的目标代码文件。在目标文件格式中有很多有用的选项，每一种格式的生成方式都有所不同。NASM 汇编器能够生成其中的大多数格式，包括其他一些格式，如 bin、aout 和 coff，不过这些格式在目前可能用不到。elf64 格式适用于生成 x64 架构的可执行文件。
- -g 参数告诉 NASM 在生成的目标代码文件中嵌入调试信息。在开发程序阶段时，这样可以让你使用调试器来发现问题。我们将在第 6 章学习更多关于如何嵌入调试信息的内容。调试信息会稍微增加输出文件的大小，但对于小型练习项目来说，这并不会成为问题。
- -F dwarf 参数告诉 NASM 使用 DWARF 格式生成调试信息。与输出文件格式一样，NASM 能够生成多种调试信息格式。在 x64 Linux 环境下，起初你可能会使用 DWARF 格式来生成调试信息。请记住，Linux 命令是区分大小写的，所以-f 和-F 是两个不同的命令，注意不要搞错大小写。
- eatsyscall.asm：NASM 命令行中显示的最后一项是要汇编的文件名。与 Linux 中的所有内容一样，文件名是区分大小写的。EATSYSCALL.ASM 和 EatSysCall.asm(以及所有其他大小写变体)被视为完全不同的文件。

除非你向 NASM 提供其他指令，否则它将生成一个目标代码文件，并以源代码文件的名称和扩展名 .o 命名。这些“其他指令”通过 -o 选项给出。如果在

NASM 命令行中包含了 -o 命令，后面必须跟着一个文件名，这个文件名将指定 NASM 生成的目标代码文件的名称。例如：

```
nasm -f elf64 -g -F dwarf eatsyscall.asm -o eatsyscall.o
```

这里，NASM 会将源文件 eatsyscall.asm 汇编成目标代码文件 eatdemo.o。

在继续链接步骤之前，请使用 ls 命令列出你的工作目录内容，以验证是否已创建目标代码文件。文件 eatsyscall.o 应该在其中显示。

5.6.4　步骤 3：使用 ld 链接程序

到目前为止一切顺利。现在需要使用 Linux 的链接器实用程序 ld 来创建一个可执行程序文件。确保目标代码文件 eatsyscall.o 存在于你的工作目录中，然后在终端中输入以下链接器命令：

```
ld -o eatsyscall eatsyscall.o
```

如果原始程序在汇编时没有出现错误或警告，那么目标文件应该在链接时也不会出现任何错误。就像 NASM 一样，当 ld 遇到没有值得提及的事情时，它什么也不说。在汇编语言世界中，没有消息就是好消息——事实上，在整个编程世界中也是如此。

链接的命令行比汇编的命令行要简单。我在图 5.12 中已经画出来了。ld 命令运行链接器程序本身。-o 命令指定输出文件名，在这里是 eatsyscall。在 DOS 和 Windows 世界中，可执行文件几乎总是使用.exe 文件扩展名。在 Linux 世界中，可执行文件通常根本没有文件扩展名。

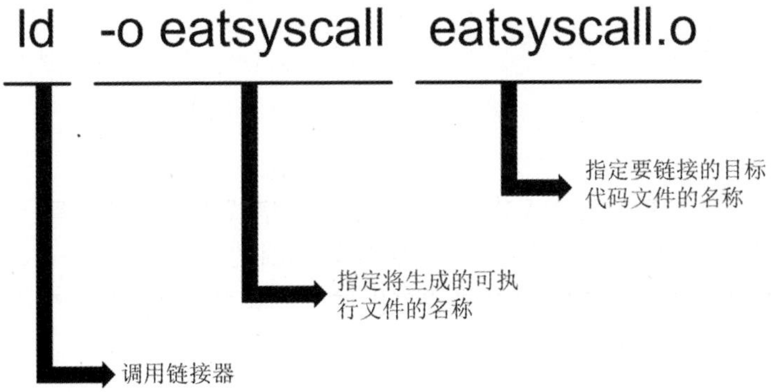

ld　-o eatsyscall　eatsyscall.o

指定要链接的目标代码文件的名称

指定将生成的可执行文件的名称

调用链接器

图 5.12　ld 命令行结构

注意，如果你没有使用-o 命令指定可执行文件的文件名，ld 将创建一个名为 a.out 的默认文件。如果你在项目目录中看到一个名为 a.out 的神秘文件，这可能意味着你在没有使用-o 命令的情况下运行了链接器。

在 ld 命令行中输入的最后内容是要链接的目标文件的名称。在本例中只有一个目标文件，但一旦你开始使用汇编语言代码库(无论是你自己的还是其他人编写的)，你将需要在命令行中输入任何使用的库的名称。输入顺序并不重要，只要确保它们都在那里即可。

5.6.5 步骤 4：测试可执行文件

一旦链接器完成无错误的操作，可执行文件就会出现在你的工作目录中。如果汇编器和链接器在处理过程中没有显示任何错误消息，它就是无错误的。然而，无错误并不意味着没有缺陷。要确保它可以正常工作，只需要在终端命令行中输入其名称：

```
./eatsyscall
```

Linux 新手需要记住，你的工作目录并不会自动包含在系统的搜索路径中。如果你只是在命令行上输入可执行文件的名称(没有加上“工作目录前缀 ./)，Linux 会找不到它。但是，如果加上前缀，你的可执行文件将会加载、运行，并打印出 13 个字符的广告信息：

```
Eat at Joe's!
```

大功告成！

5.6.6 步骤 5：在调试器中观察它的运行

假设你正确输入了代码清单 5.1(或者从源代码文档中解压出来)，而且 eatsyscall.asm 正确无误。对于程序员来说，这是不太常见的情况，对于刚刚开始学习的人来说尤其如此。大多数时候，你几乎需要立即开始寻找缺陷。最简单的方法是将可执行文件加载到调试器中，这样你可以逐步执行它，在每个机器指令执行后暂停，以查看每个指令对寄存器和内存中定义的任何变量的影响。

Linux 下最经典的调试器是 gdb，即 Gnu 调试器。本书将使用 gdb，但为了使本教程简单易懂，我们将在 IDE 中使用它，将在第 6 章中讨论这个主题。

在这样一本面向初学者的书籍中，我只能讲授关于 gdb 的基础知识。建议你阅读 gdb 参考手册，以提升技能。你需要意识到，到达非常高的山顶需要走过一条漫长而陡峭的道路。所有 gdb 命令(而这些命令非常多)都必须在终端命令行上输入，没有菜单，也没有图形用户界面(就像 NASM 和 ld 一样)。

这并不意味着在 gdb 中看不到图形用户界面。实际上，确实有几个，但这几个并非 gdb 的一部分。可以通过设置菜单和对话框来创建一个窗口化界面，指定你希望 gdb 执行的操作，然后让窗口化界面将命令作为纯文本传递给 gdb。这些操作是在“幕后”进行的，用户看不到。看起来像是通过 gdb 进行调试，事实上确实如此——只不过是通过图形界面的中间代理进行的。

本书此前的版本讨论了两种这样的界面：一个叫做 Kdbg，另一个叫做 Insight。Kdbg 目前仍然存在，但在 Linux Mint Cinnamon 中无法工作；遗憾的是，早在 2009 年，Insight 从我所知的所有 Linux 发行版和软件仓库中被移除了。虽然可从网站下载 Insight 并在 Linux 下安装，但这需要一些麻烦的工作。我在附录 A 中写了一些关于安装和使用 Insight 的建议。

大多数情况下，这并不重要。在 2023 年的今天，我们有更好的选择。让我们来认识一个名为 SASM 的汇编语言集成开发环境(IDE)。

第 6 章

一个可使用工具的立足之地——Linux 和塑造你的工作方式的工具

6.1 集成开发环境(IDE)

阿基米德有一句名言:“给我一根足够长的杠杆和一个可以立足的地方，我就能撬动地球。这位老先生并不是在打比方，而是直白地表示非常长的杠杆的机械优势，但他的话背后蕴含着真理：要完成某件事，你需要一个可以立足的地方，并能方便地使用工具。我在小车库里摆放的无线电工作台就是这样布置的：一个宽敞的空间，地面平坦，可以放置小型发射器，上方有一个架子，可以方便拿取示波器、VTVM、频率计数器、信号发生器、信号跟踪器和倾角计。对面墙上，仅两步之遥的地方，是一排长长的架子，我把零件、金属片、电路板库存和废塑料等原材料以及我不常用的测试设备放在上面。

在某些方面，操作系统是你完成计算工作时的立足之地。你需要的所有工具都应该触手可及，并且应该有一种标准的、易于理解的方式来访问它们。数据存储应该“近在咫尺”，且易于浏览和搜索。在当今的桌面计算世界中，几乎没有什么比 Linux 操作系统更能满足这一需求了。

古老的操作系统(如 DOS)在有限的范围内给了我们一个“立足之地”。DOS 提供了访问磁盘存储和加载及运行软件的标准方式，仅此而已。工具集虽然很小，但这是一个很好的开端，也几乎是我们在 20 世纪 80 年代中后期主流的 6MHz 8088 机器上所能管理的全部工具。

从某些方面看，关于 DOS 2.0 最有趣的事情是它是作为一个简化版的操作系统创建的，而这个简化版的原型是一个功能更强大的操作系统 UNIX，UNIX 由 AT&T 的研究实验室在 20 世纪 60 年代和 70 年代开发。当 IBM PC 出现时，UNIX 只能运行在大型、昂贵的大型机和小型计算机上。PC 没有足够的计算能力来运行 UNIX 本身，但 DOS 2.0 创建了一个非常类似于 UNIX 文件系统的分层文件系统，其命令行提供了对一组与 UNIX 工具非常相似的工具的访问。

多年来，x86 PC 不断发展，到 1990 年左右，英特尔的 CPU 已经足够强大，可以运行一个基于 UNIX 的操作系统。与此同时，UNIX 不断“向下发展”，直到两者在某处中间位置相遇。1991 年，年轻的芬兰程序员 Linus Torvalds 编写了一个可以在廉价的基于 386 的 PC 上运行的 UNIX“仿制品”。它以 UNIX 的一种实现为原型，即 Minix(于 20 世纪 80 年代末在荷兰编写，是一款可以在小型计算机上运行的 UNIX 仿制品)。最终，Torvalds 的 Linux 操作系统在 UNIX 世界中占据了主导地位。

Linux 是我们的立足之地，而且是一个很好的立足之地。但在访问工具方面，拥有一个专门为我们当前所做工作设计的软件工作台也是很有帮助的。文字处理器是用于编写和打印文本等内容的工作台。PowerPoint 及其克隆版是用于创建演示文稿的工作台，等等。

NASM 汇编器功能强大但“沉默寡言”，并且不可避免地与命令行绑定，ld、gdb 以及大多数在 Linux 工具箱中能找到的古老 UNIX 工具也是如此。在第 5 章中，我们通过在终端命令行输入命令，完成了一个简单的开发项目。初学者需要了解这种工作方式，但这绝不是我们能做的最好方式。此外，你最终可能会超越你正在使用的交互式开发环境。特殊情况也可能迫使你回到 Linux 命令行来完成任务。

Turbo Pascal 的 DOS 版在 20 世纪 80 年代取得了巨大成功，很大程度上是因为它将编辑器和编译器集成在一起。它提供了一个菜单，允许用户在编辑器(用于编写代码)、编译器(用于将代码编译成可执行文件)和 DOS(运行和测试这些文件)之间轻松快速地切换。在 Turbo Pascal 中编程比传统方法更容易理解且速度更快，传统方法涉及不断从命令行发出命令。

Turbo Pascal 是第一个真正成功地为小型系统程序员提供交互式开发环境(IDE)的商业产品。尽管在它之前已经出现了其他一些产品(特别是主要在大学中使用的原始 UCSD P 系统)，但 Turbo Pascal 将这个理念永远确立了下来。

在本书的第三版中，我介绍了一套工具，包括 Kate 编辑器、Konsole 终端以及强大但不常规的 gdb 调试器的前端工具 Insight。在第三版的第 5 章中，我介绍了一个更简单的调试器前端工具，叫做 Kdbg。

时代在变。Insight 在 2009 年末从 Linux 发行版和软件库中移除。自从 2009 年以来，它一直是废弃软件，而且在现代 Linux 发行版上安装起来非常棘手。在 2022 年之前的某个时候，Kdbg 也从 Linux 舞台上消失了，无法在大多数最新的发行版上安装。我喜欢这两个工具，但我理解它们为什么不再被使用了。Kate 和 Konsole 仍然非常活跃。稍后将在本章的“Linux 控制台”一节详细描述 Konsole。你可以使用 Kate，但对于简单的文本编辑，我更喜欢 Xed 编辑器。至于调试器，请参阅附录 A。

然而，在准备这个版本时，我发现了一些非同寻常的东西：一个专门为汇编语言工作设计的集成开发环境(IDE)特别注重满足新手程序员的需求。Simple ASM(SASM)是由 Dmitriy Manushin 开发的。它仍然在维护和积极开发中。它足够强大，可以处理本书中介绍的大部分简单程序。它也是介绍调试的一个很好的方式。

尽管在某些方面表现出色，但 SASM 是为初学者设计的，缺少一些高级功能。它是一个绝佳的起点，可以让你了解集成开发环境(IDE)的基本概念。当然，一旦你开始编写大型汇编程序或者将汇编与 C 语言混合使用，SASM 可能就不够用了。我还将介绍 Linux 附带的 Make 工具，这样当你超越 SASM 时，你就会知道如何创建自己的 makefile。虽然 SASM 包含了自己的终端窗口，我也会介绍更强大的 Konsole 终端。

旧的 Insight 调试器已经重新启用。详见附录 A。它虽然不完美，但比 Linux 上的其他免费独立调试器更适合初学者使用。

在 Linux 世界中还有其他更强大的 IDE，如 KDevelop、Geany 和 Eclipse。限于篇幅，本书不做详细解释。一旦你理解了 IDE 的基本原理，可以根据自己的需求和技能安装并学习它们。将从 SASM 开始，然后介绍 Make 和 Konsole。

我已在 Linux Mint Cinnamon 和 Kubuntu Plasma 上测试过 SASM。它在这两个发行版上都可以正常工作，并且可以通过各自平台的软件包管理器安装。我猜想它在任何现代发行版上都能运行。

6.2 SASM 简介

SASM 是一款专为汇编语言编程设计的简单 IDE。其主要功能如下：

- 支持 NASM、FASM、MASM 和 gas 汇编程序。MASM 仅在 Windows 下工作。

- 支持会话，因此可以同时打开多个项目。
- 用全彩语法突出显示的源代码编辑器。
- 用于标准输入和标准输出的独立终端窗口。
- 源代码调试器允许在汇编语言项目中使用断点和单步调试。
- 调试期间显示寄存器的值。

可以通过你使用的 Linux 发行版的软件包管理器安装 SASM。在 Linux Mint 中，软件包管理器称为 Software Manager。在 Kubuntu 中，它称为 Discover。Kubuntu 还有一个更高级的版本称为 Muon Discover，但普通的 Discover 也完全可以使用。

这两个软件包管理器都提供了一个搜索框。只需要输入 SASM 并按 Enter 键。你可能会看到很多与汇编语言(或编程)无关的搜索结果，但在顶部你应该能看到一个关于 SASM 的条目。单击那一行。软件包管理器会显示 SASM 的描述信息。

与所有安装过程一样，会要求输入你的 Linux 密码。一旦输入密码，SASM 就会安装到硬盘上。在软件菜单中，它会位于 Programming 类别中。建议你在桌面上创建一个图标。只需要右击 Programming 类别中的 SASM 条目，然后选择 Add To Desktop。

6.2.1　配置 SASM

不必执行过多的配置。所有配置都在 Settings 对话框中完成。

- 在 Settings | Common 选项卡上，下拉 On Start 并选择 Restore Previous Session。你不希望每次运行 SASM 时都看到 Get Started 对话框。选中单选按钮 No,Show Only General-Purpose 以显示寄存器的值。我们不会讨论 x64 AVX 数学功能，因此显示数学寄存器只会使 SASM 的窗口变得混乱。
- 在 Settings | Build 选项卡上(见图 6.1)，选中 x64 单选按钮以进行 64 位编码。SASM 还支持 x86 32 位代码，并且 x86 选项是默认选项。这很重要。你将编写 x64 代码，如果你选择了 x86，SASM 将无法正确处理 x64 源代码。
- 同样，在 Settings | Build 选项卡上，选中 Build in current directory 复选框。
- 其他都可以暂时保留默认设置。

请注意版本号，可以在菜单中找到 Help | About 中显示的版本号。截至我写这段内容时(2023 年)，版本是 3.12.2。到你阅读时，版本号很可能已经更新。版本号的重要性在于：在搜索 SASM 软件包时可能会显示多个 SASM 软件包选项。请选择最新发布版本号最高的那个。然后单击 Install 按钮进行安装。

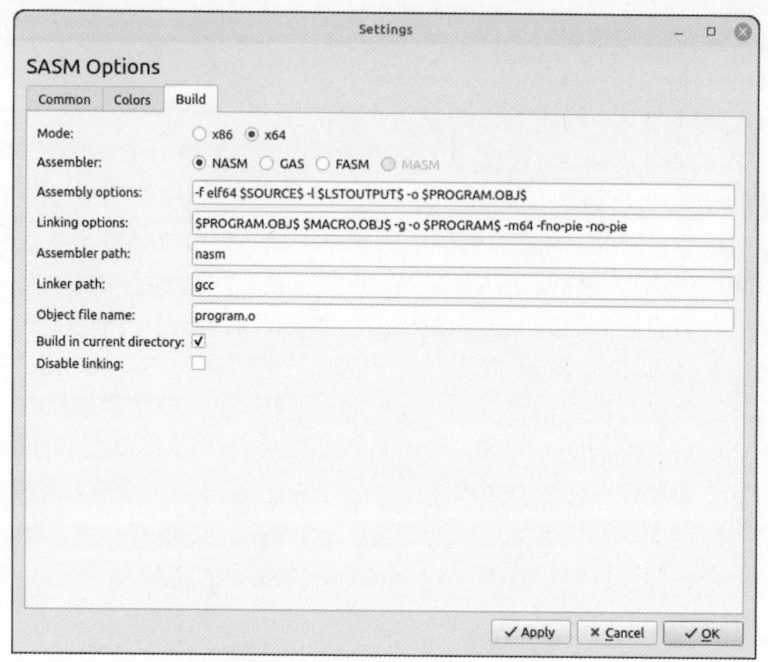

图 6.1　SASM 构建对话框

6.2.2　SASM 的字体

在撰写本书时(2023 年)，SASM 在使用字体方面还不够完善。大多数编程人员都使用纯等宽字体，如 Courier。使用 Courier 和其他等宽字体时，所有列都会垂直排列，因为每个字符的宽度相同。

SASM 的默认字体是 Liberation Mono，并非像 Courier 那样的真正等宽字体。你可以在 Settings 菜单的 Common 选项中更改编辑器窗口的字体。将字体改为 Courier 10 Pitch。这是一种真正的等宽字体，比 SASM 提供的其他几种等宽字体更粗一些(因此更易于阅读)。

另一个字体的缺点是，你只能为编辑器窗口指定字体。输入和输出窗口的字体无法更改。它们与等宽字体相去甚远，因此如果你试图在输出窗口中输出整齐的列文本或数字，输出窗口可能无法胜任。如果要测试这种输出，可以从 SASM 将 EXE 文件保存到磁盘，然后退出 SASM，在 Konsole 中运行该程序。

6.2.3　使用编译器链接

SASM 有一个你需要注意的细节：默认情况下，它使用 GNU C 编译器 gcc 将汇编目标代码链接到可执行文件，而不是直接使用 ld。gcc 编译器本身并不执行链接操作，它充当一个中间人，在确定 ld 需要链接的所有内容后调用 ld 来创建可执行文件。这会增加可执行文件的大小，但这并不会成为问题。这使得在 Settings(设置)对话框的 Build 选项卡中组装和链接的指令变得复杂，如图 6.1 所示。

使用 SASM 的默认构建参数的缺点是，你无法直接汇编和链接我们迄今为止一直在查看的 eatsyscall.asm 程序。需要对 eatsyscall.asm 进行一些小的更改，使其与 SASM 的默认构建过程兼容。类似于原始的 Turbo Pascal，SASM 将你的项目汇编到内存中以节省时间。要在硬盘上保存可执行文件，你必须显式地使用 File | Save .exe 菜单选项将可执行文件保存为磁盘文件。

根据我建议的每个目录只存储一个项目的做法，在你的汇编目录下创建一个名为 eatsyscallgcc 的新目录。从代码文档中提取代码清单 6.1(文件 eatsyscallgcc.asm)并放置在新目录中。

在我们开始之前，关于 SASM 的最后一点说明：它有一个名为 io64.inc 的 64 位 I/O 函数包含库。尽管这个库很有用，但本书中不会讨论它。我鼓励你在有时间时去探索它。

代码清单 6.1　eatsyscallgcc.asm

```
;  Executable name  : eatsyscallgcc (For linking with gcc)
;  Version          : 1.0
;  Created date     : 4/25/2022
;  Last update      : 4/10/2023
;  Author           : Jeff Duntemann
;  Architecture     : x64
;  From             : x64 Assembly Language Step By Step, 4th Edition
;  Description:
;    A simple program in assembly for x64 Linux, using NASM 2.14,
;    demonstrating the use of the syscall instruction to display text.
;    This eatsyscall links via gcc, the default linker
;    for use with SASM. The entry point MUST be "main" to link with
;    gcc.
;
;    Build using the default build configuration in SASM
;

SECTION .data         ; Section containing initialized data

 EatMsg: db "Eat at Joe's!",10
 EatLen: equ $--EatMsg

SECTION .bss        ; Section containing uninitialized data

SECTION .text       ; Section containing code

global   main       ; Linker needs this to find the entry point!
```

```
main:
    mov rbp,rsp        ; SASM may add another copy of this in debug mode!

    mov rax,1          ; 1 = sys_write for syscall
    mov rdi,1          ; 1 = fd for stdout; write to the terminal window
    mov rsi,EatMsg     ; Put address of the message string in rsi
    mov rdx,EatLen     ; Length of string to be written in rdx
    syscall            ; Make the system call

    mov rax,60         ; 60 = exit the program
    mov rdi,0          ; Return value in rdi 0 = nothing to return
    syscall            ; Call syscall to exit
```

6.2.4 SASM 速览

让我们来看看 SASM 能做什么，然后我会详细解释。在代码清单 6.1 所在的目录中，使用 File | Open 导航到该目录，当源文件被高亮显示时，单击 Select。SASM 会将源文件加载到其源窗口中。

顺便说一句：当你处于调试模式时，SASM 的窗口可能变得非常繁忙，因此我强烈建议你在使用时始终最大化 SASM 窗口。

第一步是构建可执行文件。“构建”在这里包括汇编和链接过程，而 SASM 会一步完成这两个过程。工具栏中的锤子图标启动构建过程。单击它。

在一台高配置电脑上，构建过程会在不到一秒钟内完成。在 SASM 窗口底部的日志面板中，你会看到“构建成功”的绿色提示。绿色表示一切正常。任何构建错误都以红色显示。

要运行程序，单击 Run 图标，即构建图标右边的绿色三角形。日志窗口会报告程序开始运行并正常结束。在输出窗口中，会显示消息“Eat at Joe's!”。

是的，如果程序正常工作，就是这么简单。如果程序不正常工作，你需要开始调试。调试图标是一个前面有一个灰色小虫子的绿色三角形(注意，本书是黑白印刷，无法显示彩色效果，后同)。你可能需要仔细观察才能看出那是一只虫子。单击调试图标。如果尚未最大化 SASM 的窗口，现在就这么做，因为一旦进入调试模式，窗口中的多个面板会有很多内容，你需要尽可能多的屏幕空间。

进入调试模式后，调试菜单中的两个选项将变为可用状态。单击 Show Registers 和 Show Memory。窗口的右侧将打开一个新面板，这是 Registers(寄存器)面板，它将显示所有通用 x64 寄存器的内容。如果你正确配置了 SASM 用于本书的演示，将不会显示数学协处理器寄存器。注意，你只能在调试模式下看到 Registers 面板。此外，在开始单步执行之前，寄存器窗口不会总是“填满”。

Memory(内存)面板将出现在 SASM 窗口的顶部。使用它可能有些棘手，稍后我会详细解释。

此时 SASM 窗口将看起来如图 6.2 所示。

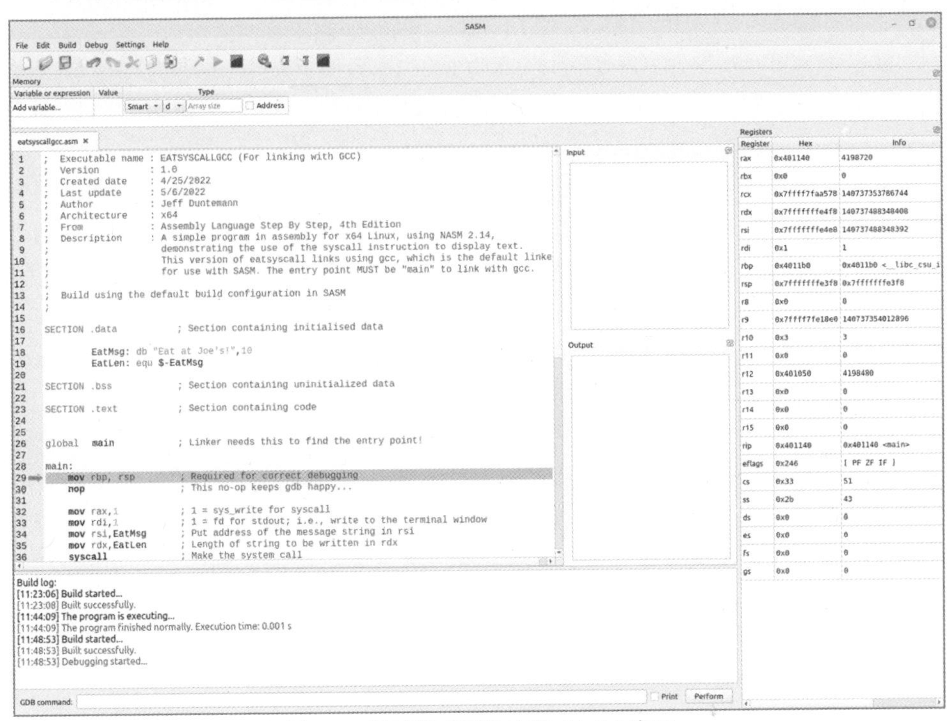

图 6.2　调试模式下的完整 SASM 窗口

在源代码面板中，第一行可执行代码(非注释或标签)会有一个黄色高亮条。执行在该行暂停。我们称这种暂停为断点。在 SASM 中，当你进入调试模式时，第一行代码总是一个事实上的断点。我说“事实上的”，是因为你可以通过单击源代码面板左侧的行号，在任何代码行上设置自己的断点。现在，请单击该行的行号：

```
mov rax,1
```

一个红点会出现在行号的右侧，这表示该行上有一个断点。

现在单击 Debug 图标。一旦进入调试模式，调试图标会告诉 SASM 继续执行。高亮条会移动到你的断点。这一点很重要：执行在断点前停止，而不是在断点行被执行之后。高亮的 MOV 指令尚未执行。

这是查看寄存器面板工作状态的好时机。RAX 寄存器是列表中的第一个，它将包含某种值。值并不重要，它是我所说的 SASM 在你的程序开始执行之前使用 RAX 留下的“残余”。

在等待命令执行时，单击 Debug 图标右侧的 Step Over 图标。高亮条将移到下一行代码。如果查看寄存器面板中 RAX 的内容，你会看到它现在包含值 1。

如果再次单击 Step Over 图标，高亮条将移到下一行，指令 MOV RDI, 1 将会执行。你可在寄存器面板中查看 RDI 的值，看到它现在也包含值 1。

可以通过单击 Step Over 图标逐条指令地执行程序。当你执行最后一条 SYSCALL 指令后，程序将退出，调试模式也将结束。寄存器和内存面板都会消失。

你可能已经注意到有两个单步执行图标，一个是 Step Over(单步执行)，另一个是 Step Into(单步进入)。它们有什么区别呢？对于这个非常简单的程序，两者没有区别。当你为汇编程序创建过程和过程库时才会看到区别。你可以使用 CALL 指令调用一个过程。但假设你的过程已经很好地工作了，你不需要逐步执行它。因此，通过单击 Step Over 按钮，你可以跳过过程调用并继续。如果单击 Step Into，SASM 会让你逐步执行过程的机器指令，然后返回程序中调用过程的地方。

稍后在书中介绍过程时，会更详细地讨论这个问题。

总结一下，调试器允许你以两种方式“看清”汇编代码：一种是设置断点并全速运行代码，直到执行到达断点；另一种是逐条执行指令，每一步暂停后查看寄存器或内存。当然，你可结合使用这两种方式，用断点快速到达感兴趣的地方，然后逐步执行以查看该区域的具体情况。

6.2.5 SASM 的编辑器

SASM 的编辑器非常基础。它提供了大多数源代码编辑器常用的命令：打开、保存、另存为、关闭、全选、剪切、复制、粘贴和查找/替换。我唯一觉得缺少的是通过 Ctrl+Y 快捷键删除行的功能。要删除一行，你必须用鼠标选择它，然后按 Delete 键。我承认，这在你刚开始时可能算是一项安全功能。

6.2.6 SASM 对你的代码有何要求

如果仔细查看 eatsyscallgcc.asm 示例程序，你会发现它与我们之前查看的 eatsyscall.asm 程序有几个不同之处。由于 SASM 使用 gcc 作为链接管理器，因此有两个要求。

- 该程序的入口点必须是 main 而非_start，而且 main 必须使用小写。请参见下面的示例。
- 程序主体的第一行必须是 MOV RBP, RSP。NASM 默认不区分大小写，编辑器窗口中会显示小写形式 mov rbp, rsp。这是有意为之：你需要同时熟悉全小写和全大写的源代码。在书中，代码将使用全大写；在代码清单中，代码将使用全小写。

这些要求是因为 SASM 自动将你的程序链接到标准 C 库(libc)。从某种意义上说，使用 SASM 编写的程序就像是一个不写 C 代码的 C 程序。在 C 程序中，有一些约定是必要的，即使程序并非用 C 语言编写。其中之一是 C 程序的主体始终被称为 main。另一个约定是在任何其他操作发生之前，将栈指针寄存器 RSP 的值保存在寄存器 RBP 中。这样做允许程序在不破坏栈指针 RSP 的原始值的情况下访问栈上的数据。

SASM 的一个奇怪特性是，无论你是否在程序中放置了 MOV RBP, RSP 作为第一条指令，当你进入调试模式时，SASM 都会添加它。因此，如果你在程序开头放置了这条 MOV 指令，一旦进入调试模式，你就会看到两个 MOV RBP, RSP 实例。这不会对程序造成任何损害，但确实有些奇怪。请注意，这可能是一个 bug，当你阅读本书时，可能已经在更新的版本中消除了这个问题。这也与我将在第 11 章和第 12 章讨论的标准程序序言有所不同。

SASM 是学习简单汇编技术的好方法。它特别擅长于可视化调试，因为在逐步执行程序时，你可以看到你的源代码和注释。随着你的技能提高，你可能会升级到更强大的集成开发环境(IDE)。在你刚开始接触汇编语言时，SASM IDE 已经足够好用了。

这就是 SASM 的快速演示。现在是时候讨论在汇编语言工作中有用的其他一些工具了。

6.3　Linux 和终端

当时 UNIX 的开发者们不愿意承认，但 UNIX 在创建时确实是一个类似于 IBM 的主机操作系统，它通过分时支持多个用户同时使用。每个用户通过单独的独立终端(尤其是 DEC 的 VT 系列终端)与中央计算机通信。

这些终端没有显示我们自 1995 年以来认为必不可少的图形化桌面。它们是纯文本设备，通常显示 25 行 80 个字符，没有图标或窗口。一些应用程序使用全屏幕，显示编号菜单和数据输入字段。大多数 UNIX 软件工具，尤其是程序员使用的工具，都是从命令行控制，并从底部向上滚动输出。

Linux 的工作方式相同。简单地说，Linux 就是 UNIX。Linux 不使用像 20 世纪 70 年代 DEC VT100 那样的外部“哑终端”，但 DEC 风格的面向终端的软件机制仍然存在于 Linux 内部并继续运行，以终端仿真的形式存在。

6.3.1 Linux 控制台

Linux 和其他 UNIX 实现(如 BSD)有许多终端仿真程序。Ubuntu 和 Kubuntu 自带一个叫 GNOME Terminal 的终端仿真程序，你也可以从发行版包管理器中下载和安装许多其他终端仿真程序。在本书的讨论中，我使用并推荐的终端仿真程序叫 Konsole。如果你尚未安装它，建议你安装。

当你在 Linux 下打开一个终端仿真程序时，你会看到一个带有闪烁光标的文本命令行，类似于旧的 DOS 命令行或 Windows 中的命令提示符实用程序。终端程序尽力模仿那些 UNIX 第一时代的旧 DEC CRT 串行终端。默认情况下，终端仿真程序使用 PC 键盘和显示器作为其输入和输出设备。而它连接的是一个叫做/dev/console 的特殊 Linux 设备，这是一个预定义的设备，提供与 Linux 系统本身的通信。

需要记住的是，终端程序只是一个程序，你可以在 Linux 机器上安装几种不同类型的终端程序，并同时运行它们的多个实例。然而，只有一个 Linux 控制台，也就是名为/dev/console 的设备，它将命令传递给 Linux 系统并返回系统的响应。默认情况下，终端仿真程序启动时会连接到/dev/console。如有必要，你还可以使用 Linux 终端仿真程序通过网络连接到其他设备，不过如何操作以及具体的工作原理超出了本书的讨论范围。

与 Linux 程序进行通信的最简单方式是使用终端仿真程序，比如本书中提到的 Konsole。替代终端仿真程序的方法是为某种窗口系统编写程序。描述 Linux 桌面管理器及其下运行的 X Window 系统本身就至少需要占用一本书的篇幅，并涉及与汇编语言无关的复杂层次。因此，本书中的示例程序将严格从终端仿真程序命令行运行。

6.3.2 Konsole 中的字符编码

在终端仿真程序中，配置内容不多，至少在你初学汇编语言时如此。对于本书中的示例程序来说，字符编码是一个重要的配置选项。终端仿真程序需要将字符放入其窗口，配置选项之一涉及哪个字形对应于哪个 8 位字符代码。请注意，这与字体无关。字形是一个具体的可识别符号，如字母 A 或@符号。这个符号的图形呈现取决于你使用的字体。在不同字体中渲染时，一个特定的字形可能会更胖或更瘦，或者有各种装饰。你可以用许多字体显示 A，但假设字体不过于使用装饰效果，你仍然能认出特定的字形是 A。

字符编码将数值映射到特定的字形。在我们熟悉的西方 ASCII 标准中，十进制数值 65 与我们认作大写字母 A 的字形相关联。在不同的字符编码中，比如为完全不同的非罗马字母(如希伯来文、阿拉伯文或泰文)创建的编码，数值 65 可能会与完全不同的字形相关联。

本书使用罗马字母，因此终端仿真程序使用默认的字母字形就可以了。然而，ASCII 字符集实际上只包含字符 0 到字符 127。八位可以表示的数值最多到 256，所以在 ASCII 标准的最高端之外还有 128 个“高字符。对于这 128 个字符要编码哪些字形，并没有像 ASCII 那样强的标准。不同的字符编码方案包括许多不同的字形，其中大部分是带修饰符的罗马字符(如变音符、抑扬符、波浪号、重音符等)、主要的希腊字母，以及数学和逻辑符号。

当 IBM 在 1981 年发布其第一代 PC 时，PC 包含了早些年为其大型机终端创建的字形，以便在只能显示文本而不能显示像素图形的终端屏幕上渲染方框。这些字形被证明对划分填写表格和其他内容非常有用。PC 基于 ROM 的字符集最终被称为代码页 437(Code Page 437)，其中包含许多其他符号，如四个扑克牌花色。

类似的字符编码方案后来在 IBM 的 UNIX 实现 AIX 中使用，并被称为 IBM-850。IBM-850 包括 CP437 中的一部分方框绘制字符，加上许多带修饰符的罗马字母字符，以便正确呈现非英语语言的文本。

Linux 终端仿真器默认情况下不编码 CP437 或 IBM-850 方案(因此不支持其方框边框字符)。IBM-850 编码方案是可用的，但需要从菜单中选择。顺便提一下，到目前为止，我尚未见过能够显示 IBM 原始 CP437 字符集的 Linux 终端仿真器。这样的终端仿真器可能存在，但 CP437 被认为已经过时，如果你编写的程序需要它，会让用户感到烦恼。

打开 Konsole 并单击 Settings | Manage Profiles 文件。Konsole 默认带有一个名为 Default 的配置文件。在弹出的 Manage Profiles 对话框中，选择 New Profile，并给新配置文件取一个名称，如 Shell Box。保存配置。在 Edit Profile 对话框中，选择 Advanced 选项卡，查找 Default Character Encoding 下拉菜单。单击 Select，悬停在列表中的 Western European 上，直到编码列表出现。选择 IBM850，然后单击 OK 按钮(见图 6.3)。

要使用 IBM-850 字符编码，你需要将新建的 Shell Box 配置文件设置为 Konsole 的默认配置文件。方法是选择 Settings | Manage Profiles，并单击配置文件名称左侧的复选框。当 Shell Box 配置文件生效时，你的程序可以使用 IBM 的方框边框字符。我们会在后面几章中使用它们。

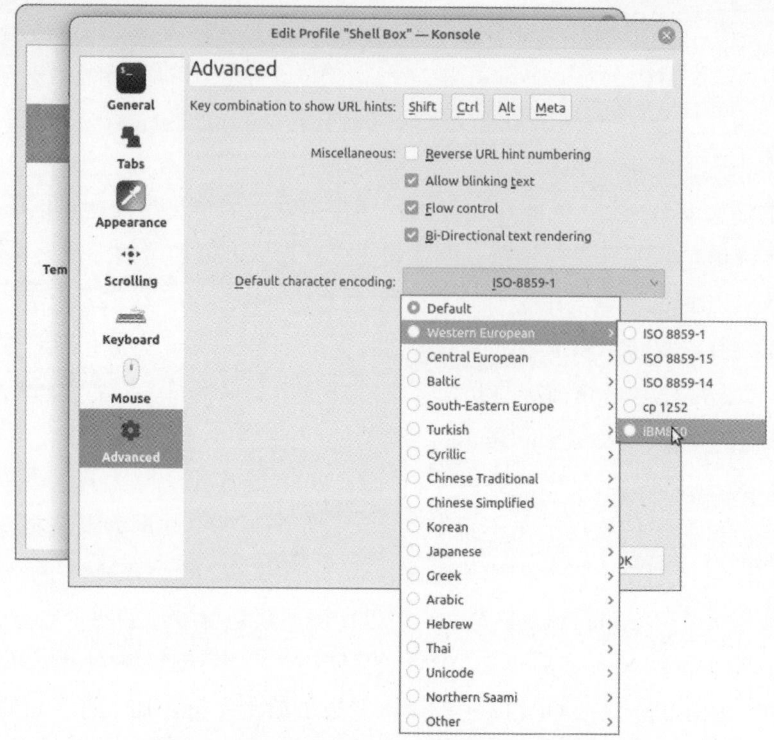

图 6.3　将 Konsole 的字符编码更改为 IBM-850

6.3.3　三个标准 UNIX 文件

计算机常被描述为搬运数据的机器，这种描述并没有错。尽管如此，掌握通过终端仿真器进行的程序输入和输出的最佳方法是理解 UNIX 的基本设计原则之一：一切皆文件。文件可以是磁盘上的数据集合，就像我在第 5 章中详细解释的那样。但一般来说，文件是数据路径上的一个终点(或端点)。当你向文件写入数据时，你正在沿着一条路径将数据发送到一个终点。当你从文件读取数据时，你正在从一个终点接收数据。数据在文件之间的传输路径可能完全在单台计算机内部，也可能在网络中的计算机之间。数据可能会在路径上被处理和修改，也可能只是从一个端点移动到另一个端点而没有修改。不管怎样，一切皆文件，UNIX 的内部文件机制几乎对所有文件都采用相同的处理方式。

“一切皆文件”的原则不仅适用于磁盘上的数据集合。你的键盘是一个文件：它是一个生成数据并将其发送至某处的终点。你的显示器也是一个文件：它是一个接收数据并在你能看到的地方显示数据的终点。UNIX 中的文件不一定是文本文件。二进制文件(如 SASM 创建的可执行文件)也以同样的方式处理。

UNIX 定义了三个标准文件，在程序运行时始终对程序开放。表 6.1 中列出了它们。

表 6.1　三个标准 UNIX 文件

文件	C 标识符	文件描述符	默认为
标准输入	stdin	0	键盘
标准输出	stdout	1	显示
标准错误	stderr	2	显示

在操作系统中，文件最终通过其文件描述符来识别，这只是一个数字。前三个这样的数字属于三个标准文件。当你在程序内部打开一个现有文件或创建一个新文件时，Linux 会返回一个特定于你打开或创建的文件的文件描述符值。要操作文件，你需要调用操作系统并传递要处理的文件的文件描述符。表 6.1 还提供了在 C 语言世界中用于标识标准文件的常规标识符。例如，当人们谈论 stdout 时，他们指的是文件描述符 1。

如果回顾一下代码清单 5.1，即我在第 5 章中介绍汇编语言开发过程时提供的简短示例程序，你会看到以下行：

```
mov rdi,1 ; 1 = fd for stdout; write to the terminal window
```

将“Eat at Joe's!”这个小标语发送到显示器时，我们实际上是将其写入文件描述符 1，即标准输出。通过将值改为 2，可将标语发送到标准错误。它在屏幕上的显示不会有任何不同。就数据处理方式而言，标准错误与标准输出完全相同。按照惯例，NASM 等程序会将其错误消息发送到标准错误，但写入标准错误的文本不会被标记为“错误消息”或以不同的颜色或字符集显示。标准错误和标准输出的存在是为了让我们能够将程序的输出，与程序的错误以及和程序如何运行、运行什么相关的其他消息区分开来。

一旦你理解了所有 UNIX 操作系统最有用的基本机制之一：I/O 重定向，这将变得更有意义。

6.3.4　I/O 重定向

默认情况下，标准输出会发送到显示器(通常是一个终端仿真器窗口)。但这只是默认设置。你可以更改标准输出的数据流终点。标准输出的数据可以发送到磁盘上的文件中。文件就是文件；Linux 处理文件之间的数据流量的方式是相同的，因此切换数据流终点并不复杂。标准输出的数据可以发送到一个已经存在的文件，或者可以在运行程序时创建一个新文件。

程序的默认输入来自键盘，但键盘发送的只是文本。这些文本同样可以来自另一个文本文件。改变发送到程序的数据源并不比改变其输出的目的地更复杂。这种机制称为输入/输出重定向(I/O redirection)，本书后面的很多示例程序中将使用它。

你可能已经在Linux中使用过I/O重定向，即使你不知道它的名称。所有Linux的基本shell命令都将它们的输出发送到标准输出。例如，ls命令将工作目录的内容列表发送到标准输出。你可以通过将ls输出的文本重定向到Linux磁盘文件来捕获该列表，方法是在命令行输入以下命令：

```
ls > dircontents.txt
```

dircontents.txt 文件如果不存在，则会被创建，ls 命令输出的文本会存储在dircontents.txt中。然后你可以打印该文件或将其加载到文本编辑器中。

> 符号是两个重定向操作符之一。< 符号则相反，将标准输入从键盘重定向到另一个文件，通常是存储在磁盘上的文本文件。这对于将键盘命令传递给程序来说用处不大，但对于提供程序将要处理的原始材料非常有用。

假设你想编写一个程序，将文件中的所有小写文本强制转换为大写字符。这是一件非常反常的事情，因为大写字符会让一些UNIX用户感到抓狂。你可以编写程序，从标准输入获取文本并将文本发送到标准输出。从编程的角度看，这很容易做到——事实上，我们将在本书稍后进行实际操作。可通过在键盘上输入以下这行文本来测试你的程序：

```
i want live things in their pride to remain.
```

你的程序将处理此行文本并将处理后的文本发送到标准输出，然后将其发布到终端仿真器显示屏：

```
I WANT LIVE THINGS IN THEIR PRIDE TO REMAIN.
```

测试成功了：看起来程序内部运行正常。接下来的一步是用一些真实的文件测试uppercaser程序。不需要对uppercaser程序做任何修改。只需要在shell提示符下输入以下命令：

```
uppercaser < santafetrail.txt > vachelshouting.txt
```

利用I/O重定向的功能，你的程序将读取名为santafetrail.txt的磁盘文件中的所有文本，将任何小写字符转换为大写，然后将转换后的大写文本写入磁盘文件vachelshouting.txt 中。

重定向操作符可以被认为是指向数据流动方向的箭头。数据从输入文件santafetrail.txt传送到uppercaser程序；因此，符号 < 指出从输入文件到程序的数据流动方向。uppercaser程序将数据发送到输出文件vachelshouting.txt，因此重定向操作符指向程序名称，并指向输出文件名称。

综合来看，事情的运作方式就像我在图6.4中画的那样。I/O重定向就像一种数据开关，将数据流从标准文件引导到你选择和指定的源文件和目标文件。

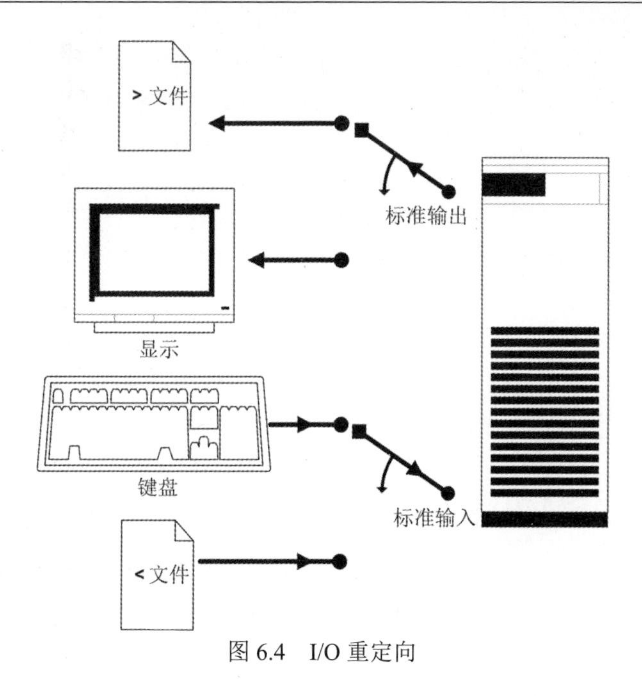

图 6.4　I/O 重定向

6.3.5　简单文本过滤器

稍后实际创建一个名为 uppercaser 的小程序，它的功能是：从一个文本文件读取文本，处理该文本，并将处理后的文本写入输出文件。在程序内部，将从标准输入读取数据并写入标准输出。这使得程序不需要提示用户输入和输出文件名、创建输出文件等。Linux 会自动处理这一切，使编程任务更加简单。

以这种方式工作的程序代表了 UNIX 世界中一种标准机制，称为过滤器。你已经见过其中的几个了。NASM 汇编器本身就是一个过滤器：它读取充满汇编语言源代码的文本文件，处理这些文件，并写出一个包含目标代码和符号信息的二进制文件。Linux 链接器读取一个或多个充满目标代码和符号信息的文件，并写出一个可执行程序文件。NASM 和链接器操作的不仅是简单的文本，但这没关系。文件就是文件，Linux 用于操作文件的机制不会区分文本文件和二进制文件。

过滤程序并不总是使用 I/O 重定向来定位输入和输出。NASM 和大多数链接器从命令行中选择源文件名和目标文件名，这是一个有用的技巧，我们将在本书后面讨论。尽管如此，I/O 重定向使编写简单文本过滤程序变得更加容易。

一旦你理解了过滤程序的工作原理，你就会开始明白标准错误文件的存在和作用。过滤程序将输入数据处理成输出数据。在此过程中，它可能需要发布错误消息或仅仅向我们确认它仍在运行，并且没有陷入无限循环。为此，我们需要一个独立于程序输入和输出的通信通道。标准错误提供了这样一个通信通道。程序可以在处理过程中将文本状态和错误消息写入标准错误文件，这些消息会显示在终端模拟器上，同时标准输出文件正忙于将程序输出写入磁盘。

标准错误可以像标准输出一样被重定向，如果你想将程序的状态和/或错误消息捕获到一个名为 joblog.txt 的磁盘文件中，可以这样从终端命令行启动程序：

```
uppercaser < santafetrail.txt > vachelshouting.txt 2> joblog.txt
```

这里，2> 操作符指定文件描述符 2(如果你还记得的话，就是标准错误)将被重定向到 joblog.txt。

如果你将输出(无论是来自什么源)重定向到一个已存在的磁盘文件，重定向会用新数据替换文件中已有的数据，旧数据将被覆盖并丢失。如果你想将重定向的数据追加到已包含数据的现有文件的末尾，则必须使用>>追加操作符。

6.3.6 使用 SASM 内部的标准输入和标准输出

这本书中的大多数简单演示程序都使用 Linux 的标准输入(stdin)和标准输出(stdout)。SASM 有专门的窗口来处理这两者。当你的程序向 stdout 发送字符(如 eatsyscall 程序和大多数其他程序所做的那样)，这些字符会显示在输出窗口中。

如何使用输入窗口则不太明显。通常情况下，stdin 从磁盘上的文本文件读取字符。当你在终端命令行上调用使用 stdin 的程序时，你会像这样使用 stdin：

```
hexdump2 < texttestfile.txt
```

这里，程序 hexdump2(稍后会介绍)从名为 texttestfile.txt 的文件中获取数据，并将文件的格式化十六进制转储发送到 stdout(标准输出)。

这是使用终端命令行。那么，在 SASM 内部如何使用 stdin 呢？

很简单，将希望程序处理的文本从某个文件或其他文本源复制，并粘贴到 SASM 的输入窗口中。在输入窗口中，当鼠标右击时，粘贴命令将显示在上下文菜单中。文本将显示在输入窗口中。当程序需要从 stdin 读取文本时，它将使用系统调用 0 逐个字符地读取文本，直到所有文本都被读取完毕。也可在程序开始运行之前直接在输入窗口中键入文本。键入的文本将与粘贴到窗口中的文本被同等对待。

要清空输入窗口，将鼠标放在窗口内，右击，然后选择全选(快捷键 Ctrl+A)，接着按下 Delete 键。

注意，从输入窗口读取文本不会将文本从窗口中删除。文本会一直保留在窗口中，直到你手动清空为止。

6.3.7 使用转义序列进行终端控制

默认情况下，到终端仿真器窗口的输出会从左下位置进入，之前显示的行随着每个新行的添加而向上滚动。这种方式非常实用，但不太美观，而且不能称为“用户界面”。在 UNIX 操作系统的早期，有许多“全屏”应用程序，它们在屏幕上随意显示数据输入字段和提示信息。当彩色显示终端出现时，文本可用不同的颜色显示，字段背景可以设置为白色或其他颜色，与文本形成对比。

可通过嵌入从标准输出或标准错误发送到终端的数据流中的特殊字符序列，来控制这些旧的 DEC VT 终端(如 VT100)。这些字符序列被称为转义序列，因为它们从普通数据流中“逃脱”(尽管是临时性的)以便进行显示控制。

VT 终端监控它们显示的数据流，并提取出转义序列中的字符进行单独解释。一个转义序列可以被解释为清除显示的命令。另一个转义序列可以被解释为在屏幕上从上数第五行、左数三十个字符处显示下一个字符的命令。有数十种这样被识别的转义序列，它们使得当时较简陋的文本终端能够一次性向用户呈现整洁格式的全屏文本。

Linux 终端仿真器(如 Konsole)是专为“模仿”旧 DEC 终端设计的程序，至少在它如何在 21 世纪的 LCD 计算机显示器上显示数据方面是如此。向 Konsole 发送字符序列“Eat at Joe’s!”，Konsole 会顺从地在它的窗口中显示，就像旧的 VT100 终端一样。我们已经在 5.1 节看到了这一点。然而，Konsole 会监视我们发送给它的字符流，它也知道这些转义序列。Konsole 警惕的关键在于一个通常看不见的特殊字符：Esc，其数值等效于十进制 27，或 01Bh。当 Konsole 看到一个 Esc 字符出现在它正在显示的文本流中时，会非常仔细地检查接下来的几个字符。如果 Esc 字符后的前三个字符是“[2J”，Konsole 会将其识别为清除显示的转义序列。然而，如果 Esc 后的四个字符是“[11H”，Konsole 会将其视为将光标移到显示器左上角的起始位置的转义序列。

有几十种不同的转义序列，它们代表着各种命令。可以移动光标，改变字符的前景和背景颜色，切换字体或字符编码，擦除行、部分行或整个屏幕的部分内容，等等。在终端窗口中运行的程序可以通过向标准输出发送精心制作的转义序列来完全控制显示器的显示。稍后将执行一些操作，所以请记住存在一些注意事项，整个过程并不像听起来那么简单。在图形用户界面(GUI)应用程序出现之前，在 UNIX 下将转义序列发送到终端(或终端仿真器)正是显示编程的标准做法。

注意，SASM 的输出窗口不理解字符转义序列！如果你的程序通过转义序列格式化文本输出，那么请将 EXE 文件保存到磁盘，退出 SASM，并在能理解简单转义序列的 Konsole 中进行测试。

6.3.8　为什么不使用 GUI 应用程序

这引出了一个有趣的问题。本书第一版的出版已经超过 35 年，我收到过很多关于它的邮件。其中最常见的问题是：如何编写 GUI 应用程序？大多数来信者指的是 Windows 应用程序，但偶尔也有人询问如何为 GNOME 或 KDE 编写汇编应用程序。我多年前就吸取了教训，从不回答“你为什么要那样做？”而是诚实地回答：这是一个需要大量研究和努力投入的项目，而回报相对较少。

另一方面，如果你学会了为 Windows 或 Linux 编写 GUI 应用程序，你将了解这些操作系统的用户界面机制。如果你投入足够的时间和精力，这无疑是非常有价值的。

问题在于，进入门槛极高。在你能够编写第一个汇编 GUI 应用程序之前，你必须了解如何操作所有这些内容，这里的“所有”非常庞大。GUI 应用程序需要管理操作系统发送的“信号”(在 Windows 中称为“事件”)，事件表示按下键或单击鼠标按钮等。GUI 应用程序必须管理大量复杂的“小”部件集，包括按钮、菜单、填写字段及令人难以置信的多种 API 调用。还需要管理内存，并在应用程序的屏幕显示区域被“污染”(即被其他内容覆盖或由应用程序更新)或用户调整应用程序窗口大小时进行重绘。

Windows GUI 编程的内部是我见过的最丑陋的东西之一。尽管 Linux 同样复杂，但没有那么丑陋。幸运的是，这种丑陋是一种标准化的丑陋，可以很容易地封装在代码库中，这些代码库在不同的应用程序之间变化不大。这就是为什么图形化集成开发环境(IDE)和非常高级的编程语言产品如此受欢迎的原因：它们通过一组标准类库在应用程序框架内隐藏了与操作系统 GUI 机制接口的大部分丑陋。你可以用 Delphi 或 Visual Basic(用于 Windows)、Lazarus 或 Gambas(用于 Linux)编写非常好的应用程序，只需要对深层次的运行原理有一些了解。如果你想用汇编语言工作，基本上你必须在开始之前就了解全部。

这意味着你必须从其他地方开始。如果你真的想为某个 Linux 桌面管理器编写汇编语言 GUI 应用程序，请按以下方式进行：

(1) 学习 Linux 编程时，使用 Pascal、C 或 C++这样能够生成本机代码的高级语言是非常合适的选择。中间语言系统(如 Python、Basic 或 Perl)在这里帮助有限。

(2) 熟练掌握你选择的语言。加载到调试器中，学习它生成的代码，或者编译成汇编语言源代码，研究生成的汇编源代码文件。

(3) 学习如何编写汇编语言函数并链接到你选择的高级语言编写的程序中。

(4) 学习底层窗口管理机制。对于 Linux 来说，这就是 X Window 技术，有几本很好的书可以参考(我最喜欢的是 Niall Mansfield 的 *The Joy of X*，Addison-Wesley 出版，1994 年)。

(5) 深入研究特定的桌面环境和小部件集，如 GNOME、KDE、xfce。最好的方法是用你选择的高级语言为其编写应用程序，并研究编译器生成的汇编语言代码。

(6) 最后，尝试通过模仿编译器生成的代码来创建自己的汇编代码。

不要期望在网上能找到很多帮助。UNIX(因此也包括 Linux)非常注重可移植性文化，这要求操作系统的大部分和所有为其编写的应用程序都能通过简单的重新编译移植到新的硬件平台。汇编语言在 UNIX 世界里几乎是被深恶痛绝的孤儿(几乎和我自己最喜欢的高级语言 Pascal 一样受到排斥)，许多文化上的部落主义者会试图劝阻你不要在汇编语言上做任何大胆尝试。要有抵抗力，但记住你将很大程度上非常孤独。

如果你只是在寻找汇编语言的更高级挑战，可以考虑使用 UNIX 套接字编写网络应用程序。这需要的研究要少得多，而且你开发的应用程序可能非常有用，比如用于管理服务器或其他不需要图形用户界面的“后台”软件包。关于套接字编程有几本书，大多数由 W. Richard Stevens 撰写。多读一些书籍，这是一门令人着迷的技能。

6.4　使用 Linux Make

如果你曾经用 C 语言编写过程序，那么你一定对 Make 实用程序的概念很熟悉。Make 机制诞生于 C 语言世界，尽管许多其他编程语言和环境也采用了该机制，但其采用程度从未像在 C 语言世界中那样彻底。

Make 机制的作用是将可执行程序文件从它们的组件部分构建起来。Make 实用程序是一个木偶大师，它根据一个名为 makefile 的主计划文件执行其他程序。makefile 有点像计算机程序，因为它指定了如何完成某件事情。但与计算机程序不同的是，它并不具体指定操作顺序。它所做的是指定构建程序的其他部分所需的程序组件，通过这样做，最终定义了构建最终可执行文件所需的内容。它通过指定某些规则来实现，这些规则称为依赖关系。

6.4.1　依赖

在本书的其余部分，我们将看到一些非常小的程序，通常不超过 100 行代码。在现实世界中，有用的程序可以包含数千、数万甚至数百万行源代码。管理如此庞大的源代码量是软件工程中的核心问题。以模块化的方式编写程序是应对程序复杂性的最古老和最常用的方法。将一个大型程序分成较小的块并分别处理这些块非常有帮助。在功能强大的程序中，其中一些块会进一步分成更小的块，有时各个块是用不止一种编程语言编写的。当然，这就增加了了解这些块是如何创建以及如何组合在一起的额外挑战。为此，你确实需要一个蓝图。

makefile 就是这样的一份蓝图。

在模块化程序中，每一段代码都是以某种方式创建的，通常是使用编译器或汇编器。编译器、汇编器和链接器会获取一个或多个文件并从中创建新文件。正如你所了解的，汇编器会获取一个包含汇编语言源代码的 ASM 文件，并使用它来创建可链接的目标代码文件。如果没有源代码文件，你就无法创建目标代码文件。目标代码文件的存在完全依赖于源代码文件。

类似地，链接器将多个目标代码文件连接成单个可执行文件。可执行文件的存在依赖于目标代码文件的存在。makefile 的内容指定了哪些文件是创建其他文件所必需的，以及完成该创建所需的步骤。Make 实用程序查看 makefile 中的规则(称为依赖关系)，并调用任何它认为必要的编译器、汇编器和其他实用程序来构建最终的可执行文件或库文件。

Make 实用程序有很多不同的版本，并不是所有的 makefile 都能被所有的 Make 实用程序理解。然而，UNIX 的 Make 实用程序是比较标准的，这里将讨论 Linux 附带的 Make 实用程序。

让我们来看一个实际制作简单 Linux 汇编程序的例子。通常，在创建 makefile 时，你首先要确定哪些文件是创建可执行程序文件所需的。可执行文件是在链接步骤中创建的，因此你首先要定义的依赖关系是链接器创建可执行文件所需的文件。依赖关系本身可以非常简单地表述。

```
eatsyscall: eatsyscall.o
```

这一行所说的只是要生成可执行文件 eatsyscall(见代码清单 5.1)，首先需要有文件 eatsyscall.o。前一行实际上是一个依赖行，写成这样是为了包含在 makefile 中。除了最小的程序(如这个程序)，链接器通常需要链接多个.o 文件。因此，这可能是最简单的一种依赖关系：一个可执行文件依赖于一个目标代码文件。如果还有其他必须链接以生成可执行文件的文件，它们会被放在一个列表中，用空格分隔：

```
linkbase: linkbase.o linkparse.o linkfile.o
```

这一行告诉我们，可执行文件 linkbase 依赖于三个目标代码文件，在生成所需的可执行文件之前，这三个文件必须全部存在。这些行告诉我们需要哪些文件，但没有说明必须对它们做什么。这是蓝图的一个重要部分，它在依赖行之后的一行中处理。这两行协同工作。以下是这个简单示例的完整代码：

```
eatsyscall: eatsyscall.o
	ld -o eatsyscall.o eatsyscall
```

对于 Linux 版本的 Make，第二行必须在行首缩进一个制表符。我强调这一点，因为如果第二行开头没有制表符，Make 会给你一个错误消息。使用空格字符缩进是无效的。典型的“缺少制表符”错误消息(初学者经常会看到)如下所示：

```
Makefile:2: *** missing separator. Stop.
```

这里第二行开头缺少了一个制表符。

整个 makefile 的两行应该很容易理解：第一行告诉我们需要哪些文件来完成任务。第二行告诉我们如何完成这个任务：在这种情况下，通过使用 ld 链接器将 eatsyscall.o 链接成可执行文件 eatsyscall。

非常简洁明了：我们指定了需要哪些文件以及如何处理它们。然而，Make 机制还有一个非常重要的方面：确定整个任务是否实际上需要执行。

6.4.2　当文件是最新的

这样说似乎有点愚蠢，但一旦文件被编译或链接，它就完成了，而且不需要再次执行……直到我们修改了所需的某个源代码或目标代码文件为止。Make 实用程序知道这一点。它可以判断何时需要执行编译或链接任务，如果不需要执行，Make 会拒绝执行。

Make 如何知道是否需要执行任务？考虑以下的依赖关系：

```
eatsyscall: eatsyscall.o
```

Make 会查看这个依赖关系，并理解可执行文件 eatsyscall 依赖于目标代码文件 eatsyscall.o，而没有 eatsyscall.o 就无法生成 eatsyscall。它还知道这两个文件的最后修改时间，如果可执行文件 eatsyscall 比 eatsyscall.o 更新，它推断出对 eatsyscall.o 所做的任何更改都已经反映在 eatsyscall 中了。它可以绝对确定这一点，因为生成 eatsyscall 的唯一方法是处理 eatsyscall.o。

这是 Make 判断何时需要执行任务的机制的一部分。通过比较文件的时间戳和依赖关系，Make 可以有效地确定是否需要重新执行任务以及哪些部分需要重新编译或链接。

Make 实用程序会密切关注 Linux 的时间戳。当你编辑一个源代码文件或生成一个目标代码文件或可执行文件时，Linux 会更新该文件的时间戳，以反映这些更改完成的时间点。即使你可能六个月前创建了原始文件，按照惯例，我们说一个文件比另一个文件更新，是指它的时间戳中的时间值比另一个文件的时间戳新，即使后者可能是十分钟前创建的。

如果你对时间戳的概念不熟悉，它指的是操作系统在文件系统目录中为每个文件保存的一个数值。文件的时间戳会在文件被修改时更新为当前的系统时间。

当一个文件比它在 makefile 中声明的所有依赖文件都要新(即依据它们的时间戳比较)，我们说这个文件是最新的。重新生成它将不会有任何效果，因为所有依赖文件中的信息已经反映在该文件中了。

6.4.3 依赖链

到目前为止，这可能看起来很麻烦而且没什么用。但是，Make 机制的真正价值开始在一个单独的 makefile 中包含依赖链时显现出来。即使在最简单的 makefile 中，也会存在依赖于其他项的依赖关系。我们的示例程序在其 makefile 中需要两个依赖关系声明。

假设以下依赖关系语句指定如何从目标代码(.o)文件生成可执行文件：

```
eatsyscall: eatsyscall.o
     ld -o eatsyscall.o eatsyscall
```

这里的要点是，要构建 eatsyscall 文件，你需要从 eatsyscall.o 开始，并根据第二行中的指令进行处理。那么 eatsyscall.o 又是从哪里来的呢？这就需要第二个依赖关系声明。

```
eatsyscall.o: eatsyscall.asm
   nasm -f elf64 -g -F dwarf eatsyscall.asm
```

要生成 eatsyscall.o，我们需要 eatsyscall.asm。

要生成它，我们按照第二行中的说明进行操作。完整的 makefile 只包含这两个依赖项：

```
eatsyscall: eatsyscall.o
   ld -o eatsyscall.o eatsyscall
eatsyscall.o: eatsyscall.asm
   nasm -f elf64 -g -F dwarf eatsyscall.asm
```

这两个依赖关系声明定义了我们从非常简单的汇编语言源代码文件 eatlinux.asm 生成可执行程序文件必须执行的两个步骤。然而，从这里展示的这两个依赖关系看，所有这些麻烦是否值得，并不是显而易见的。汇编 eatlinux.asm 几乎需要将 eatlinux.o 链接在一起才能完成。在几乎所有情况下，这两个步骤是一起进行的。

但考虑一个真实的编程项目，在其中有数百个单独的源代码文件。在任何一天，只有其中一些文件可能正在编辑器中进行修改。然而，要构建和测试最终的程序，需要所有的文件。但是……是否所有的编译步骤和汇编步骤都是必需的？并非如此。

可执行程序由链接器从一个或多个目标代码文件组合而成。如果除了两个或更多目标代码文件以外的所有文件都是最新的，就没有理由重新汇编其余的 147 个源代码文件。你只需要汇编那两个已经更改的源代码文件，然后将所有 149 个目标代码文件链接成可执行文件即可。

当然，挑战在于正确地记住哪两个文件已经改变，并确保最近对这 149 个源代码文件的所有更改都反映在最终的可执行文件中。这需要大量的记忆或者查阅笔记。当多人参与项目时(几乎所有商业软件开发公司中都是这样)，情况会更糟。Make 实用程序消除了记忆的需求。Make 会自动计算出需要做的工作，只做必须做的事情。

Make 实用程序会查看 makefile 及其中声明的所有源代码和目标代码文件的时间戳。如果可执行文件比所有目标代码文件都要新，就不必执行任何操作。然而，如果任何一个目标代码文件比可执行文件新，就必须重新链接可执行文件。如果一个或多个源代码文件比可执行文件或它们各自的目标代码文件新，那么在进行任何链接之前都必须执行一些汇编或编译工作。

Make 实用程序的做法是从可执行文件开始，查找从它开始的依赖链。可执行文件依赖于一个或多个目标文件，而这些目标文件又依赖于一个或多个源代码文件。Make 沿着这些链条向上移动，注意到哪些文件比可执行文件新，以及需要做哪些工作使一切顺利进行。然后，Make 有选择地执行编译器、汇编器和链接器，确保最终可执行文件比所有依赖的文件都要新。Make 确保所有需要完成的工作都得到了完成。此外，Make 避免了在已经是最新状态且无须重新编译或汇编的文件上浪费不必要的时间。考虑到一个复杂程序的完整构建(重新编译/重新汇编和重新链接项目中的每个文件)可能需要几个小时，当你只需要测试程序的一个小部分更改时，Make 节省了大量时间。

UNIX Make 功能实际上远不止这些，但我描述的是其基本原理。你可以有能力使汇编和编译成为有条件的，包含文件的使用成为有条件的，等等。在你初次尝试汇编语言(或 C 编程)时，你可能不需要过多关注这些内容，但当你的编程技能提升并开始承担更大项目时，了解这些功能是非常有益的。

6.4.4　调用 Make

运行 Make 几乎是编程中最简单的事情之一：在终端命令行上输入 make 然后按 Enter 键。Make 会处理剩下的事情。对于初学者来说，只有一个有趣的命令行选项，那就是-k。-k 选项告诉 Make 在发生错误时停止构建任何文件，并保留目标文件的先前副本不受影响。它会继续构建其他需要构建的文件。如果没有使用-k 选项，Make 可能会用不完整的副本覆盖你现有的目标代码和可执行文件，这虽然不会造成灾难，但有时会很烦人，也容易造成混淆。如果现在对此还不完全明白，不用担心——在确定不需要时，使用-k 选项是个不错的主意。

也就是说，对于每个目录都有一个项目且每个目录中都有名为 makefile 的简单项目，导航到你要处理的项目目录，然后输入以下命令：

```
make -k
```

每当你对源代码文件进行任何更改，无论多么小，都需要运行 Make 来测试这些更改的影响。作为初学者，你可能会通过“微调”和尝试的方法学习，这意味着你可能只会更改一个源代码文件中的一条机器指令，然后“看看”会发生什么。

如果你确实采用这种学习方式(我也是，这没有什么问题！)，那么你会频繁地运行 Make。所有 Linux 集成开发环境(IDE)和许多 Linux 文本编辑器都允许你在不离开程序的情况下运行 Make。遗憾的是，SASM 没有这个功能。它有自己的构建系统，但不如Make强大。但是当你从SASM进步到使用像KDevelop或Eclipse这样的完整 IDE 时，你会发现可以通过菜单项或快捷键启动 Make。

如果你使用像 Konsole 这样可定制的终端仿真器，你不需要集成开发环境(IDE)。你可以通过按一次按键来启动 Make。Konsole 允许你创建自定义按键绑定。按键绑定是将按键或组合按键与在终端控制台中输入的特定文本字符串关联起来的功能。

6.4.5 为 Make 创建自定义按键绑定

为给自己添加一个 Make 键，你需要在 Konsole 中添加一个按键绑定。有趣的是，Konsole 被嵌入一些文本编辑器(如 Kate 编辑器)中。在 Konsole 中添加按键绑定会自动将其添加到 Kate 中。事实上，任何使用 Konsole 作为终端仿真器的程序都会继承你的 Make 按键绑定。

以下是如何在 Konsole 中创建按键绑定。该选项深藏在 Konsole 的菜单树中，因此请仔细阅读。

(1) 从桌面启动 Konsole，而不是从其他程序中启动。

(2) 从 Konsole 的主菜单中选择 Settings | Manage Profiles。

(3) 如果尚未创建新配置文件，请创建一个。在本章前面，我描述了如何为 Konsole 创建新配置文件以提供 IBM-850 字符编码(为了旧的边框字符集)。如果你当时创建了新配置文件，请选择新配置文件并打开它。

(4) 出现 Edit Profile 对话框时，单击 Keyboard 选项卡。

(5) 出现 Key Bindings 对话框时，请确保选择了 xFree 4。这是 Konsole 使用的默认按键绑定集。单击 Edit 按钮。

(6) 当 Edit Key Binding List 对话框出现时，向下滚动绑定列表，查看 Key Combination 列中是否已经有 ScrollLock 键的按键绑定。我们将劫持 ScrollLock 键，我认为它是标准 PC 键盘中最常用的键。如果 ScrollLock 已经有某个键的按键绑定，你可能需要选择其他按键，或者更改当前绑定指定的任何输出。

(7) 如果 ScrollLock 没有现有的按键绑定，请创建一个：单击添加按钮。绑定表底部将出现一个空白行。在 Key Combination 列中键入 ScrollLock(无空格！)。

(8) 单击 ScrollLock 右侧的 Output 列。这样，我们可以输入一个字符串，只要在 Konsole 获得焦点时按下 ScrollLock 键，该字符串就会由 Konsole 发送到标准输出。键入以下字符串(减去引号)：make -k\r(参见图 6.5)。

图 6.5　向 Konsole 添加键绑定

(9) 单击 Edit Key Binding List 对话框中的 OK 按钮，然后单击 Key Bindings 对话框中的 OK 按钮，再单击 Manage Profiles 对话框中的 Close。大功告成！

通过打开 Konsole 并按下 ScrollLock 键来测试新的按键绑定。Konsole 应该在命令行上输入 make -k，然后按 Enter 键。这就是按键绑定字符串中 \r 的含义。Make 将会被调用，然后根据 Konsole 是否打开了包含 makefile 的项目目录，Make 将构建你的项目。

请注意，如果你在给定项目上成功调用 Make，你立即再次按下 ScrollLock(或你为按键绑定选择的任何键)，而不编辑源代码或删除目标代码文件，Make 将不会重复该操作。相反，Make 会说，“eatsyscall is up to date(eatsyscall 目前是最新的)”。

6.4.6　使用 touch 强制构建

正如我之前所说，如果你的可执行文件比它所依赖的所有文件都新，Make

将拒绝执行构建操作。毕竟，在它自己的理解中，当你的可执行文件比所有它依赖的文件都要新时，就没有工作需要做了。

但是，偶尔也会出现这样的情况：即使可执行文件是最新的，你也希望 Make 执行构建。作为初学者，你最可能遇到的情况是当你在修改 makefile 本身时。如果你更改了 makefile 并想测试它，但可执行文件是最新的，你需要进行一些 “说服”工作。Linux 有一个名为 touch 的命令，它只执行一项任务：将文件中的时间戳更新为当前时钟时间。如果你在源代码文件上调用 touch，它将神奇地变得比可执行文件“更新”，Make 则将执行构建。

在终端窗口中调用 touch，然后输入文件的名称。

```
touch eatsyscall.asm
```

再次调用 Make，构建就会发生——假设你的 makefile 存在并且是正确的!

6.5　使用 SASM 进行调试

除非你通过从菜单中选择 Debug | Debug，按键盘上的 F5 键，或单击工具栏中的 Debug 图标明确进入调试模式，否则 SASM 的调试功能不会启用。SASM 将突出显示程序中的第一行代码，对于 SASM 的构建功能，该代码必须如下所示：

```
mov rbp,rsp
```

程序在突出显示的那一行暂停。此时，可执行以下三项操作之一。

- 执行至断点。
- 单步执行。
- 结束调试并返回编辑源代码。

要设置断点，可以单击代码中想要程序暂停执行的行号。在行号右侧会出现一个红色圆圈，表示在该行设置了断点。要执行代码直到断点处，可以从菜单选择 Debug | Continue，单击工具栏中的调试图标，或按下 F5 键。这三种操作都是切换性的：在编辑模式下，它们将 SASM 切换到调试模式；在调试模式下，它们将执行代码直到下一个断点。如果没有更多断点，程序将继续执行直到退出。当程序退出时，日志窗口将显示“调试完成”，SASM 将返回编辑模式。

重要的是要记住，在调试模式下无法编辑源代码，尽管有时这似乎会很方便。这两种模式是互斥的。要回到编辑模式很简单，只需要单击红色的 Stop(停止)按钮。

单步执行非常直观。你可从调试菜单中选择两个步骤选项，或者单击工具栏上的步骤按钮。这两个步骤按钮分别是 Step Over(单步跳过)和 Step Into(单步进入)。在处理非常简单的程序时，你会使用 Step Over 命令。每次单击 Step Over，当前高亮的指令将被执行，下一个机器指令将高亮显示。记住，高亮的指令尚未执行。你必须继续步入下一个指令才会执行高亮显示的指令。

Step Into 选项的作用与 Step Over 相同，直到下一个要执行的指令是 CALL 指令。当 CALL 指令突出显示时，你有三个选择。

- 单击 Step Over 跳过 CALL 指令。
- 单击 Step Into 跟踪 CALL 指令进入所调用的子程序。执行将进入子程序，直到执行 RET(返回)指令。然后，将突出显示 CALL 指令之后的指令。有关子程序的更多内容，请参阅后续章节。
- 与往常一样，你可以通过单击工具栏中的红色 Stop 图标来退出调试模式。

在单步执行时，观察 Registers 窗口中的寄存器。当代码中的某个操作改变寄存器时，这些变化会立即显示在窗口中。寄存器名称以十六进制显示在 Registers 窗口的左列。右列是 Info 列。大多数情况下，Info 列以十进制显示寄存器的值。

最大的例外是 EFlags 寄存器。我们将在第 7 章详细讨论标志位。现在，可以将 EFlags 视为一组 1 位寄存器，指示二进制状态的一种(两种方式之一)。你可以测试每个标志位的状态，并根据给定标志位的状态转到程序的另一部分。

另外，在 x64 架构中，EFlags 扩展为 64 位并称为 RFlags，这是可以预料的。然而，截至目前，RFlags 的高 32 位还没有被分配任何功能，并保留给英特尔未来使用。因此，SASM 的 Registers 窗口显示的是 EFlags 而非 RFlags。这并不意味着你会错过任何标志位，所有存在的标志位都在 EFlags 中。

寄存器窗口显示按名称设置(等于 1)的标志的名称(在方括号内)。在信息窗格中 EFlags 将如下所示：

```
[ PF ZF IF ]
```

这只是一个例子；你可能会看到更多或更少的标志位。有许多分支指令用于测试单个标志位，因此在执行分支指令之前查看设置(或未设置)的标志位非常方便。

此时，你已掌握了所需的背景知识和工具。现在是时候坐下来开始详细研究 x64 指令集了，然后开始认真编写程序。

与大多数调试器相比，SASM 的内存显示选项非常有限。在第 7 章中，将描述如何显示数据项。显示内存的运行是非常复杂的，我推荐一个更强大(尽管更不易访问)的调试器，它能更好地显示内存区域中的内容(请参阅附录 A)。

第 7 章

遵循你的指令
——近距离观察机器指令

一位著名的喜剧演员曾经在长篇独白之后说:“我告诉你那个故事是为了告诉你另一个故事……”。到此，我们已经讲解了本书三分之一的内容，还没有开始详细介绍PC汇编语言的主要元素:64位的x64指令集。大多数关于汇编语言的书(即使是针对初学者的书)都认为指令集是一个很好的起点，而不考虑基础知识。如果没有这些基础知识，大多数初学者会完全迷失方向并放弃。

请记住，本书的目的是为你提供汇编语言的基本知识和入门指南，帮助你迈出第一步。它并不是一门完整的x64汇编语言课程。当你读完这本书后，你将占据一个领先的起点。

现在是时候深入核心，进入软件与硅片“相遇”的地方了。

7.1 构建自己的沙箱

了解x64指令集的最好方法是为自己构建一个沙箱。汇编语言程序不需要在Linux上正确运行。它甚至不需要像程序那样完整。它只需要能够被NASM和链接器理解，而这本身并不需要耗费很多精力。

在我的个人技术术语中,“沙箱”是一个只打算在调试器中运行的程序。如果你想查看一条指令对内存或寄存器的影响，在SASM的调试器中单步执行它会让你清晰地看到效果。程序不需要在命令行上返回可见结果。它只需要包含格式正确的指令即可。

实际上，我的沙盒理念是这样的：编写并链接一个名为 newsandbox.asm 的程序。创建一个最小的 NASM 程序的源代码，并将其保存到磁盘上，命名为 sandbox.asm。任何时候你想试验机器指令时，你可以在 SASM 中打开 newsandbox.asm 并再次保存为 SANDBOX.ASM，覆盖之前存在的任何版本的 sandbox.asm。如果出于某种原因你想保留某个特定的沙箱程序，可以将其保存为不同的名称。你可以添加指令进行观察。

实验的结果可能会产生一些有用的机器指令组合，这些组合值得保存。这种情况下，可将沙箱文件保存为 EXPERIMENT1.ASM(或任何你想给它的描述性名称)，然后你可以在准备好时将这些指令序列构建到一个“真实”程序中。

适用于 SASM 的最小 NASM 程序

那么一个程序需要什么才能在 SASM IDE 中由 NASM 汇编呢？其实不需要太多。代码清单 7.1 是我在 SASM 中用作初始沙盒的源代码。实际上，代码清单 7.1 提供的内容比 NASM 技术上要求的要多，但只提供了作为沙盒所需的内容。

代码清单 7.1　newsandbox.asm

```
section .data
section .text

global main

main:
    mov rbp, rsp ;Save stack pointer for debugger
    nop
; Put your experiments between the two nops...


; Put your experiments between the two nops...
    nop

section .bss
```

NASM 实际上可以汇编一个完全不包含指令助记符的源代码文件，但没有指令的可执行文件不会被 Linux 运行。我们需要的是一个标记为全局的起点——这里是标签 main。使用 main 是 SASM 的要求，而不是 NASM 的要求。我们还需要像示例中那样定义一个数据段和文本段。数据段保存程序运行时需要初始化的命名数据项。示例 5.1 中的“Eat at Joe's”广告信息就是数据段中的一个命名数据项。文本段保存程序代码。创建可执行文件需要这两个部分，即使其中一个或两个部分是空的。

标记为 .bss 的部分并不是严格必要的，但如果你打算进行实验，它是很有用的。.bss 部分保存未初始化的数据，也就是说，为程序开始运行时没有初始值的数据项保留的空间。这些基本上是空缓冲区，用于在程序运行时生成或读取的数据。按照惯例，.bss 部分位于 .text 部分之后。关于 .bss 部分和未初始化的数据，我将在后续章节中详细说明。

sandbox.asm 文件中有两个 NOP 指令。记住，NOP 指令什么都不做，只是占用一些时间。它们的存在是为了在 SASM 调试器中更容易观察程序。要尝试机器指令，可以在两个注释之间放置你选择的指令。构建程序，单击 Debug(调试)按钮，享受乐趣吧！

在注释之间的第一条指令处设置一个断点，然后单击 Debug。执行将开始并在你的断点处停止。要观察该指令的效果，单击 Step Over(单步跳过)按钮。这里是第二条 NOP 指令存在的原因：当你单步执行一条指令时，必须有一条指令在那条指令之后以便执行暂停。如果你的沙箱中的第一条指令是最后一条指令，那么在你第一次单步执行时，执行将“超出边界”，你的程序将终止。当这种情况发生时，SASM 的寄存器和内存窗格将变为空白，你将无法看到那条指令的效果！

程序“超出”边界的概念很有趣。如果你单击 Debug 按钮或按下快捷键 F5，你会看到当程序没有正确结束时会发生什么：Linux 会抛出一个分段(segmentation)错误，这可能由多种原因引起。然而，在这种情况下是你的程序试图执行.text 末尾之外的指令。Linux 知道你的程序的长度，并且不会允许你执行在程序加载时不存在的任何指令。

当然，这不会造成多大损害。Linux 非常擅长处理行为异常和格式错误的程序(尤其是简单程序)，你可能意外做的任何事情都不会对 Linux 本身的完整性产生影响。你可以通过在你的实验程序执行结束前单击红色的 Stop 按钮来避免生成分段错误。SASM 将从调试模式切换到编辑模式。记住，如果退出调试模式，你将无法再看到寄存器或内存项。

当然，如果你只是想让程序运行，可以在沙箱的末尾添加几行代码，进行 x64 退出例程的系统调用(SYSCALL)。这样，如果执行超出了实验程序的底部，系统调用将优雅地结束执行。以下是退出系统调用的代码：

```
mov rax,60      ; Code for Exit Syscall
mov rdi,0       ; Return a code of zero
syscall         ; Make kernel call
```

将此代码放在第二个 NOP 之后。请注意，我没有对代码文档中的 newsandbox.asm 文件执行此操作。

7.2　指令及其操作数

汇编语言中最常见的活动是将数据从一个地方传送到另一个地方。虽然有几种专门的方法进行这样的操作，但只有一种真正通用的方法：MOV 指令。MOV 可以将一字节、字(16 位)、双字(32 位)或四字(64 位)数据从一个寄存器移到另一个寄存器，从寄存器移到内存，或者从内存移到寄存器。单个 MOV 不能做的是将数据直接从内存中的一个地址移到内存中的另一个地址。要做到这一点，你需要两个独立的 MOV 指令：首先从内存到寄存器，然后从该寄存器移到内存中的另一个位置。

MOV 这个名字有点用词不当，因为实际发生的是数据从源位置复制到目标位置。然而，一旦数据被复制到目标位置，数据不会从源位置消失，而是继续存在于两个地方。这与我们对移动某物体的直观概念有些冲突，通常移动意味着某物体从源位置消失并在目标位置重新出现。

7.3　源操作数和目标操作数

大多数机器指令(包括 MOV)都有一个或多个操作数。一些指令没有操作数，或者隐式地对寄存器或内存执行操作。当这种情况发生时，我会特别指出。请考虑下面这条机器指令：

```
mov rax,1
```

上面的指令中有两个操作数。第一个是 RAX，第二个是数字 1。在汇编语言中的惯例是，属于机器指令的第一个(最左边的)操作数是目标操作数。从左边数第二个操作数是源操作数。

在 MOV 指令中，两个操作数的意义非常直观：源操作数被复制到目标操作数中。在前面的指令中，源操作数(字面值 1)被复制到目标操作数 RAX 中。在其他指令中，源和目标的意义并不像这么直观，但一个经验法则是：每当一条机器指令生成一个新值时，这个新值会被放置在目标操作数中。

有三种不同类型的数据可用作操作数。它们分别是内存数据、寄存器数据和即时数据。表 7.1 中列出一些 MOV 指令的示例，以展示不同类型数据如何被指定为 MOV 指令的操作数。

表 7.1　MOV 及其操作数

机器指令	目标操作数	源操作数	操作数备注
MOV	RAX,	42h	源是即时数据
MOV	RBX,	RDI	都是 64 位寄存器数据
MOV	BX,	CX	都是 16 位寄存器数据
MOV	DL,	BH	都是 8 位寄存器数据
MOV	[RBP],	RDI	目标是存储在 RBP 寄存器中地址处的 64 位内存数据
MOV	RDX,	[RSI]	源是存储在 RSI 寄存器中地址处的 64 位内存数据

7.3.1　即时数据

表 7.1 中的 MOV RAX, 42h 指令是使用我们称为即时数据(Immediate Data)的一个很好的例子，这种数据通过称为立即寻址的寻址模式进行访问。立即寻址之所以得名，是因为被寻址的项目是直接内置在机器指令中的数据。CPU 不需要去其他地方查找即时数据。它不在寄存器中，也不存储在内存中的某个数据项中。即时数据始终位于正在获取和执行的指令内部。

即时数据必须具有适合操作数的大小。例如，你不能将 16 位的即时数值移到 8 位寄存器部分(如 AH 或 DL)。NASM 不会允许你汇编这样的指令：

```
mov cl,067EFh
```

CL 是一个 8 位寄存器，而 067EFh 是一个 16 位数据，不能这样使用！

由于即时数据直接内置在机器指令中，你可能认为访问即时数据会很快。这只在一定程度上是正确的：从内存中获取任何数据比从寄存器中获取任何数据会花费更多时间，毕竟指令存储在内存中。因此，虽然访问即时数据比访问存储在内存中的普通数据稍快，但这两者的速度都远不如直接从 CPU 寄存器中提取值快。

还要记住，只有源操作数可以是即时数据。目标操作数是数据去的地方，而不是数据来的地方。由于即时数据由字面常量(如 1、0、42 或 07F2Bh)组成，尝试将某些内容复制到即时数据而不是从即时数据复制是没有意义的，而且总是错误的。

NASM 允许一些有趣形式的即时数据。例如，以下是完全合法的，尽管看上去不一定那么有用：

```
mov eax,'WXYZ'
```

这是一条很好的指令，可以加载到沙箱中并在调试器中执行。在寄存器视图中查看寄存器 EAX 的内容：

```
0x5a595857
```

这看起来可能很奇怪，但仔细看看：大写 ASCII 字符 W、X、Y 和 Z 的数值等效项已首尾相连地加载到 EAX 中。如果你不熟悉 ASCII，可以查看附录 C 中的表格。W 是 57h，X 是 58h，Y 是 59h，Z 是 5Ah。每个字符等效值的大小为 8 位，因此它们四个正好可以装入 32 位寄存器 EAX 中。然而，它们是倒着的！

确实如此。回顾一下我在第 5 章开始时介绍的“字节序”概念，如果你不记得了，可以回去再读一下那一节。x86/x64 架构是“小端”字节序，这意味着在多字节序列中，最低有效字节存储在最低地址。这同样适用于寄存器，一旦你理解了我们如何引用寄存器内的存储单元，这就很有意义了。

确实，这种混乱源于我们从左到右阅读文本，而从右到左阅读数字的习惯。请看看图 7.1。这个例子使用 32 位寄存器 EAX 使图示更简单易懂。作为文本字符序列，WXYZ 中的 W 被认为是最不重要的元素。然而，EAX 是一个数字容器，其中最低有效的列(对于西方语言来说)总是在右边。EAX 中的最低有效字节称为 AL，这是 W 所在的位置。EAX 中的次低有效字节称为 AH，这是 X 所在的位置。EAX 中的两个最高有效字节没有单独的名称，不能单独寻址，但它们仍然是 8 位字节，可以包含 8 位值，如 ASCII 字符。序列 WXYZ 中最重要的字符是 Z，它存储在 EAX 的最高有效字节中。

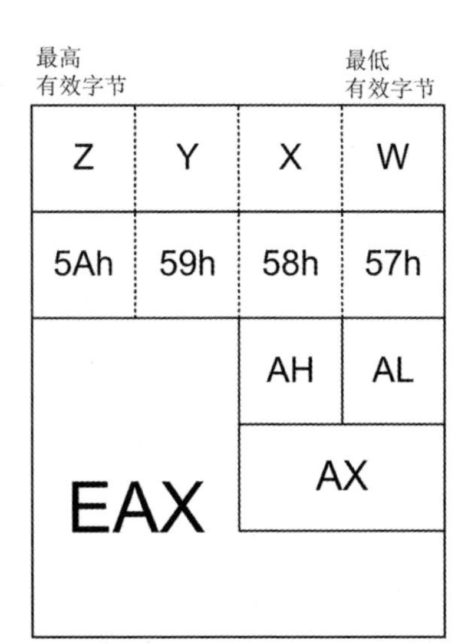

mov eax, 'WXYZ'

最低有效字节 最高有效字节

图 7.1 字符串作为即时数据

7.3.2 寄存器数据

存储在 CPU 寄存器中的数据称为寄存器数据，直接访问寄存器数据是一种称为寄存器寻址的寻址模式。寄存器寻址是通过简单地命名我们想要使用的寄存器来完成的。以下是一些完全合法的寄存器数据和寄存器寻址的示例：

```
mov rbp,rsi   ; 64--bit
add ecx,edx   ; 32--bit
add di,ax     ; 16--bit
mov bl,ch     ; 8--bit
```

这里不仅仅是在谈论 MOV 指令。ADD 指令正如你所期望的那样，将源操作数和目标操作数相加。与 MOV 指令一样，结果会替换目标操作数中原来的内容。无论指令是什么，只要直接操作寄存器中的数据，就会发生寄存器寻址。

汇编器会跟踪某些没有意义的事情，其中一种情况是，在同一条指令中命名一个 16 位寄存器的一半和一个完整的 64 位寄存器。这样的操作是不合法的——毕竟，将一个 8 字节的源移到一个 2 字节的目标意味着什么呢？虽然将一个 2 字节的源移到一个 8 字节的目标看起来是可能的，有时甚至是合理的，但 CPU 不支持这种操作，且不能直接完成。如果你尝试这样做，NASM 会给出一个错误提示：

```
error: invalid combination of opcode and operands(错误：操作码和操作数的组合无效)
```

换句话说，如果你要从一个寄存器的数据移到另一个寄存器，那么源寄存器和目标寄存器必须是相同大小的。

在调试器中观察寄存器数据是理解这一过程的一种好方法，特别是当你刚开始学习时。让我们练习一下。将以下指令输入沙箱中，构建可执行文件，并将沙箱可执行文件加载到调试器中：

```
xor rbx,rbx
xor rcx,rcx

mov rax,067FEh
mov rbx,rax
mov cl,bh
mov ch,bl
```

在第一条指令上设置一个断点，然后单击 Run(运行)。逐步执行这些指令，仔细观察 RAX、RBX 和 RCX 发生的变化。请记住，SASM 的寄存器窗口不会单独和独立地显示 8 位、16 位或 32 位寄存器部分。EAX 是 RAX 的一部分，AX 是 EAX 的一部分，AL 则是 AX 的一部分，以此类推。任何你放置在 RAX 中的内容都同时存在于 EAX、AX 和 AL 中。

当你完成单步执行后，点击红色的 Stop 图标来终止程序。请记住，如果你选择 Debug(调试) | Continue(继续)或试图在程序结束后继续步进，Linux 将会因为程序未正确终止而抛出分段错误。这种错误不会对系统造成任何损害；请记住，沙箱程序不被期望成为一个完整和正确的 Linux 程序。然而，最好的做法是通过停止来“终止”程序，而不是生成分段错误。

注意前两条指令。当你想将值0放入一个寄存器时，最快捷的方法是使用XOR指令，它对源操作数和目标操作数执行按位异或操作。正如稍后将看到的，将值与自身进行异或运算将得到 0。是的，你也可以使用：

```
mov rbx, 0
```

但这需要从内存中加载即时数 0。对一个寄存器执行与自身的 XOR 操作不会为源操作数或目标操作数访问内存，因此速度略快。

一旦将 RBX 和 RCX 清零，接下来会发生以下情况：第一条 MOV 指令是使用 64 位寄存器进行立即寻址的示例。16 位十六进制值 067FEH 被移到 RAX 寄存器中。注意，你可以将适合目标寄存器大小的 16 位或其他大小的即时数进行 MOV 操作。第二条指令使用寄存器寻址，将寄存器 EAX 中的数据复制到 EBX 中。

第三条和第四条 MOV 指令都是在 8 位寄存器段之间移动数据，而不是 16 位、32 位或 64 位寄存器。这两条指令完成了一些有趣的事情。看一下最后的寄存器显示，比较一下 RBX 和 RCX 的值。通过逐字节地将 BX 的值移到 CX 中，可以颠倒构成 BX 的两个字节的顺序。BX 的高半部分(我们有时称为最高有效字节，MSB)被移到 CX 的低半部分。然后，BX 的低半部分(我们有时称为最低有效字节，LSB)被移到 CX 的高半部分。这只是你可以在通用寄存器中使用的各种技巧之一。

让我来消除一下你可能认为MOV指令应该用来交换一个16位寄存器的两个半部分的观念。我建议你回到 SASM，将以下指令添加到沙箱末尾：

```
xchg cl, ch
```

重新构建沙箱并进入调试器，看看会发生什么。XCHG 指令交换其两个操作数中包含的值。之前交换过的值会再次交换，而 RCX 中的值将与 RAX 和 RBX 中的值匹配。在编写你的第一个汇编语言程序时，一个好主意是定期检查指令集，确保你用四五条指令拼凑的东西无法用单条指令完成。英特尔的指令集在这方面非常容易让你感到困惑。

这里有一个警告：有时，“特殊情况”在机器执行时间上比更一般情况要快。可以使用 DIV 指令进行除以 2 的幂操作，但也可以使用 SHR(右移)指令来完成相同的操作。DIV 更为一般化(可以用来除以任何无符号整数，而不仅仅是 2 的幂次方)，但它要慢得多。稍后会详细讨论 DIV。现在单个指令的速度远不如 30 年前那么重要。尽管如此，对于在循环中重复执行数千次或数十万次复杂函数的程序来说，指令速度确实可能会有所影响。

7.3.3 内存数据和有效地址

即时数据直接内置在自己的机器指令中。寄存器数据存储在 CPU 内部寄存器集合中的一个位置。相比之下，内存数据存储在程序所“拥有”的系统内存片段中的某个 64 位内存地址上。

除了一两个重要的例外情况(字符串指令，稍后会在一定程度上进行介绍，但不会详尽讨论)，一条指令的两个操作数中只能有一个指定内存位置。换句话说，你可以将即时数移到内存，将内存中的值移到寄存器，或者进行其他类似的组合，但不能直接将一个内存值移到另一个内存值。这是所有英特尔 CPU(不仅是 x64 架构)的固有限制，我们必须接受这一点，尽管有时可能会不太方便。

为了指定我们想要的是寄存器中包含的内存位置的数据而不是寄存器本身的数据，我们使用方括号括住寄存器的名称。换句话说，要将内存中 RBX 中包含的地址处的四字节移到寄存器 RAX 中，将使用以下指令：

```
mov rax,[rbx]
```

方括号中可以包含多个 64 位寄存器的名称，稍后会详细介绍这一点。例如，你可以在方括号内给一个寄存器加上一个字面常量，NASM 将执行计算。

```
mov rax,[rbx+16]
```

同上，添加两个通用寄存器，如下所示：

```
mov rax,[rbx+rcx]
```

如果这还不够，可添加两个寄存器和一个字面常量。

```
mov rax,[rbx+rcx+11]
```

当然，并非所有情况都适用。方括号内的内容被称为内存中数据项的有效地址，并且有规则规定什么可以是有效地址，什么不是。在当前的英特尔硬件演进中，可将两个寄存器相加以形成有效地址，但不能使用三个或更多寄存器。换句话说，以下形式不是合法的有效地址：

```
mov rax,[rbx+rcx+rdx]
mov rax,[rbx+rcx+rsi+rdi]
```

复杂的有效地址形式比解释起来更容易演示，但我们首先需要学习一些其他的东西。当你处理查找表时，它们特别有用，稍后会详细介绍。目前最重要的是不要混淆数据项与它存在的位置！

7.3.4 混淆数据及其地址

这听起来很平凡，但相信我，这是一件很容易做到的事情。回到代码清单 5.1 中，我们有如下的数据定义和指令：

```
EatMsg: db "Eat at Joe's!"
. . . .
mov rsi,EatMsg
```

如果你接触过像 Pascal 这样的高级语言，可能会第一时间认为存储在 EatMsg 中的任何数据将被复制到 RSI 中。然而汇编语言不是这样工作的。那条 MOV 指令实际上是复制了 EatMsg 的地址，而不是存储在 EatMsg 处的数据。

在汇编语言中，变量名代表地址，而不是数据！

那么，你如何真正“获取”像 EatMsg 这样的变量所表示的数据呢？同样，这是通过方括号实现的。

```
mov rdx,[EatMsg]
```

这条指令的作用是访问由 EatMsg 地址表示的内存位置，从该地址处提取前 64 位数据，并将这些数据加载到 RDX 中，从 RDX 的最低有效字节开始。根据我们对 EatMsg 定义的内容，这将是字符 E、a、t、一个空格、a、t、一个空格和 J。

7.3.5　内存数据的大小

但是如果你只想处理单个字符而不是前八个字符呢？如果你不需要所有 64 位数据呢？基本上，如果你想使用一字节的数据，你需要将它加载到一字节大小的容器中。寄存器 RAX 的大小为 64 位。然而，我们可将 RAX 的最低有效字节称为 AL。AL 的大小为一字节，通过将 AL 作为目标操作数，可以这样获取 EatMsg 的第一个字节：

```
mov al,[EatMsg]
```

当然，AL 是包含在 RAX 中的，它并不是一个独立的寄存器。如果这一点不清楚，请回顾图 7.1。但是，AL 这个名称允许我们一次只从内存中获取一字节的数据。

可使用名称 EAX 来引用 RAX 的低 4 字节(32 位)，执行类似的操作：

```
mov eax, [EatMsg]
```

这次，从内存中读取字符 E、a、t 和一个空格，并放置在 RAX 的四个最低有效字节中。

关于大小的问题变得棘手的地方是当你将寄存器中的数据写入内存时。NASM 不像高级语言那样“记住”变量的大小。它只知道 EatMsg 在内存中的起始位置，其他的大小信息需要你告诉 NASM。这可以通过大小指定符来实现。以下是一个例子：

```
mov byte [EatMsg], 'G'
```

这里使用 BYTE 大小指定符告诉 NASM 我们只将一字节的数据移到内存中。其他的大小指定符还包括 WORD(16 位)、DWORD(32 位)和 QWORD(64 位)。

7.3.6 糟糕的旧时光

很高兴你现在正在学习英特尔汇编。在以往的年代，情况要复杂得多。在DOS下的实模式中，对有效地址的组成部分有几个限制，而这些限制在现在的32位保护模式或64位长模式中已经不存在了。在实模式中，只有特定的x86通用寄存器能够保存内存地址：BX、BP、SI和DI。而其他寄存器(如AX、CX和DX)则不能保存内存地址。

更糟的是，每个地址都有两个部分，正如我们在第4章学到的那样。你必须注意一个地址属于哪个分段，并确保在需要的时候指定分段。你必须使用像[DS:BX]或[ES:BP]这样的结构。你还必须应付被称为ASSUME的可怕东西，尽量少提为妙。如果你不得不在x86的实模式下编程，请尝试找到本书2000年的第二版，其中详细讲述了整个混乱局面。

在很多方面，现在的生活确实好多了。

7.4 团结在“标志”周围

虽然我在x64架构概述中提到了RFlags寄存器，但我们还没有详细研究过它。RFlags是一个装满各种零散信息的抽屉，如果只是坐下来一次性详细描述所有内容，可能会显得困难(并且具有误导性)。这里简要描述CPU标志，然后在讨论各种更改标志值的指令或分支指令时更详细地介绍它们。

标志是独立于其他任何位的位(bit)信息。根据CPU的需要，可以将该位设置为1或清除为0。其目的是告诉程序员CPU内部某些条件的状态，以便程序能够测试和根据这些条件的状态采取行动。极少情况下，程序员会设置标志作为向CPU发出信号的一种方式。

我经常想象一排乡村邮箱，每个邮箱侧面都插有小红旗。每个小红旗可以升起或降下，如果史密斯家的旗帜升起，这就告诉邮递员，史密斯家的邮箱里有要取走的邮件。邮递员查看史密斯家的旗帜是否升起(即进行测试)，如果升起，就打开史密斯家的邮箱并取走等待邮寄的邮件。

RFlags整体上是嵌在CPU内部的一个64位寄存器。它是32位EFlags寄存器的64位扩展，而EFlags又是古老的8086/8088 CPU中16位Flags寄存器的32位扩展。实际上，RFlags寄存器中只有18位是真正的标志位。其余的保留给未来的英特尔CPU使用。在定义的标志中，只有少数是常见的，而对于初学者来说，有用的标志更少。其中一些仅用于系统软件(如操作系统)内部，用户模式程序完全无法使用。

虽然有点杂乱，但请看看图7.2，它总结了x64架构中当前定义的所有标志。

放在灰色背景上的标志是那些晦涩难懂的标志，你可以暂时放心忽略它们。放在黑色背景上的被视为保留位，不包含已定义的标志。

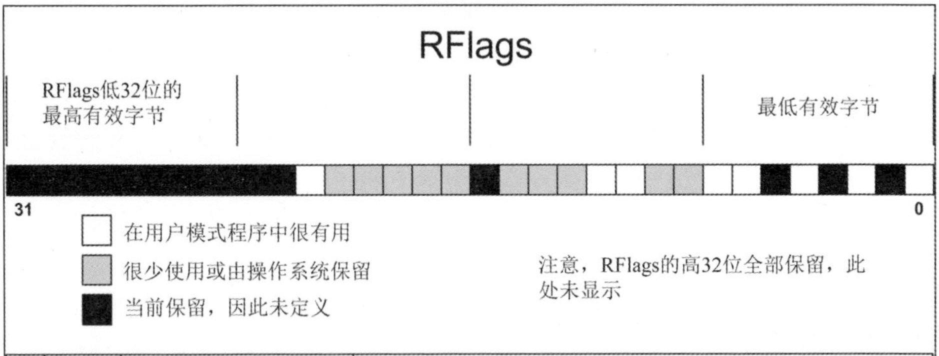

RFlags

RFlags低32位的最高有效字节　　最低有效字节

31　　0

在用户模式程序中很有用

很少使用或由操作系统保留

当前保留，因此未定义

注意，RFlags的高32位全部保留，此处未显示

位	标志	名称	说明
0	CF	进位标志	0 = 操作中无进位；1 = 进位
1	-	(未定义)	
2	PF	奇偶校验标志	0 = 字节中1的位数为奇数；1 = 字节中1的位数为偶数
3	-	(未定义)	
4	AF	辅助标志	0 = BCD运算中无进位；1 = BCD进位
5	-	(未定义)	
6	ZF	零标志	0 = 操作数变为非0；1 = 操作数变为 0
7	SF	符号标志	0 = 操作数未变为负数；1 = 操作数变为负数
8	TF	陷阱标志	用于在调试器中执行单步执行
9	IF	中断启用标志	操作系统保留用于保护模式
10	DF	方向标志	0 = 自动增量为上行内存；1 = 自动增量为下行内存
11	OF	溢出标志	0 = 有符号运算无溢出；1 = 有符号运算溢出
12	IOPL	I/O权限级别0	操作系统保留用于保护模式
13	IOPL	I/O权限级别1	操作系统保留用于保护模式
14	NT	嵌套任务标志	操作系统保留用于保护模式
15	-	(未定义)	
16	RF	恢复标志	用于单步执行
17	VM	虚拟86模式标志	操作系统保留用于保护模式
18	AC	对齐检查标志	操作系统保留用于保护模式
19	VIF	虚拟中断标志	操作系统保留用于保护模式
20	VIP	虚拟中断待处理	操作系统保留用于保护模式
21	ID	CPU ID	如果此位可由用户模式程序更改，则CPUID可用
22	-	(未定义)	
			位22~63在x64中未定义
63	-	(未定义)	

图 7.2　x64 RFlags 寄存器

RFlags 寄存器中的每个标志都有一个两字母、三字母或四字母的符号，大多数程序员通过这些符号来了解它们。我在本书中使用这些符号，你应该熟悉它们。以下是最常见的标志、它们的符号及简要描述。

- OF——当对有符号整数进行算术运算的结果太大而无法容纳其原始占用的操作数时，会设置溢出标志。OF 通常用作有符号算术中的“进位”标志。
- DF——方向标志在所有标志中比较特殊，因为它会告诉 CPU 你希望它知道的信息。它决定了在执行字符串指令期间移动的方向(上行内存或下行内存)。设置 DF 后，字符串指令将从高内存向低内存执行。清除 DF 后，字符串指令将从低内存向高内存执行。
- IF——中断启用标志是一个双向标志。CPU 在某些条件下会设置它，你可以使用 STI 和 CLI 指令自行设置它——尽管你可能不会这样做；请参见下文。设置 IF 时，中断被启用，并可能在请求时发生。清除 IF 时，CPU 会忽略中断。在 DOS 时代，普通程序可以在实模式下毫无顾忌地设置和清除此标志。在 Linux(无论是 32 位还是 64 位)下，IF 保留给操作系统使用，有时也供其驱动程序使用。如果你尝试在某个程序中使用 STI 和 CLI 指令，Linux 将向你发送消息，指出存在通用保护错误，你的程序将被终止。请考虑将 IF 禁止用于用户模式编程，就像我们在本书中讨论的那样。
- TF——设置后，陷阱标志允许调试器管理单步执行，方法是强制 CPU 在调用中断例程之前只执行一条指令。对于普通编程来说，这不是一个特别有用的标志，本书中不会再介绍它了。
- SF——当运算结果强制操作数变为负数时，符号标志将被设置。所谓负数，我们仅指在有符号算术运算期间操作数中的最高位(符号位)变为 1。任何使结果符号为正的运算都将清除 SF。
- ZF——当操作结果为零时，将设置零标志。如果目标操作数变为某个非零值，则清除 ZF。你将在条件跳转中大量使用这个标志。
- AF——辅助进位标志仅用于 BCD 算术。BCD 算术将每个操作数字节视为一对 4 位“半”字节，并允许使用 BCD 算术指令之一直接在 CPU 硬件中执行近似十进制(基数为 10)算术。这些指令被视为过时，在 x64 中不存在。我不会在本书中介绍它们。
- PF——奇偶校验标志对于了解串行数据通信的人来说似乎很熟悉，而对于不了解串行数据通信的人来说则非常奇怪。PF 表示结果低位字节中设置(1) 的位数是偶数还是奇数。例如，如果结果为 0F2H，PF 将被清除，因为 0F2H (11110010) 包含奇数个 1 位。同样，如果结果为 3AH (00111100)，将设置 PF，因为结果中有偶数(4)个 1 位。在所有计算机通信都通过串行端口进行的时代，一种称为奇偶校验的错误检测系统用于确定字符字节中设置位数是偶数还是奇数；那时就有 PF 标志，并沿用至今。PF 很少使用，我不会进一步描述它。

- CF——进位标志用于无符号算术运算。如果算术或移位运算的结果从操作数中“进位”一位，则设置 CF。否则，如果没有执行任何操作，将清除 CF。

7.4.1　标志礼仪

我所称的“标志礼仪”是指特定指令对 RFlags 寄存器中标志的影响。你必须记住，前面关于标志的描述只是概括性说明，而具体的限制和特殊情况则由各个指令决定。尽管每种情况下标志的使用意义可能相同，但各个标志的礼仪在不同指令之间可能有很大的不同。

例如，一些指令会导致操作数中出现零，从而设置 ZF 标志，而其他指令则不会。遗憾的是，这些规则并不统一，也没有简单的方法让你记住它。当你打算通过条件跳转指令来测试标志时，你必须检查每个单独的指令，了解各种标志是如何受影响的。

标志礼仪是一个非常个体化的问题。对于每个指令，都要查阅指令参考手册，了解它是否会影响标志位。不要想当然！

7.4.2　在 SASM 中观察标志

RFlags 寄存器就像 RAX 一样是一个寄存器，在调试模式下，它的值会显示在 SASM 的“寄存器”视图中。标志的值显示在方括号内。当你开始调试用户模式代码时，SASM 通常会显示 PF、ZF 和 IF 标志的名称。

```
[ PF ZF IF ]
```

这意味着，无论出于何种原因，当 Linux 允许你开始调试时，奇偶标志、零标志和中断开启标志都是设置的。这些初始值是之前执行的代码的“残留物”，并非由调试器中的代码引起。此外，它们的值在调试会话中不具有任何含义，因此不需要解释。

执行一个影响调试会话中标志的指令时，如果该标志被设置，SASM 将显示该标志的名称；如果该标志被清除，则会擦除该标志的名称。

7.4.3　使用 INC 和 DEC 进行加 1 和减 1 操作

标志使用的一个简单课程涉及 INC 和 DEC 这两条指令。一些 x86 机器指令成对出现，其中包括 INC 和 DEC。它们分别将操作数增加 1 和减少 1。

将某个值加 1 或从某个值减 1 在计算机编程中很常见。如果你在统计程序执行循环的次数、计算表格中的字节，或者做任何需要逐个增加或减少计数的操作，INC 或 DEC 可以非常快速地实现这些加减操作。

INC 和 DEC 都只接受一个操作数。如果你尝试使用带有两个操作数或没有任何操作数的 INC 或 DEC，汇编程序将标记错误。两者都不适用于即时数据。

通过将以下指令添加到你的沙箱中进行尝试。像往常一样构建沙箱，进入调试模式，然后逐步执行：

```
mov eax,0FFFFFFFFh
mov ebx,02Dh
dec ebx
inc eax
```

观察 EAX 和 EBX 寄存器的变化。将 EBX 递减可预见地将值 2DH 变为 2CH。另一方面，将 0xFFFFFFFFH 递增会导致 EAX 寄存器溢出为 0，因为 0xFFFFFFFFH 是 32 位寄存器中可以表示的最大无符号值。这里使用了 EAX 作为示例，因为填充 64 位寄存器 RAX 的位需要很多个 F！将其加 1 会将其值回绕为零，就像将 99 加 1 后的右两位数字变为零，形成数字 100 一样。INC 的区别在于没有进位。进位标志不受 INC 的影响，因此不要尝试用它执行多位数的算术操作。

- 溢出标志(OF)被清除，因为操作数在解释为有符号整数时未变得过大而无法容纳在 EBX 中。如果你不知道什么是“有符号数”，这可能不会对你有所帮助，所以暂且不深入讨论。
- 符号标志(SF)被清除，因为 EBX 的高位未因操作而变为 1。如果 EBX 的高位变为 1，那么 EBX 作为有符号整数值的值会变为负数，并且在值变为负数时 SF 会被设置。与 OF 一样，SF 在不进行有符号算术时并不特别有用。
- 零标志(ZF)被清除，因为目标操作数未变为零。如果目标操作数变为零，ZF 会被设置为 1。
- 辅助进位标志(AF)被清除，因为在 EBX 的低四位中没有从低四位到高四位的 BCD 进位。由于 BCD 指令已从 x64 指令集中移除，因此 AF 现在毫无用处，可以忽略。
- 奇偶校验标志(PF)被清除，因为在递减操作后，操作数中的 1 位数是三个。PF 在目标操作数的位数为奇数时被清除。你可以自行验证：DEC 指令后 EBX 中的值是 02Ch。用二进制表示为 00101100。该值中有三个 1 位数，因此 PF 被清除。

DEC 指令不会影响 IF 标志，它仍然保持设置状态。事实上，几乎没有什么能够改变 IF 标志，用户自己开发的应用程序，如沙盒(以及你在学习汇编时可能编写的其他所有程序)，都被禁止改变 IF 标志。

现在执行 INC EAX 指令，并在控制台视图中重新显示寄存器。

- 奇偶校验标志位 PF 被设置，因为 EAX 中的 1 位数现在为零，PF 在操作数中的 1 位数变为偶数时被设置。零被视为偶数。
- 辅助进位标志位 AF 被设置，因为 EAX 中的低四位从 FFFF 变为 0000。这意味着低四位的进位会影响高四位，AF 在操作数的低四位产生进位时被设置。再次提醒，在 x64 编程中不能使用 AF。
- 零标志位 ZF 被设置，因为 EAX 变成了零。
- 与之前一样，IF 标志位没有改变，始终保持设置状态。请记住，IF 标志位专属于 Linux，不受用户空间代码影响。

7.4.4　标志如何改变程序的执行

观察指令执行后标志位值的变化是学习标志位规则的好方法。然而，标志位的目的和真正的价值并不在于它们本身的值，而是在于它们如何影响程序中机器指令的流程。

有一整类机器指令根据一个或多个标志位的当前值“跳转”到程序中的不同位置。这些指令称为条件跳转指令，RFlags 中的大多数标志位都与一个或多个条件跳转指令相关联。它们在附录 B 详细列出。

回顾第 1 章介绍的步骤和测试的概念。大多数机器指令一般从上到下运行列表中的步骤。而条件跳转指令则是测试步骤。它们测试一个或多个标志位的条件，并根据测试结果继续执行，或跳转到程序中的不同位置。

条件跳转指令中最简单的例子，也是你最可能使用的一个，是 JNZ(Jump If Not Zero，非零跳转)。JNZ 指令测试零标志位(ZF)的值。如果 ZF 被设置(即等于 1)，什么也不会发生，CPU 继续顺序执行下一条指令。然而，如果 ZF 没有被设置(即被清除且等于 0)，将跳转到程序中的一个新位置执行。

这听起来比实际情况更复杂。你不必担心增加或减少任何内容。在几乎所有情况下，目标位置都是以标签形式给出的。标签是程序中某些位置的描述性名称。在 NASM 中，标签是一个以冒号结尾的字符串，通常放在包含指令的行上。

像汇编语言中的许多事情一样，通过一个简单例子会变得更加清晰。加载一个新的沙箱，并输入以下指令：

```
        mov rax,5
DoMore:  dec rax
        jnz DoMore
```

构建沙箱并进入调试模式。在逐步执行这些指令时，观察寄存器视图中的 RAX 值。特别是在执行 JNZ 指令时，观察源代码窗口中的变化。如果 ZF 为 0，JNZ 会跳转到以其操作数命名的标签。如果 ZF 等于 1，它将“顺序”执行下一条指令。

DEC 指令将操作数的值减少；在这里是 RAX。只要 RAX 中的值不变为 0，零标志位(ZF)就保持清除状态。而只要零标志位被清除，JNZ 就会跳回到 DoMore 标签。因此，在五次循环中，DEC 将 RAX 中的值减 1，并且 JNZ 跳回到 DoMore。但是一旦 DEC 将 RAX 的值减到 0，就会设置零标志位，JNZ 就会“顺序”执行到沙盒末尾的 NOP 指令。

这样的构造被称为循环，在所有编程语言中都很常见，不仅仅是汇编语言。前面展示的循环虽然不实用，但演示了如何通过在寄存器中加载初始计数值，并在每次循环中递减该值，以重复执行指令多次。JNZ 指令在每次循环中测试 ZF，并在计数寄存器变为 0 时退出循环。

可在不增加很多复杂性的情况下使这个循环更有用。我们需要添加一个数据项供循环使用。将代码清单 7.2 加载到 SASM 沙箱中，构建它，然后进入调试模式。

代码清单 7.2　kangaroo.asm

```
section .data
        Snippet db "KANGAROO"

section .text
        global main
main:
        mov rbp,rsp ;Save stack pointer for debugger
        nop

; Put your experiments between the two nops...

        mov rbx,Snippet
        mov rax,8
DoMore: add byte [rbx],32
        inc rbx
        dec rax
        jnz DoMore

; Put your experiments between the two nops...
        nop
```

7.4.5　如何检查 SASM 中的变量

程序 KANGAROO.ASM 定义了一个变量，然后修改它。那么我们如何看到这些变化呢？SASM 具有在调试模式下显示命名变量的能力。需要在此指出，截至写作本书时，SASM 3.11.2 尚不能以 hexdump 风格显示任意内存区域。更高级的调试器可以做到这一点，我在附录 A 中讨论了这样的调试器。

SASM 显示的是命名变量。要使用此功能，你需要在调试模式下选择 Show Memory(显示内存)复选框。在编辑模式下，该复选框是灰色的。默认情况下，Show Memory 窗口位于 SASM 显示的顶部。要显示你已构建的程序或沙箱中的命名变量的内容，你必须执行以下操作：

(1) 进入调试模式。

(2) 在 Variable(变量)或 Expression(表达式)字段中，输入 Snippet。

(3) 在 Type(类型)字段中，从最左侧的下拉菜单中选择 Smart(智能)。

(4) 在下一个字段中，从下拉菜单中选择 b。

(5) 在下一个字段中，输入要查看的变量的长度(以字节为单位)。对于此示例，由于 Snippet 的内容长度为 8 个字符，因此输入 8。

执行此操作后，你会在 Value 字段中看到 KANGAROO。这就是 Snippet 中的内容。执行此操作后，在显示 Snippet 的情况下逐步执行程序。

经过八次循环后，KANGAROO 变成 kangaroo，这是怎么做到的？请看位于标签 DoMore 的 ADD 指令。在程序的前面，将 Snippet 的内存地址复制到寄存器 RBX 中。ADD 指令将字面值 32 添加到存储在 RBX 中的数字。如果你查看附录 C 中的 ASCII 图表，会注意到 ASCII 大写字母和 ASCII 小写字母的值之间的差异是 32。大写字母 K 的值是 4Bh，小写字母 k 的值是 6Bh。6Bh 减去 4Bh 是 20h，这在十进制中是 32。因此，如果将 ASCII 字母视为数字，可通过给大写字母加 32 将其转换为小写字母。

循环的作用是进行八次迭代，每次处理 KANGAROO 中的一个字母。在每次 ADD 指令之后，程序都会递增 RBX 中的地址，这样就可以处理 KANGAROO 的下一个字符。同时，会递减 RAX，在循环开始前，RAX 被加载了变量 Snippet 中的字符数。因此，在同一个循环中，程序在 RBX 中按 Snippet 的长度向上计数，同时在 RAX 中按剩余字母的长度向下计数。当 RAX 变为零时，这意味着我们已经处理完了 Snippet 中的所有字符，循环结束。

ADD 指令的操作数值得仔细看看。将 RBX 放在方括号中引用的是 Snippet 的内容，而不是它的地址。但更重要的是，BYTE 大小说明符告诉 NASM 我们只向 RBX 中的内存地址写入一字节。否则，NASM 无法知道具体要写入多少字节。根据需要，可以一次向内存写入一字节、二字节、四字节或八字节。然而，必须通过大小说明符告诉 NASM 我们想使用多少字节。

别忘了，KANGAROO.ASM 仍然是一个沙箱程序，只适合在 SASM 调试器中单步执行。如果你只是让它自由运行，当执行越过最后的 NOP 指令时，它会产生分段错误。一旦你单步执行到最后的 NOP 指令，终止程序，然后重新开始执行或退出调试模式。

7.5 有符号值和无符号值

在汇编语言中，我们可以处理有符号和无符号数值。有符号数值当然是可以变为负数的数值。无符号数值则始终为正数。基本的 x64 指令集中有用于四种基本算术操作的指令，这些指令可以对有符号和无符号数值进行操作。对于乘法和除法，有专门的指令用于有符号和无符号计算，我将在后面解释。

理解有符号和无符号数值之间区别的关键在于知道 CPU 如何表示符号。这不是一个减号字符，而实际上是表示数字的二进制模式中的一位。有符号数值的最高有效字节中的最高位是符号位。如果符号位是 1 位(1-bit)，数字是负数；如果符号位是 0 位(0-bit)，数字是正数。

请记住，给定的二进制模式表示有符号还是无符号数值，取决于我们如何选择使用它。如果我们打算执行有符号算术运算，寄存器值或内存位置的高位被视为符号位。如果我们不打算执行有符号算术运算，同样位置的相同值的高位将只是无符号数值的最高有效位。有符号数值的性质在于我们如何处理该值，而不是表示该值的底层位模式的性质。例如，二进制数 10101111 是表示有符号还是无符号数值？这个问题在没有上下文的情况下是没有意义的：如果我们需要将其作为有符号数值处理，则将高位视为符号位，该值为-81。如果我们需要将其作为无符号数值处理，则将高位视为二进制数的另一位数字，该值为 175。

7.5.1 二进制补码和 NEG

初学者有时会犯的一个错误是认为可以通过将符号位设置为 1 使一个值变为负值。事实并非如此！你不能简单地将值 42 变为-42，只需要设置符号位。你得到的值肯定是负数，但它不会是-42。要了解汇编语言中负数的表示方法的一种方式是将一个正数递减到负数范围。请打开一个干净的沙箱并输入以下指令：

```
        mov eax,5
DoMore: dec eax
        jmp DoMore
```

这里使用 32 位寄存器 EAX，因为在印刷页面上显示一个“完整”的 64 位寄存器有点麻烦。结论是一样的。像往常一样构建沙箱并进入调试模式。注意，这里添加了一条新指令，并且存在一个风险：JMP 指令不会查看标志。当执行时，它总是跳转到操作数；因此，每次执行 JMP 时，执行都会跳回到标签 DoMore。如果你足够机敏，会注意到，这个特定的指令序列没有退出方式，是的，这就是你时不时会遇到的传说中的“无限”循环。

所以，请确保在初始 MOV 指令上设置一个断点，不要让程序直接运行。或者……也可以试试(不会有任何损坏)！如果你单击红色方块，SASM 会停止程序。在 DOS 下，你会被困住并且不得不重启 PC。而 Linux 则是一个更强大的编程平台，不会因为你的小错误而崩溃。

开始单步执行沙箱，并在寄存器视图中观察 EAX。起始值 5 将减为 4，然后是 3、2、1、0，然后是……0FFFFFFFFh！即-1 的 32 位表达式。如果你继续减少 EAX，你将了解会发生什么：

```
0FFFFFFFFh (-1)
0FFFFFFFEh (-2)
0FFFFFFFDh (-3)
0FFFFFFFCh (-4)
0FFFFFFFBh (-5)
0FFFFFFFAh (-6)
0FFFFFFF9h (-7)
```

以此类推。当以这种方式处理负数时，我们称之为二进制补码。在英特尔汇编语言中，负数以其绝对值的二进制补码形式存储，如果你还记得八年级数学，绝对值是一个数字到 0 的距离，不论是正方向还是负方向。

二进制补码的数学原理非常微妙，我建议你参考维基百科，以获得比本书更全面的解释。

```
en.wikipedia.org/wiki/Two's_complement/
```

二进制补码形式表达负数的神奇之处在于，CPU 在其晶体管逻辑层面实际上并不需要执行减法。它只需要生成减数的二进制补码，然后将其加到被减数上。这对 CPU 来说相对容易，而且这一切对于你的程序来说都是透明的，减法操作就像你预期的那样进行。

好消息是，你几乎不需要手动计算二进制补码的值。有一条机器指令可完成这个工作：NEG。NEG 指令将接受一个正值作为其操作数，并对该值取反，使其变为负数。它通过生成该正值的二进制补码形式来实现这一点。将以下指令加载到一个干净的沙箱中，并逐步单步执行它们。观察寄存器视图中的 EAX：

```
mov eax,42
neg eax
add eax,42
```

42 变成了 0FFFFFFD6h，这是表示 -42 的二进制补码十六进制表达形式。将 42 加到这个值上，观察 EAX 寄存器如何变为 0。此时可能会出现一个问题：在一字节、二字节、四字节或八字节中，可以表达的最大正数和最小负数是多少？这些值以及它们之间的所有值构成了在给定位数中表达的值的范围。表 7.2 中详细列出了这些范围。

表 7.2 有符号值的范围

值大小	最大负值		最大正值	
	十进制	十六进制	十进制	十六进制
8 位	-128	80h	127	7Fh
16 位	-32768	8000h	32767	7FFFh
32 位	-2147483648	80000000h	2147483647	7FFFFFFFh

64 位：

最大负值，十进制：-9223372036854775808

最大负值，十六进制：8000000000000000h

最大正值，十进制：9223372036854775807

最大正值，十六进制：7FFFFFFFFFFFFFFFh

如果你很敏锐并且知道如何用十六进制计数，你可能会注意到表中的一个现象：对于给定的值大小，最大正值和最大负值之间相差一个计数单位。也就是说，如果你在 8 位中工作并将最大正值 7Fh 加 1，你会得到 80h，即最大负值。

可在 SASM 中使用沙箱执行以下两条指令并观察寄存器显示中的 RAX 来验证这一点：

```
mov rax,07FFFFFFFFFFFFFFFh
inc rax
```

确保你输入的 F 的数量是正确的！是一个 7 和 15 个 F。在 MOV 指令执行后，RAX 将显示十进制值 9223372036854775807，这是 64 位中可表示的最高有符号值。使用 INC 指令将该值加 1，RAX 中的值将立即变为-9223372036854775808。

7.5.2 符号扩展和 MOVSX

处理不同大小的有符号值时，需要避开一个微妙的陷阱。符号位是有符号字节、字或双字的高位。但是，当你必须将有符号值移到更大的寄存器或内存位置时会发生什么？例如，如果你需要将有符号的 16 位值移到 32 位寄存器中，会发生什么？如果你使用 MOV 指令，结果不会很好。试试这个：

```
mov ax,-42
mov ebx,eax
```

-42 的十六进制形式是 0FFD6h。如果你将这个值存放在一个 16 位的寄存器(如 AX)中，并使用 MOV 指令将该值移到更大的寄存器(如 EBX 或 RBX)中，符号位将不再是符号位。换句话说，一旦-42 从一个 16 位容器移到一个 32 位容器，它将从-42 变为 65494。符号位仍然存在，并没有被清零。然而，在一个更大的寄存器中，旧的符号位现在只是二进制值中的另一个位，没有特殊意义。

这个例子有点误导。首先，我们不能字面上将一个值从 AX 移到 EBX。MOV 指令只处理相同大小的寄存器操作数。然而，记住 AX 只是 EAX 的低两个字节。可通过将 EAX 移到 EBX 将 AX 移到 EBX，这也是我们在前面的例子中所做的。

然而，SASM 不能显示有符号的 8 位、16 位或 32 位值。它的调试器只能显示 RAX，而我们只能通过 RAX 查看 AL、AH、AX 或 EAX。因此，在前面的例子中，SASM 将我们认为是-42 的值显示为 65494。SASM 的寄存器视图除了在 64 位值的最高位，没有符号位的概念。

现代的英特尔 CPU 为我们提供了一个避开这个陷阱的方法，即 MOVSX 指令。MOVSX 的意思是“带符号扩展的移动”，这是许多在原始 8086/8088 CPU 中不存在的指令之一。MOVSX 是在 386 系列 CPU 中引入的，因为 Linux 不会在任何早于 386 的机器上运行，所以你可以假设任何运行 Linux 的 PC 都支持 MOVSX 指令。

将以下代码加载到沙箱中并尝试运行：

```
xor rax,rax
mov ax,-42
movsx rbx,ax
```

第一行代码只是将 RAX 清零，以确保其中没有之前执行代码留下的“残留物”。请记住，SASM 无法单独显示 AX，因此会显示 RAX 包含 65494。然而，当你用 MOVSX 将 AX 移入 RBX 时，RBX 的值将显示为-42。发生的情况是 MOVSX 指令对其操作数执行了符号扩展，将 AX 中 16 位数的符号位变为 RBX 中 64 位数的符号位。

MOVSX 与 MOV 的显著区别在于，其操作数的大小可能不同。MOVSX 有几种可能的变体，表 7.3 中对此进行了总结。

表 7.3　MOVSX 指令

指令	目标	源	操作数说明
MOVSX	r16	r/m8	8 位有符号数至 16 位有符号数
MOVSX	r32	r/m8	8 位有符号数至 32 位有符号数
MOVSX	r64	r/m8	8 位有符号数至 64 位有符号数
MOVSX	r32	r/m16	16 位有符号数至 32 位有符号数
MOVSX	r64	r/m16	16 位有符号数至 64 位有符号数
MOVSX	r64	r/m32	32 位有符号数至 64 位有符号数

请注意，目标操作数只能是一个寄存器。这里的符号是你在许多汇编语言参考文献中看到的描述指令操作数时使用的符号。r16 是“任何 16 位寄存器”的缩

写。类似地，r/m 表示“寄存器或内存”，后面跟着位大小。例如，r/m16 表示“任何 16 位寄存器或 16 位内存位置”。

话虽如此，你可能会发现在解决了一些汇编语言问题后，带符号的算术运算使用的频率比你想象的要少。了解它的工作原理是很好的，但如果几个月甚至几年都不需要它，也不要感到惊讶。

7.6 隐式操作数和 MUL

大多数情况下，通过在助记符旁边放置一个或两个操作数，将值传递给机器指令。这很好，因为当你说 MOV RAX, RBX 时，你确切地知道什么在移动、它来自哪里以及它要去哪里。遗憾的是，情况并非总是如此。有些指令作用于未在操作数列表中声明的寄存器甚至内存位置。这些指令实际上有操作数，但它们代表了指令所做的假设。这些操作数被称为隐式操作数，它们不会改变，也不能被改变。更令人困惑的是，大多数具有隐式操作数的指令也有显式操作数。

x64 指令集中隐式操作数的最佳例子是乘法和除法指令。x64 指令集有两组乘法和除法指令。一组是 MUL 和 DIV，用于处理无符号计算。另一组是 IMUL 和 IDIV，用于处理有符号计算。本节将主要讨论 MUL 和 DIV，因为它们比有符号数学的替代品用得更频繁。

MUL 指令的功能正如你所期望的那样：它将两个值相乘并返回一个乘积。然而，在基本数学运算中，乘法有一个特殊的问题：它生成的输出值通常比输入值大得多。这使得遵循英特尔指令操作数的常规模式变得不可能，即指令生成的值进入目标操作数。

考虑一个 32 位的乘法操作。能够放入 32 位寄存器的最大无符号值是 4 294 967 295。将这个值乘以 2，你会得到一个 33 位的乘积，这个乘积将无法再放入任何 32 位寄存器。这种问题自英特尔架构(实际上所有架构)开始以来一直存在。当 x86 架构是 16 位架构时，问题在于如何存放两个 16 位值的乘积，因为它们的乘积很容易从 16 位寄存器溢出。

英特尔的设计者通过使用两个寄存器来存放乘积，解决了这个问题。对于非数学家来说，这一点可能并不那么明显，但确实如此(可以用计算器试试！)：两个二进制数的最大乘积可以用不超过更大因子的两倍位数来表示。简单地说，两个 16 位值的任何乘积都能放入 32 位，两个 32 位值的任何乘积都能放入 64 位。因此，虽然可能需要两个寄存器来存放乘积，但需要的寄存器数量永远不会超过两个。

这就引出了 MUL 指令。从操作数的角度看，MUL 有点特别：它只接受一个操作数，该操作数包含要相乘的其中一个因子。另一个因子是隐式的，接受计算结果的寄存器对也是隐式的。因此，MUL 看起来非常简单。

```
mul rbx
```

显然，如果进行乘法运算，这里涉及的不仅仅是 RBX。隐式操作数取决于显式操作数的大小。有四种变化，我在表 7.4 中进行了总结。

表 7.4　MUL 指令

指令	显式操作数(因子 1)	隐式操作数(因子 2)	隐式操作数(乘积)
MUL r/m8	r/m8	AL	AX
MUL r/m16	r/m16	AX	DX:AX
MUL r/m32	r/m32	EAX	EDX:EAX
MUL r/m64	r/m64	RAX	RDX:RAX

第一个因子通过单个显式操作数给出，可以是寄存器中的值，也可以是内存中的值。第二个因子是隐式的，始终存储在与第一个因子大小对应的“A”通用寄存器中。如果第一个因子是一个 8 位值，第二个因子将始终存储在 8 位寄存器 AL 中。如果第一个因子是一个 16 位值，第二个因子将始终存储在 16 位寄存器 AX 中，以此类推。一旦乘积超过 16 位，DX 寄存器就会用来存储乘积的高位部分。这里所说的“高位”指的是不能存储在“A”寄存器中的部分。例如，如果你将两个 16 位值相乘，乘积为 02A456Fh，那么寄存器 AX 将包含 0456Fh，而 DX 寄存器将包含 02Ah。

在执行乘法运算时，如果乘积足够小，完全可以放在两个寄存器中的第一个寄存器中，高位寄存器(无论是 AH、DX、EDX 还是 RDX)都会被清零。在汇编工作中，寄存器常会变得紧缺，但即使你确信乘法运算总是涉及小的乘积，你在执行 MUL 指令时也不能使用高位寄存器执行其他操作。

另外注意，不能将即时数作为 MUL 指令的操作数。换句话说，你不能像下面这样做，尽管这通常会很有用，将第一个因子表示为一个即时数：

```
mul 42
```

7.6.1　MUL 和进位标志

并非所有乘法运算都会生成足够大的乘积而需要两个寄存器来存储。大多数情况下，64 位寄存器已经足够使用了。那么，如何判断高位寄存器中是否存在有效数字呢？MUL 指令在乘积溢出低位寄存器时会非常有助于设置进位标志 CF。如果在执行 MUL 后发现 CF 被设置为 0，那么你可以放心地忽略高位寄存器，因为整个乘积都在低位寄存器中。

这值得快速进行沙箱演示。首先，尝试一个“小”乘法，其中乘积可以轻松放入单个 32 位寄存器中。

```
mov eax,447
mov ebx,1739
mul ebx
```

请记住，这里将 EAX 乘以 EBX。逐步执行这三条指令，在 MUL 指令执行后，通过寄存器视图查看 EDX 和 EAX 的乘积。EAX 包含 777333，EDX 包含 0。接下来查看各种标志的当前状态。没有 CF 的符号，这意味着 CF 已被清除为 0。

接下来，在前面显示的三个指令之后将以下指令添加到你的沙箱中：

```
mov eax,0FFFFFFFFh
mov ebx,03B72h
mul ebx
```

在执行这些指令时，按照通常的步骤单步执行，观察寄存器视图中的 EAX、EDX 和 EBX 的内容。执行 MUL 指令后，查看寄存器视图中的标志。进位标志 CF 将被设置为 1(还有溢出标志 OF、符号标志 SF、中断使能标志 IF 和奇偶标志 PF，但这些在无符号算术中通常不太有用)。CF 标志基本上告诉你，乘积的高位部分中有有效数字，这些数字存储在 EDX(32 位乘法)、RDX(64 位乘法)等寄存器中。

7.6.2 使用 DIV 进行无符号除法

我清楚记得自己作为一个三年级学生时，老师在课堂上讲到除法是反向的乘法。无符号乘法指令 MUL 和无符号除法指令 DIV 之间与此有很大的相似性。DIV 执行的正是你在三年级时学过的操作：用一个数除以另一个数，并给出商和余数。请记住，这里进行的是整数而非小数算术，所以无法表达类似于 17.76 或 3.14159 的小数商，这些需要 CPU 架构中的“浮点”机制，这是一个庞大而微妙的主题，本书不会涵盖这部分内容。

在除法运算中，你不会像乘法那样面临为某些输入值时生成大输出值的问题。如果你将一个 16 位值除以另一个 16 位值，永远不会得到一个无法容纳在 16 位寄存器中的商。另一方面，能够除以非常大的数值将会很有用，因此英特尔的工程师们创造了一种非常类似于 MUL 的镜像：对于 64 位除法，将被除数放置在 RDX 和 RAX 中，这意味着它可以多达 128 位大小。除数存储在 DIV 的唯一显式操作数中，可以是寄存器或内存中的值。与 MUL 一样，你不能使用即时数作为操作数。商存储在 RAX 中返回，余数存储在 RDX 中。

这是完整的 64 位除法的情况。与 MUL 类似，DIV 的隐式操作数取决于作为除数的单个显式操作数的大小。根据显式操作数(除数)的大小，DIV 运算有四种“大小”，表 7.5 对此进行了总结。

表 7.5　DIV 指令

指令	显式操作数(除数)	隐式操作数(被除数)	结果(商)	结果(余数)
DIV r/m8	r/m8	AX	AL	AH
DIV r/m16	r/m16	DX:AX	AX	DX
DIV r/m32	r/m32	EDX:EAX	EAX	EDX
DIV r/m64	r/m64	RDX:RAX	RAX	RDX

我甚至不打算列出可以使用两个 64 位寄存器存储的 128 位整数。用科学记数法表示，它是 3.4×10^{38}。考虑到 64 位可以容纳 1.8×10^{19}，这几乎接近宇宙可观测范围内估计的恒星数量，我建议将这个数字看作一个未显示的抽象。

让我们来试试 DIV。将以下代码放入一个新的沙箱中：

```
mov rax,250     ; Dividend
mov rbx,5       ; Divisor
div rbx         ; Do the DIV
```

显式操作数是除数，存储在 RBX 中。被除数存储在 RAX 中。逐步执行它。执行 DIV 后，商将被放置在 RAX 中，替换被除数。没有余数，所以 RDX 为零。插入一个新的被除数和除数，它们不能整除；例如 247 和 17。一旦用新的操作数执行 DIV，查看 RDX。它应该包含 9，这就是余数。

DIV 指令不会在任何标志位中放置有用的数据。事实上，DIV 会将 OF、SF、ZF、AF、PF 和 CF 留在未定义的状态。不要尝试在 DIV 之后的跳转指令中测试这些标志位。

正如你所预料的，除以零会触发一个错误，导致程序终止：这是一个算术异常。测试除数值是个好主意，确保除数不会为零。而将零除以非零数不会触发错误；它只会简单地将零值放入商和余数寄存器中。为了好玩起见，可以在你的沙箱中尝试这两种情况，看看会发生什么。

7.6.3　MUL 和 DIV 速度很慢

关于 MUL 和 DIV 的两个“小”版本，初学者经常会问到一个常见问题(参见表 7.4 和表 7.5)。如果 64 位乘法或除法可以处理 x64 架构可以装入寄存器的任何东西，那么这些较小的版本是否真的有必要？这完全是为了向后兼容旧的 16 位 CPU 吗？

并不完全是这样。在很多情况下，这是一个速度问题。DIV 和 MUL 指令几乎是整个 x64 指令集中最慢的指令。它们虽然不像以前那么慢，但与其他指令如 MOV 或 ADD 相比，仍然很慢。此外，32 位和 64 位版本的指令比 16 位版本更慢，而 8 位版本是最快的。DIV 比 MUL 更慢，两者都是慢速指令。

现在，速度优化在 x86/x64 世界中是一个非常棘手的事情——初学者不应该过于担心这个问题。指令在 CPU 缓存中与从内存中提取指令的速度差异大多数情况下会掩盖指令之间的速度差异。其他因素也在最新的 CPU 中发挥作用，这使得无法概括指令速度，当然也无法准确描述。

如果你只是进行一些零散的乘法或除法操作，不要为此烦恼。指令速度可能变得重要的地方是在循环中，你需要不断进行大量计算，比如在数据加密或物理模拟中。我的个人经验法则是使用输入值允许的最小版本的 MUL 和 DIV 指令——但更重要的经验法则是，大多数情况下，指令速度并不重要。当你在汇编语言编程中变得足够有经验，能够在指令层面做出性能决策时，你自然会知道该怎么做。在那之前，专注于让你的程序无错误运行，把速度问题留给 CPU 处理。

7.7 阅读和使用汇编语言参考

汇编语言编程就是处理细节。这确实是关于细节的。指令之间有很多相似之处，但当你开始将程序交给严格的汇编器时，细微的差异会让你陷入困境。

记住涉及几十种不同指令的一大堆错综复杂的细节是残酷且不必要的。即使是那些资深专家也不会试图一直把这些细节记在脑子里。大多数人都会手边准备一些参考文档，以便在需要时提醒自己有关机器指令的细节。

7.7.1 复杂记忆的备忘录

这个问题已经存在很长时间了。早在 1975 年，当我第一次接触微型计算机时，一份完整且有用的指令集备忘录文件可以打印在一个三折卡片的两面上，这种卡片可以放在你的衬衫口袋里。这种卡片很常见，你几乎可以为任何微处理器找到这样的卡片。不知何故，它们被称为“蓝卡”，尽管大多数都是印在普通的白色硬纸板上。

到了 20 世纪 80 年代早期到中期，曾经的一张单卡片变成一本 89 页的小册子，大小适合放在口袋里。英特尔为 8086 系列 CPU 提供的程序员口袋书随微软的宏汇编器一起发售，我认识的每个人都有一本(我现在仍然有一本)。它确实可以放在你的衬衫口袋里，只要口袋里没有比购物清单更厚的物品。

到 80 年代中期，x86 架构的功能和复杂性爆炸性增长，对所有指令的所有形式以及所有必要解释的完整总结变成了书本大小的材料，随着时间的推移，需要不止一本书来完整覆盖。英特尔提供其处理器文档的 PDF 版本，可以免费下载，你可以在这里获取：

www.intel.com/content/www/us/en/developer/articles/technical/intel-sdm.html

它们值得拥有——但别指望把它们塞进口袋里。指令集参考本身就有超过 2300 页的 PDF，还有几本相关的补充书籍。你需要的是第 2 卷。好消息是，你可以免费下载 PDF 文件，在电脑上浏览它们，或者只打印出你可能在特定项目中需要的部分。通过 lulu.com 可以买到印刷版书籍，但价格昂贵。我建议你至少对常见的 x64 指令有一定的了解，然后去阅读英特尔的详尽且令人疲惫的参考资料。

30 多年前，有一些非常优秀的关于 x86 家族 CPU 的书本大小的参考指南，其中最好的是 Robert L. Hummel 的 *PC Magazine Technical Reference: The Processor and Coprocessor*。虽然我经常在二手书网站上看到它，但它只能带你到 486 时代。如果你在某个地方发现它并且能以便宜的价格买到，我仍然认为这是一个很好的收藏。

7.7.2　初学者的汇编语言参考

如我所描述的，汇编语言参考资料的问题在于，为完整起见，它们不能太小。然而，现代 x86/x64 指令集的复杂性在很大程度上源于一些仅对操作系统和驱动程序有用的指令和内存寻址机制。对于在用户模式下运行的小型应用程序，这些内容根本不适用。

因此，为了尊重刚开始学习汇编语言的人，我在附录 B 中整理了一个初学者参考资料，涵盖了最常用的 x86/x64 指令。本书中介绍的每条指令都有至少一页的描述，还包括一些每个人都应该了解的额外指令。它并不包含每条指令的描述，只涵盖了最常见和最有用的指令。一旦你掌握了足够的技巧，可以使用更晦涩的指令，就应该能够阅读英特尔的 x64 文档并顺利运用了。

有些 32 位 x86 指令从 x64 指令集中移除了，因此附录 B 中未包含这些指令。

7.7.3　标志

助记符下方是 RFlags 寄存器中 CPU 标志的迷你图表。正如我之前描述的那样，RFlags 寄存器是一些 1 位(1bit)值的集合，这些值在短时间内保留有关机器状态的重要信息。许多(但并非所有)x64 指令会改变一个或多个标志的值。然后，这些标志可以通过条件跳转指令(Jump On Condition)单独进行测试，这些指令会根据标志的状态改变程序的执行路径。

每个标志都有一个名称，并且每个标志在迷你图表中都有一个符号。随着时间的推移，你会逐渐熟悉这些标志的两字符符号，但在此之前，迷你图表右侧显示了标志的全名。在初学汇编语言时，大多数标志并不常用(如果有)。你主要需要关注的标志是零标志(ZF)和进位标志(CF)。

符号下方会有一个星号(*)，表示指令影响的任何标志。标志如何受影响取决于指令的作用。你需要从“备注”部分推测出这一点。当指令完全不影响任何标志时，迷你图表中会出现<none>字样。

在此示例页面中，迷你图表显示 NEG 指令会影响溢出标志(OF)、符号标志(SF)、零标志(ZF)、辅助进位标志(AF)、奇偶校验标志(PF)和进位标志(CF)。影响方式取决于指定操作数的取反操作结果。

7.8 NEG 取反(二进制补码，即乘以-1)

7.8.1 受影响的标志

```
O D I T S Z A P C  OF：溢出标志 TF：陷阱标志 AF：辅助进位
F F F F F F F F F  DF：方向标志 SF：符号标志 PF：奇偶校验标志
*       * * * * *  IF：中断标志 ZF：零标志 CF：进位标志
```

7.8.2 有效形式

```
NEG r8
NEG m8
NEG r16
NEG m16
NEG r32       386+
NEG m32       386+
NEG r64       x64
NEG m64       x64
```

7.8.3 示例

```
NEG AL
NEG DX
NEG ECX
NEG RCX
NEG BYTE [BX]    ; Negates BYTE quantity at [BX]
NEG WORD [DI]    ; Negates WORD quantity at [BX]
NEG DWORD [EAX]  ; Negates DWORD quantity at [EAX]
NEG QWORD [RCX]  ; Negates QWORD quantity at [RCX]
```

7.8.4 备注

这是汇编语言中将一个值乘以-1 的等效操作。请记住，取反操作并不等同于简单地对操作数中的每一位进行取反(另一条指令 NOT 可实现此目的)。这个过程也被称为生成一个值的二进制补码。一个值的二进制补码加上该值等于零：1 = $FF，2 = $FE，3 = $FD，以此类推。

如果操作数是 0，则清除 CF 并设置 ZF；否则，设置 CF 并清除 ZF。如果操作数包含该操作数大小的最大负值，则操作数不会改变，但会设置 OF 和 CF。如果结果为负，则设置 SF；否则，清除 SF。如果结果的低阶 8 位包含偶数个 1 位，则设置 PF；否则，清除 PF。

注意，对于内存数据，必须使用大小说明符(BYTE、WORD、DWORD、QWORD)！

```
r8 = AL AH BL BH CL CH DL DH  r16 = AX BX CX DX BP SP SI DI
sr = CS DS SS ES FS GS        r32 = EAX EBX ECX EDX EBP
                                    ESP ESI EDI
m8 = 8 位内存数据              m16 = 16 位内存数据
m32 = 32 位内存数据            i8 = 8 位即时数据
i16 = 16 位即时数据            i32 = 32 位即时数据
d8 = 8 位有符号位移            d16 = 16 位有符号位移
d32 = 32 位无符号位移
```

7.8.5　有效形式

给定的助记符代表单个机器指令，但每个指令可能包含多种有效形式。指令的形式因传递给它的操作数的类型和顺序而异。

实际上，各种形式代表不同的二进制操作码。例如，POP RAX 指令是数字 058h，而 POP RSI 指令是数字 05Eh。大多数 x64 操作码不是单个 8 位值，大多数至少是二字节长，通常是四个字节或更长。

当你想使用带有某组操作数的指令时，确保检查该指令的参考指南中的“有效形式”部分，以确保组合是有效的。现在比过去的 DOS 时代有更多的形式是有效的，剩下的许多限制涉及分段寄存器，而在编写普通的 64 位长模式用户应用程序时，你将无法使用这些寄存器。

在 NEG 指令的示例参考页中，你可以看到分段寄存器不能作为 NEG 的操作数；否则，有效形式列表中会有一个 NEG sr 项。

7.8.6　操作数符号

在附录 A 中每个指令页面的底部，会总结用于指示操作数性质的符号。尽管它们非常直观，但我还是会花点时间在这里稍微解释一下：

- r8——8 位寄存器的一半，可以是 AH、AL、BH、BL、CH、CL、DH 或 DL 之一。

- r16——16 位通用寄存器，可以是 AX、BX、CX、DX、BP、SP、SI 或 DI 之一。
- r32——32 位通用寄存器，可以是 EAX、EBX、ECX、EDX、EBP、ESP、ESI 或 EDI 之一。
- r64——64 位通用寄存器，可以是 RAX、RBX、RCX、RDX、RBP、RSP、RSI、RDI 之一，也可以是 R8~R15 之一。
- sr——分段寄存器之一，可以是 CS、DS、SS、ES、FS 或 GS。
- m8——8 位字节的内存数据。
- m16——16 位字的内存数据。
- m32——32 位字的内存数据。
- m64——64 位字的内存数据。
- i8——8 位字节的即时数据。
- i16——16 位即时数字。
- i32——32 位即时数字。
- i64——64 位即时数字。
- d8——8 位有符号位移。我们还没有介绍这些，但位移是代码中当前位置和我们想要跳转到的代码中另一个位置之间的距离。它是有符号的(即，负数或正数)，因为正位移会使你在内存中跳转到更高(向前)的位置，而负位移会使你在内存中跳转到更低(向后)的位置。稍后会详细研究这个概念。
- d16——16 位有符号位移。同样，用于跳转和调用指令。
- d32——32 位有符号位移。
- d64——64 位有符号位移。

7.8.7 示例

虽然“有效形式”部分展示了某个指令的有效操作数组合，但“示例”部分则展示了该指令在实际使用中的例子，就像在汇编语言程序中编码一样。我尝试为每个指令提供一个很好的示例范围，展示该指令的不同可能性。但并非每个有效形式都会在示例中出现。

7.8.8 备注

“备注”部分简要描述了指令的操作，并提供了关于其如何影响标志、使用上的限制及任何需要记住的细节，特别是初学者容易忽略或误解的事项。

7.8.9　这里没有提到的内容……

附录 B 中没有包含 x64 指令集中已经不存在的指令。与大多数详细的汇编语言参考资料不同，附录 B 中也没有包含二进制操作码编码信息，也没有指示每种指令形式使用的机器周期(machine cycles)数。机器周期数通常指一个微处理器执行一条指令所需的基本时钟周期数。每条指令在执行过程中会经历多个机器周期，其中每个周期对应于微处理器内部的特定操作，如取指、译码、执行和写回。这些周期的数目取决于指令的复杂性和微处理器的设计。

指令的二进制编码是 CPU 实际识别和执行的一系列二进制字节序列。例如，我们称为 "POP RAX" 的指令，在机器看来对应的是十六进制数值 58h。类似地，我们称为 "ADD RSI, 07733h" 的指令，在机器中对应一个由七字节组成的序列：48h 81h 0C6h 33h 77h 00h 00h。机器指令的编码长度因指令本身及其操作数的复杂性而异，从一字节到多达十五字节不等。确定每条指令的编码序列需要从多个大型表格逐位设置每个字节，这是一个极复杂的过程。在附录 B 中，我决定不深入讨论编码细节。这个决定是因为编码过程比较复杂，通常详细的编码信息会在英特尔指令参考书中进行全面描述。这些参考书都是大块头，涵盖了各种指令和操作数的编码变化。

最后，我在本书的任何地方都没有包含关于任何给定机器指令消耗多少机器周期的信息。机器周期是主时钟的一个脉冲，使得个人计算机发挥其魔力。每条指令使用一定数量的这些周期来完成其工作，具体数量因各种标准而异，本书中不会详细解释这些标准。更糟的是，给定指令使用的机器周期数量会因英特尔处理器的型号而异。在奔腾处理器上，某个指令使用的周期可能比在 486 处理器上使用的更少，或者可能更多。一般来说，随着时间的推移，英特尔的机器指令使用的时钟周期越来越少，但并非每条指令都如此。

此外，正如迈克尔·阿布拉什在他的巨著《图形编程权威指南》中所解释的那样，即使一个经验丰富的汇编语言程序员知道每条指令的周期要求，也很少足以让他计算出一系列指令的执行时间。CPU 缓存、预取、分支预测、超线程以及许多其他因素结合和互动，使得除了宽泛的概述，完成这样的计算几乎是不可能的。他和我都认为这不适合初学者，但如果你想在某个时候了解更多，我建议你找到他的书自行阅读。

第 8 章 我们崇高的目标——创建有效的程序

8.1 汇编语言程序的骨架

称之为“汇编”是有原因的。编写汇编语言程序的任务让人联想到圣诞节早晨的情景：你从一个标有“陆鲨超级自行车”(需要组装)的大盒子里倒出 1567 个小金属零件，现在你必须把它们全部组装在一起，不能有任何剩余。

实际上，我已经解释了你必须理解的几乎所有内容，以创建你的第一个汇编语言程序。不过，还有一段不平凡的旅程，你将面对许多边缘锋利的小零件，它们可以通过无数种不同的方式组合在一起，其中大多数是错误的，有些是可行的，但只有少数是理想的。

所以，本章将展示完整且可操作的陆鲨超级自行车——然后会在你眼前将其拆解。这是学习组装的最佳方式：通过拆解那些懂行的人编写的程序。在本章的其余部分，还会拆解几个程序，希望到本章结束时，你能够独立完成组装。

在第 5 章的代码清单 5.1 中，我展示了一个也许是最简单的正确程序，它可在 Linux 上执行任何可见操作，同时仍然易于理解和扩展。从那时起，我们一直通过 SASM 的调试器在沙箱中查看指令。这是熟悉单个指令的好方法，但很快沙箱就不够用了。现在你已经掌握了最常见的 x64 指令(并且知道如何设置沙箱来实验和了解其他指令)，我们需要继续完成程序。

如你运行时所见，程序 EASTSYSCALL.ASM 在显示屏上显示了一行(简短的)文本。

```
Eat at Joe's!
```

为此，你需要向汇编器提供 35 行文本！这 35 行中有许多是注释，严格意义上来说并不需要，但它们可作为内部文档，可以让你在六个月或一年后理解程序在做什么(或者更重要的是，它是如何做到的)。

代码清单 8.1 是你在代码清单 5.1 中看到的相同程序，但它很短，我将在这里重新打印它，这样在接下来的讨论中你就不必来回翻页了。

代码清单 8.1　eatsyscall.asm

```
;  Executable name : eatsyscall
;  Version         : 1.0
;  Created date    : 4/25/2022
;  Last update     : 5/10/2023
;  Author          : Jeff Duntemann
;  Architecture    : x64
;  From            : x64 Assembly Language Step By Step, 4th Edition
;  Description     : A simple program in assembly for x64 Linux
;                    using NASM 2.14, demonstrating the use of
;                    the syscall instruction to display text.
;                    Not for use within SASM.
;
;  Build using these commands:
;    nasm --f elf64 --g --F dwarf eatsyscall.asm
;    ld --o eatsyscall eatsyscall.o
;

SECTION .data        ; Section containing initialized data

   EatMsg: db Eat at Joe's!",10
   EatLen: equ $--EatMsg

SECTION .bss         ; Section containing uninitialized data

SECTION .text        ; Section containing code

global  _start       ; Linker needs this to find the entry point!

_start:
   push rbp
   mov rbp,rsp

   mov rax,1       ; 1 = sys_write for syscall
   mov rdi,1       ; 1 = fd for stdout; i.e., write to the
                   ; terminal window
```

```
mov rsi,EatMsg     ; Put address of the message string in rsi
mov rdx,EatLen     ; Length of string to be written in rdx
syscall            ; Make the system call

mov rax,60         ; 60 = exit the program
mov rdi,0          ; Return value in rdi 0 = nothing to return
syscall            ; Call syscall to exit
```

8.1.1 初始注释块

汇编语言编码的目标之一是使用尽可能少的指令来完成任务。这并不意味着创建尽可能短的源代码文件。源文件的大小与从其汇编而成的可执行文件的大小无关！在文件中放入的注释越多，下次你重新阅读时就能更好地记住程序内部的工作原理。你会发现，复杂的汇编语言程序的逻辑在你脑海中的消失速度之快多么令人惊讶。在其他项目上工作不超过 48 小时后，我重新回到汇编项目时，常常需要花费一些时间才能重新进入开发的高效状态。

注释既不浪费时间也不浪费空间。IBM 曾说过："每行代码对应一行注释"。这很好，并且应该被视为汇编语言工作的最低要求。更好的做法(实际上我将在本章后面的复杂示例中遵循)是在每行代码的右侧使用一行简短的注释，并在每个完成某个独立任务的指令序列开始处添加一个注释块。

每个程序的顶部应该有一个标准化的注释块，其中包含一些重要信息。

- 源代码文件的名称。
- 可执行文件的名称。
- 你创建文件的日期。
- 你上次修改文件的日期。
- 编写该文件的人的姓名。
- 用于创建它的汇编程序的名称和版本。
- 程序或库功能的概述。占用尽可能多的空间。这与可执行程序的大小或速度无关。
- 用于构建文件的命令的副本。如果你使用 make 文件，则从 make 文件获取；如果你使用 SASM，则从 SASM 的构建对话框中获取。

初始注释块的挑战在于更新它以反映项目的当前状态。你的工具都不会自动完成这项工作，需要由你自己完成。

8.1.2 .data 部分

在 Linux 中使用 NASM 编写的普通用户程序分为三个部分。这些部分在程序中的顺序实际上并不重要，但按照惯例，.data 部分首先出现，然后是.bss 部分，最后是.text 部分。

.data 部分包含已初始化数据项的数据定义。初始化数据是在程序开始运行之前就具有值的数据。这些值是可执行文件的一部分。当可执行文件被加载到内存中执行时，这些值也会被加载到内存中。你不需要为这些数据加载它们的值，并且除了将整个程序加载到内存中所需的机器周期外，不会消耗额外的机器周期来创建这些数据。

需要记住的重要一点是，定义的初始化数据项越多，可执行文件就越大，当你运行它时，从磁盘加载到内存的时间也就越长。

我们很快会详细讨论如何定义初始化数据项。

8.1.3　.bss 部分

并非所有数据项在程序开始运行前都需要有值。例如，当你从磁盘文件读取数据时，需要有一个地方存放从磁盘读取的数据。这样的数据缓冲区是在程序的Block Start Symbol (.bss)部分中定义的。多年来，我听过一些其他叫法，比如 Buffer Start Symbol。缩写本身并不重要。在.bss 部分中，你分配将来使用的内存块，并给这些内存块命名。

所有汇编器都有一种方法可以为缓冲区预留一定数量的字节并为其命名，但你不需要指定缓冲区中存储的值(稍后会详细介绍)。这些值将在程序运行时通过程序的操作产生。

在.data 部分中定义的数据项与在.bss 部分中定义的数据项之间有一个重要的区别：.data 部分中的数据项会增加可执行文件的大小，而.bss 部分中的数据项则不会。一个占用 16 000 字节(或更多，有时多得多)的缓冲区可以在.bss 部分中定义，并且几乎不会增加可执行文件的大小(描述信息大约占用 50 字节)。

这种情况是因为 Linux 加载器将程序加载到内存的方式而实现的。当你构建可执行文件时，Linux 链接器会向文件中添加描述所有定义的符号(包括命名数据项的符号)的信息。加载器知道哪些数据项没有初始值，当它从磁盘加载可执行文件时，会为这些数据项在内存中分配空间。具有初始值的数据项会连同它们的值一起读入。

这个非常简单的程序 eatsyscall.asm 确实不需要任何缓冲区或其他未初始化的数据项，技术上根本不需要定义任何 .bss 部分。我只是为了向你展示如何定义一个 .bss 部分而添加了一个空的 .bss 部分。一个空的 .bss 部分不会增加可执行文件的大小，而删除一个空的 .bss 部分也不会使可执行文件变小。

8.1.4　.text 部分

实际组成程序的机器指令放在.text 部分中。通常情况下，.text 部分中不定义数据项。.text 部分包含称为标签的符号，用于标识程序代码中跳转和调用的位置，除了你的指令助记符外，这就是它的内容。

所有全局标签必须在.text 部分中声明，否则这些标签无法被 Linux 链接器或 Linux 加载器在程序外部"看到"。让我们更仔细地看一下标签的问题。

8.1.5 标签

标签是一种书签，用于描述程序代码中的位置，并给它一个比裸内存地址更容易记住的名称。标签用于指示跳转指令应该跳转到的位置，并为可调用的汇编语言过程命名。后续章节中将详细解释这些操作。

与此同时，以下是有关标签的最重要知识点：

- 标签必须以字母、下画线、句点或问号开头。这最后三种符号对汇编器具有特殊意义，所以在了解 NASM 如何解释它们之前，不要使用它们。
- 在定义标签时，标签后面必须跟着一个冒号。这基本上告诉 NASM 正在定义的标识符是一个标签。如果没有冒号，NASM 不会报错，但使用冒号可以明确告诉 NASM 这是一个标签，避免将误输入的指令助记符误认为是标签。因此，请务必使用冒号！
- 标签是区分大小写的。例如，yikes:、Yikes: 和 YIKES: 是三个完全不同的标签。这是 C 语言的惯例，但与许多其他语言(特别是 Pascal)不同，在这些语言中，标签和其他标识符不区分大小写。如果你有使用 C 以外的其他高级语言的经验，请记住这一点。

稍后我们将看到此类标签用作跳转和调用指令的目标。例如，以下机器指令将指令执行流程转移到标签 GoHome 标记的位置：

```
jmp GoHome
```

注意这里没有使用冒号。冒号只在定义标签的地方使用，而不是在引用标签的地方使用。可以这样理解：在标记位置时使用冒号，而在跳转到位置时不使用冒号。

eatsyscall.asm 中只有一个标签，而且有点特殊。_start 标签指示程序的开始位置。它区分大小写，所以不要尝试使用_START 或_Start。这个标签必须在.text 部分的顶部声明为全局标签。

SASM 在编译汇编语言程序时有所不同。在 SASM 中，_start 标签会变成 main。SASM 使用 GNU C 编译器 gcc 作为 NASM 和 Linux 链接器 ld 之间的中间人。从某种意义上说，SASM 创建了一个没有任何 C 代码的 C 程序。所有 C 程序都必须有一个起点，在 C 程序中，这个起点总是 main。做这样的处理是有原因的，涉及将用 C 编写的函数链接到你的汇编程序中，稍后会详细解释如何做到这一点。

记住这一点：从 make 文件汇编时，请使用_start。从 SASM 内部汇编时，请使用 main。

8.1.6　初始化数据的变量

在.data 部分中，标识符 EatMsg 定义了一个变量。具体来说，EatMsg 是一个字符串变量(稍后会详细讨论)，但总的来说，与所有变量一样，它属于我们称为已初始化数据的一类项目：具有值，而不仅仅是一个空箱子，可以在将来的某个时间放入值。变量通过将标识符与数据定义指令关联来定义。

数据定义指令看起来像这样：

```
MyByte      db 07h                  ; 8 bits in size
MyWord      dw 0FFFFh               ; 16 bits in size
MyDouble    dd 0B8000000h           ; 32 bits in size
MyQuad      dq 07FFFFFFFFFFFFFFFh   ; 64 bits in size
```

将 DB 指令想象成“定义字节”。DB 指令为数据存储设置了一字节的内存空间。将 DW 指令想象成“定义字”。DW 指令为数据存储设置了一个字(16 位，或二字节)的内存空间。将 DD 指令想象成“定义双字”。DD 指令为数据存储设置了一个双字的内存空间。DQ 表示“定义四字”，即 64 位大小的四字。

8.1.7　字符串变量

字符串变量是一个有趣的特殊情况。字符串就是：一系列或一串字符，依次排列在内存中。在 eatsyscall.asm 中定义了一个字符串变量：

```
EatMsg: db "Eat at Joe's!",10
```

字符串是对数据定义指令通常设置一定数量内存的一个特例。DB 指令通常只会设置 1 字节的内存。然而，字符串可以是任意长度。因为没有数据指令可以设置 17 字节或 42 字节，所以字符串的定义仅仅是将标签与字符串的起始位置关联起来。EatMsg 标签及其 DB 指令指定内存中的一个字节作为字符串的起始点。字符串中的字符数告诉汇编器需要为该字符串分配多少字节的存储空间。

可以使用单引号(')或双引号(")来界定字符串，选择取决于你，除非你正在定义一个字符串值，该值本身包含一个或多个引号字符。注意在 eatsyscall.asm 中，字符串变量 EatMsg 包含一个作为撇号使用的单引号字符。因为字符串包含单引号字符，所以你必须用双引号来界定它。反之亦然：如果你定义的字符串包含一个或多个双引号字符，你必须用单引号来界定它：

```
Yukkh: db 'He said, "How disgusting!" and threw up.',10
```

可将多个单独的子字符串组合成一个字符串变量，方法是用逗号分隔子字符串。这是一种定义字符串变量的完全有效(有时很有用)的方法：

```
TwoLineMsg: db "Eat at Joe's...",10,
"...Ten million flies can't ALL be wrong!",10
```

那么，前面示例字符串中隐藏的数值字面量 10 是什么意思呢？在 Linux 文本处理中，换行(EOL)字符的数值为 10(十进制)，或者 0Ah(十六进制)。它告诉操作系统在控制台显示的文本行何处结束。任何后续显示在控制台上的文本都将显示在下一行的左边距位置。在变量 TwoLineMsg 中，两个子字符串之间的换行字符将指示 Linux 在控制台的一行显示第一个子字符串，下一行显示紧接其下的第二个子字符串：

```
Eat at Joe's!
Ten million flies can't ALL be wrong!
```

你可以在字符串中连接这样的单个数字，但必须记住，和换行字符一样，它们不会显示为数字。字符串是一串字符。追加到字符串的数字将被大多数操作系统例程解释为 ASCII 字符。数字与 ASCII 字符之间的对应关系显示在附录 C 中。要在字符串中显示数字，你必须将它们表示为 ASCII 字符，可以是字符字面量，如数字字符 7，或者是 ASCII 字符的数字等价物，如 37h。

在普通的汇编工作中，几乎所有的字符串变量都是使用 DB 指令定义的，可以视为字节串(ASCII 字符大小为一字节)。你可以使用 DW、DD 或 DQ 定义字符串变量，但它们与使用 DB 定义的字符串有些许不同。考虑以下变量：

```
WordString:  dw 'CQ'
DoubleString:  dd 'Stop'
QuadString:  dq 'KANGAROO'
```

DW 指令定义一个字长变量，一个字(16 位)可以容纳两个 8 位字符。类似地，DD 指令定义一个双字(32 位)变量，可以容纳四个 8 位字符。DQ 指令定义一个四字变量，可以包含八个 8 位字符。将这些命名字符串加载到寄存器时，它们的处理方式有所不同。考虑以下三条指令：

```
mov ax,[WordString]
mov edx,[DoubleString]
mov rax,[QuadString]
```

请记住，将变量中的数据移入寄存器时，必须将变量的名称(即其地址)放在方括号之间。如果没有方括号，移入寄存器的将是变量在内存中的地址，而不是该地址处的数据。

在第一条 MOV 指令中，字符 CQ 被放入寄存器 AX，其中 C 在 AL 中，Q 在

AH 中。在第二条 MOV 指令中，字符 Stop 按小端序加载到 EDX 中，其中 S 在 EDX 的最低字节，t 在第二低字节，以此类推。如果你查看从 SASM 加载到 RAX 的字符串 QuadString，会看到它包含 KANGAROO，这是倒序拼写的。

以这种方式将字符串加载到单个寄存器中(假设它们适合！)比使用 DB 定义字符串要少见得多(也不太有用)，你不需要经常这样做。

因为 eatsyscall.asm 在其.bss 部分中没有定义任何未初始化的数据，我将推迟讨论这类定义，直到我们看下一个示例程序为止。

8.1.8　使用 EQU 和$推导字符串长度

在 eatsyscall.asm 文件中，EatMsg 的定义是如下的有趣构造。

```
EatLen: equ $-EatMsg
```

这是一种称为“汇编时计算”的更大类别的示例。这里计算字符串变量 EatMsg 的长度，并通过标签 EatLen 使该长度值在程序代码中可访问。在程序的任何地方，如果需要使用 EatMsg 的长度，可以使用标签 EatLen。

包含 EQU 指令的语句称为等式(equate)。等式是将一个值与标签关联起来的一种方式。这样的标签就像 Pascal 中的命名常量一样对待。在汇编过程中，每当汇编器遇到一个等式，它将用等式的值替换其名称。这里有一个例子：

```
FieldWidth: equ 10
```

这里，告诉汇编程序标签 FieldWidth 代表数值 10。一旦定义了该等式，以下两个机器指令完全相同：

```
mov eax,10
mov eax,FieldWidth
```

这样做有两个好处。

- 等式通过使用一个描述性名称来表示一个值，使指令更易于理解。我们知道值 10 是什么意思；它表示一个字段的宽度。
- 等式使得程序在未来更易于修改。如果字段宽度在某个时候从 10 变为 12，我们只需要在源代码文件的一行进行修改，而不需要在访问字段宽度的所有位置进行修改。

不要低估这第二个优势的价值。一旦程序变得更大、更复杂，你可能会发现在一个程序中某个特定的值会被使用几十甚至几百次。例如，你可以将值定义为一个等式，只需要改变一行代码，就能修改一个被使用了 267 次的值。如果你在代码中逐个查找，并在 267 个位置分别更改值，很可能错过五六处，导致在下次汇编和运行程序时出现混乱。

将汇编语言的计算与等式结合起来，可以非常简单地实现一些奇妙的事情。就像我马上会解释的那样，在 Linux 中显示一个字符串，你需要向操作系统传递字符串的地址和它的长度。你可以这样将字符串的长度定义为一个等式：

```
EatMsg: db "Eat at Joe's!",10
EatLen: equ 14
```

这个方法有效，因为 EatMsg 字符串实际上包含 14 个字符，包括换行符。但是假设 Joe 把他的餐馆卖给了 Ralph，你要用 Ralph 替换 Joe。你不仅需要改变广告信息，还要改变它的长度。

```
EatMsg: db "Eat at Ralph's!",10
EatLen: equ 16
```

你忘记更新 EatLen 等式以匹配新消息长度的可能性有多大？如果经常发生这种情况，可能性就会增加。使用汇编时计算，你只需要改变字符串变量的定义，NASM 会在汇编时自动计算其长度。

具体如何实现呢？就像这样：

```
EatLen: equ $-EatMsg
```

这一切都依赖于神奇的 here 标记，用简单的美元符号表示。正如我之前解释的那样，在汇编时，NASM 会解析源代码文件并构建一个具有.o 扩展名的中间文件。美元符号$标记了 NASM 在构建中间文件(而非源代码文件)时的当前位置。标签 EatMsg 标记了广告字符串的开头。在 EatMsg 的最后一个字符之后，就是标签 EatLen。记住，标签不是数据，而是位置——在汇编语言中是地址。当 NASM 到达标签 EatLen 时，$的值是 EatMsg 字符串最后一个字符之后的位置。汇编时计算是将$标记表示的位置(计算完成时包含的是 EatMsg 字符串结束后的位置)，减去 EatMsg 字符串开头的位置。结尾位置减去开始位置等于长度。

这个计算在每次汇编文件时都会执行，所以每当你改变 EatMsg 的内容时，EatLen 的值都会自动重新计算。你可随意更改字符串中的文本，而不必考虑在程序的任何地方修改长度值。

汇编时计算虽然还有其他用途，但这是最常见的用途，也是作为初学者可能用到的唯一用途。

8.2 通过栈后进先出

小程序 eatsyscall.asm 并没有做太多事情：它在 Linux 控制台显示了一个简短的文本字符串。然而，要解释它是如何做到这一简单操作的，需要花费一些时间。

在开始之前，必须解释一个关键概念，不仅适用于 x86/x64 架构，实际上也适用于所有计算机系统：栈(Stack)。

栈是一种内置在 CPU 硬件中的存储机制。英特尔并非发明者，栈自 1950 年代以来就一直是计算机硬件的一个组成部分。栈这个名字很合适，作为一个易于理解的比喻，我要回想一下我的高中时代，当时我在芝加哥西北区的复活医院当洗碗工。

8.2.1　每小时 500 个盘子

当时医院厨房里有很多不同的工作，但我的主要任务是从一条不断运动的传送带上取下干净的盘子，传送带上的盘子不停地从洗碗机的蒸汽口中移过来。这是一项辛苦的工作，但比起把脏盘子塞进机器的另一端要轻松得多。

当你每小时取下 500 个盘子时，你最好有个高效的地方来存放它们。显然，你可以简单地把它们堆在桌子上，但在有淘气小孩出没的地方堆放瓷盘，很容易引发餐具损毁。医院使用的是一排带轮子的小型不锈钢柜子，配有一个或多个从顶部可以插入的带弹簧的圆形柱塞。当你手里拿着一堆盘子时，把它们按进柱塞里。柱塞的弹簧经过调整，新增盘子的重量刚好能把一摞盘子整体下压，使新放的盘(最上面的盘子)与柜子的顶端齐平。

每个柱塞大约能放 50 个盘子。我们把一个柜子推到洗碗机的出口，填满盘子后，再把它推回厨房，在下一次用餐时，这些干净的盘子就会摆放在患者的餐盘上。

观察每个班次中从洗碗机中取出的第一只盘子的路径很有启发。这只盘子首先进入柱塞，然后被柜中剩余的 49 只盘子压入柱塞底部。当柜子被推回厨房后，厨房的工作人员从柜子里拿出一个个盘子。第一个从柜子里拿出来的盘子是最后一个放进去的盘子，而最后一个从柜子里拿出来的盘子是第一个放进去的盘子。

英特尔的栈(以及大多数其他计算机架构中的栈)就是这样。我们称之为后进先出(LIFO)栈。我们把数据块推到栈的顶部，它们会一直留在栈上，直到我们以相反的顺序将它们取下来。

栈并不是存在于 CPU 的某个独立空间中。它存在于普通内存中，实际上我们所说的栈只是管理内存中数据的一种方式。栈是我们可以暂时存放一个或多个值的地方，稍后取回。栈的主要优点是无需为存储的数据命名。我们将数据放入栈，然后通过其位置或使用相对于栈内存中某个固定点的普通内存地址来检索数据。关于第二种方法的更多内容，稍后在你掌握了所有基础知识之后会详细说明。

将某物放入栈时，我们称之为“压入”(push)；从栈中取回某物时，我们称之为“弹出”(pop)。随着数据被压入或弹出，栈会增长或缩小。最近压入栈的项被称为栈顶的项。当我们从栈中弹出一项时，得到的是栈顶的项。图 8.1 中概念性地画出了这一点。

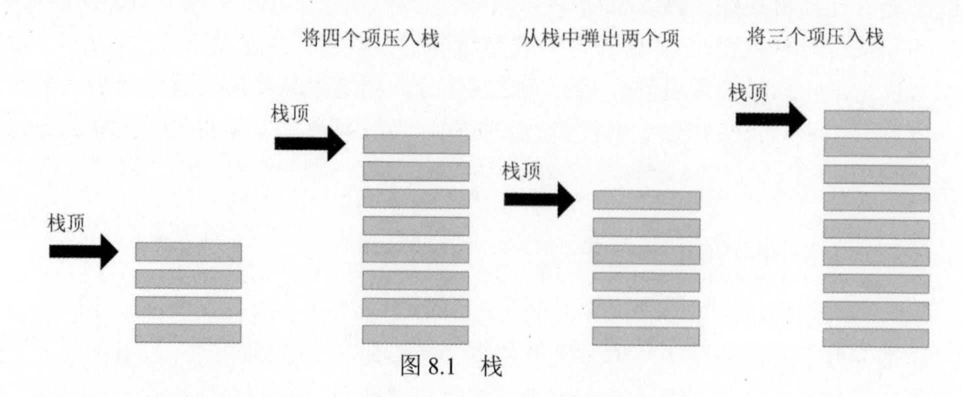

图 8.1　栈

在 x64 架构中，堆顶用一个称为“栈指针”的寄存器进行标记，正式名称为 RSP。它是一个 64 位寄存器，保存着最后一个被压入栈上的项的内存地址。

8.2.2　倒置堆叠

在英特尔架构中，栈的运作较难理解，因为它基本上是“倒置”的。如果你把内存区域想象成最低地址在底部，最高地址在顶部，那么栈从“天花板”开始，当项目被压入栈时，栈向下增长，朝向低内存地址。

图 8.2 大致展示了 Linux 在运行程序时如何组织内存。内存的底部是你在程序中定义的三个部分：最低地址处是.text 部分，接着是.data 部分，然后是.bss 部分。栈位于程序内存块的最顶端。在.bss 部分的末尾和栈顶之间基本上是空的内存。C 语言程序通常使用此空闲内存空间在称为堆的区域中“动态”分配变量。汇编程序也可以这样做，尽管这并不像听起来那么容易，而且我在本书中没有足够的篇幅进行讲解。之所以在图 8.2 中绘制了堆，是因为了解它在用户空间内存图中的位置非常重要。与栈一样，堆也会随着数据结构的创建(通过分配内存)或销毁(通过释放内存)而增长或缩小。

重要的是要记住(尤其是如果你以前有为 DOS 编写汇编程序的经验)，我们现在不再处于实模式了。当应用程序开始运行时，Linux 会为栈保留一个连续的虚拟内存范围，默认大小约为 8GB。虚拟内存的确切数量取决于 Linux 的配置，可能有所不同。在这个范围内，只有少数几页实际上在虚拟地址空间的顶部被提交。当栈向下增长并耗尽物理内存时，会发生缺页中断，操作系统会将更多物理内存映射到虚拟地址空间，然后这些内存就可以用于栈。这种情况会持续到整个虚拟空间被耗尽——除非程序由于某个错误极度消耗栈空间，否则基本上不会发生这种情况。

虚拟内存是一个美妙但复杂的概念，我无法在本书中详细讲解。这里要记住的是，由于虚拟内存的存在，你的应用程序栈几乎可以获得需要的所有内存，不用再担心内存不足的问题。

我对图 8.2 的唯一警告是，程序部分与栈的相对大小不应被视为字面意义上的。在一个中等规模的汇编程序中，可能有成千上万字节的程序代码和数万字节的数据；与之相比，栈仍然相当小，最多有几百字节。

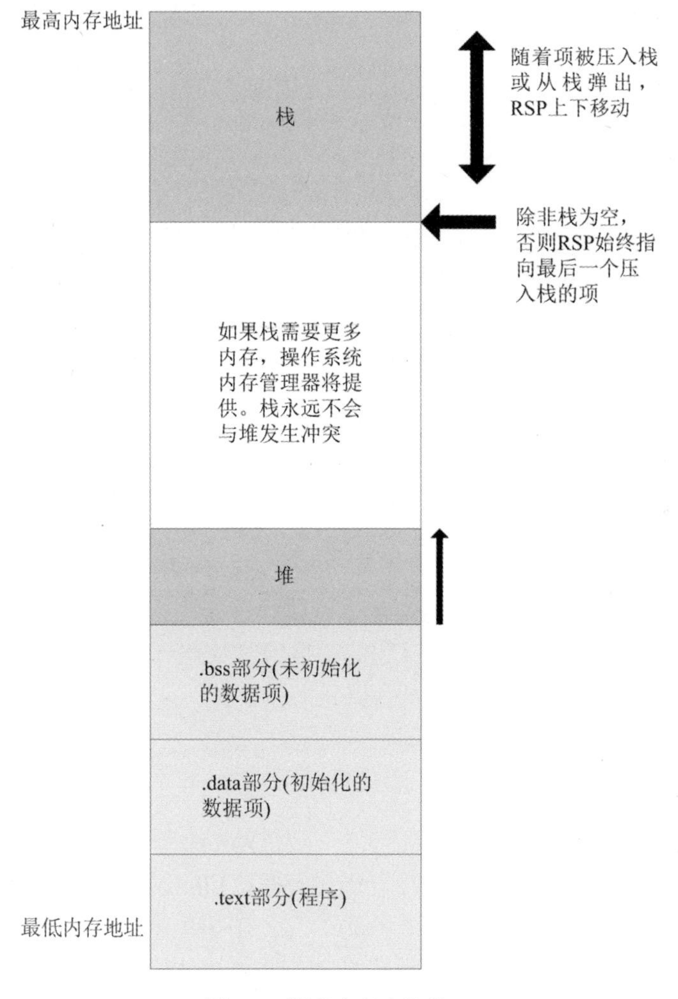

图 8.2　程序内存中的栈

8.2.3　压入指令

有多种方式可以将数据压入栈，但最直接的方式涉及两个相关的机器指令，PUSH 和 PUSHFQ。这两者的工作方式相似，主要区别在于它们将什么内容压入栈：

- PUSH 指令将一个 16 位或 64 位的寄存器或内存值压入栈，该值在源代码中由你指定。注意，你不能将 8 位或 32 位的值压入栈！如果你尝试这样做，会得到一个错误。
- PUSHFQ 指令将完整的 64 位 RFlags 寄存器压入栈。这里的 Q 表示"四字"，RFLAGS 中超过一半的标志是保留的且没有用处。你不会经常使用 PUSHFQ，但在需要时依然可以使用它。

以下是使用 PUSH 系列指令的一些示例：

```
pushfq       ; Push the RFlags register
push rax     ; Push the RAX register
push bx      ; Push the 16--bit register BX
push [rdx]   ; Push the quadword in memory at RDX
```

注意，PUSHFQ 指令不接受操作数。如果你试图给 PUSHFQ 提供操作数，会产生汇编错误；该指令只会将 64 位的 RFLAGS 寄存器压入栈，这是它唯一的功能。

在 PUSH 指令处理 64 位操作数时，首先，RSP 被减少 64 位(即八字节)，这样它指向一个长度为八字节的空栈内存区域。然后，要压入栈的内容被写入 RSP 指向的内存地址处。数据安全地存储在栈上，并且 RSP 向内存底部移动了八字节。

RSP 初始位置和当前位置(栈顶)之间的所有内存都包含实际数据，这些数据是显式地通过 PUSH 指令压入栈的，而且预计会在稍后从栈中弹出。其中一些数据是在运行你的程序之前由操作系统压入栈的，本书稍后将讨论这部分内容。

在 x64 长模式下，哪些内容可以压入栈，哪些内容不能压入栈，这相当简单：任何 16 位和 64 位通用寄存器的值都可以单独压入栈。不能压入 AL 或 BH 等任何 8 位寄存器的值。可以压入 16 位和 64 位即时数据到栈上。任何情况下，用户空间的 Linux 程序都不能将分段寄存器压入栈。在 x64 中，分段寄存器属于操作系统，对用户空间程序不可用。

尽管可能看起来很奇怪，但 32 位值(包括所有 32 位寄存器)不能压入栈。

8.2.4 POP 指令登场

通常情况下，压入栈的内容必须被弹出，否则可能导致多种问题。从栈中取出数据的最简单方法是使用另外两条指令，即 POP 和 POPFQ。正如你所期望的那样，POP 是通用的逐个弹出指令，而 POPFQ 则专门用于将标志位从栈中弹出并存入 RFlags 寄存器。

```
popfq      ; Pop the top 8 bytes from the stack into RFlags
pop rcx    ; Pop the top 8 bytes from the stack into RCX
pop bx     ; Pop the top 2 bytes from the stack into BX
pop [rbx] ; Pop the top 8 bytes from the stack into memory at EBX
```

与 PUSH 类似，POP 只能操作 16 位或 64 位的操作数。不要试图将数据从栈中弹出到 8 位或 32 位寄存器，如 AH 或 ECX。

POP 的工作原理基本上与 PUSH 相反。与 PUSH 类似，弹出栈的数据量取决于操作数的大小。将栈中的数据弹出到一个 16 位寄存器中会取出栈顶的两个字节。将栈中的数据弹出到一个 64 位寄存器中会取出栈顶的 8 个字节。

注意，CPU 和 Linux 内核都不会记住你放置在栈上的数据项的大小。你需要知道最后一个压入栈的数据项的大小。如果你最后压入栈的是一个 16 位寄存器，那么将栈弹出到一个 64 位寄存器中将会比你压入时多弹出 6 个字节。这被称为栈的错位，会带来麻烦——这也是为什么你应该尽可能使用 64 位寄存器和内存值，并避免将 16 位值与栈结合的原因之一。

当执行 POP 指令时，操作顺序如下。首先，将当前存储在 RSP 地址的数据从栈中复制出来，并放置到 POP 操作数中，这个操作数可以是你指定的任何内容。接着，会按照操作数增加(或减少)RSP——无论是 16 位或 64 位——这样实际上 RSP 将向上移动两个字节或 8 个字节，远离低内存地址。

值得注意的是，将数据压入栈时，RSP 会减少，但在弹出数据时，从栈中删除字之后，RSP 会增加。其他某些 CPU(不属于 x86 体系结构)的工作方式恰恰相反，这也是可以接受的——只是不要混淆它们即可。对于 x86/x64 架构，这一点始终成立：除非栈完全为空，否则 RSP 指向的是实际数据，而不是空闲空间。通常情况下，你不必记住这个事实，因为 PUSH 和 POP 指令会自动处理所有操作，你不需要手动跟踪 RSP 指向的内容。

8.2.5　PUSHA 和 POPA 已停用

32 位汇编语言中的所有内容在 x64 汇编语言中都保留了下来，但确实有些变化。从 x86 到 x64，只有很少的东西被删除。

但是确实有些牺牲。有四条指令完全不再使用：PUSHA、PUSHAD、POPA 和 POPAD。在早期的架构中，这些指令用于一次性地压入或弹出所有通用寄存器的内容。

那么，为什么这些指令被废弃了呢？我从未找到过权威的解释，但我有一个理论：在 x64 架构中，通用寄存器的数量更多。一次性将 15 个 64 位寄存器(而不是 7 个 32 位寄存器)压入栈，会占用大量的栈空间。栈指针 ESP 没有被 PUSHA/POPA 指令操作，因为 ESP 定义了栈！

如果你出于某种原因需要在栈上保留通用寄存器，你需要单独地将它们压入栈中及从栈中弹出。

8.2.6 压入和弹出的详细信息

如果你对栈的工作原理仍有些疑惑，让我通过一个例子详细展示栈是如何运作的，包括实际数值。为在相关的图示中更清晰，我将使用 16 位寄存器而不是 64 位寄存器。这样可以展示栈上的单字节。对于 64 位值，它的工作方式是相同的。不同之处在于每次压入或弹出的是 8 个字节而不是两个字节。

图 8.3 显示了执行四条指令后栈的状态。为了便于理解，我在图中使用了 16 位值。64 位值的机制与此相同。图中顶部显示了程序在某个假设点上的四个 16 位通用寄存器 X 的值。首先将 AX 寄存器压入栈(指将寄存器的值压入栈，后同)。它的最低有效字节位于 RSP，而最高有效字节位于 RSP+1。记住，这两个字节作为一个单元一起被压入栈！

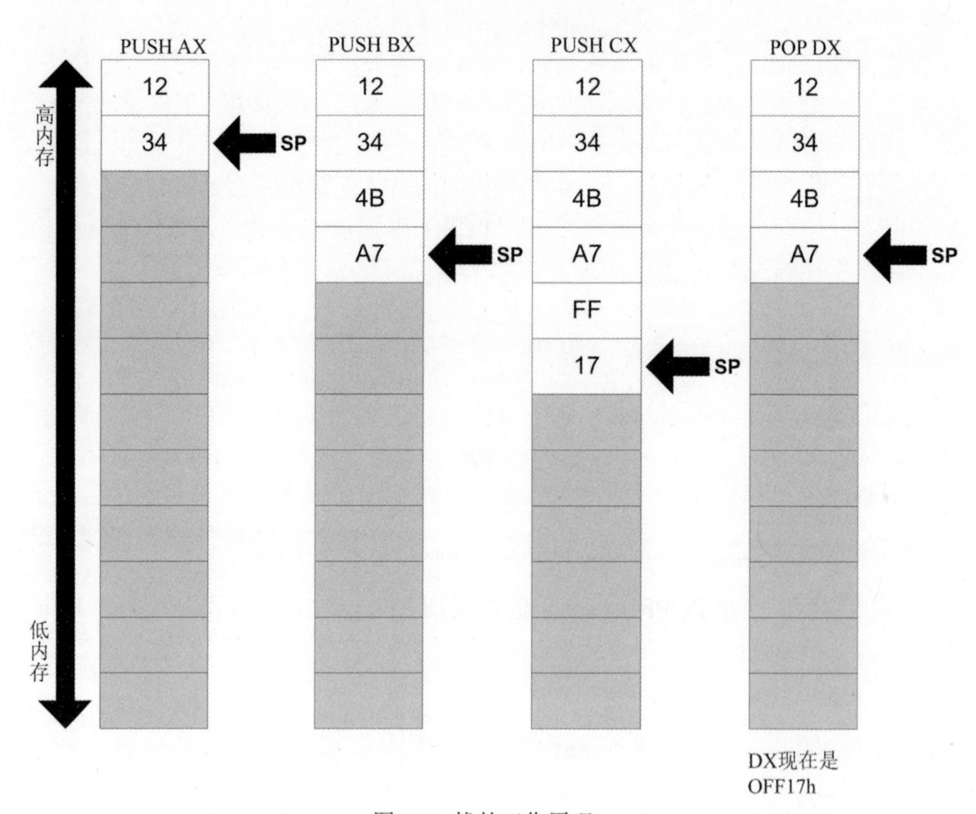

图 8.3　栈的工作原理

每次将一个 16 位寄存器推入栈时，RSP 将减少二字节，向低内存方向移动。前三列分别显示了将 AX、BX 和 CX 压入栈中的过程。但请注意第四列的情况，在执行指令 POP DX 后发生了什么。栈指针增加了二字节，向远离低内存的方向移动。现在 DX 包含了 CX 内容的一个副本。实际上，CX 被压入栈中，然后立即从栈中弹出并存入 DX 中。

如果你想在 SASM 沙箱中尝试图 8.3，请调出一个新沙箱并添加以下机器指令：

```
xor rax,rax   ;We first zero out all 4 64-bit"x" registers
xor rbx,rbx   ;so there are no "leftovers" in the high bits
xor rcx,rcx
xor rdx,rdx

mov ax,01234h ;Place values in AX, BX, and CX
mov bx,04ba7h
mov cx,0ff17h

push ax      ;Push AX,BX,& CX onto the stack
push bx
push cx

pop dx       ;Pop the top of the stack into DX.
```

进入调试模式，逐步执行这些指令，观察每一步后栈指针 RSP 和四个 16 位寄存器的数值变化。你可以同时参考图 8.3 中的操作过程。

是的，这是一种非常绕弯的方法将 CX 的值复制到 DX 中。MOV DX,CX 更快速和直接。然而，有时必须通过栈来移动寄存器的值。请记住 MOV 指令不能操作 RFlags 寄存器。如果想将 RFlags 的副本加载到一个 64 位寄存器中，你必须首先用 PUSHFQ 将 RFlags 压入栈中，然后用 POP 将标志值从栈中弹出到你选择的寄存器中。以下是将 RFlags 加载到 RBX 中的代码示例。你可以将这些代码放入一个沙箱中，并通过单步执行来观察它的运行：

```
xor rbx,rbx    ; Clear rbx
pushfq         ; Push the RFlags register onto the stack
pop qword rbx  ; ...and pop it immediately into RBX
```

虽然你可以使用 POPFQ 将标志值恢复到 RFlags 中，但并不是所有的 RFlags 位都会通过将它们从栈中弹出到 RFlags 中而改变。例如，VM 和 RF 位不受 POPFQ 的影响。类似这样的细节表明，确切了解你在做什么之前，不要尝试保存和恢复标志位。

8.2.7　短期存储

栈应该被视为一个用于短期存放物品的地方。存储在栈上的项目没有名称，通常必须按照放入的反向顺序从栈中取出。记住，后进先出，即 LIFO(Last In, First Out)！

栈的一个极好的用途是允许有限的寄存器执行多重任务。如果你需要一个寄存器临时保存某个值，以便 CPU 对其进行操作，而所有寄存器都在使用中，你可以将其中一个正在使用的寄存器的值压入栈中。值将安全地保存在栈上，同时你可以使用该寄存器执行其他操作。当你完成对该寄存器的使用后，弹出栈中的旧值即可——这样你就获得了额外的优势，实际上并没有增加寄存器的数量。当然，代价是将该寄存器的值压入栈和弹出栈的时间。这不是你希望在经常重复的循环中做的事情！

程序执行期间的短期存储是栈的最简单和最明显的用途，但它最重要的用途是在调用过程和 Linux 内核服务中。现在你理解了栈，我们可以探讨 Linux 系统调用这个神秘的问题了。

8.3 通过 SYSCALL 使用 Linux 内核服务

eatsyscall.asm 中的其他所有内容都是为唯一的指令做准备，该指令用于在 Linux 控制台中显示一行文本。程序的核心是调用 Linux 操作系统。第二次调用 Linux 是在程序结束时，用于告诉 Linux 程序已完成。

正如我在第 6 章中解释的那样，操作系统是仙和魔的结合体，Linux 也不例外。它像神仙一样控制着机器的所有重要元素：内存、磁盘驱动器、打印机、键盘、各种端口(以太网、USB、串行端口、蓝牙等)和显示器。同时，Linux 像住在桥下的巨魔：你告诉巨魔你想要完成什么，巨魔就会自动完成。有几百种 Linux 内核服务可供使用。你在这里可以找到一个很好的 x64 Linux 系统调用列表：

```
soliduscode.com/linux-system-calls
```

Linux 提供的服务之一是对 PC 显示器的简单文本模式访问。对于 eatsyscall.asm(这只是编写和运行第一个汇编语言程序的一个课程)而言，简单的服务就足够了。

那么，如何使用 Linux 的服务呢？如果仔细查看 eatsyscall.asm，应该记得有两处使用了机器指令 SYSCALL。在 x64 版本的 Linux 中，SYSCALL 指令就是你访问 Linux 内核服务的方法。

8.3.1 通过 SYSCALL 指令使用 x64 内核服务

在 32 位版本的 Linux 中，软件中断 INT 80h 是访问内核服务调度器的方法。INT 80h 不再使用。x64 架构为我们提供了更好的手段：SYSCALL 指令。

访问内核服务的挑战在于：将执行传递给一个不知道其位置的代码库。SYSCALL 指令会查找用户程序无法访问的 CPU 寄存器。当 Linux 内核启动时，将服务调度器的地址放入这个寄存器。SYSCALL 指令首先将权限级别从第 3 级(用户)提升到第 0 级(内核)。然后，它读取服务调度寄存器中的地址，并跳转到该地址以调用调度器。

大多数使用 SYSCALL 的 x64 系统调用都有参数，这些参数通过 CPU 寄存器传递。是哪些寄存器呢？这不是随机的。实际上，Linux 包含 System V 应用程序二进制接口(ABI)，为通过 SYSCALL 向 Linux 传递参数提供了一个完整的系统。它的功能不仅限于此，但我们感兴趣的是允许你使用 SYSCALL 调用内核服务的机制。有关这些调用的最佳在线演示在这里：

```
soliduscode.com/category/technology/assembly
```

8.3.2　ABI 与 API 的区别

如果你有任何编程经验，你可能听说过 API 调用或 Windows API。那么，ABI 和 API 之间有什么区别呢？API 代表应用程序编程接口，是可调用函数的集合，主要供 Pascal 或 C 之类的高级编程语言使用。汇编语言程序也可以调用 API 函数，稍后会向你展示如何调用。

相较之下，应用程序二进制接口(ABI)是在机器代码层面详细描述一段二进制机器代码与另一段代码通信或与寄存器等 CPU 硬件通信时发生的情况。它位于 API 之下的一层。ABI 定义了一组基本的可调用函数，通常由操作系统提供，就像在 Linux 中那样。这个定义描述了如何将参数传递给众多内核服务函数。ABI 还定义了链接器如何将编译或汇编的模块链接成单个可执行的二进制程序等。

8.3.3　ABI 的寄存器参数方案

让我们仔细看看本章前几页中提到的 eatsyscall.asm 程序。以下代码将一条文本消息写入 Linux 控制台：

```
mov rax,1        ; 1 = sys_write for syscall
mov rdi,1        ; 1 = fd for stdout; i.e., write to the terminal window
mov rsi,EatMsg   ; Put address of the message string in rsi
mov rdx,EatLen   ; Length of string to be written in rdx
syscall          ; Make the system call
```

简而言之，这段代码将特定值放入特定寄存器中，然后执行 SYSCALL 指令。Linux 服务调度器获取放置在这些寄存器中的值，然后调用 RAX 中指定的函数。

有一个系统用于指定哪些寄存器用于哪个服务以及该服务使用了哪些参数(如果有)。表 8.1 展示 System V ABI 系统调用表的前两行。

表 8.1 System V ABI 的系统调用约定

RAX	系统调用	RDI	RSI	RDX	R10	R8	R9
0	sys_read	文件描述符	缓冲的地址	缓冲的长度	n/a	n/a	n/a
1	sys_write	文件描述符	文本的地址	文本的长度	n/a	n/a	n/a

除了“RAX 系统调用”列，其他所有列都是寄存器。“系统调用”是 Pascal 和 C 等高级语言通过 SYSCALL 指令调用系统时使用的名称。因为 Linux 大部分是用 C 语言编写的，所以你在系统调用表中看到的语言会是 C 语言的术语。我对这些术语稍作修改，使初学者更容易理解表格。

寄存器 RAX 专用于指定要进行的系统调用的数字代码。系统调用 1 的名称是 sys_write。系统调用名称后面的寄存器包含参数。ABI 规定了六个用于参数的寄存器。并非所有系统调用都需要六个参数。eatsyscall.asm 中使用的 sys_write 调用只有三个参数。参数列表总是以 RDI 开始，并按表中给出的顺序使用寄存器。

```
RDI, RSI, RDX, R10, R8, R9
```

在系统调用的所有参数都分配给寄存器后，任何未使用的寄存器都不适用于该系统调用，并且保持为空。

sys_write 的参数如下。

- RDI：要写入文本的文件描述符。在 Linux(以及所有版本的 UNIX)中，sys_write 的文件描述符为 1。
- RSI：要写入控制台的文本的地址。
- RDX：要写入控制台的文本的长度(字符数)。

如果任何系统调用需要返回一个数值，系统将以 RAX 形式返回该值。

8.3.4 通过 SYSCALL 退出程序

eatsyscall.asm 中有第二条 SYSCALL 指令，它有一个简单但至关重要的任务：关闭程序并将控制权返回给 Linux。这听起来比实际要简单一些，一旦你对 Linux 内部机制有了更多了解，你就会理解启动一个进程和关闭一个进程所需的工作。

从你自己程序的角度来看，这非常简单：将 sys_exit 服务的编号放入 RAX，将返回代码放入 RDI，然后执行 SYSCALL：

```
mov rax,60    ; 60 = sys_exit to exit the program gracefully
mov rdi,0     ; Return value in rdi 0 = nothing to return
syscall       ; Call syscall to exit this program
```

返回代码是一个可以由你随意定义的数值。从技术上讲，它没有任何限制(只要能放入 64 位寄存器中)，但按照惯例，返回值 0 表示“一切正常，正常关闭”。

非零的返回值通常表示某种错误。请记住，在较大的程序中，你需要注意一些意外情况：磁盘文件找不到、磁盘驱动器已满等。如果程序无法完成其任务并且必须提前终止，它应该有某种方式告知你出了什么问题。返回代码是实现此目的的好方法。

通过这种方式退出不仅仅是一种礼貌。你编写的每个 x64 程序必须通过调用内核服务调度程序来调用 sys_exit 退出。如果程序只是“超出”边界，它实际上会结束，但 Linux 会出现分段错误，并且你对发生了什么一无所知。这就是为什么你的沙箱程序只用于在 SASM 中进行调试。它们是程序片段，如果你让它们随便运行，就会产生分段错误。

SASM 编写的程序使用标准 C 库的元素，这使得程序具有实际执行退出系统调用的“关闭代码”部分。这类程序通过执行 RET 指令结束，稍后会详细解释。

8.3.5　被 SYSCALL 破坏的寄存器

在 x64 架构中，尽管通用寄存器的数量是 x86 的两倍，但并非所有这些通用寄存器都可以随时任意使用。要使用 SYSCALL 进行 Linux 系统调用，通常需要使用其中的 1~6 个寄存器。这 6 个寄存器在表 8.1 中有详细说明，稍后的文本中也有提到。使用的寄存器数量因系统调用而异，你需要查阅系统调用表来了解具体需要使用多少寄存器。如果某个系统调用不需要使用所有 6 个 SYSCALL 参数寄存器(例如 sys_read 和 sys_write 仅使用三个)，那么你可以在你的代码中使用该系统调用不需要的那些寄存器。

SYSCALL 指令在内部使用 RAX、RCX 和 R11。在 SYSCALL 返回后，不能假设 RAX、RCX 或 R11 的值与 SYSCALL 之前相同。

8.4　设计一个不平凡的程序

至此，你已经掌握了设计和编写小型实用程序的大部分所需知识——这些程序可以执行重要的工作，甚至可能会有用。在这一节中，我们将从工程的角度来解决编写实用程序的挑战。这不仅涉及编写代码，还包括陈述问题，将问题分解为组成部分，并构想一个解决方案，将其作为一系列步骤和测试实现为汇编语言程序。

这一部分存在一个“先有鸡还是先有蛋”的问题：在没有条件跳转的情况下，编写一个非常规的汇编程序是困难的，如果不在非常规的程序中演示条件跳转，就很难解释条件跳转。我在之前的章节中稍微提到了跳转，而在第 9 章中将详细讨论它们。本节的演示程序中使用的跳转是相当简单的，但如果你对细节有些模糊，可以先阅读第 9 章，然后回来重新学习本节及其示例。

8.4.1 定义问题

多年前，我所在的团队开发过一个系统，从全球各地的现场办公室收集和验证数据，然后将这些数据发送到一个大型的中央计算设施，用于汇总、分析和生成状态报告。从表面上看，这似乎并不复杂，事实上，在现场办公室收集数据本身并不难。使项目变得复杂的是，它涉及几种完全不同类型的计算机，它们以完全不同且经常不兼容的方式处理数据。问题与我在第 6 章简要提到的数据编码问题有关。我们不得不处理三种不同的数据字符编码系统。在一个系统上编码的字符，在另一个系统上可能不被认为是相同的字符。

为将数据从一个系统移到另一个系统，不得不创建软件将数据编码从一种方案转换为另一种方案。其中一种方案使用了一个数据库管理器，不能很好地处理小写字符，当时原因似乎很奇怪，今天可能已经难以理解了。将数据文件输入该系统之前，我们必须将所有小写字符转换为大写。这是一个重要的问题，也很容易描述和解决，是真正的汇编语言程序设计的一个很好的入门练习。

从最高层次上讲，这里要解决的问题可以这样描述：将数据文件中的任何小写字符转换为大写。

考虑到这一点，最好对问题进行详细记录。特别是，记下任何提议的解决方案的局限性。我们过去把这些笔记称为解决方案的“边界”，在思考解决问题的程序时需要牢记这些笔记。

- 我们将在 Linux 环境下工作。
- 数据存储在磁盘文件中。
- 我们事先不知道任何文件的大小。
- 文件没有最大或最小限制。
- 我们将使用 I/O 重定向将文件名传递给程序。
- 所有输入文件采用相同的编码方案。程序可以假设一个文件中的字符 'a' 的编码方式与另一个文件中的 'a' 相同。
- 必须保留原始文件的原始形式，而不是从原始文件读取数据，然后写回原始文件(为什么？如果进程崩溃，我们会破坏原始文件而没有完全生成输出文件)。

在一个真实的项目中，可能会有好几页这样的笔记，但这里仅列举几个事实就足以帮助我们制定出简单的字符大小写问题解决方案。注意，这些笔记详细说明了必须做的事情，并在某种程度上限制了最终解决方案的性质，但并不试图说明必须如何做。

8.4.2　从伪代码开始

一旦我们尽可能深入地理解问题的本质，就可以开始构思解决方案。一开始，这个过程很像我在第 1 章描述的过程，有人列出了一份“待办事项”，列出当天要做的事情。尽可能用简洁的语句阐述一个广义的解决方案。然后，通过逐步将较大步骤细分为包含在其中的小步骤来完善所述解决方案。

在我们的示例中，解决方案很容易用广义的术语来陈述。首先，以下是该陈述可能采用的一种形式：

- 从输入文件中读取一个字符。
- 将字符转换为大写(如有必要)。
- 将字符写入输出文件。
- 重复，直到完成。

这确实是一个解决方案，尽管可能是一个极端的“高瞻远瞩”。它缺乏细节，但功能齐备。如果按照列出的步骤执行，将拥有一个能完成所需任务的程序。还请注意，这些陈述不是任何编程语言的语句，当然也不是汇编语言指令。这些描述的动作独立于任何特定的实现系统。因为它们故意没有按照特定编程环境的代码编写，所以这种语句列表被称为伪代码。

8.4.3　持续改进

从第一个完整但缺乏细节的解决方案陈述开始，我们朝着更详细的解决方案陈述迈进。通过细化伪代码语句，以便每个语句都更具体地说明要如何执行所描述的操作。重复这个过程，每次都添加更多细节，直到我们拥有的内容可以轻松地转化为实际的汇编语言指令。这个过程称为持续改进，在汇编语言中非常有效，并且它不局限于汇编语言，也适用于所有编程语言。

让我们仔细看看之前给出的伪代码，并创建一个包含更多细节的新版本。我们知道这个程序将在 Linux 上运行——这是规范的一部分，也是任何解决方案的边界之一，因此我们可以开始添加一些特定于 Linux 的细节。下一个改进版本可能如下所示：

- 从标准输入(stdin)读取一个字符
- 测试该字符是否为小写。
- 如果该字符为小写，则通过减去 20h 将其转换为大写。
- 将字符写入标准输出(stdout)。
- 重复，直到完成。
- 通过调用 sys_exit 退出程序。

在每次改进时，仔细审视每个操作语句，看看它可能隐藏的细节，并在下一次改进中扩展这些细节。有时这很容易，但有时不那么容易。在上一个版本中，

“重复，直到完成”这句话一开始听起来很简单明了，直到你想到“完成”在这里意味着什么：输入文件中的数据用完了。我们如何知道输入文件中的字符用完了呢？这可能需要一些研究，但在大多数操作系统(包括 Linux)中，你调用的读取文件数据的例程会返回一个值。这个值可以表示读取成功、读取错误或特殊情况结果，比如“文件结束(EOF)”。具体细节可以稍后再讨论；这里的重点是必须在从文件中读取字符时测试 EOF。一个扩展的(并稍微重新排列的)解决方案伪代码版本可能如下所示：

- 从标准输入(stdin)读取一个字符。
- 测试是否已到达文件末尾(EOF)。
- 如果已到达 EOF，则完成，因此跳转到退出。
- 测试字符以查看其是否为小写。
- 如果字符为小写，则通过减去 20h 将其转换为大写。
- 将字符写入标准输出(stdout)。
- 返回并读取另一个字符。
- 通过调用 sys_exit 退出程序。

然后我们继续，每次都添加细节。请注意，现在开始有点像程序代码了。那就这样吧：随着语句数量的增加，添加代表跳转目标的标签有助于避免混淆跳转目标，即使在伪代码中也是如此。将伪代码分解成块，把相关的语句组合在一起也很有帮助。最终我们会得到与下面类似的内容：

- 读取(Read)：为 sys_read 内核调用设置寄存器。
- 调用 sys_read 从 stdin 读取。
- 测试 EOF。
- 如果到达 EOF，则跳转到“退出(Exit)”。

- 测试字符是否为小写。
- 如果不是小写字符，则跳转到“写入(Write)”。
- 通过减去 20h 将字符转换为大写。

- 写入(Write)：为 Write 内核调用设置寄存器。
- 调用 sys_write 写入标准输出。
- 跳转回“读取(Read)“并获取另一个字符。

- 退出(Exit)：设置用于通过 sys_exit 终止程序的寄存器。
- 调用 sys_exit。

这是一个很好的例子，展示了如何将伪代码语句朝着你要使用的操作系统和编程语言的方向“倾斜”。所有编程语言都有它们的特点、限制和总体形态。如果在编写伪代码时牢记这种形态，那么最终过渡到实际代码时会更容易。

某些时候，伪代码将包含所有可以包含的细节，但仍然保持伪代码的形式。要更进一步，你将不得不开始将伪代码转换为实际的汇编代码。这意味着你需要审视每条语句并问自己：我知道如何将这条伪代码语句转换为一条或多条汇编语言语句吗？尤其是在你还是初学者的时候。即使在你已经掌握了汇编语言编程之后，你也可能并不知道所有需要知道的东西。在大多数编程语言(包括汇编)中，通常有两种甚至更多种不同的方法来实现特定的操作。有些可能比其他的更快；有些可能更慢但更容易阅读和修改。有些解决方案可能仅限于英特尔 CPU 的某个子集。你的程序是否需要在旧的 x86 CPU 上运行？或者你可以假设所有人都有一个 64 位的 CPU 系统吗？你的原始笔记应包括解决原始问题的任何可用方案的边界条件。

从伪代码到指令的跳跃可能看起来很大，但好消息是，一旦你将伪代码转换为指令，就可以将文本变成汇编语言源代码文件，并使用 SASM 来发现语法错误。预计会花一些时间来修复汇编错误和程序错误，但如果你在改进过程中保持清醒的头脑和合理的耐心，你可能会惊讶于你第一次尝试就能写出一个很好的程序。

前面的伪代码转换为实际汇编代码的一个合格版本如代码清单 8.2 所示。这是通过 gcc(而不是 ld)进行链接的版本。在 SASM 中打开并构建它。通读它，看看能否根据你已经了解的汇编语言与伪代码对应起来。显示的代码可以工作，但在任何实际意义上都不是最终版本。它是逐步改进过程中的“第一版”真实代码。需要认真思考它对原始问题的解决有多好和多完整。*一个“可以工作”的程序不一定是一个“完成”的程序。*

代码清单 8.2　uppercaser1gcc.asm

```
section .bss
   Buff resb 1

section .data

section .text
global   main

main:
   mov rbp, rsp    ; for correct debugging

Read:
   mov rax,0       ; Specify sys_read call
   mov rdi,0       ; Specify File Descriptor 0: Standard Input
   mov rsi,Buff    ; Pass address of the buffer to read to
   mov rdx,1       ; Tell sys_read to read one char from stdin
```

```
    syscall         ; Call sys_read

    cmp rax,0       ; Look at sys_read's return value in RAX
    je Exit         ; Jump If Equal to 0 (0 means EOF) to Exit:
                    ; or fall through to test for lowercase

    cmp byte [Buff],61h ; Test input char against lowercase 'a'
    jb Write            ; If below 'a' in ASCII chart, not lowercase
    cmp byte [Buff],7Ah ; Test input char against lowercase 'z'
    ja Write            ; If above 'z' in ASCII chart, not lowercase

                    ; At this point, we have a lowercase character
    sub byte [Buff],20h  ; Subtract 20h from lowercase to give
    uppercase
                    ; and then write out the char to stdout:
Write:
    mov rax,1       ; Specify sys_write call
    mov rdi,1       ; Specify File Descriptor 1: Standard output
    mov rsi,Buff    ; Pass address of the character to write
    mov rdx,1       ; Pass number of chars to write
    syscall         ; Call sys_write
    jmp Read        ; The go to the beginning to get another char

Exit:   ret         ; End program
```

这看起来很吓人，但它几乎完全由我们已经讨论过的说明和概念组成。以下是一些你目前可能还不完全理解的内容：

- Buff 是一个未初始化的变量，因此位于程序的.bss 部分。它是带有地址的保留空间。Buff 没有初始值，在我们从 stdin 读取一个字符并将其存储在那里之前，Buff 不包含任何内容。
- 当调用 sys_read 返回 0 时，sys_read 已经到达它正在读取的文件的末尾。如果它返回一个正值，这个值就是它从文件中读取的字符数。在这种情况下，由于我们只请求了一个字符，sys_read 要么返回计数 1，要么返回 0，表示已经没有字符可读了。
- CMP 指令比较其两个操作数并相应地设置标志。每个 CMP 指令后面的条件跳转指令根据标志的状态采取行动。更多内容请参见第 9 章。
- 如果前一个 CMP 的左操作数的值低于其右操作数，则 JB(若低于则跳转)指令会跳转。
- 如果前一个 CMP 的左操作数的值高于其右操作数，则 JA(若高于则跳转)指令会跳转。

- 由于内存地址(例如 Buff)只是指向内存中某个没有特定大小的位置，你必须在 CMP 和它的内存操作数之间放置限定符 BYTE，以告诉汇编器你要比较两个 8 位值。这种情况下，这两个 8 位值是像 w 这样的 ASCII 字符和像 7Ah 这样的十六进制值。
- 由于用 SASM 编写的程序使用标准 C 库，因此它们通常以 RET 指令(而不是 SYSCALL Exit 函数)结束。

通过使用 I/O 重定向来运行可执行程序。uppercaser1 的命令行如下所示：

```
./uppercaser1 > outputfile < inputfile
```

inputfile 和 outputfile 都可以是任何文本文件。以下是你可以尝试的操作：

```
./uppercaser1 > allupper.txt < uppercaser1.asm
```

运行该程序时将创建文件 allupper.txt，并将填充程序的源代码，所有字符均强制大写。

注意，如果你在 SASM 中工作，可以将要转换的文本放置在输入窗口中。在文本编辑器中加载一个纯文本文件，通过复制命令提取一些文本，然后通过粘贴将其放入输入窗口。当你运行程序时，它会从输入窗口读取文本，将其转换为大写，然后将转换后的文本写入输出窗口。SASM 将输入窗口映射到标准输入(stdin)，将输出窗口映射到标准输出(stdout)。

8.4.4　那些不可避免的惊讶时刻

特别是在你还是初学者的时候，当你尝试最后一步从伪代码转换到机器指令时，你可能会发现自己误解了某些东西或忘记了某些东西，从而导致伪代码不完整或不正确(或者两者兼有)。你可能还会意识到，用汇编语句实现某些操作有比字面翻译伪代码更好的方法。学习是一件麻烦事，无论你认为自己多么优秀，你都需要不断学习。

一个很好的例子，可能在阅读前面的汇编代码时你已经想到过：这个程序没有错误检测。它只是假设用户输入的用于 I/O 重定向的输入文件名是一个存在且未损坏的文件，并且当前驱动器上有足够的空间来存储输出文件，等等。这是一种危险的操作方式，尽管确实有很多人这样做过。与文件相关的 Linux 系统调用会返回错误值，任何使用它们的程序都应检查这些错误值并采取相应的措施。

因此，在整个过程，有时你需要认真地重新安排你的伪代码，甚至完全废弃它并重新开始。这些情况往往在你将伪代码转换为机器指令的最后阶段出现。要做好准备。

而且，如果你对低级文件 I/O 有所了解，可能会想到另一个问题：Linux 的 sys_read 内核调用并不仅限于一次返回一个字符。你将缓冲区的地址传递给 sys_read， sys_read 将尝试用你指定数量的字符填充该缓冲区。如果你设置了一个 500 字节大小的缓冲区，可以要求 sys_read 从 stdin 中读取 500 个字符并将它们放入缓冲区中。因此，一次对 sys_read 的调用可以给你 500 个字符(或 1000 个，或 16 000 个)同时处理。这减少了 Linux 在其文件系统和你的程序之间来回切换的时间，但也在很大程度上改变了程序的形态。你需要填充缓冲区，然后逐个字符地遍历缓冲区，将其中的小写字母转换为大写字母。

是的，在改进问题的伪代码解决方案时，你应该事先了解这一点——而且经过一段时间之后，你就会知道。你需要掌握大量这样的细节，不可能在一个下午就全部记住。有时，这样的启示可能会迫使你“退回”一两个迭代，并重新编写部分伪代码。

8.4.5 扫描缓冲区

这是当前示例的情况。程序需要错误处理，在这种情况下，主要涉及测试 sys_read 和 sys_write 的返回值，并在 Linux 控制台上显示有意义的消息。显示错误消息和显示快餐店标语在技术上没有区别，所以我可能会让你自己添加错误处理作为练习(别忘了 stderr)。

然而，更有趣的挑战涉及缓冲文件 I/O。UNIX 的 read 和 write 内核调用是面向缓冲区的，而不是面向字符的，所以我们必须重新设计伪代码以填充字符缓冲区，然后处理这些缓冲区。

让我们回到伪代码并尝试一下。

Read：为 sys_read 内核调用设置寄存器。
　　调用 sys_read 从 stdin 读取一个充满字符的缓冲区。
　　测试 EOF。
　　如果到达 EOF，则跳转到 Exit。
　　将寄存器设置为指针以扫描缓冲区。
Scan：测试缓冲区指针处的字符以查看其是否为小写。
　　如果不是小写字符，则跳过转换。
　　通过减去 20h 将字符转换为大写。
　　减少缓冲区指针。
　　如果缓冲区中仍有字符，则跳转到 Scan。
Write：为 Write 内核调用设置寄存器。
　　调用 sys_write 将处理后的缓冲区写入 stdout。
　　跳转回 Read 并获取另一个充满字符的缓冲区。
Exit：设置寄存器以通过 sys_exit 终止程序。
　　调用 sys_exit。

这包含了从磁盘读取缓冲区、扫描并转换缓冲区中的字符，然后将缓冲区写回到磁盘所需的一切。当然，缓冲区必须从一个字符扩展到某个有用的大小，比如 1024 个字符。缓冲区处理的要点是设置一个指向缓冲区的指针，然后检查并根据需要转换指针所指地址处的字符。接着，我们将指针移到缓冲区中的下一个字符，并重复这一过程，直到处理完缓冲区中的所有字符。

扫描缓冲区是汇编语言循环的一个很好的例子。在每次通过循环时，我们都需要测试某些东西，看看是否已经完成并且应该退出循环。这种情况下，这个“东西”就是指针。可将指针设置为缓冲区的起始位置，并测试何时到达缓冲区的末尾；或者可将指针设置为缓冲区的末尾，并向前移动，测试何时到达缓冲区的起始位置。

两种方法都可以。然而，从末尾开始并向缓冲区的起始位置前进可以稍微快一些，并且需要的指令更少(稍后会解释原因)。下一步的细化应该开始讨论具体细节：哪些寄存器做什么，等等。

Read：为 sys_read 内核调用设置寄存器。
　　调用 sys_read 从 stdin 读取一个充满字符的缓冲区。
　　将读取的字符数存储在 RSI 中。
　　测试 EOF(rax = 0)。
　　如果到达 EOF，则跳转到 Exit。

　　将缓冲区的地址放入 rsi。
　　将读取到缓冲区的字符数放入 rdx。
Scan：将[r13+rbx]处的字节与'a'进行比较。
　　如果字节在 ASCII 序列中低于'a'，则跳转到下一步。
　　将[r13+rbx]处的字节与'z'进行比较。
　　如果字节在 ASCII 序列中高于'z'，则跳转到下一步。
　　从[r13+rbx]处的字节中减去 20h。
Next：将 rbx 减 1。
　　如果不为零，则跳转到 Scan。

Write：为写入内核调用设置寄存器。
　　调用 sys_write 将处理后的缓冲区写入标准输出(stdout)。
　　跳转回读取并获取另一个充满字符的缓冲区。
Exit：设置寄存器以通过 sys_exit 终止程序。
　　调用 sys_exit。

这种改进认识到需要进行的测试不止一次，而是两次。小写字符在 ASCII 序列中表示一个范围，而范围有开始和结束。我们必须确定所检查的字符是否在该范围内。这样做需要测试字符，看它是否在小写范围的最小字符 (a) 之下或在小写范围的最大字符 (z) 之上。如果该字符不是小写字符，则不需要处理，我们跳转到将指针移到下一个字符的代码。

在缓冲区内导航涉及两个寄存器。缓冲区的起始地址放在 R13 寄存器中。缓冲区中的字符数量放在 RBX 寄存器中。如果你将这两个寄存器相加，就会得到缓冲区最后一个字符的地址。如果你递减 RBX 中的字符计数器，R13 和 RBX 的和将指向缓冲区倒数第二个字符。每次递减 RBX，你将得到一个离缓冲区起始位置更近的字符地址。当 RBX 减到零时，就到了缓冲区的起始位置，所有字符都已处理完毕。

8.4.6 差一错误

但是等等……这并不完全正确。伪代码中有一个错误，这是所有汇编语言初学者中最常见的错误之一：传说中的差一(off by one)错误。R13 和 RBX 的和将指向缓冲区末尾之后的一个地址。当 RBX 中的计数减到零时，有一个字符(缓冲区最开始的那个字符)将保持未经检查的状态(如果它是小写的话)。解释这个错误的来源的最简单方法就是将其画出来，如图 8.4 所示。

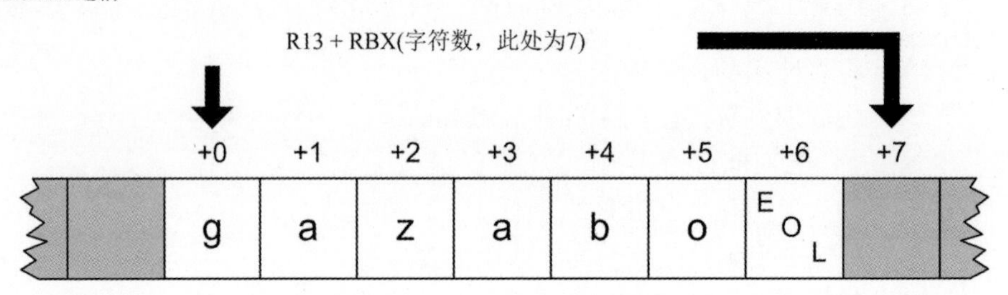

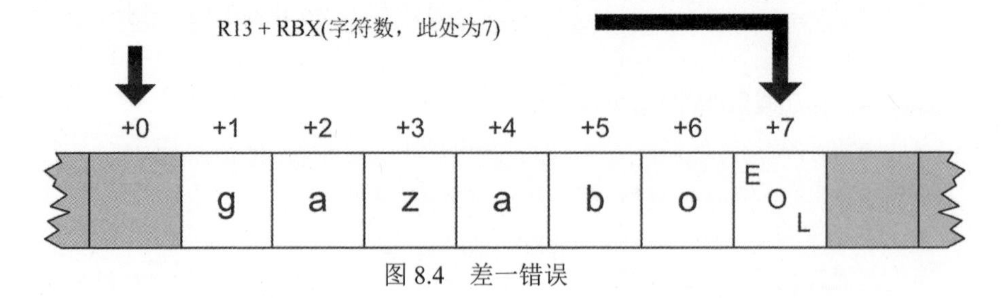

图 8.4 差一错误

本书的代码文档中有一个非常短的文本文件，名为 gazabo.txt。它只包含单个无意义的单词 gazabo 和 EOL 标记，总共七个字符。图 8.4 显示了 Linux 将 gazabo.txt 文件加载到内存缓冲区后的样子。缓冲区的地址已加载到寄存器 R13 中，字符数(此处为 7)已加载到 RBX 中。如果将 R13 和 RBX 相加，则结果地址将越过缓冲区的末尾，进入未使用的内存区域。

这种问题可能在你开始混合地址偏移量和计数时发生。计数从 1 开始，而偏移量从 0 开始。字符#1 实际上在缓冲区的偏移量 0 处，字符#2 在偏移量 1 处，以此类推。我们试图将 RBX 中的值同时用作计数和偏移量，如果缓冲区的偏移量假定从 0 开始，那么差一错误是不可避免的。

解决方法很简单：在开始扫描之前，将缓冲区的地址(存储在 R13 中)减去 1。现在，R13 指向缓冲区中第一个字符之前的内存位置。通过这种方式设置 R13 后，可将 R13 中的计数值既用作计数也用作偏移量。当 R13 的值减少到 0 时，已经处理了字符 g，然后退出循环。

一个有趣的实验是将 DEC R13 机器指令注释掉，然后运行程序。可以通过在包含 DEC R13 的行开头加上分号来完成这个操作，然后重新构建程序。之后，在输入窗口中输入 gazabo 或其他任何全小写的文本，并运行程序。

8.4.7　从伪代码到汇编代码

此时，将跳转到实际的机器指令，但为了简洁起见，只显示循环本身。

```
;为进程缓冲步骤设置寄存器:
mov rbx,rax              ; 将读出的字节数放入 rbx
    mov r13,Buff         ; 将缓冲区地址放入 r13
    dec r13              ; 将 r13 调整为偏移量 1

;遍历缓冲区并将小写字母转换为大写字母:

Scan:
    cmp byte [r13+rbx],61h      ; 测试输入字符是否为小写字母'a'
    jb Next                     ; 如果在 ASCII 中低于'a'，则不是小写字母
    cmp byte [r13+rbx],7Ah      ; 测试输入字符是否为小写字母'z'
    ja Next                     ; 如果在 ASCII 中高于'z'，则不是小写字母

                                ; 此时，我们有一个小写字母字符
    sub byte [r13+rbx],20h      ; 减去 20h 得到大写字母……

Next:
    dec rbx                     ; 减少计数器
    jnz Scan                    ; 如果剩余字符，则循环返回
```

在开始扫描之前，缓冲区和指针寄存器的状态如图 8.4 的第二部分所示。第一次执行时，RBX 中的值是缓冲区中的字符数量。R13 + RBX 的和指向缓冲区末

尾的 EOL 字符。第二次执行时，RBX 被递减为 6，而 R13 + RBX 指向 gazabo 中的 o。每次递减 RBX 时，通过使用 JNZ 指令查看零标志位(Zero flag)，当零标志位未设置时，它会跳回到 Scan 标签。在循环的最后一次执行时，RBX 包含 1，R13 + RBX 指向缓冲区中的第一个字符 g。只有当 RBX 递减到零时，JNZ 才会“失败(fall through)”并结束循环。

纯粹主义者可能认为在循环开始前减少 R13 中的地址是一种冒险的手段。他们只说对了一半：减少后，R13 指向缓冲区边界之外的内存位置。如果程序尝试写入该位置，则可能会损坏另一个变量，或者导致分段错误。循环的逻辑不需要写入该特定地址，但很容易因错误而这样做。

代码清单 8.3 显示了完整程序，其中所有伪代码均已转换为汇编代码，并进行了完整注释。

代码清单 8.3　uppercaser2gcc.asm

```
; 可执行文件名称    : uppercaser2gcc
; 版本              : 2.0
; 创建日期          : 2022 年 6 月 17 日
; 最后更新          : 2023 年 5 月 8 日
; 作者              : Jeff Duntemann
; 描述              : 一个用于 Linux 的简单汇编程序，使用 NASM 2.15.05，
;                   演示简单的文本文件 I/O(通过重定向)将输入文件分块读取到
;                   缓冲区，将小写字符强制为大写，并将修改后的缓冲区写入输出
;                   文件。
;
;在终端窗口中以这种方式运行：
;
;uppercaser2 > (output file) < (input file)
;
; 在 SASM 中构建时，使用默认的 make 命令行并选中 x64 选项
;

SECTION .bss                ; 包含未初始化数据的部分

BUFFLEN equ 128             ; 缓冲区的长度
Buff: resb BUFFLEN          ; 文本缓冲区本身

SECTION .data               ; 包含初始化数据的部分

SECTION .text               ; 包含代码的部分

global main                 ; 链接器需要此部分来查找入口点

main:
```

```
    mov rbp,rsp          ; 用于正确调试

; 从标准输入读取一个充满文本的缓冲区:
Read:
    mov rax,0            ; 指定 sys_read 调用
    mov rdi,0            ; 指定文件描述符 0: 标准输入
    mov rsi,Buff         ; 传递将要读取的缓冲区的偏移量
    mov rdx,BUFFLEN      ; 一次传递要读取的字节数
    syscall              ; 调用 sys_read 填充缓冲区
    mov r12,rax          ; 将 sys_read 返回值复制到 r12 供以后使用
    cmp rax,0            ; 如果 rax=0, 则 sys_read 在 stdin 上达到 EOF
    je Done              ; 如果相等则跳转(从比较到 0)

; 为进程缓冲区步骤设置寄存器:
    mov rbx,rax          ; 将读取的字节数放入 rbx
    mov r13,Buff         ; 将缓冲区的地址放入 r13
    dec r13              ; 将计数调整为偏移量

                         ; 遍历缓冲区并将小写字母转换为大写字母:
   Scan:
   cmp byte [r13+rbx],61h  ; 测试输入字符是否为小写字母 'a'
   jb .Next                ; 如果在 ASCII 中低于 'a', 则不是小写字母
   cmp byte [r13+rbx],7Ah  ; 测试输入字符是否为小写字母 'z'
   ja .Next                ; 如果在 ASCII 中高于 'z', 则不是小写字母
                           ; 此时我们有一个小写字母字符
   sub byte [r13+rbx],20h  ; 减去 20h 得到大写字母...
   .Next:
   dec rbx                 ; 减少计数器
   cmp rbx,0
   jnz Scan                ; 如果剩余字符, 则循环返回

; 将缓冲区中充满处理过的文本写入标准输出:
Write:
   mov rax,1               ; 指定 sys_write 调用
   mov rdi,1               ; 指定文件描述符 1: 标准输出
   mov rsi,Buff            ; 传递缓冲区的偏移量
   mov rdx,r12             ; 传递缓冲区中的数据字节数
   syscall                 ; 进行内核调用
   jmp Read                ; 循环返回并加载另一个已满的缓冲区

; 全部完成!
Done:
   ret
```

8.4.8 SASM 输出窗口的陷阱

使用 SASM 测试像 uppercaser2gcc 这样的程序时，你可能发现 SASM 有一个缺点，即使用输入和输出窗口时会出现问题。问题在于输出窗口只能容纳有限的文本。如果填满了输出窗口的缓冲区，进一步的输出不会导致任何错误，但最后的文本会将最初的文本从输出窗口的顶部边缘推出去。

在 SASM 中拥有合理功能的程序后，将 EXE 文件保存到磁盘。然后退出 SASM，打开终端窗口，导航到项目目录，并在那里执行程序。我不知道 Linux 是否限制了通过 stdout 传递的文本量，但我已经将一些相当大的文件传递到 stdout，而没有丢失任何文本。

8.4.9 进一步学习

无论你使用哪种语言进行编程，此通用过程都将对你有所帮助。以下是在进行此项目以及所有未来项目时需要注意的一些事项：

- 请记住，没有任何规定要求必须一次性将所有内容从伪代码转换为机器指令。改进是持续的、逐步的。对于该问题，一个完全合理的表述可能包括指令和伪代码的混合。随着时间的推移，你会逐渐发展出一种适合自己的技术，并且随着你对编程的信心增加，你将进行更少的改进，并且每次改进都会更有效。
- 不要害怕画图。在纸上用铅笔勾画指针、缓冲区等，在尝试掌握复杂循环或任何包含大量移动部分的流程时非常有用。
- 保存你的笔记，无论它们多么难看。编程过程中的记忆会变得模糊。如果你写了一个工具并使用了六个月，在尝试增强它之前，你可能需要重新熟悉它的内部工作原理。把所有东西都放进一个(现实中的)文件夹里，包括保存到磁盘文件中的伪代码的纸质打印件。

我们在本章中开发的程序是一个简单的 UNIX 文本过滤器示例。过滤器在 UNIX 工作中很常见，我将在后续章节中回顾这个概念。与此同时，返回并为 uppercaser 程序添加错误检查，包括读取和写入。是的，你需要一个系统调用参考，其中一个我在本书前面提到过。其他的可以在网上找到。研究可能是编程中最困难的部分，而且不会变得更容易。

第 9 章

位、标志、分支和表——逐步驶入汇编编程的主航道

正如你现在所看到的，我解释事物的一般方法都是从“高层次”的视角开始，然后逐步深入细节。这是因为人们的学习方式是这样的：通过将单独的事实融入一个更大的框架中，明确这些事实之间的关系。虽然从细节到整体视角也是可能的，但根据 60 多年研究各种知识领域总结的经验，我发现首先建立总体框架能更容易地建立这些事实之间的联系。这就像在将石子装入盒子之前，先将石子整齐地放成一堆。如果目标是将石子放入盒子，那么在开始捡石子之前，先准备好盒子会更好。

情况就是这样。大局已基本确定。从现在开始，将着眼于汇编代码的细节，并观察这些细节如何融入更大的视角中。

9.1 位就是位(字节也是位)

汇编语言非常重视位(bit)。毕竟，字节(byte)由位组成，而构建字节和将其拆分是汇编语言中的一项基本技能。位映射(bit mapping)是一种广泛使用的技术。位映射给字节中的每个位分配特殊的含义，以节省空间，并充分利用内存。

在 x64 指令集中，有一系列指令允许你通过逐位应用布尔逻辑操作字节中的位。这些指令是按位逻辑指令：AND、OR、XOR 和 NOT。另一系列指令允许你

在一字节或字(word)内左右移动位。这些是最常用的移位/旋转指令：ROL、ROR、RCL、RCR、SHL 和 SHR。还有其他一些指令，本书中不会讨论。

9.1.1 位编号

处理位时，我们需要一种方法来指定我们正在处理的位。按照惯例，汇编语言中的位是从 0 开始编号的，编号从最低有效位开始，适用于字节、字(word)、双字(double word)或其他项目中的最低有效位。最低有效位是二进制数字系统中数值最小的位。如果你以传统方式写下二进制数值，它也是最右边的位。

我在图 9.1 中展示了这一点，针对一个 16 位的字。无论你处理的是多少位：字节、字、双字还是四字(quadword)，位的编号方式都是完全一样的：位 0 总是在右端，位号向左递增。

图 9.1 位编号

计算位时，从最右边的位开始，从 0 开始向左编号。

9.1.2 最合乎逻辑的做法

布尔逻辑这个术语听起来很神秘且令人畏惧，但它实际上反映了我们日常思考和行动的现实。比如，布尔运算符 AND 在你每天做出的许多决策中都会出现。例如，要写一张不会跳票的支票，必须满足“支票账户中有钱”AND“支票本中有支票”。单凭任何一个条件都无法完成这项工作。你不能写一张你没有的支票，而没有资金支持的支票会跳票。那些依赖支票过日子的人经常使用 AND 运算符。

当数学家谈论布尔逻辑时，他们操作的是称为“真(True)”和“假(False)”的抽象值。AND 运算符的工作原理如下：如果条件 1(Condition1)和条件 2(Condition2)都为真，则条件 1 AND 条件 2 的结果为真。如果任一条件为假，则结果为假。

实际上，有 4 种不同的输入值组合，因此两个值之间的逻辑运算通常会总结成一个称为真值表(truth table)的形式。逻辑运算符 AND(这里不是 AND 指令，稍后会讨论)的真值表如表 9.1 所示。

表 9.1 形式逻辑的 AND 真值表

条件 1	操作符	条件 2	结果
False	AND	False	False
False	AND	True	False
True	AND	False	False
True	AND	True	True

真值表并没有什么神秘之处。它只是对两个输入条件应用 AND 运算符的所有可能性进行的总结。关于 AND 运算符，需要记住的一点是，只有当两个输入值都为 True 时，结果才会是 True。

这就是数学家理解 AND 的方式。在汇编语言中，AND 指令会查看两个位，并根据这两个位的值生成第三个位。按照惯例，我们认为 1 位代表 True，0 位代表 False。逻辑是相同的，只是我们使用了不同的符号来表示 True 和 False。记住这一点，我们可以将 AND 的真值表重写成对汇编语言工作更有意义的形式。见表 9.2。

表 9.2　汇编语言的 AND 真值表

位 1	操作符	位 2	结果位
0	AND	0	0
0	AND	1	0
1	AND	0	0
1	AND	1	1

9.1.3　AND 指令

AND 指令在 x64 指令集中体现了这一概念。AND 指令对两个相同大小的操作数执行 AND 逻辑操作，并将目标操作数替换为操作结果。记住，目标操作数是最接近助记符的操作数。换句话说，考虑以下指令：

```
and al,bl
```

这里将发生的情况是，CPU 会对 AL 和 BL 中的八个位执行一系列按位 AND 操作。AL 的第 0 位与 BL 的第 0 位进行 AND 操作，AL 的第 1 位与 BL 的第 1 位进行 AND 操作，以此类推。每次 AND 操作都会生成一个结果位，这个结果位会在所有八次 AND 操作完成后被放置在目标操作数中(这里是 AL)。这是机器指令中常见的一个特点：执行某种操作并产生结果时，结果替换第一个操作数(目标操作数)，而不是第二个操作数！

9.1.4　掩码位

AND 指令的一个主要用途是从字节、字、双字或四字值中提取出一个或多个位。这里的提取意味着将所有不需要的位设置为 0 值。举个例子，假设我们想测试一个值的第 4 位和第 5 位，看看这两个位的值。为了做到这一点，我们必须能够忽略其他位(第 0 位到第 3 位和第 6 位到第 7 位)，而安全忽略位的唯一方法就是将它们设置为 0。

AND 是实现这个目标的方式。我们设置一个位掩码，其中我们想要检查和测试的位被设置为 1，而我们希望忽略的位被设置为 0。为了屏蔽掉除了第 4 位和第 5 位的所有位，我们必须设置一个掩码，其中第 4 位和第 5 位被设置为 1，而所有其他位为 0。这个掩码的二进制表示是 00110000B，即 30H。为了验证这个掩码，从二进制数的右端开始计数，起始位置是 0。然后，将这个位掩码与待检查的值进行 AND 操作。图 9.2 展示了这个操作的实际效果，其中使用了刚才描述的 30H 位掩码和初始值 9DH。

AND AL, BL

	AL : 9DH 10011101		BL : 30H 00110000		执行后 AL : 10H 00010000
LSB	1	AND	0	=	0
	0	AND	0	=	0
	1	AND	0	=	0
	1	AND	0	=	0
	1	AND	1	=	1
	0	AND	1	=	0
	0	AND	0	=	0
MSB	1	AND	0	=	0
	值		掩码		结果

图 9.2　AND 指令的结构

这三个二进制值以垂直排列的方式展示，每个值的最低有效位(即最右端)在顶部。你应该能够跟踪每一个 AND 操作，并通过查看表 9.2 来验证它。

最终结果是，除了第 4 位和第 5 位的所有位都被保证为 0，因此可以安全地忽略。第 4 位和第 5 位可以是 0 也可以是 1。这就是为什么我们需要测试它们，因为我们不知道它们的值。在初始值 9DH 的情况下，第 4 位的值是 1，第 5 位的值是 0。如果初始值不同，第 4 位和第 5 位可以是 0、1，或者它们的组合。

不要忘记，AND 指令的结果会替换目标操作数，操作完成后，结果会更新到目标操作数中。

9.1.5　OR 指令

与 AND 逻辑操作密切相关的是 OR 操作。与 AND 逻辑操作类似，OR 操作在 x86/x64 指令集中也有相应的指令。结构上，OR 指令的工作方式与 AND 完全相同，只是它的真值表不同：而 AND 要求两个操作数都为 1 才能使结果为 1，OR 只需要至少一个操作数为 1 即可满足条件。OR 的真值表如表 9.3 所示。

表 9.3　汇编语言的 OR 真值表

位 1	操作符	位 2	结果位
0	OR	0	0
0	OR	1	1
1	OR	0	1
1	OR	1	1

由于 OR 指令不适合用来隔离位，因此它的使用频率远低于 AND 指令。

9.1.6　XOR(异或)指令

异或操作由 XOR 指令实现。XOR 指令的功能与 AND 和 OR 指令类似，对两个操作数进行逐位逻辑操作，并将结果替换到目标操作数中。然而，逻辑操作是异或操作，这意味着结果只有在两个操作数不同(即 1 和 0 或 0 和 1)时才为 1。XOR 的真值表(见表 9.4)可以让这个稍显抽象的概念变得更清晰。

表 9.4　汇编语言的 XOR 真值表

位 1	操作符	位 2	结果位
0	XOR	0	0
0	XOR	1	1
1	XOR	0	1
1	XOR	1	0

仔细查看表 9.4！在第一种和最后一种情况下，当两个操作数相同时，结果为 0。在中间两个情况下，当两个操作数不同时，结果为 1。

XOR 指令有一些有趣的用法，但其中大多数对于像这本初学者书籍这样的内容来说可能有点复杂。其中一个不那么明显但非常实用的用途是：将任何值与其自身进行 XOR 运算会得到 0。换句话说，如果你执行 XOR 指令并将两个操作数设置为相同的寄存器，那么那个寄存器将被清零：

```
xor rax,rax ; Zero out the rax register
```

在过去，这种方法比使用 MOV 指令从即时数据将 0 加载到寄存器中更快。尽管现在情况不再如此，但这仍是一个有趣的技巧。阅读真值表可以明显看出其工作原理，但为了更好地理解，我已经在图 9.3 中进行了说明。

XOR AL, AL

AL : 9DH
10011101

执行后
AL : 0

	AL		AL		执行后
LSB	1	XOR	1	=	0
	0	XOR	0	=	0
	1	XOR	1	=	0
	1	XOR	1	=	0
	1	XOR	1	=	0
	0	XOR	0	=	0
	0	XOR	0	=	0
MSB	1	XOR	1	=	0

图 9.3　使用 XOR 将寄存器清零

按照图中每个单独的异或运算得出其结果值。由于 AL 中的每个位都与自身进行异或运算，因此在每种情况下，异或运算都发生在两个相同的操作数之间。有时两者都是 1，有时两者都是 0，但每次两个都是相同的。对于异或运算，当两个操作数相同时，结果始终为 0。寄存器中的值变成了 0。

9.1.7　NOT 指令

所有按位逻辑指令中最容易理解的是 NOT。NOT 的真值表比我们看过的其他指令更简单，因为 NOT 只需要一个操作数。它的作用也很简单：NOT 将其单个操作数中每个位的状态变为相反状态。1 变为 0，0 变为 1。表 9.5 中展示了这一点。

表 9.5　汇编语言的 NOT 真值表

位	操作符	结果位
0	NOT	1
1	NOT	0

9.1.8　分段寄存器没有逻辑

尽管程序员希望段寄存器的工作是合乎逻辑的和直观的，但实际上，它们的使用并不像寄存器或其他编程元素那样直接、容易推理，尤其是在早期的分段内存模型中，内存寻址变得相对复杂。

除非你深入操作系统编程，否则你不会直接访问分段寄存器。分段寄存器现在归操作系统自己使用，用户程序无法以任何方式更改它们。

但是即使你开始在操作系统级别工作，分段寄存器也有显著的限制。其中一个限制是它们不能与任何按位逻辑指令一起使用。如果你尝试这样做，汇编器会给你一个“非法使用分段寄存器”的错误。如果你需要对分段寄存器执行逻辑操作，必须先将分段寄存器的值复制到一个通用寄存器中，对通用寄存器执行逻辑操作，然后将通用寄存器中的结果复制回分段寄存器。

通用寄存器之所以被称为“通用”，是有原因的，而分段寄存器则完全不是通用的。它们是内存寻址的专家，如果你需要处理分段值，通常的方法是先在通用寄存器中进行操作，然后将修改后的值复制回相应的分段寄存器。

9.2　移位

另一种在字节内操作位的方法更为直接：可将它们向一侧或另一侧移动。虽然这个过程有一些复杂之处，但最简单的移位指令是非常明显的：SHL(Shift Left)将其操作数向左移位，而 SHR(Shift Right)将其操作数向右移位。

所有的移位指令(包括稍后描述的稍微复杂一些的指令)都有相同的一般形式，这里以 SHL 指令为例：

```
shl <register/memory>,<count>
```

第一个操作数是移位操作的目标，也就是要移位的值。它可以是寄存器数据或内存数据，但不能是即时数。第二个操作数指定要移位的位数。

9.2.1 通过什么移位

<count> 操作数有着特殊的历史。在古老的 8086 和 8088 上，它可以是两个东西之一：即时数 1，或者寄存器 CL(不是 CX！)。如果你将计数指定为 1，那么移位将是一个位。如果你想一次移位多个位，必须先将移位计数加载到寄存器 CL 中。在 x86 通用寄存器真正成为通用寄存器之前，计数通常是 CX(因此是 CL)的“隐藏”功能。它会计数移位、循环次数、字符串元素等。这就是为什么它有时被称为计数寄存器，可通过 C 记住 count。从 286 开始，对于所有更新的 x86/x64 CPU，<count> 操作数可以是 0 到 255 之间的任何即时数。如果你愿意，移位计数也可以传递给 CL。注意，你不能为计数指定 RCX，即使它“包含”CL。即使在 x64 中，移位指令确实需要 0 到 255 之间的即时数或 CL。其他任何寄存器指定为计数值都会触发汇编错误。

显然，移位 0 位是毫无意义的，但这是可能的，并且不会被认为是错误。注意你的输入。

注意，你不能进行超过目标寄存器位数的移位操作。在 64 位长模式下，你不能移位(或旋转；参见下一节)超过 63 次。尝试这么做不会触发错误。它只是不再起作用。这是因为在指令执行之前，CPU 会将计数值掩码为最低的 6 位。这 6 个位只能计数到 63。表达 64 需要 7 位。

字面值 146 不会导致错误，但你只能将目标操作数移位 18 位。

在 32 位保护模式下，CPU 将计数值掩码为最低的 5 位，因为 5 位可以计数到 31。

9.2.2 移位的工作原理

理解移位指令需要将被移位的数字视为二进制数字，而不是十六进制或十进制数字。如果你对二进制表示法不太熟悉，请再次仔细阅读第 2 章。一个简单的例子是寄存器 AX 包含一个值 0B76FH。这里使用 AX 作为例子是为了保持二进制数字短小且易于理解，但移位指令可用于任何大小的寄存器。可将 0B76FH 表示为二进制数(位模式)，如下所示：

```
1011011101101111
```

请记住，二进制数中的每个数字都是一位。如果你执行 SHL AX,1 指令，移位后你会在 AX 中找到以下内容：

```
0110111011011110
```

在数字的右端插入了一个 0，整个数字被向左移了一位。注意，一个 1 位从数字的左端被移出。

你甚至可以对 CL 使用移位指令，CL 包含移位的位数。这是合法的，即使看起来有些奇怪，也可能不是最好的主意：

```
mov cl,1
shl cl,cl
```

在本例中，CL 中的计数值按 CL 包含的值向左移位。这里 CL 中的 1 位被移位后变成了 2 位。如果这仍然显得奇怪，可将其放在一个沙箱中，观察寄存器的变化。

9.2.3 将位放入进位标志

从二进制值的左端移出的位并没有完全消失。一个从二进制值左端移出的位会被移入一个称为进位标志(CF)的临时位存储桶。进位标志是 RFlags 寄存器中收集的那些信息位之一，我在第 7 章中介绍过。你可以使用分支指令来测试进位标志的状态，本章稍后将解释。

然而，在使用移位指令时请记住，许多不同的指令都使用进位标志——不仅是移位指令。如果你将一个位移入进位标志并打算稍后测试该位以查看其值，请在执行另一条影响进位标志的指令之前测试。影响进位标志的指令包括所有算术指令、所有按位逻辑指令、其他一些杂项指令——当然，还有其他所有移位指令。

如果你将一个位移入进位标志，然后立即执行另一条移位指令，之前移入进位标志的那个位将彻底丢失。

9.2.4 旋转指令

也就是说，如果你不希望一个位彻底丢失，你需要使用旋转指令 RCL、RCR、ROL 和 ROR。旋转指令与移位指令几乎相同，但有一个关键区别：从操作数一端移出的位会重新出现在操作数的另一端。当你旋转一个操作数多于一位时，这些位会稳定地朝一个方向移动，从一端移出并立即重新出现在另一端。因此，在旋转指令执行时，这些位会“旋转”通过操作数。

就像许多事情一样，下例更直观地展示了旋转指令的工作原理。请看图 9.4。这里展示的是 ROL(向左旋转)指令的例子，但 ROR(向右旋转)指令的工作原理相同，只是位的移动方向相反。一个初始二进制值 10110010(0B2h)被放入 AL 中。当执行 ROL AL, 1 指令时，AL 中的所有位都向左移动一个位置。位 7 中的 1 位从左侧退出 AL，但立即在右侧重新出现。

同样，ROR 的工作原理完全相同，只是位的移动方向是从左到右，而 ROL 则是从右到左。操作数被旋转的位数可以是一个即时数值，也可以是 CL 寄存器中的值。

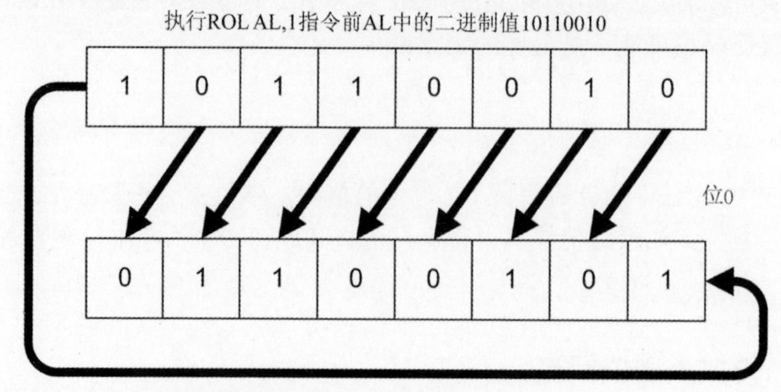

图 9.4 旋转指令的工作原理

9.2.5 通过进位标志旋转位

在 x86/x64 指令集中还有一对旋转指令：RCR(向右旋转进位)和 RCL(向左旋转进位)。它们的操作方式与 ROL 和 ROR 类似，但有一点不同：从操作数末端移出的位通过进位标志(Carry flag)重新进入操作数的起始位置。因此，通过进位标志旋转的路径比 ROL 和 ROR 的路径多一个位。图 9.5 展示了这一点。

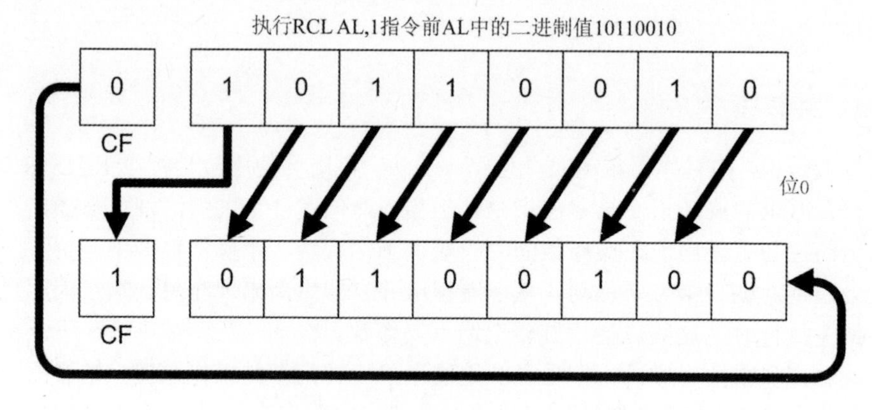

图 9.5 旋转进位指令的工作原理

9.2.6 将已知值设置到进位标志中

还需要记住，之前的指令可将值留在 CF 中，这些值将在 RCL 或 RCR 指令期间循环移入操作数。有人误以为 CF 在执行移位或旋转指令之前会被强制设为

0，但事实并非如此。如果在 RCR 或 RCL 指令之前的某条指令在 CF 中留下了一个位(1)，无论你是否希望，该位都会如实地进入目标操作数。

如果在旋转操作开始时需要 CF 中有一个已知值，有一对 x86 指令可以帮你实现：CLC 和 STC。CLC 将进位标志清零，而 STC 则将进位标志设置为 1。两条指令都不带操作数，也没有其他影响。

9.3　位操作实战

正如我们在前几章中看到的，Linux 有一个相当方便的方法将文本显示在屏幕上。问题是它只能显示文本——如果你想将寄存器中的数值以十六进制数字对的形式显示出来，Linux 将无能为力。你必须首先将数值转换为其字符串表示形式，然后通过 syscall 调用 sys_write 内核服务来显示字符串表示形式。

将十六进制数(number)转换为十六进制数字(digit)并不难，执行这项任务的代码展示了我们在本章中探索的几个新概念。代码清单 9.1 中的代码是一个十六进制转储程序的基本核心。当你从任何类型的文件重定向其输入时，会一次读取该文件的 16 个字节，并以每行 16 个十六进制值的形式显示这些字节，每个值之间用空格分隔。代码包含了许多值得讨论的新技术。然后，在第 10 章中，将对其进行扩展，在 hexdump 列的右侧包含 ASCII 等效列。

代码清单 9.1　hexdump1gcc.asm

```
; Executable name  : hexdump1gcc
; Version          : 2.0
; Created date     : 5/9/2022
; Last update      : 5/8/2023
; Author           : Jeff Duntemann
; Description      : A simple program in assembly for Linux, using
;                    NASM 2.15 under the SASM IDE, demonstrating
;                    the conversion of binary values to hexadecimal
;                    strings. It acts as a very simple hex dump
;                    utility for files,without the ASCII equivalent
;                    column.
;
; Run it this way:
;   hexdump1gcc < (input file)
;
; Build using SASM's default build setup for x64
```

```
;
SECTION .bss              ; Section containing uninitialized data

BUFFLENequ 16             ; We read the file 16 bytes at a time
Buff: resb BUFFLEN        ; Text buffer itself, reserve 16 bytes

SECTION .data             ; Section containing initialised data

  HexStr: db " 00 00 00 00 00 00 00 00 00 00 00 00 00 00 00 00",10
  HEXLEN equu $-HexStr

  Digits: db "0123456789ABCDEF"

SECTION .text             ; Section containing code

global  main              ; Linker needs this to find the entry point!

main:
  mov rbp,rsp             ; SASM Needs this for debugging

; Read a buffer full of text from stdin:
Read:
  mov rax,0               ; Specify sys_read call 0
  mov rdi,0               ; Specify File Descriptor 0: Standard Input
  mov rsi,Buff            ; Pass offset of the buffer to read to
  mov rdx,BUFFLEN         ; Pass number of bytes to read at one pass
  syscall                 ; Call sys_read to fill the buffer
  mov r15,rax             ; Save # of bytes read from file for later
  cmp rax,0               ; If rax=0, sys_read reached EOF on stdin
  je Done                 ; Jump If Equal (to 0, from compare)

; Set up the registers for the process buffer step:parm
  mov rsi,Buff            ; Place address of file buffer into esi
  mov rdi,HexStr          ; Place address of line string into edi
  xor rcx,rcx             ; Clear line string pointer to 0

; Go through the buffer and convert binary values to hex digits:
Scan:
  xor rax,rax             ; Clear rax to 0

; Here we calculate the offset into the line string,which is rcx X 3
  mov rdx,rcx             ; Copy the pointer into line string into rdx
;   shl rdx,1             ; Multiply pointer by 2 using left shift
```

```
;   add rdx,rcx          ; Complete the multiplication X3
  lea rdx,[rdx*2+rdx]    ; This does what the above 2 lines do!
                         ; See discussion of LEA later in Ch. 9

; Get a character from the buffer and put it in both rax and rbx:
  mov al,byte [rsi+rcx]  ; Put a byte from the input buffer into al
   mov rbx,rax           ; Duplicate byte in bl for second nybble

; Look up low nybble character and insert it into the string:
  and al,0Fh                    ; Mask out all but the low nybble
  mov al,byte [Digits+rax]      ; Look up the char equivalent of nybble
  mov byte [HexStr+rdx+2],al ; Write the char equivalent to line
                                ; string

; Look up high nybble character and insert it into the string:
  shr bl,4                  ; Shift high 4 bits of char into low 4 bits
  mov bl,byte [Digits+rbx]      ; Look up char equivalent of nybble
  mov byte [HexStr+rdx+1],bl    ; Write the char equivalent to line
                                ; string

; Bump the buffer pointer to the next character and see if we're done:
  inc rcx          ; Increment line string pointer
  cmp rcx,r15      ; Compare to the number of characters in the buffer
  jna Scan         ; Loop back if rcx is <= number of chars in buffer

; Write the line of hexadecimal values to stdout:
  mov rax,1        ; Specify syscall call 1: sys_write
  mov rdi,1        ; Specify File Descriptor 1: Standard output
  mov rsi,HexStr   ; Pass address of line string in rsi
  mov rdx,HEXLEN   ; Pass size of the line string in rdx
  syscall          ; Make kernel call to display line string
  jmp Read         ; Loop back and load file buffer again

; All done! Let's end this party:
Done:
  ret              ; Return to the glibc shutdown code
```

hexdump1 程序本质上是一个过滤器程序，具有与第 8 章中的 uppercaser2 程序相同的一般过滤器机制。本讨论中程序的重要部分是从输入缓冲区读取 16 字节并将其转换为字符串以显示到 Linux 控制台。这是 Scan 标签和 RET 指令之间的代码块。在接下来的讨论中，我将引用该代码块。

如果你阅读代码清单 9.1，会看到有两行代码被注释掉了。这并不是一个错误，我会回过头来解释这一点。

9.3.1 将一字节拆分成两个“半字节”

请记住，Linux 从文件读取的值是以二进制值的形式读入内存的。十六进制是显示二进制值的一种方式，要将二进制值显示为可显示的十六进制 ASCII 数字，你必须进行一些转换。

显示单个 8 位二进制值需要两个十六进制数字。字节中的底部四位表示一个数字(最低有效位，或最右边的数字)，而字节中的顶部四位表示另一个数字(最高有效位，或最左边的数字)。例如，二进制值 11100110 相当于十六进制的 E6。我在第 2 章中详细介绍了这一点。将 8 位值转换为两个 4 位数字必须逐个进行，这意味着我们必须将单字节分成两个 4 位数字，这些 4 位数字在汇编工作中通常被称为“半字节”(nybbles)。

在 hexdump1 程序中，从 Buff 中读取一字节，并将其放置在两个寄存器 RAX 和 RBX 中。这样做是因为将高半字节与低半字节分开是破坏性的，基本上会将我们不需要的半字节清零。

为隔离字节中的低半字节，我们需要掩码掉不需要的高半字节。可通过 AND 指令来完成：

```
and al,0Fh
```

即时数 0Fh 用二进制表示是 00001111。按照 AND 真值表(表 9.2)的操作，你会看到任何与 0 进行 AND 操作的位都会变成 0。我们将寄存器 AL 的高半字节与 0000 进行 AND 操作，这会将任何可能存在的值清零。将低半字节与 1111 进行 AND 操作，会保留低半字节的所有位。

完成后，从 Buff 读取的字节的低半字节会保存在 AL 中。

9.3.2 将高半字节移入低半字节

将输入字节的高半字节从 AL 中掩码掉会破坏它。我们需要这个高半字节，RBX 中有一个副本，我们将从该副本中提取高半字节。与低半字节一样，实际上会处理 RBX 的最低有效八位，即 BL。记住，BL 只是 RBX 的最低八位的一种不同表示方式，不是一个不同的寄存器。如果一个值被加载到 RBX 中，那么它的最低有效八位就在 BL 中。

可以用 AND 指令掩码 BL 中的低半字节，只留下高半字节，但有一个问题：掩码一字节的低四位不会使高四位成为半字节。必须以某种方式将输入字节的高四位移到低四位。

最快捷的方法是将 BL 右移四位，这就是 SHR BL,4 指令的作用。低半字节被简单地从 BL 的边缘移出，移到进位标志，然后被彻底移出。移位后，原本在 BL 中的高半字节现在变成低半字节。

此时，我们在 AL 中有输入字节的低半字节，在 BL 中有输入字节的高半字节。接下来的挑战是将半字节中的四位二进制数(例如 1110)转换为可显示的十六进制 ASCII 数字；在这个例子中，就是字符 E。

9.3.3　使用查找表

程序的.data 部分中有一个非常简单的查找表的定义。Digits 表具有以下定义：

```
Digits db '0123456789ABCDEF'
```

关于 Digits 表的重要一点是，每个数字在字符串中的位置与它所代表的值的偏移量相同。换句话说，ASCII 字符 0 在字符串的起始位置，偏移量为零字节。字符 7 距离字符串起始位置 7 字节，以此类推。我们通过内存引用在 Digits 表中“查找”一个字符：

```
mov al,byte [Digits+rax]
```

与大多数汇编语言一样，这里的一切都依赖于内存寻址。查找表中的第一个十六进制数字字符位于 Digits 表中的地址。为了获得所需的数字，我们必须对查找表进行索引。通过将偏移量添加到括号内的地址来实现这一点。这个偏移量就是 AL 中的半字节。

将 AL 中的偏移量加到 Digits 的地址(使用 RAX)会直接得到与 AL 中的值对应的 ASCII 字符。图 9.6 中将这一过程进行了图解。

关于从 Digits 中获取一个数字并将其放入 AL 的 MOV 指令，有两点可能会令人困惑：

- 必须在内存引用中使用 RAX 而不是 AL，因为 AL 不能参与有效地址计算。不要忘记，AL 在 RAX“内部”！关于有效地址计算的更多内容，会在本章稍后讨论。
- 将 AL 中的半字节替换为它的字符等效值。该指令首先从表中获取该半字节的字符等效值，然后将字符等效值存储回 AL 中。之前在 AL 中的半字节被覆盖，因此消失了。

到目前为止，我们已经从查找表中的一个字符读取到 AL 中。该半字节的转换已经完成。接下来的任务听起来很简单，但实际上出乎意料地棘手：将现在存储在 AL 中的十六进制 ASCII 数字字符写入显示字符串 HexStr。

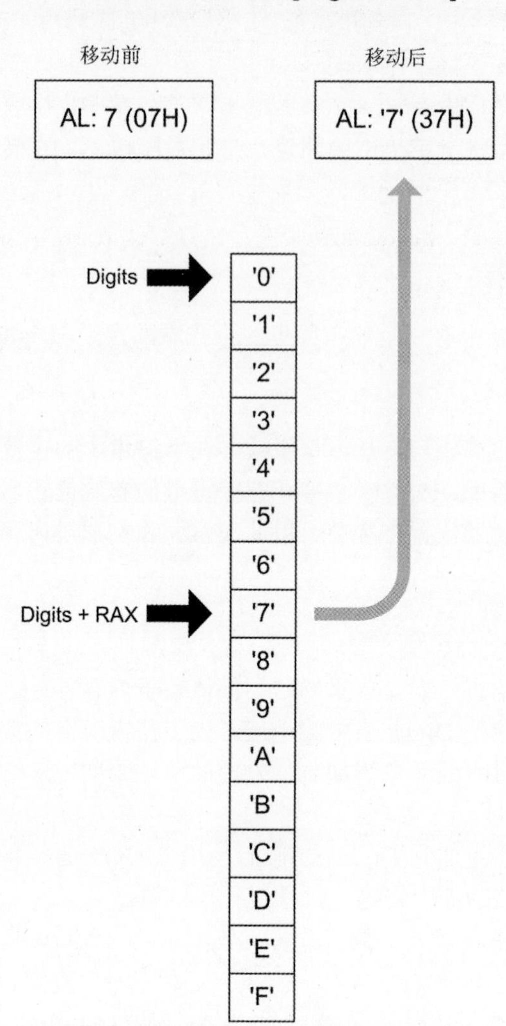

图 9.6　使用查找表

9.3.4　通过移位和加法进行乘法

hexdump1 程序从文件中读取字节并按行显示，每行以十六进制表示 16 字节。hexdump1 的输出示例如下：

```
3B 20 20 45 78 65 63 75 74 61 62 6C 65 20 6E 61
6D 65 20 3A 20 45 40 54 53 59 53 43 40 4C 4C 0D
0A 3B 20 20 56 65 72 73 69 6F 6E 20 20 20 20 20
```

```
20 20 20 20 3A 20 30 2E 30 0D 0A 3B 20 20 43 72
65 60 74 65 64 20 64 60 74 65 20 20 20 20 3A 20
30 2F 37 2F 32 30 30 39 0D 0A 3B 20 20 4C 60 73
74 20 75 70 64 60 74 65 20 20 20 20 20 3A 20 32
2F 30 38 2F 32 30 30 39 0D 0A 3B 20 20 40 75 74
68 6F 72 20 20 20 20 20 20 20 20 20 20 3A 20 4A
```

每一行都显示同一个数据项：HexStr，一个包含 48 个字符的字符串，末尾有一个 EOL 值(0ah)。每次 hexdump1 从输入文件中读取 16 字节的数据块时，它会将这些数据格式化为十六进制 ASCII 数字并插入 HexStr 中。从某种意义上说，这是一种表操作，只是我们不是在查找表中的某个值，而是根据索引向表中写入值。

将 HexStr 看作一个包含 16 个条目的表，每个条目由三个字符组成(见图 9.7)。在每个条目中，第一个字符是空格，第二个和第三个字符是十六进制数字。空格字符已经在.data 部分的 HexStr 初始定义中预先存在。原始的“空”HexStr 在所有十六进制数字位置上都是 0 字符。为将“真实”数据填充到按行显示的 HexStr 中，必须在汇编语言循环中扫描 HexStr，分别将低半字节字符和高半字节字符写入 IIexStr。

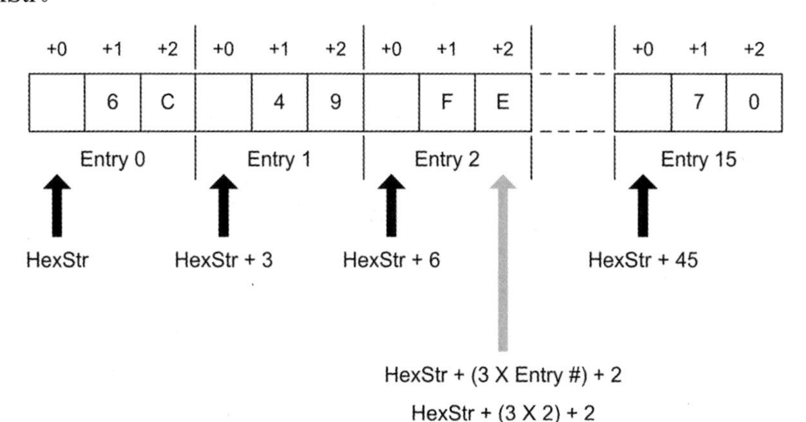

图 9.7　包含 16 个三字节条目的表

这里的棘手之处在于，对于每次循环，我们必须将 HexStr 的索引增加 3，而非仅增加 1。HexStr 中这些三字节条目之一的偏移量是该条目索引乘以 3。前面已经描述了 MUL 指令，它处理 x86/x64 指令集中任意的无符号乘法。然而，MUL 指令较慢。它还有其他限制，特别是在需要特定寄存器作为隐式操作数的情况下。

幸运的是，通过一个巧妙方法就可用汇编语言进行其他更快的乘法运算。这些方法基于这样一个事实：使用 SHL(左移)指令进行乘以 2 的幂运算非常简单且快速。你可能没有立即意识到，但每次将一个数左移一位，实际上是在将该数乘以 2。将一个数左移两位，即乘以 4。将一个数左移三位，即乘以 8，以此类推。

你可以在沙箱中亲自进行验证。在 SASM 中设置一个新的沙箱并输入以下指令：

```
mov al,3
shl al,1
shl al,1
shl al,2
```

构建沙箱并进入调试模式。然后逐步执行指令，观察每一步寄存器视图中 RAX 值的变化。

第一条指令将值 3 加载到 AL 中。下一条指令将 AL 左移一位。AL 中的值变为 6。第二条 SHL 指令再次将 AL 左移一位，6 变为 12。第三条 SHL 指令将 AL 移两位，12 变为 48。图 9.8 展示了这个过程。

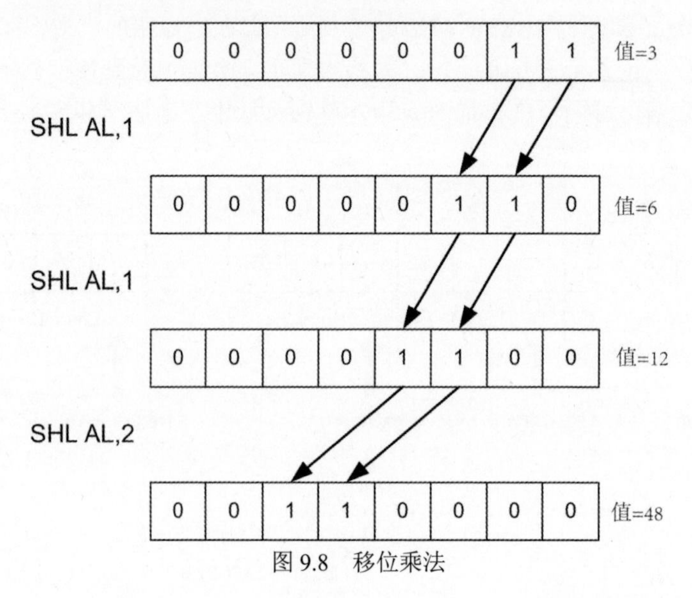

图 9.8　移位乘法

但是如果你想乘以 3 怎么办？很简单：乘以 2，然后将乘数的一份副本加到乘积中。在 hexdump1 程序中，操作如下：

- mov rdx,rcx　; 将字符计数器复制到 rdx
- shl rdx,1　; 使用左移将指针乘以 2
- add rdx,rcx　; 完成乘法×3

这里，乘数从循环计数器 RCX 加载到 RDX 中。然后将 RDX 左移一位以将其乘以 2。最后，将 RCX 加到乘积 RDX 中一次，使其产生乘以 3 的效果。

通过结合使用 SHL 和一个或多个 ADD，可以进行非 2 的幂的其他数的乘法。要将 RCX 中的值乘以 7，可以这样做：

- mov rdx,rcx　; 在 rcx 中保留被乘数的副本
- shl rdx,2　; 将 rdx 乘以 4
- add rdx,rcx　; 使其乘以 5
- add rdx,rcx　; 使其乘以 6
- add rdx,rcx　; 使其乘以 7

这看起来可能很笨拙，但令人惊讶的是，它仍然比使用 MUL 更快！还有一种更快的方法来乘以 3，我会在本章稍后展示。

一旦你了解了字符串表 HexStr 的设置，向其中写入十六进制数字就很简单了。最低有效的十六进制数字在 AL 中，最高有效的十六进制数字在 BL 中。将这两个十六进制数字写入 HexString 是通过一个三部分有效内存地址完成的：

- mov byte [HexStr+rdx+2],al　; 将 LSB 字符数字写入行字符串
- mov byte [HexStr+rdx+1],bl　; 将 MSB 字符数字写入行字符串

请参考图 9.7 自行进行研究：你首先从整个 HexStr 的地址开始。RDX 包含给定条目中第一个字符的偏移量。为了获得所需条目的地址，你需要将 HexStr 和 RDX 相加。然而，该地址是条目中的第一个字符的地址，这在 HexStr 中始终是一个空格字符。条目中最低有效位(LSB)数字的位置是条目的偏移量加 2，而条目中最高有效位(MSB)数字的位置是条目的偏移量加 1。因此，LSB 数字的地址是 HexStr 加上条目的偏移量再加 2。而 MSB 数字的地址是 HexStr 加上条目的偏移量再加 1。

9.4　标志、测试和分支

从宏观上看，条件跳转指令的概念很简单，如果没有它，在汇编中你几乎无法完成任何工作。在前面的几个示例程序中，我一直在非正式地使用条件跳转指令，而没有详细说明，因为跳转的意义在上下文中很明显，并且它们对于演示其他内容是必要的。但是，汇编语言跳转概念的背后隐藏着许多复杂性。现在是时候深入讨论并详细介绍它了。

9.4.1　无条件跳转

跳转就是：指令执行流程的突然变化。通常，指令是按顺序执行的，从低地址向高地址移动。跳转指令会改变下一个要执行的指令的地址。执行跳转指令时，突然之间你就到了另一个地方。跳转指令可以将执行在内存中向前或向后移动。它可将执行折回到一个循环中(并可将程序逻辑打乱)。

跳转有两种：有条件跳转和无条件跳转。无条件跳转是始终发生的跳转。它

采用以下形式：

```
jmp <label>
```

当执行该指令时，执行顺序将移到位于<label> 指定的标签处的指令。就是这么简单。

9.4.2 有条件跳转

有条件跳转指令就是我在第 1 章中提到的那些著名测试之一。当执行时，条件跳转会测试某些东西，通常是 RFlags 寄存器中的一个标志，有时是两个，或者极少数情况下是三个。如果被测试的标志处于特定状态，执行将跳转到其他地方的一个标签；否则，它将简单地继续执行下一条指令。

这种双向性很重要。有条件跳转指令要么跳转，要么继续执行。它不能跳转到两个或三个地方之一。是否跳转取决于 CPU 内一些位的当前值。

正如我之前在讨论整个 RFlags 寄存器时提到的那样，有一个标志位在某些指令的结果为零时会被设置为 1：零标志 ZF。DEC(递减)指令就是一个很好的例子。DEC 将其操作数减去 1。如果通过减法操作使操作数变为零，则 ZF 被设置为 1。JZ(零跳转)是有条件跳转指令之一，会测试 ZF。如果 ZF 被发现设置为 1，则会发生跳转，执行转移到 JZ 助记符后的标签。如果 ZF 被发现为 0，则继续按顺序执行下一条指令。这可能是整个 x86/x64 指令集中最常见的有条件跳转。它通常用于在执行循环时将寄存器计数到零，当由于 DEC 指令的作用使循环中的寄存器计数变为零时，循环结束，执行在循环后的一条指令处继续。

这是一个简单(虽然不是最佳)的例子，使用了你应该已经理解的指令：

- mov [RunningSum],0　; 清除累计总数
- mov rcx,17　; 将执行 17 次

WorkLoop:

- add [RunningSum],3　; 将 3 加到运行总数中
- dec rcx　; 从循环计数器中减去 1
- jz SomewhereElse　; 如果计数器为 0，则完成！
- jmp WorkLoop

变量 RunningSum 之前用 DQ 说明符定义，使其大小为 64 位。在循环开始之前，我们在 RCX 中设置了一个值，它充当计数寄存器并包含我们将运行循环的次数。循环体是每次通过循环时执行某些操作的地方。在这个例子中，它是一个 ADD 指令，但循环体可能包含几十或几百条指令。

当循环中的工作完成后，计数寄存器用 DEC 指令减 1。紧接着，JZ 指令测试零标志。将 RCX 从 17 减到 16，或者从 4 减到 3，这都不会设置 ZF，因此 JZ 指

令只是继续执行下一条指令。JZ 之后的指令是一个无条件跳转指令，始终都会将执行返回到 WorkLoop 标签。

现在，将 RCX 从 1 递减到 0 会设置 ZF，这时循环结束。JZ 最终通过跳转到 SomewhereElse(在此未显示的大程序中的一个标签)将我们带出循环，执行离开循环。

你可能足够敏锐(或有足够的经验)，会认为这是一种糟糕的设置循环的方式，你是对的(这并不意味着这种方式从未被使用过，也不意味着在深夜急躁时你自己不会这么做)。每次通过循环时我们真正要寻找的是一种情况——零标志未被设置，实际上也有一个指令专门处理这种情况。

9.4.3　在缺少条件的情况下跳转

有很多有条件跳转指令，本书将讨论其中的几种。它们的数量增加了，因为几乎每个有条件跳转指令都有一个对应的变体：当指定的条件未被设置为 1 时的跳转指令。

JZ 指令提供了一个很好的条件跳转示例。JZ 指令会在零标志 (ZF) 被设置为 1 时跳转到代码段中的新位置。JZ 的变体是 JNZ(Jump if Not Zero)。JNZ 指令会在 ZF 为 0 时跳转到标签，而当 ZF 为 1 时则继续执行下一条指令。

一开始这可能让人感到困惑，因为 JNZ 在 ZF 等于 0 时跳转。请记住，指令的名称适用于正在测试的条件，而不一定是标志的二进制位值。在之前的代码示例中，JZ 在 DEC 指令将计数器减到零时跳转。被测试的条件与之前的指令(而不仅是 ZF 的状态)相关。

可以这样想：一个条件会引发一个标志。“引发”一个标志意味着将标志设置为 1。当多个指令中的某一个将操作数强制为零(这就是条件)时，零标志会被引发。指令的逻辑是指条件，而不是标志本身。

例如，可通过将循环逻辑更改为使用 JNZ 来改进之前的循环：

- mov word [RunningSum],0 ; 清除运行总数
- mov ecx,17 ; 将执行 17 次

WorkLoop:

- add word [RunningSum],3 ; 将 3 加到运行总数
- dec ecx ; 从循环计数器中减去 1
- jnz WorkLoop ; 如果计数器为 0，我们就完成了！

JZ 指令已被 JNZ 指令取代。这更为合理，为了闭环我们必须跳转，而只有当计数器大于 0 时才会闭环。跳转回标签 WorkLoop 只会发生在计数器大于 0 的时候。

一旦计数器递减到 0，循环就被视为完成。JNZ 指令会“自动跳过”，紧随其

后的代码(这里未展示)将会执行。关键是，如果你能将程序的下一个任务直接放在 JNZ 指令之后，就不需要使用无条件跳转的 JMP 指令了。指令的执行将自然流向需要执行的下一个任务。这样，程序的执行流程将更自然，也更容易阅读和理解。

9.4.4 标志

在第 7 章中，我解释了 RFlags 寄存器，并简要描述了它包含的所有标志的目的。RFlags 比较少，其中一半以上保留用于未来使用，因此尚未定义。大多数已定义的标志在你刚开始学习汇编编程时并不是特别有用。作为初学者，将主要接触进位标志(CF)和零标志(ZF)，这占了你使用的标志的 90%，方向标志(DF)、符号标志(SF)和溢出标志(OF)则合计占剩下的 9.998%。现在重新阅读第 7 章的相关部分可能是个好主意，以防你对标志的使用感到生疏。

如我之前所解释的，JZ 指令在 ZF 为 1 时跳转，而 JNZ 指令在 ZF 为 0 时跳转。大多数对操作数执行某些操作的指令(如 AND、OR、XOR、INC、DEC 及所有算术指令)会根据操作结果设置 ZF。另一方面，简单地移动数据的指令(如 MOV、XCHG、PUSH 和 POP)不会影响 ZF 及其他标志。显然，POPF 指令会通过将栈顶的值弹入标志寄存器来影响标志。一个令人烦恼的例外是 NOT 指令，它对操作数执行逻辑操作，但不会设置任何标志——即使它使操作数变为 0。在编写依赖于标志的代码之前，请检查指令参考，以确保你正确理解特定指令的标志使用规则。x86/x64 指令集的确非常古怪。

9.4.5 使用 CMP 进行比较

标志的一个主要用途是控制循环。另一个用途是比较两个值。程序通常需要知道寄存器或内存中的值是否等于其他值。此外，如果某个值不等于其他值，你可能想知道该值是大于其他值还是小于其他值。有一个跳转指令可以满足所有需求，但只有设置标志才能使跳转指令发挥作用。CMP(CoMPare)指令就是为比较操作设置标志的指令。

CMP 的使用简单直观。将第二个操作数与第一个操作数进行比较，并相应地设置几个标志：

```
cmp <op1>,<op2> ; 设置 OF、SF、ZF、AF、PF 和 CF
```

如果你简单地用算术术语重新比较一下，就能记住比较的意义：

```
Result = <op1> - <op2>
```

CMP 指令实际上是一种减法操作，其中减法的结果被丢弃，仅影响标志位。CMP 指令将第二个操作数从第一个操作数中减去。根据减法的结果，相关的标志位会被设置为适当的值。

在 CMP 指令之后，你可以根据多个算术条件进行跳转。有一定数学基础的人，以及 FORTRAN 或 Pascal 编程人员，都会识别这些条件：相等、不相等、大于、小于、大于或等于、小于或等于。这些操作符的意义与它们的名称相符，和大多数高级语言中的等效操作符的意义完全一样。

9.4.6　跳转指令的“丛林”

有大量让人眼花缭乱的跳转指令，但与算术关系相关的跳转指令可分为六类，每一类对应之前提到的六种条件。复杂性在于，每条机器指令都有两个助记符，例如，JLE(小于或等于时跳转)和 JNG(不大于时跳转)。这两个助记符是同义词，汇编器在遇到任意一个助记符时生成的二进制操作码是相同的。对于程序员来说，这些同义词提供了两种不同的思维方式来理解某个跳转指令。小于或等于时跳转在逻辑上与不大于时跳转是完全相同的(思考一下！)。如果之前的比较的重点是检查一个值是否小于或等于另一个值，你会使用 JLE 助记符。另一方面，如果你想确保某个数量不大于另一个，你会使用 JNG。选择权在你手中。

另一个复杂之处在于，对于有符号和无符号的算术比较有不同的指令。本书中没有详细讨论汇编语言的数学操作，也没有详细说明有符号和无符号数字之间的区别。有符号数字是指高位(最高位)被视为内置标志，用于表示该数字是否为负数。如果该位是 1，则认为该数字为负数。如果该位是 0，则认为该数字为正数。

在汇编语言中，有符号算术非常复杂且微妙，并不像你想象的那样实用。因此，本书中不会详细讨论这一内容，尽管大多数汇编语言书籍都会有所涉及。你只需要了解一些关于有符号算术的基本概念，即在有符号算术中，负数是合法的，并且数值的最高有效位被视为符号位。如果符号位被设置为 1，该值被认为是负数。另一方面，无符号算术不考虑负数，最高有效位仅是表达所测试值的二进制数中的一个位。

9.4.7　“大于”与“高于”

为区分有符号跳转和无符号跳转，助记符使用两种不同的表达式来表示两个值之间的关系。

- 有符号值被认为是大于或小于。例如，要测试一个有符号操作数是否大于另一个有符号操作数，可以在 CMP 指令后使用 JG(大于则跳转)助记符。
- 无符号值被认为是高于或低于。例如，要判断一个无符号操作数是否高于(above)另一个无符号操作数，可在 CMP 指令后使用 JA(高于则跳转)助记符。

表 9.6 总结了算术跳转助记符及其同义词。任何包含单词 above 或 below 的助记符都用于无符号值，而任何包含单词 greater 或 less 的助记符都用于有符号值。将助记符与其同义词进行比较，看看两者如何代表看待相同指令的相反观点。

表 9.6　跳转指令助记符及其同义词

助记符		同义词	
JA	如果高于则跳转	JNBE	如果不低于也不等于则跳转
JAE	如果高于或等于则跳转	JNB	如果不低于则跳转
JB	如果低于则跳转	JNAE	如果不高于也不等于则跳转
JBE	如果低于或等于则跳转	JNA	如果不高于则跳转
JE	如果等于则跳转	JZ	如果结果为 0 则跳转
JNE	如果不相等则跳转	JNZ	如果结果不为 0 则跳转
JG	如果大于则跳转	JNLE	如果不小于也不等于则跳转
JGE	如果大于或等于则跳转	JNL	如果不小于则跳转
JL	如果小于则跳转	JNGE	如果不大于也不等于则跳转
JLE	如果小于或等于则跳转	JNG	如果不大于则跳转

表 9.6 只是将助记符扩展为更易理解的形式，并将助记符与其同义词关联起来。另一方面，表 9.7 按逻辑条件及助记符与有符号值和无符号值的使用情况对助记符进行排序。表 9.7 还列出每个跳转指令测试其值的标志。注意，一些跳转指令需要两个可能的标志值之一进行跳转，而其他跳转指令则需要两个标志值。

其中一些有符号跳转会对两个标志位进行比较。例如，当 ZF 为 0 或符号标志(SF)等于溢出标志(OF)时，JG 将跳转(见表 9.7)。我不会再花时间解释符号标志或溢出标志的性质。只要你已经了解每条指令，就可以等到积累了一些编程经验后再确切了解指令如何测试标志。

表 9.7　CMP 指令后有用的算术测试

条件	Pascal 运算符	无符号值	跳转条件	有符号值	跳转条件
等于	=	JE	ZF=1	JE	ZF=1
不等于	<>	JNE	ZF=0	JNE	ZF=0
大于	>	JA	CF=0 and ZF=0	JG	ZF=0 or SF=OF
不小于等于		JNBE	CF=0 and ZF=0	JNLE	ZF=0 or SF=OF
小于	<	JB	CF=1	JL	SF<>OF
不大于等于		JNAE	CF=1	JNGE	SF<>OF
大于或等于	>=	JAE	CF=0	JGE	SF=OF
不小于		JNB	CD=0	JNL	SF=OF
小于或等于	<=	JBE	CF=1 or ZF=1	JLE	ZF=1 or SF<>OF
不大于		JNA	CF=1 or ZF=1	JNG	ZF=1 or SF<>OF

有些人不理解为什么 JE 和 JZ 助记符是同义词，JNE 和 JNZ 也是如此。再想想 CPU 内部进行比较的方式：第二个操作数减去第一个操作数，如果结果为 0(表示两个操作数实际上相等)，则将零标志 ZF 设置为 1。这就是 JE 和 JZ 是同义词的原因：两者都只是测试零标志的状态。

9.4.8　使用 TEST 查找 1 位

x86/x64 指令集认识到，在汇编语言中经常进行位测试，并为此提供了类似于 CMP 指令的功能：TEST。TEST 指令在两个操作数之间执行逻辑与(AND)操作，然后像 AND 指令那样设置标志位，但不会像 AND 那样修改目标操作数。以下是 TEST 指令的语法：

```
test <operand>,<bit mask>
```

位掩码操作数应在每个需要查找 1 位(bit 1)的位置包含 1，在所有其他位中都包含 0。

TEST 所做的是在指令的目标操作数和位掩码之间执行逻辑与(AND)操作，然后像 AND 指令一样设置标志位。AND 操作的结果会被丢弃，并且目标操作数不会发生改变。例如，如果你想确定 RAX 的第 3 位是否被设置为 1，可以使用以下指令：

```
test rax,08h ; 二进制第 3 位为 00001000B，即 08h
```

当然，第 3 位并不是数值 3——你需要查看掩码的位模式，并将其表示为二进制或十六进制值(位 3 表示二进制值 8)。在 NASM 中使用二进制作为字面常量是完全合法的，而且在处理位掩码时，通常是最清晰的表达方式：

```
test rax,00001000B ; 二进制的第 3 位为 00001000B，即 08h
```

目标操作数 RAX 不会因操作而发生变化，但 AND 真值表将在 RAX 和二进制模式 00001000 之间应用。如果 RAX 的第 3 位是 1，那么零标志将被清 0。如果 RAX 的第 3 位是 0，那么零标志将被设置为 1。为什么？因为如果你将掩码中的 1 与 RAX 中的 0 进行 AND 操作，结果是 0。你可在 AND 真值表中查到，具体可参见表 9.2。如果所有八个位的按位与操作结果都是 0，那么最终结果就是 0，零标志将被置为 1，表示结果为 0。

理解 TEST 的关键在于把它视为一种伪装的操作码，其中操作码是 AND。TEST 似乎戴上了面具，假装成 AND，但并没有实际执行操作的结果。它仅仅设置了标志，仿佛发生了一次 AND 操作。

之前提到的 CMP 指令是另一个伪装的操作码，它与 SUB 的关系就像 TEST 与 AND 的关系。CMP 将第二个操作数从第一个操作数中减去，但并不会将结果存储在目标操作数中。它只是设置标志，仿佛发生了一次减法。如我们所看到的，这在与条件跳转指令结合使用时非常有用。

这里有一个重要的事情需要记住：TEST 仅用于查找 1 位。如果你需要识别 0 位，必须先使用 NOT 指令将每个位翻转到其相反状态。NOT 会将所有的 1 位变为 0 位，将所有的 0 位变为 1 位。一旦所有的 0 位被翻转为 1 位，你就可以在需要查找 0 位的地方测试 1 位。有时在纸上画出来可以帮助你理清思路。

最后，TEST 无法可靠地同时检测操作数中的两个或多个 1 位。TEST 并不检查位模式的存在，而是检查单个 1 位的存在。换句话说，如果你需要确保 4 位和 5 位都被设置为 1，TEST 是无法满足这个需求的。

9.4.9 使用 BT 寻找 0 位

正如我所解释的，TEST 有其局限性：它不适合判断一个位是否被设置为 0。TEST 从最早的 X86 CPU 时代就已存在，但 386 及更新的处理器提供了一条指令，可以用来检查 0 位和 1 位。BT(位测试)执行一个非常简单的任务：它将第一个操作数中指定的位复制到 CF(进位标志)中。换句话说，如果选择的位是 1 位，进位标志将被设置；如果选择的位是 0 位，进位标志则会被清除。然后，你可以使用任何条件跳转指令来检查 CF 的状态并据此采取行动。

BT 的使用非常简单。它需要两个操作数：目标操作数是包含相关位的值；源操作数是要测试的位的序数，从 0 开始计数：

```
bt <value containing bit>,<bit number>
```

一旦执行了 BT 指令，应该立即检查进位标志中的值，并根据其值进行分支。以下是一个示例：

```
bt rax,4 ; 测试 RAX 的 4 位
jnc quit ; 如果 4 位为 0，则一切完成
```

需要特别注意的是，尤其是在习惯使用 TEST 的情况下，你并没有创建位掩码。在 BT 的源操作数中，你指定的是位的序号。前面代码中显示的字面常量 4 是位的编号，而不是位的值，这一点至关重要。

同时注意，在前面的代码中，我们是在 CF 未设置时进行分支；这就是 JNC(无进位跳转)的作用。

9.5 x64 长模式内存寻址详解

从很多方面看，现在的生活变得更美好了。我说的不仅是现代牙科、即插即

用网络和八核 CPU。我曾经用汇编语言为最初的 IBM PC 中的实模式 8088 CPU 编程。我还记得实模式内存寻址。

就像 20 世纪 50 年代的拔牙一样，基于 8088 的实模式内存寻址……简直令人痛苦不堪。它就像一个可怕的大杂烩，充斥着各种限制和陷阱，所有这些都表明 CPU 迫切需要更多晶体管。例如，在大多数指令中，内存寻址仅限于 BX 和 BP，这意味着当必须同时在内存中寻址几个单独的项时，需要完成大量复杂的操作。而一想到分段管理，我至今仍然不寒而栗。

在过去 40 年里，英特尔 CPU 家族几乎获得了它们需要的所有晶体管，而那些令人恼火的 16 位内存寻址限制大部分已经消失。你可以通过任意通用寄存器来寻址内存。你甚至可以直接使用栈指针 RSP 来寻址内存，而这是它的 16 位祖先 SP 所无法做到的。更改 RSP 的值务必慎重，现在 RSP 可以参与 16 位实模式中 SF 被排除在外的寻址模式。

386 系列 CPU 的 32 位保护模式引入了一种通用的内存寻址方案，所有通用寄存器都能平等参与。x64 长模式中的内存寻址实现了相同的方案，变化非常少。图 9.9 中勾勒了这一点，这可能是本书中最重要的图示。内存寻址是汇编语言工作中的关键技能。如果你不理解 CPU 如何寻址内存，其他一切就都不重要了。

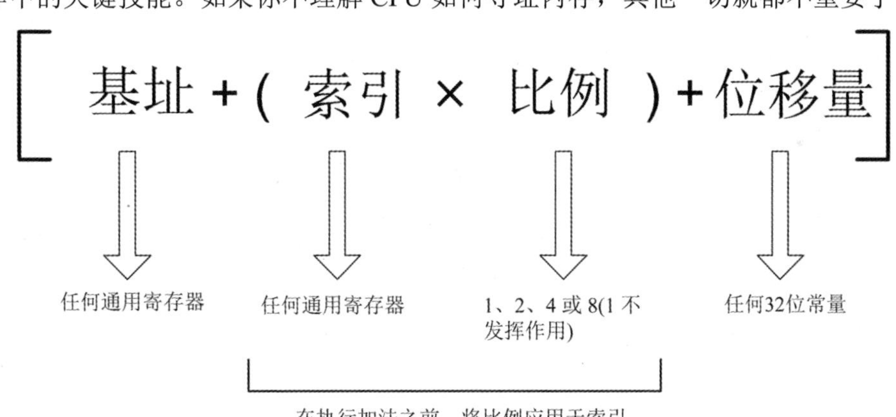

图 9.9　x64 长模式内存寻址

当我第一次研究并理解这个方案时，心头依然留有 16 位 8088 分段内存寻址的阴影。这个方案好得令人难以置信，事实确实如此！规则如下：

- 基址和索引寄存器可以是任何 64 位通用寄存器，包括 RSP。
- 位移量可以是任何 32 位常量，无论是字面值还是命名值。显然，虽然 0 是合法的，但并没有实际用途。
- 比例必须是 1、2、4 或 8 中的一个值。就是这样！值 1 是合法的，但由于比例用于乘以另一个值，1 并没有发挥作用。

- 在进行加法运算之前，索引寄存器会先乘以比例因子。换句话说，它不是(基址 + 索引) × 比例。只有索引寄存器可以与比例相乘。
- 所有元素都是可选的，几乎可以使用任意组合。
- 32 位和 64 位寄存器均可以使用，但你不能在单个地址中混合使用不同大小的寄存器。也就是说，在一次内存寻址操作中，寄存器必须全部是 32 位或全部是 64 位。
- 16 位和 8 位寄存器不能用于内存寻址。

在这些规则中，有多种不同的方式可以寻址内存，方法是将图 9.9 中所示的地址组件以不同方式组合起来。示例如表 9.8 所示。

表 9.8 64 位长模式内存寻址方案

方式	示例
[基址]	[rdx]
[位移]	[0F3h] 或 [<variable>]
[BASE + DISPLACEMENT]	[rcx + 033h]
[BASE + INDEX]	[rax + ecx]
[INDEX×SCALE]	[rbx * 4]
[INDEX×SCALE + DISPLACEMENT]	[rax * 8 + 65]
[BASE + INDEX×SCALE]	[rsp + rdi * 2]
[BASE + INDEX×SCALE + DISP.]	[rsi + rbp * 4 + 9]

9.5.1 有效地址计算

表 9.8 中的每一行都总结了一种在 64 位长模式下表示内存地址的方法。除前两项外，其他方法涉及在表示地址的括号内对两个或多个项进行简单的算术运算。这种算术运算被称为有效地址计算，其结果就是有效地址。这个术语指的是最终用于读取或写入内存的地址，无论它是如何表达的。有效地址计算由指令在执行时完成。

在基本方案中，有效地址仅仅是存储在 GP 寄存器中的 64 位值，不涉及任何计算。然而，我们在源代码中看到的并不是一个字面或符号地址。因此，尽管指令中括号内使用的是寄存器名，但在代码执行时发送到内存系统的地址实际上存储在该寄存器中。

大多数情况下，处理有效地址时都会进行一些算术运算。例如，在“基址 + 索引”方案中，执行指令时会将括号之间的两个 GP 寄存器的内容相加，以形成有效地址。

9.5.2　位移

在 x64 长模式地址的多个组成部分中，术语位移(Displacement)实际上是最难理解的。如我在前一段中所提到的，位移可以是一个字面地址，但在我多年的保护模式汇编编程生涯中，我从未这样做过，也没见过其他人这样做。原因是在汇编时，你几乎从来不知道某个东西的字面地址。还有一个不使用字面地址的原因，我稍后会讲到。

当位移独立存在时，它几乎总是一个符号地址。我的意思是，它是你在.data 或.bss 部分定义的一个命名数据项，比如代码清单 9.1 的 hexdump1 程序里的 HexStr 变量：

```
mov rax,HexStr
```

这里放入RAX的是程序在操作系统加载到内存时分配给变量HexStr的地址。像所有地址一样，它只是一个数字，但它是在程序加载时确定的，而不是在汇编时确定的，因为字面常量数字地址就是这样。此外，请注意，前面的源代码片段将一个地址(而不是该地址在内存中的值)加载到 RAX 中。要获取该值，需要使用括号：

```
mov rax,[HexStr]
```

许多初学者在看到一个地址中似乎有两个位移时会感到困惑。这种困惑源于这样一个事实：如果 NASM 在内存引用中看到两个(或更多)常量值，它会在汇编时将它们合并成一个单一的位移值，该值由 MOV 指令放入 RAX 中。如下所示：

```
mov rax,HexStr+3
```

请注意，这里没有括号。变量 HexStr 所引用的地址被简单地与字面常量 3 相加，形成单一的位移值。

位移的关键特征是它不存储在寄存器中。

9.5.3　x64 位移大小问题

现在，在位移方面有一个 x64 特有的陷阱：位移值的大小不得超过 32 位。为什么？我有时不得不说……这很复杂。而且它与给定 x64 CPU 的硅片所支持的地址位数无关。尽可能简单地说，将位移限制为 32 位是 AMD 在 x64 时代之初做出的一个设计决定，并且“坚持”了下来。它可能会在某一天得到解决——也可能不会。但是，永远不要说“永远”。

与此同时，我们只能适应这种情况。

9.5.4 基址寻址

当排除位移寻址时，所有 x64 内存寻址都是基于寄存器的。基址寻址方案简单地使用一个已加载地址的单一寄存器。之所以称为基址，是因为所有更复杂的寻址方案都从基址开始并对其进行扩展。以下是基址寻址的一个示例：

```
mov qword rax,[rcx]
```

该指令获取寄存器 RCX 中包含的内存地址中存储的任何 64 位值，并将其加载到寄存器 RAX 中。

9.5.5 基址 + 位移寻址

一个简单而常见的寻址方式是基址加位移，在代码清单 9.1 的 hexdump1 程序中进行了演示。将 ASCII 字符插入输出行的指令如下所示：

```
mov byte [HexStr+rdx+2],al
```

这里发生的事情是，存储在寄存器 AL 中的 8 位字符值被写入内存中地址为 HexStr+RDX+2 的字节。这是一个完美的例子，NASM 将两个位移项合并为一个。变量名 HexStr 解析为一个数字(HexStr 的地址)，并且很容易将其添加到字面常量 2 中。因此，实际上只有一个基址项(RDX)和一个位移项。

这也是一个很好的例子，说明即使是 8 位寄存器仍然有其应用价值，特别是在处理像 ASCII 字符这样的 8 位值时。还要注意，地址中项的顺序并不重要。有效地址也可以是 RDX+HexStr+2。

9.5.6 基址 + 索引寻址

最常见的单一寻址方式可能是基址加索引(Base + Index)，其中有效地址是通过将两个 GP 寄存器的内容相加计算得出的。第 8 章的 uppercaser2 程序(见代码清单 8.3)中演示了这种寻址方式。将输入缓冲区中的字符从小写转换为大写是通过从其值中减去 20h 完成的。

```
sub byte [r13+rbx],20h
```

缓冲区的地址早已存放在 RBP 中，而 RCX 中的数字是当前循环中正在处理的字符相对于缓冲区起始位置的偏移量。将缓冲区的地址与缓冲区内的偏移量相加，得到 SUB 指令作用的字符的有效地址。

但等一下……为什么不使用基址加位移寻址呢？这个指令在语法上是合法的：

```
sub byte [Buff+rbx],20h
```

然而，如果你还记得程序中的内容(值得回顾并阅读相关部分)，在开始循环之前，我们需要将 Buff 的地址减去 1。但是，是否可通过添加第二个位移量 -1 让 NASM 处理这个小调整？实际上这样做是有效的。uppercaser2 程序的核心循环将如下所示：

```
; 为处理缓冲步骤设置寄存器：

mov rbx,rax     ;将读出的字节数放入 rbx 中
mov r13,Buff    ;将缓冲区地址放入 r13
; dec r13       我们不再需要这个指令了！

; 遍历缓冲区并将小写字母转换为大写字母：

Scan:
    cmp byte [r13-1+ rbx],61h  ; 测试输入字符是否为小写 'a'
    jb Next         ; 如果低于 ASCII 中的 'a'，则不是小写
    cmp byte [r13-1+ rbx],7Ah  ; 测试输入字符是否为小写 'z'
    ja Next         ; 如果在 ASCII 码中超过'z'，则不是小写字母

                    ; 现在我们有一个小写字符
sub byte [r13-1+ rbx],20h ; 减去 20h 得到大写字母...

Next:
 dec rbx            ; 递减计数器
jnz Scan            ; 如果还有字符，则返回循环
```

第一个代码块中的 DEC R13 指令不再必要，在之前的代码中该行已被注释掉。NASM 会进行运算，当程序加载时，Buff 的地址在有效地址表达式中减少了 1。这实际上是编写此特定循环的正确方式，我曾仔细考虑过是应该在第 8 章中展示这一点，还是等到能详细解释内存寻址方案后再进行说明。

有些人对“基址 + 位移”这个名称感到困惑，因为在大多数情况下，位移项包含一个地址，而基址项是一个寄存器，其中包含指向该地址的数据项的偏移量。大多数人的经验中，位移(displacement)这个词与偏移(offset)这个词相似，这可能会导致混淆。这就是我不在本书中强调各种内存寻址方案的名称的原因之一，当然也不建议记住这些名称。理解有效地址计算的工作原理，忽略方案的名称。

9.5.7　索引×比例+位移寻址

“基址+索引”寻址通常用于逐字节扫描内存中的缓冲区。但是，如果你需要访问缓冲区或表中的数据项，而每个数据项不是一字节，而是一个字或双字，该如何处理呢？这就需要稍微强大的内存寻址机制。

需要说明的是，数组这个词是我一直以来用于描述缓冲区或表的通用术语。

其他作者在讨论高级语言时可能会将表称为数组。但这三个术语的核心定义是相同的：它们都是内存中一系列相同大小和相同内部定义的数据项。在我迄今为止展示的程序中，只讨论了由一系列串在一起的 1 字节值组成的非常简单的表和缓冲区。代码清单 9.1 的程序中的 Digits 就是这样一个表：

```
Digits: db "0123456789ABCDEF"
```

它由内存中的一行 16 个单字节 ASCII 字符组成，从 Digits 表示的地址开始。你可以使用基址+位移(Base + Displacement)寻址方式访问 Digits 中的 C 字符：

```
mov rcx,12
mov rdx,[Digits+rcx]
```

但是如果你有一个包含 64 位数值的表怎么办？这样的表很容易定义：

```
Sums: dq "15,12,6,0,21,14,4,0,0,19"
```

DQ 限定符告诉 NASM，表 Sums 中的每个项都是一个 64 位的四字量。字面常量将数值插入表中的每个元素。Sums 中第一个元素(即 15)的地址就是整个表的地址。那么第二个元素 12 的地址是多少？你如何在汇编代码中访问它？

请注意，内存是按字节逐一寻址的，而不是按双字或四字逐一寻址。表格中的第二个条目偏移量为 8 字节。如果你尝试使用[Sums+1]的地址来引用表中的第二个条目，将得到第一个表元素的四字中的一字节，这并没有什么用处。

这就是比例概念的来源。地址可能包含一个比例项，该比例项是一个乘数，可以是字面常数 2、4 或 8。字面常数 1 在技术上是合法的，但由于比例是乘数，因此 1 并不是一个有用的比例值。索引和比例的乘积加上位移，即为有效地址。这被称为“索引×比例 + 位移”寻址方案。注意，比例只能与索引一起使用。

通常，比例是表中各个元素的大小。如果你的表由 2 字节字值组成，则比例为 2。如果你的表由 4 字节双字值组成，则比例为 4。如果你的表由 8 字节四字值组成，则比例为 8。

解释这个概念的最好方法是使用图示。在图 9.10 中，我们面对的是地址[DQTable+RCX*8]。DQTable 是一个四字(64 位)值的表。DQTable 的地址是位移量。RCX 寄存器是索引，在这个例子中，它的值是 2，表示要访问的表元素的编号。由于这是一个 8 字节的四字表，因此比例值为 8。同样要注意，乘法符号不是×，而是星号。乘法符号×不在 ASCII 字符集中，因此像大多数高级语言一样，汇编语言使用星号作为乘法运算符。

由于每个表元素大小为 8 字节，因此元素#2 在表开始位置的偏移量为 16。元素的有效地址是通过先将索引乘以比例因子，然后将结果加到 DQTable 的地址上来计算的。就是这样！

[DQTable + RCX * 8]

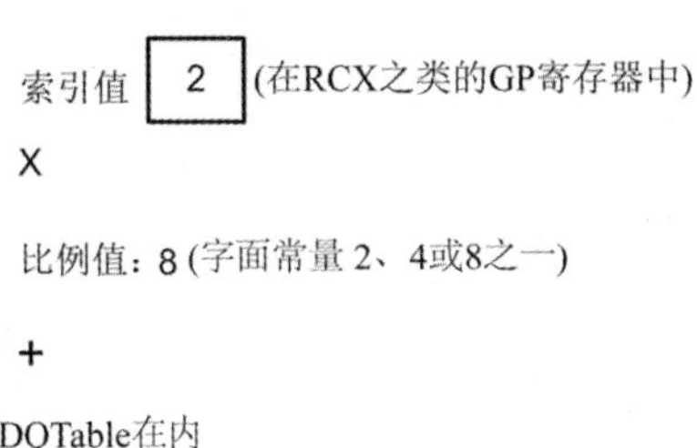

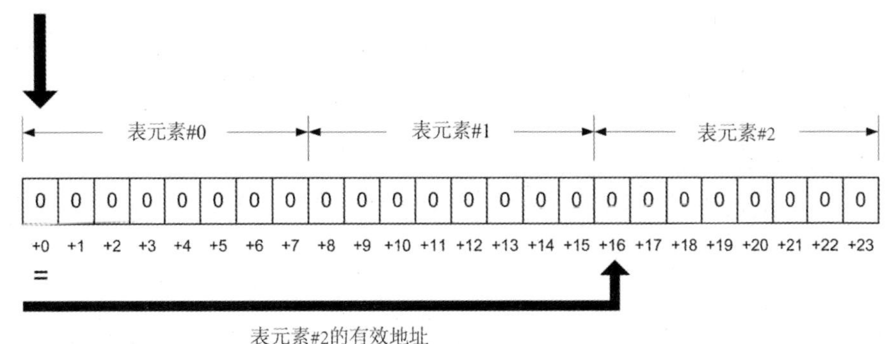

图 9.10　地址比例的工作原理

9.5.8　其他寻址方案

任何包含比例的寻址方案都是这样工作的。不同之处在于有效地址中计算了其他哪些项。“基址 + 索引×比例”方案将比例与索引相乘后添加到寄存器中的基址，而不是位移：

```
mov rcx,2              ; 索引在 rcx 中
mov rbp,DDTable        ; 表地址在 rbp 中
mov rdx,[rbp+rcx*8]    ; 将选定的元素放入 rdx 中
```

你不会总是使用预定义变量(如 DDTable)的地址。有时，表的地址会来自其他地方，最常见的是二维表，由内存中的多个子表组成，每个子表包含一定数量的元素。访问此类表分为两个步骤：首先，在外部表中导出内部表的地址，然后推导出内部表中所需元素的地址。

这种二维表格最熟悉的例子是我在本书早期版本中展示过的，那一版是为 DOS 编写的。在 DOS 下，25 行×80 字符的文本视频内存缓冲区就是一个二维表。每一行由 80 个字符组成，而每个字符由一个 2 字节的字表示。一字节是 ASCII 值，另一字节指定了颜色、下画线等属性。因此，整体缓冲区实际上是一个由 24

个小表组成的总表，每个小表包含 80 个 2 字节的字值。

那种文本视频访问系统随着 DOS 的消亡而消失；Linux 不允许直接访问 PC 视频内存。然而，这在 DOS 时代是十分常见的，是一个二维表的良好示例。

按比例缩放对于包含 2 字节、4 字节或 8 字节元素的表十分有效。那么如果你的表包含 3 字节元素呢？或者 5 字节元素？或者 17 字节元素呢？可惜在这些情况下，你需要进行一些额外的计算才能找出特定元素。有效地址计算并不能独立完成全部工作。该行显示字符串是一个由 3 字节元素组成的表。每个元素包含一个空格字符，后面跟着两个十六进制数字字符。由于这些元素每个长度为三个字符，因此不能在指令中进行按比例缩放，必须单独处理。

这并不难。hexdump1 程序中 HexStr 表中 3 字节元素的缩放比例如下：

```
mov rdx,rcx     ; 将字符计数器复制到 rdx
shl rdx,1       ; 使用左移将计数器乘以 2
add rdx,rcx     ; 完成乘法(×3)
```

在 RDX 中将一个值乘以 3 的计算是通过结合使用 SHL 指令(将值乘以 2)和 ADD 指令(将索引值的第三份拷贝加到移位后的索引值上)来完成的，从而有效地将原始计数值乘以 3。

对其他索引值进行按比例缩放可以采用相同的方法。通过向左移动索引值 2 位来实现 5 倍的缩放，从而将其乘以 4，然后加上一个索引值的副本，以完成 5 的乘法。一般而言，要将索引值按 X 倍进行缩放：

(1) 找到小于 X 的最大 2 的幂。

(2) 将索引值向左移动 2 的幂。

(3) 将原始索引值的副本添加到移位后的副本中，添加次数为完成与 X 相乘所需的次数。

例如，如果 X 为 11，则缩放比例计算将按如下方式进行：

```
mov rdx,rcx  ; 将索引复制到 rdx 中
shl rdx,3    ; 将索引乘以 8
add rdx,rcx  ; 添加索引的 3 个额外副本中的第一个
add rdx,rcx  ; 添加索引的 3 个额外副本中的第二个
add rdx,rcx  ; 添加索引的 3 个额外副本中的第三个
```

这种方法最适合较小的比例值；一旦超过 20，就会有大量的 ADD 指令。此时，答案不是计算比例，而是在专门为给定比例值定义的表中查找比例。例如，假设你的表元素每个长度为 25 字节。你可以定义一个由 25 的倍数组成的表：

```
ScaleValues: dd 0,25,50,75,100,125,150,175,200,225,250,275
```

针对一个大小为 25 的条目，计算一个值为 6 的索引，你需要查找表中 6 与 25 的乘积：

```
mov rcx,6
mov rax,[ScaleValues+rcx*4]
```

RAX 中的值现在包含元素 6 的第一个字节的有效地址，从 0 开始计数元素。

9.5.9　LEA：绝密数学机器

但是等等，还有更多。在英特尔架构中，最奇特且在某些方面最奇妙的指令之一是 LEA(加载有效地址)。从表面上看，它的功能很简单：它利用源操作数括号中的项计算一个有效地址，并将该地址加载到指定的任何 64 位通用寄存器中。

回顾一下在本节开始之前展示的代码。MOV 指令查找表 ScaleValues 中索引为 6 的元素。要查找索引为 6 的项，它首先必须计算该项的有效地址。然后，这个地址用于访问内存。

但是，如果你想将该地址保存在寄存器中，以便稍后使用，而不必重新计算一次呢？这就是 LEA 的作用。下面是 LEA 的实际应用：

```
lea rbx,[ScaleValues+rcx*4]
```

这里，CPU 计算括号内给出的有效地址，并将该地址加载到 RBX 寄存器中。请记住，表中的每个条目都没有标签，因此无法直接引用。LEA 使你能够计算表中任何元素(或任何可计算地址)的有效地址，并将该地址存放在寄存器中。

这本身就非常有用。然而，LEA 还有一个“非标签”用途：在不使用移位、加法或乘法的情况下进行快速数学运算。如果你记得，hexdump1gcc 程序中有一个通过移位和加法来实现乘以 3 的操作的计算：

```
mov rdx,rcx   ; 将字符计数器复制到 rdx
shl rdx,1     ; 使用左移将指针乘以 2
add rdx,rcx   ; 完成乘法(×3)
```

这有效。但看看我们可以使用的其他方法，它们可以完全实现相同的功能：

```
mov rdx,rcx           ; 将字符计数器复制到 rdx
lea rdx,[rdx*2+rdx]   ; 将 rdx 与 3 相乘
```

这不仅几乎总是比移位与加法相结合更快，而且从源代码中可以更清楚地看出实际进行的计算类型。RDX 中最终的结果可能实际上不是任何内容的合法地址，但这并不重要。LEA 不会尝试引用它计算出的地址。它对括号内的内容进行数学运算，并将结果放入目标操作数中。任务完成，内存不受影响，标志不受影响。

当然，你在进行有效地址计算时会受到限制。但首先，可将任何通用寄存器乘以 2、3、4、5、8 和 9。这不是任意的数学运算，但在汇编工作中，乘以 2、3、4、5、8 和 9 是经常出现的，可将 LEA 与移位和加法结合使用，以进行更复杂的

数学运算并“填补”空白。还可连续使用多个 LEA 指令。两个连续的 LEA 指令可将一个值乘以 10，这确实非常有用：

```
lea rbx,[rbx*2]       ; 将 rbx 乘以 2，将乘积放入 RBX
lea rbx,[rbx*4+rbx]   ; 将 rbx 乘以 5，总计乘以 10
```

有人认为这种使用 LEA 的方式是一种卑鄙的伎俩，但在我多年的 x86/x64 汇编工作中，我从未发现过任何缺点。在投入五六条指令来实现特定的乘法之前，看看是否可用两三条 LEA 指令来代替。LEA 在一个机器周期内完成工作，CPU 的数学运算速度也没有比这更快的了！

9.6 字符表转换

有一种表查找曾经十分常见，以至于英特尔的工程师在 x86 架构中专门设计了一条指令来处理它。这种表查找就是我在第 8 章末尾提到的：字符转换。在 20 世纪 80 年代初，我需要以各种方式转换字符集，其中最简单的一种是将所有小写字母强制转换为大写。因此，在第 8 章中，我们构建了一个简单的程序，通过逐块读取文件，获取字符，将所有小写字母转换为大写，然后将它们全部写回到一个新文件中。

转换本身很简单：根据 ASCII 字符表中所有大写字符与其相关小写字符之间的关系，只需要从字符中减去 20h (32)，就能将小写字符转换为大写字符。这种方法是可靠的，但在很大程度上是一种特例。碰巧的是，ASCII 小写字符在图表上总是比相应的大写字符高 32。如果需要将所有竖线(ASCII 124)字符转换成感叹号，该怎么办？有一次我不得不这么做，因为一台老旧的主机无法处理竖线。你可以为每种需要处理的情况编写特殊代码，或者使用转换表。

9.6.1 转换表

转换表是一种特殊类型的表，其工作方式如下：设置一个值表，其中每个必须转换的可能值都有一个条目。数字(或字符，被视为数值)用作表的索引。表中的索引位置是一个值，用于替换用作索引的原始值，从而将旧值转换为新值。

之前在代码清单 9.1 中的 hexdump1gcc 程序中做过一次。回想一下 Digits 表：

```
Digits: db "0123456789ABCDEF"
```

这其实是一个转换表，尽管当时我没有这样称呼它。如果你还记得，当时的想法是将一个 8 位字节的两个 4 位半字节分开，并将这些 4 位值转换为表示十六进制数字的 ASCII 字符。当时的重点是通过按位逻辑操作将字节分成两个半字节，但同时进行了转换。

这种转换是通过以下三条指令完成的：

```
mov al,byte [rsi+rcx]      ; 将输入缓冲区中的一个字节
                           ; 放入 AL
and al,0Fh                 ; 掩码除低半字节外的所有字节
mov al,byte [Digits+rax]   ; 查找半字节的字符等价物
```

第一条指令将输入缓冲区中的一字节加载到 8 位的 AL 寄存器中。第二条指令掩码 AL 中除低 4 位(半字节)的所有位。第三条指令进行内存读取：它使用 AL 中的值作为索引，查找 Digits 表，并将表中对应 AL 值的条目取回。这必须通过在方括号中使用 RAX 来完成，因为 AL 不能参与有效地址计算。只要记住 AL 是 RAX 寄存器中最低位的字节即可。如果 AL 存储的是 0，有效地址计算将 0 加到 Digits 的地址上，从而取回表中的第 0 个条目，也就是 ASCII 字符 0。如果 AL 存储的是 5，有效地址计算将 5 加到 Digits 的地址上，从而取回表中的第 5 个条目，也就是 ASCII 字符 5。对于 4 位半字节可能表示的所有 16 种值，情况都是如此。基本上，这段代码用于将一个数字转换为该数字的 ASCII 字符等效值。

十六进制数字只有 16 个可能的值，因此在 hexdump1gcc 中的转换表只需要 16 字节长。一字节包含足够的位来表示 256 种不同的值，所以如果我们要转换字节大小的值，就需要一个有 256 个条目的表。严格来说，ASCII 字符集只使用前 128 个值，但正如我之前在本书中描述的那样，128 个“高”值通常被分配给特殊字符，如非英语字母、“方框”绘制字符、数学符号等。字符转换的一个常见用途是将值高于 128 的字符转换为低于 128 的字符，以免在无法处理扩展 ASCII 值的旧系统中造成混乱。

这样的表在汇编语言程序中很容易定义：

```
UpCase:
    db 20h,20h,20h,20h,20h,20h,20h,20h,20h,09h,0Ah,20h,20h,20h,20h,20h
    db 20h,20h,20h,20h,20h,20h,20h,20h,20h,20h,20h,20h,20h,20h,20h,20h
    db 20h,21h,22h,23h,24h,25h,26h,27h,28h,29h,2Ah,2Bh,2Ch,2Dh,2Eh,2Fh
    db 30h,31h,32h,33h,34h,35h,36h,37h,38h,39h,3Ah,3Bh,3Ch,3Dh,3Eh,3Fh
    db 40h,41h,42h,43h,44h,45h,46h,47h,48h,49h,4Ah,4Bh,4Ch,4Dh,4Eh,4Fh
    db 50h,51h,52h,53h,54h,55h,56h,57h,58h,59h,5Ah,5Bh,5Ch,5Dh,5Eh,5Fh
    db 60h,41h,42h,43h,44h,45h,46h,47h,48h,49h,4Ah,4Bh,4Ch,4Dh,4Eh,4Fh
    db 50h,51h,52h,53h,54h,55h,56h,57h,58h,59h,5Ah,7Bh,7Ch,7Dh,7Eh,20h
    db 20h,20h,20h,20h,20h,20h,20h,20h,20h,20h,20h,20h,20h,20h,20h,20h
    db 20h,20h,20h,20h,20h,20h,20h,20h,20h,20h,20h,20h,20h,20h,20h,20h
    db 20h,20h,20h,20h,20h,20h,20h,20h,20h,20h,20h,20h,20h,20h,20h,20h
    db 20h,20h,20h,20h,20h,20h,20h,20h,20h,20h,20h,20h,20h,20h,20h,20h
    db 20h,20h,20h,20h,20h,20h,20h,20h,20h,20h,20h,20h,20h,20h,20h,20h
    db 20h,20h,20h,20h,20h,20h,20h,20h,20h,20h,20h,20h,20h,20h,20h,20h
    db 20h,20h,20h,20h,20h,20h,20h,20h,20h,20h,20h,20h,20h,20h,20h,20h
```

```
db 20h,20h,20h,20h,20h,20h,20h,20h,20h,20h,20h,20h,20h,20h,20h,20h
```

UpCase 表在代码中定义为 16 行，每行包含 16 个独立的十六进制值。将其分成 16 行纯粹是为了方便在屏幕或打印页面上阅读，并不会影响 NASM 在输出的.o 文件中生成的二进制表。一旦转换为二进制，它就是 256 个 8 位值连续排列。

这里有一个简短的语法说明：在定义表(或任何包含多个预定义值的数据结构)时，逗号用于分隔单个定义中的值。在前面的表中，DB 定义的行末不需要逗号。每个 DB 定义都是独立的，但由于它们在内存中是相邻的，因此可将这 16 个 DB 定义视为一个 256 字节的表。

任何转换表都可以被视为表达了一个或多个在转换过程中发生的“规则”。前面展示的 UpCase 表表达了以下这些转换规则：

- 所有小写 ASCII 字符都会被转换为大写字母。
- 对于所有小于 127 的可打印 ASCII 字符，如果它们不是小写字母，则会被转换为它们自身。它们并不是“保持”不变，而是仍然被转换，只是转换后的字符与原字符相同。
- 所有从 127 到 255 的“高”字符值都被转换为 ASCII 空格字符(32，或 20h)。
- 所有不可打印的 ASCII 字符(基本上是值 0~31，以及 127)都被转换为空格字符，除了值 9 和 10。
- 字符值 9 和 10(制表符和换行符)会被转换为它们自身。

对于单个数据项来说还不错，是吧？想象一下，如果仅使用机器指令来完成所有这些会有多么麻烦！

9.6.2 使用 MOV 或 XLAT 进行转换

那么，我们如何使用 UpCase 表？显而易见的方法是这样的：

- 将要转换的字符加载到 AL 中。
- 使用 AL 作为基项、UpCase 作为位移项创建内存引用，并将内存引用处的字节移到 AL 中(使用 MOV 指令)，替换用作基项的原始值。

假设的 MOV 指令如下所示：

```
mov al, byte [UpCase+al]
```

只有一个问题：NASM 不允许这样做。在 32 位保护模式和 x64 长模式下，AL 寄存器不能参与有效地址计算，其他 8 位寄存器也不能。

XLAT 指令是硬编码的，以特定方式使用某些寄存器。它的两个操作数都是隐式的：

- 转换表的地址必须在 RBX 中。

- 要转换的字符必须在 AL 中。
- 转换后的字符将返回 AL，替换原来放置在 AL 中的字符。

设置寄存器后，XLAT 指令没有操作数，并且单独使用：

```
xlat
```

说实话：XLAT 已经不如以前那么好用了。在 x64 长模式下，可用以下指令完成相同的操作：

```
mov al, byte [UpCase+rax]
```

在计算用于将字符转换为 AL 的字符的有效地址时，64 位寄存器 RAX 可以代替 8 位 AL。只有一个问题：必须清除 RAX 高 56 位中的任何“剩余”值，否则索引可能意外地超出转换表的范围。XLAT 不会出现此问题，因为 XLAT 指令仅使用 AL 进行索引，而忽略 RAX 高位中的其他内容。

为在加载要转换为 AL 的值之前清除 RAX，可以采用以下两种常见方式之一：

```
xor rax,rax
mov rax,0
```

事实上，考虑到 XLAT 要求使用 AL 和 RBX，这没什么区别，但这里真正想介绍的是通过表进行字符转换。代码清单 9.2 将这一切付诸实践。所示程序的作用与代码清单 8.3 中的 uppercaser2gcc 程序所做的完全相同：将输入文件中的所有小写字符强制转换为大写，并将它们写入输出文件。我没有将它称为 uppercaser3，因为它是一个通用字符转换器。在这个特定的例子中，使用 UpCase 表将小写字符转换为大写；然而，这只是 UpCase 表的规则之一。更改表，就会更改规则。可将一字节中的 256 个不同值中的任何一个或全部转换为任意 8 位值。

我在程序中添加了第二个表供你试验。自定义表格表达了以下规则：

- 所有小于 127 的可打印 ASCII 字符均被转换为其自身。它们并非完全“保留”原样，仍会被转换，只是转换为相同的字符。
- 所有从 127 到 255 的“高”字符值均被转换为 ASCII 空格字符(32 或 20h)。
- 所有不可打印的 ASCII 字符(基本上是值 0~31，加上 127)都将被转换为空格，值 9 和 10 除外。
- 字符值 9 和 10(制表符和 EOL)将被转换为其自身。

基本上，它保留所有可打印字符(加上制表符和 EOL)，并将所有其他字符值转换为 20h(空格字符)。可以在程序中将标签 Custom 替换为 UpCase，更改 Custom 表，然后尝试一下。将那个讨厌的竖线转换为感叹号。将所有 Z 字符改为 Q。更改规则是通过更改表来完成的。代码根本不会改变！

与之前的程序一样，xlat1gcc 从标准输入读取并写入标准输出。将一些文本复制到剪贴板并将其放入 SASM 的输入窗口。然后运行该程序，看看它向输出窗口写入了什么。

代码清单 9.2　xlat1gcc.asm

```
; Executable name : xlat1gcc
; Version         : 2.0
; Created date    : 8/21/2022
; Last update     : 7/17/2023
; Author          : Jeff Duntemann
; Description     : A simple program in assembly for Linux,
;                 : using NASM 2.15, demonstrating the XLAT
;                 : instruction to translate characters using
;                 : translation tables.
;
; Run it either in SASM or using this command in the Linux terminal:
;
;    xlat1gcc < input file > output file
;
;      If an output file is not specified, output goes to stdout
;
; Build using SASM's default build setup for x64
; To test from a terminal, save out the executable to disk.

SECTION .data       ; Section containing initialised data

    StatMsg: db "Processing...",10
    StatLen: equ $-StatMsg
    DoneMsg: db "...done!",10
    DoneLen: equ $-DoneMsg

; The following translation table translates all lowercase
; characters to uppercase. It also translates all non-printable
; characters to spaces, except for LF and HT. This is the table used
; by default in this program.
    UpCase:
    db 20h,20h,20h,20h,20h,20h,20h,20h,20h,09h,0Ah,20h,20h,20h,
    db 20h,20h,20h,20h,20h,20h,20h,20h,20h,20h,20h,20h,20h,20h,
    db 20h,20h,20h,20h,20h,21h,22h,23h,24h,25h,26h,27h,28h,29h,
    db 2Ah,2Bh,2Ch,2Dh,2Eh,2Fh 30h,31h,32h,33h,34h,35h,36h,37h,
    db 38h,39h,3Ah,3Bh,3Ch,3Dh,3Eh,3Fh,40h,41h,42h,43h,44h,45h,
    db 46h, 47h,48h,49h,4Ah,4Bh,4Ch,4Dh,4Eh,4Fh,50h,51h,52h,53h,
    db 54h,55h,56h,57h,58h,59h,5Ah,5Bh,5Ch,5Dh,5Eh,5Fh,60h,41h,
    db 42h,43h,44h,45h,46h,47h,48h,49h,4Ah,4Bh,4Ch,4Dh,4Eh,4Fh
    db 50h,51h,52h,53h,54h,55h,56h,57h,58h,59h,5Ah,7Bh,7Ch,7Dh,
    db 7Eh,20h,20h,20h,20h,20h,20h,20h,20h,20h,20h,20h,20h,20h,
    db 20h,20h,20h,20h 20h,20h,20h,20h,20h,20h,20h,20h,20h,20h,
```

```
    db 20h,20h,20h,20h,20h,20h,20h,20h,20h,20h,20h,20h,20h,20h,
    db 20h,20h,20h,20h,20h,20h,20h,20h,20h,20h,20h,20h,20h,20h,
    db 20h,20h,20h,20h,20h,20h,20h,20h,20h,20h,20h,20h,20h,20h,
    db 20h,20h,20h,20h,20h,20h,20h,20h,20h,20h,20h,20h20h,20h,
    db 20h,20h,20h,20h,20h,20h,20h,20h,20h,20h,20h,20h,20h,20h
    db 20h,20h,20h,20h,20h,20h,20h,20h,20h,20h,20h,20h,20h,20h,
    db 20h,20h,20h,20h,20h,20h,20h,20h,20h,20h,20h,20h,20h,20h,
    db 20h,20h,20h,20h

; The following translation table is "stock" in that it translates
; all printable characters as themselves, and converts all non-
; printable characters to spaces except for LF and HT. You can modify
; this to translate anything you want to any character you want. To
; use it,replace the default table name (UpCase) with Custom in the
; code below.
    Custom:
    db 20h,20h,20h,20h,20h,20h,20h,20h,20h,09h,0Ah,20h,20h,20h,
    db 20h,20h,20h,20h,20h,20h,20h,20h,20h,20h,20h,20h,20h,20h,
    db 20h,20h,20h,20h,20h,21h,22h,23h,24h,25h,26h,27h,28h,29h,
    db 2Ah,2Bh,2Ch,2Dh,2Eh,2Fh,30h,31h,32h,33h,34h,35h,36h,37h,
    db 38h,39h,3Ah,3Bh,3Ch,3Dh,3Eh,3Fh,40h,41h,42h,43h, 44h,45h,
    db 46h,47h,48h,49h,4Ah,4Bh,4Ch,4Dh,4Eh,4Fh,50h,51h,52h, 53h,
    db 54h,55h,56h,57h,58h,59h,5Ah,5Bh,5Ch,5Dh,5Eh,5Fh,60h,61h,
    db 62h,63h,64h,65h,66h,67h,68h,69h,6Ah,6Bh,6Ch,6Dh,6Eh,6Fh
    db 70h,71h,72h,73h,74h,75h,76h,77h,78h,79h,7Ah,7Bh,7Ch,7Dh,
    db 7Eh,20h,20h,20h,20h,20h,20h,20h,20h,20h,20h,20h,20h,20h,
    db 20h,20h,20h,20h,20h,20h,20h,20h,20h,20h,20h,20h,20h,20h,
    db 20h,20h,20h,20h,20h,20h,20h,20h,20h,20h,20h,20h,20h,20h,
    db 20h,20h,20h,20h,20h,20h,20h,20h,20h,20h,20h,20h,20h,20h,
    db 20h,20h,20h,20h,20h,20h,20h,20h,20h,20h,20h,20h,20h,20h,
    db 20h,20h,20h,20h,20h,20h,20h,20h,20h,20h,20h,20h,20h,20h,
    db 20h,20h,20h,20h,20h,20h,20h,20h,20h,20h,20h,20h,20h,20h
    db 20h,20h,20h,20h,20h,20h,20h,20h,20h,20h,20h,20h,20h,20h,
    db 20h,20h,20h,20h,20h,20h,20h,20h,20h,20h,20h,20h,20h,20h,
    db 20h,20h,20h,20h

SECTION .bss            ; Section containing uninitialized data

    READLEN    equ 1024          ; Length of buffer
    ReadBuffer: resb READLEN     ; Text buffer itself

SECTION .text           ; Section containing code

global  main

main:
    mov rbp,rsp        ; This keeps gdb happy...
```

```
; Display the "I'm working..." message via stderr:
    mov rax,1           ; Specify sys_write call
    mov rdi,2           ; Specify File Descriptor 2: Standard error
    mov rsi,StatMsg     ; Pass address of the message
    mov rdx,StatLen     ; Pass the length of the message
    syscall             ; Make kernel call

; Read a buffer full of text from stdin:
read:
    mov rax,0              ; Specify sys_read call
    mov rdi,0              ; Specify File Descriptor 0: Standard Input
    mov rsi,ReadBuffer     ; Pass address of the buffer to read to
    mov rdx,READLEN        ; Pass number of bytes to read at one pass
    syscall
    mov rbp,rax           ; Copy sys_read return value for safekeeping
    cmp rax,0             ; If rax=0, sys_read reached EOF
    je done               ; Jump If Equal (to 0, from compare)

; Set up the registers for the translate step:
    mov rbx,UpCase         ; Place the address of the table into rbx
    mov rdx,ReadBuffer     ; Place the address of the buffer into rdx
    mov rcx,rbp           ; Place number of bytes in the buffer into rcx

; Use the xlat instruction to translate the data in the buffer:
translate:
    xor rax,rax           ; Clear rax
    mov al,byte [rdx-1+rcx] ; Load character into AL for translation
    xlat                  ; Translate character in AL via table
    mov byte [rdx-1+rcx],al ; Put the xlated character back in buffer
    dec rcx               ; Decrement character count
    jnz translate        ; If there are more chars in the buffer, repeat

; Write the buffer full of translated text to stdout:
write:
    mov rax,1          ; Specify sys_write call
    mov rdi,1          ; Specify File Descriptor 1: Standard output
    mov rsi,ReadBuffer  ; Pass address of the buffer
    mov rdx,rbp        ; Pass the # of bytes of data in the buffer
    syscall            ; Make kernel call
    jmp read           ; Loop back and load another buffer full

; Display the "I'm done" message via stderr:
done:
    mov rax,1           ; Specify sys_write call
    mov rdi,2           ; Specify File Descriptor 2: Standard error
    mov rsi,DoneMsg     ; Pass address of the message
```

```
    mov rdx,DoneLen     ; Pass the length of the message
    syscall             ; Make kernel call

; All done! Let's end this party:
    ret                 ; Return to the glibc shutdown code
```

9.7　用表代替计算

计算机系统之间的标准化使得字符转换比以前少了很多，但转换表在其他领域却非常有用。其中之一就是执行更快的数学运算。请考虑下表：

```
Squares: db 0,1,4,9,16,25,36,49,64,81,100,121,144,169,196,225
```

没什么神秘的：Squares 是 0~15 的数字的平方表。如果你在计算中需要 14 的平方，则可以使用 MUL，它比大多数指令慢，并且需要两个 GP 寄存器。或者可以简单地从 Squares 表中获取结果：

```
mov rcx,14
mov al,byte [Squares+rcx]
```

RAX 现在包含 14 的平方。你可以使用 XLAT 实现同样的效果，不过这需要使用某些寄存器。另外请记住，XLAT 仅限于 8 位数量。此处显示的平方表是 XLAT 可以使用的最大平方值表，因为下一个数(16)的平方值是 256，无法用 8 位表示，因此 XLAT 无法使用包含它的查找表。

将平方值查找表的条目设置为 16 位大小，这样就可以包含最大为 255 的所有整数的平方。如果给表中的每个条目设置 32 位，则可以包含最大为 65 535 的整数的平方，但这将是一个非常大的表！

本书没有足够的篇幅介绍浮点数学，但使用表查找平方根等数值曾经非常常见。现代 CPU 具有 AVX 等数学系统，使得此类技术不再那么引人注目。不过，当面临数学计算挑战时，你应该始终记住使用表格查找的可能性。

第10章

分而治之——使用过程和宏来应对程序复杂性

复杂性会毁掉程序。这是我作为程序员学到的第一课，在过去四十多年里，这个教训一直伴随着我。

注意，有一种叫作 APL 的编程语言(它的缩写代表 A Programming Language，多么巧妙)带有一点外星人风格。APL 是我学过的第二门计算机语言(在一台大型 IBM 主机上)，当我学习它时，我不仅仅学到了 APL 这门语言。

APL 使用紧凑的符号表示法，包括其独特的字符集(其中很多是希腊字母)，这与我们熟悉的 ASCII 几乎没有相似之处。这个字符集包含几十个奇怪的小符号，每个符号都具有惊人的功能，如矩阵求逆。用 APL 的一行代码可以实现的功能，比我之后学习过的任何其他语言的一行代码都要多。奇特的符号集与极度紧凑的表示法相结合，使得 APL 代码非常难以阅读和记忆，难以弄清楚一行 APL 代码实际上在做什么。

那是在 1977 年。我自认为已经掌握了整套符号库，于是开始编写一个文本格式化程序。这个程序会将一个纯文本文件处理成左右对齐的打印输出，还会生成居中的标题，以及其他一些功能——这些功能在今天我们认为理所当然，但在 70 年代仍然非常新奇。

在一周时间里，这个程序逐渐扩展到大约 600 行密密麻麻的 APL 符号。我让它正常运行，效果很好——只要我不尝试格式化超过 64 个字符宽的列。然而，当我尝试超出这个宽度时，所有输出都变得混乱不堪。

我打印出了整个程序，准备认真进行调试。然后，我意识到自己陷入了一种恐惧的感觉中，因为在完成程序的最后部分后，我已经完全不记得第一部分是如何工作的了。

特殊的 APL 符号集只是问题的一部分。我很快意识到，我犯的最重要错误是将整个程序写成了一个 600 行的整体代码块。代码中没有任何功能上的划分，也没有任何东西能够指示代码中任意 10 行构成的代码段的意图或目标。

我只能做一件事：把它废弃。我只好接受文本中参差不齐的边距。正如我所说的，复杂性会毁掉一切。这对于汇编语言来说是如此，对于 APL、Java、C、Pascal 或任何其他存在过的编程语言来说也是如此。既然你已经能够在汇编语言中编写较复杂的程序，那么你最好学会如何管理这种复杂性，否则你会发现自己不得不放弃大量代码，仅仅因为你不再记得(或弄清楚)它是如何工作的。

10.1　层层嵌套

管理复杂性是编程中的巨大挑战：在任何一个行动中，都包含了许多更小的行动。看看你平常的活动。当你刷牙时，你会做以下事情：

(1) 拿起牙膏
(2) 拧开盖子
(3) 将盖子放在水槽台上
(4) 拿起牙刷
(5) 从管子中间挤些牙膏到牙刷上
(6) 将牙刷放入口中
(7) 用力来回刷 2 分钟
(8) 漱口

等等。当你刷牙时，你会执行这些每一个动作。然而，当你考虑这个过程时，你不会逐一回顾整个清单。你会想到一个简单的概念——“刷牙”。

同样，当你考虑“早上起床这个动作背后的内容时，你可能会列出如下活动清单：

(1) 关掉闹钟
(2) 起床
(3) 穿上睡袍
(4) 放狗出去
(5) 做早餐
(6) 吃早餐
(7) 刷牙

(8) 刮胡子

(9) 洗澡

(10) 穿好衣服

刷牙当然在清单上，但在你称为“刷牙”的活动中，包含了一整套更小的动作，正如我之前所演示的。对于清单中的大多数活动也是如此。例如，准备一顿合理的早餐需要多少个独立的动作？尽管如此，在一个简单的、略显笼统的短语“早上起床”中，你却能够涵盖所有这些小动作及更小的动作，而无需费力地逐一追踪。

我所描述的是应对复杂性的“套娃”方法。早上起床涉及数百个小动作，所以将这些动作分成连贯的块，并把这些块放入小的概念盒子中。比如，“做早餐”在一个盒子里，“刷牙”在另一个盒子里，“穿衣服”在另一个盒子里，等等。对任何一个单独的盒子进行更详细的检查，会发现它的内容可以进一步分成许多更小的盒子，而这些更小的盒子还能被进一步拆分。

这个过程不会(也不能)永远进行下去，但它应持续到满足以下标准为止：任何一个盒子的内容应该在经过简单检查后能够理解。没有一个盒子应该包含过于复杂或庞大的内容，以至于需要几个小时的凝思和绞尽脑汁才能搞清楚。

将过程视为代码的“盒子”

我在编写 APL 文本格式化程序时犯的一个错误是，将全部 600 行 APL 代码都扔进了一个标有“文本格式化程序”的大盒子中。

在编写代码时，我应该留意一些能够共同完成明确任务的代码语句序列。当我发现这样的序列时，我应该将它们提取为过程，并给予每个过程一个描述性名称。这样，每个序列就会有一个内存标记(即其名称)来表示该序列的功能。如果需要 10 条语句来对齐一行文本，这 10 条语句就应该聚集在一起，命名为 JustifyLine，以此类推。

施乐公司的传奇 APL 程序员 Jim Dunn 后来告诉我，我永远不应该编写一个无法在单个 25 行终端屏幕上显示出来的 APL 程序。“如果超过 25 行，那么你在一个程序中做的事情就太多了。把它拆分开。”他说。此后，每当我使用 APL 时，我都会遵循这一明智的经验法则。

如今所有常用的计算机语言都以某种形式实现了过程，汇编语言也不例外。你的汇编语言程序可能包含多个过程。实际上，程序中可以包含的过程数量没有限制，只要所有过程的代码总字节数加上它们使用的数据能够适应 Linux 分配给它的内存。如今，随着数 GB 的廉价内存的普及，编写无法适应 Linux 分配的代码几乎是不可能的。

无论汇编语言中产生的复杂性有多高，都可以用过程来管理。

让我们先从过程运行的示例开始。仔细阅读代码清单 10.1，看看是什么让它起作用，以及是什么让它保持易于理解。

代码清单 10.1　hexdump2gcc.asm

```
;  Executable name : hexdump2gcc
;  Version          : 2.0
;  Created date     : 5/9/2022
;  Last update      : 5/17/2023
;  Author           : Jeff Duntemann
;  Description      : A simple hexdump utility demonstrating the use
;                   : of assembly language procedures.
;
;  Build using SASM's 64-bit build feature, which uses gcc and
; requires "main".
;  To run, type or paste some text into SASM's Input window and click
; Run.
;  The hex dump of the input text will appear in SASM's Output window.

SECTION .bss        ; Section containing uninitialized data.

    BUFFLEN         EQU 10h
    Buff:          resb BUFFLEN

SECTION .data       ; Section containing initialised data.

; Here we have two parts of a single useful data structure,
; implementing the text line of a hex dump utility. The first part
; displays 16 bytes in hex separated by spaces. Immediately following
; is a 16-character line delimited by vertical bar characters.
; Because they are adjacent, the two parts can be referenced
; separately or as a single contiguous unit.
; Remember that if DumpLin is to be used separately, you must append
; an EOL before sending it to the Linux console.

DumpLine:   db " 00 00 00 00 00 00 00 00 00 00 00 00 00 00 00 00 "
DUMPLEN     EQU $-DumpLine
ASCLine:    db "|................|",10
ASCLEN      EQU $-ASCLine
FULLLEN     EQU $-DumpLine

; The HexDigits table is used to convert numeric values to their hex
; equivalents. Index by nybble without a scale: [HexDigits+eax]
HexDigits:      db "0123456789ABCDEF"

; This table is used for ASCII character translation, into the ASCII
```

```
; portion of the hex dump line, via XLAT or ordinary memory lookup.
; All printable characters "play through" as themselves. The high
; 128 characters are translated to ASCII period (2Eh). The non-
; printable characters in the low 128 are also translated to ASCII
; period, as is char 127.
DotXlat:
    db 2Eh,2Eh,2Eh,2Eh,2Eh,2Eh,2Eh,2Eh,2Eh,2Eh,2Eh,2Eh,2Eh,2Eh,
    db 2Eh,2Eh,2Eh,2Eh,2Eh,2Eh,2Eh,2Eh,2Eh,2Eh,2Eh,2Eh,2Eh,2Eh,
    db 2Eh,2Eh,2Eh,2Eh,20h,21h,22h,23h,24h,25h,26h,27h,28h,29h,
    db 2Ah,2Bh,2Ch,2Dh,2Eh,2Fh,30h,31h,32h,33h,34h,35h,36h,37h,
    db 38h,39h,3Ah,3Bh,3Ch,3Dh,3Eh,3Fh,40h,41h,42h,43h,44h,45h,
    db 46h,47h,48h,49h,4Ah,4Bh,4Ch,4Dh,4Eh,4Fh,50h,51h,52h,53h,
    db 54h,55h,56h,57h,58h,59h,5Ah,5Bh,5Ch,5Dh,5Eh,5Fh,60h,61h,
    db 62h,63h,64h,65h,66h,67h,68h,69h,6Ah,6Bh,6Ch,6Dh,6Eh,6Fh
    db 70h,71h,72h,73h,74h,75h,76h,77h,78h,79h,7Ah,7Bh,7Ch,7Dh,
    db 7Eh,2Eh,2Eh,2Eh,2Eh,2Eh,2Eh,2Eh,2Eh,2Eh,2Eh,2Eh,2Eh,2Eh,
    db 2Eh,2Eh,2Eh,2Eh,2Eh,2Eh,2Eh,2Eh,2Eh,2Eh,2Eh,2Eh,2Eh,2Eh,
    db 2Eh,2Eh,2Eh,2Eh,2Eh,2Eh,2Eh,2Eh,2Eh,2Eh,2Eh,2Eh,2Eh,2Eh,
    db 2Eh,2Eh,2Eh,2Eh,2Eh,2Eh,2Eh,2Eh,2Eh,2Eh,2Eh,2Eh,2Eh,2Eh,
    db 2Eh,2Eh,2Eh,2Eh,2Eh,2Eh,2Eh,2Eh,2Eh,2Eh,2Eh,2Eh,2Eh,2Eh,
    db 2Eh,2Eh,2Eh,2Eh,2Eh,2Eh,2Eh,2Eh,2Eh,2Eh,2Eh,2Eh,2Eh,2Eh,
    db 2Eh,2Eh,2Eh,2Eh,2Eh,2Eh,2Eh,2Eh,2Eh,2Eh,2Eh,2Eh,2Eh,2Eh
    db 2Eh,2Eh,2Eh,2Eh,2Eh,2Eh,2Eh,2Eh,2Eh,2Eh,2Eh,2Eh,2Eh,2Eh,
    db 2Eh,2Eh,2Eh,2Eh,2Eh,2Eh,2Eh,2Eh,2Eh,2Eh,2Eh,2Eh,2Eh,2Eh,
    db 2Eh,2Eh,2Eh,2Eh


SECTION .text      ; Section containing code

;-------------------------------------------------------------
; ClearLine:   Clear a hex dump line string to 16 0 values
; UPDATED:     5/9/2022
; IN:          Nothing
; RETURNS:     Nothing
; MODIFIES:    Nothing
; CALLS:       DumpChar
; DESCRIPTION: The hex dump line string is cleared to binary 0 by
;              calling DumpChar 16 times, passing it 0 each time.

ClearLine:
   push rax          ; Save all caller's r*x GP registers
   push rbx
   push rcx
   push rdx

   mov  rdx,15       ; We're going to go 16 pokes, counting from 0
.poke:
   mov rax,0         ; Tell DumpChar to poke a '0'
   call DumpChar     ; Insert the '0' into the hex dump string
```

```
    sub rdx,1          ; DEC doesn't affect CF!
    jae .poke          ; Loop back if RDX >= 0

    pop rdx            ; Restore caller's r*x GP registers
    pop rcx
    pop rbx
    pop rax
    ret                ; Go home

;-------------------------------------------------------------
; DumpChar:     "Poke" a value into the hex dump line string.
; UPDATED:      5/9/2022
; IN:           Pass the 8-bit value to be poked in RAX.
;               Pass the value's position in the line (0-15) in RDX
; RETURNS:      Nothing
; MODIFIES:     RAX, ASCLin, DumpLin
; CALLS:        Nothing
; DESCRIPTION: The value passed in RAX will be put in both the hex
;             dump portion and in the ASCII portion, at the position
;             passed in RDX, represented by a space where it is not
;             a printable character.

DumpChar:
    push rbx    ; Save caller's RBX
    push rdi    ; Save caller's RDI

; First we insert the input char into the ASCII portion of the dump
; line
    mov bl,[DotXlat+rax]       ; Translate nonprintables to '.'
    mov [ASCLine+rdx+1],bl     ; Write to ASCII portion

; Next we insert the hex equivalent of the input char in the hex portion
; of the hex dump line:
    mov rbx,rax              ; Save a second copy of the input char
    lea rdi,[rdx*2+rdx]      ; Calc offset into line string (RDX X 3)

; Look up low nybble character and insert it into the string:
    and rax,000000000000000Fh ; Mask out all but the low nybble
    mov al,[HexDigits+rax]     ; Look up the char equiv. of nybble
    mov [DumpLine+rdi+2],al    ; Write the char equiv. to line string

; Look up high nybble character and insert it into the string:
    and rbx,00000000000000F0h        ; Mask out all the but
                                     ; second-lowest nybble
    shr rbx,4                 ; Shift high 4 bits of byte into low 4 bits
    mov bl,[HexDigits+rbx]     ; Look up char equiv. of nybble
    mov [DumpLine+rdi+1],bl    ; Write the char equiv. to line string

; Done! Let's return:
```

```
    pop rdi     ; Restore caller's RDI
    pop rbx     ; Restore caller's RBX
    ret         ; Return to caller

;----------------------------------------------------------------
; PrintLine:    Displays DumpLin to stdout
; UPDATED:      5/8/2023
; IN:           DumpLin, FULLEN
; RETURNS:      Nothing
; MODIFIES:     Nothing
; CALLS:        Kernel sys_write
; DESCRIPTION:  The hex dump line string DumpLin is displayed to
                ; stdout using syscall function sys_write.
                ; Registers used are preserved.

PrintLine:

    push rax            ; Alas, we don't have pushad anymore.
    push rbx
    push rcx
    push rdx
    push rsi
    push rdi

    mov rax,1           ; Specify sys_write call
    mov rdi,1           ; Specify File Descriptor 1: Standard output
    mov rsi,DumpLine    ; Pass address of line string
    mov rdx,FULLLEN     ; Pass size of the line string
    syscall             ; Make kernel call to display line string

    pop rdi             ; Nor popad.
    pop rsi
    pop rdx
    pop rcx
    pop rbx
    pop rax
    ret                 ; Return to caller


;----------------------------------------------------------------
; LoadBuff:    Fills a buffer with data from stdin via syscall
sys_read
; UPDATED:     5/8/2023
; IN:         Nothing
; RETURNS:     # of bytes read in R15
; MODIFIES:    RCX, R15, Buff
; CALLS:      syscall sys_read
; DESCRIPTION: Loads a buffer full of data (BUFFLEN bytes) from stdin
;             using syscall sys_read and places it in Buff. Buffer
```

```
;           offset counter RCX is zeroed, because we're starting
;           in on a new buffer full of data. Caller must test value
;           in R15:If R15 contains 0 on return,we've hit EOF on
;           stdin.
;           Less than 0 in R15 on return indicates some kind of
;           error.

LoadBuff:
    push rax      ; Save caller's RAX
    push rdx      ; Save caller's RDX
    push rsi      ; Save caller's RSI
    push rdi      ; Save caller's RDI

    mov rax,0     ; Specify sys_read call
    mov rdi,0     ; Specify File Descriptor 0: Standard Input
    mov rsi,Buff      ; Pass offset of the buffer to read to
    mov rdx,BUFFLEN   ; Pass number of bytes to read at one pass
    syscall       ; Call syscall's sys_read to fill the buffer
    mov r15,rax   ; Save # of bytes read from file for later
    xor rcx,rcx   ; Clear buffer pointer RCX to 0

    pop rdi       ; Restore caller's RDI
    pop rsi       ; Restore caller's RSI
    pop rdx       ; Restore caller's RDX
    pop rax       ; Restore caller's RAX
    ret           ; And return to caller

GLOBAL main ; You need to declare "main" here because SASM uses gcc
           ; to do builds.

; ----------------------------------------------------------------
; MAIN PROGRAM BEGINS HERE
;-----------------------------------------------------------------

main:
    mov rbp,rsp; for correct debugging

; Whatever initialization needs doing before loop scan starts is
                  ; here:
    xor r15,r15     ; Zero out r15,rsi, and rcx
    xor rsi,rsi
    xor rcx,rcx
    call LoadBuff   ; Read first buffer of data from stdin
    cmp r15,0       ; If r15=0, sys_read reached EOF on stdin
    jbe Exit

; Go through the buffer and convert binary byte values to hex digits:
Scan:
    xor rax,rax              ; Clear RAX to 0
```

```
    mov al,byte[Buff+rcx]    ; Get a byte from the buffer into AL
    mov rdx,rsi             ; Copy total counter into RDX
    and rdx,000000000000000Fh  ; Mask out lowest 4 bits of char
                               ; counter
    call DumpChar           ; Call the char poke procedure

; Bump the buffer pointer to the next character and see if buffer's
; done:
    inc rsi          ; Increment total chars processed counter
    inc rcx          ; Increment buffer pointer
    cmp rcx,r15      ; Compare with # of chars in buffer
    jb .modTest      ; If we've processed all chars in buffer...
    call LoadBuff    ; ...go fill the buffer again
    cmp r15,0        ; If r15=0, sys_read reached EOF on stdin
    jbe Done         ; If we get EOF, we're done

; See if we're at the end of a block of 16 and need to display a line:
.modTest:
    test rsi,000000000000000Fh;Test 4 lowest bits in counter for 0
    jnz Scan           ; If counter is *not* modulo 16, loop back
    call PrintLine     ; ...otherwise print the line
    call ClearLine     ; Clear hex dump line to 0's
    jmp Scan           ; Continue scanning the buffer

; All done! Let's end this party:
Done:
    call PrintLine   ; Print the final "leftovers" line

Exit:
    mov rsp,rbp
    ret
```

我承认，这看起来有点吓人。这段代码超过 200 行，是迄今为止本书中最长的程序。尽管如此，它的功能相对简单。它是对代码清单 9.1 中 hexdump1gcc 程序的直接扩展。如果你还记得，十六进制转储程序可以处理任何类型的文件(文本、可执行文件、二进制数据等)，并在屏幕上显示(这里是在 Linux 控制台上)，程序中的每字节都以十六进制形式呈现。代码清单 9.1 实现了这一点。而 hexdump2gcc 则增加了第二个显示列，任何可打印的 ASCII 字符(字母、数字、符号)都以其“真实”形式展示，非可打印字符则用占位符字符表示。这个占位符字符通常是 ASCII 的句点字符，但这只是一个约定，实际上可以是任何字符。

如果你将可执行文件从 SASM 保存到磁盘，则可以使用 hexdump2gcc 显示任何 Linux 文件的十六进制转储，并按以下方式调用它：

```
$./hexdump2gcc < filename
```

I/O 重定向操作符<将右侧命名的文件中的所有数据传送到标准输入。

hexdump2gcc 程序从标准输入获取数据，并以十六进制转储格式输出，每行 16 字节，直到显示完整文件为止。

以下是一个典型 makefile 的十六进制转储示例：

```
68 65 78 64 75 6D 70 32 3A 20 68 65 78 64 75 6D |hexdump2: hexdum|
70 32 2E 6F 0A 09 6C 64 20 2D 6F 20 68 65 78 64 |p2.o..ld -ohexd|
75 6D 70 32 20 68 65 78 64 75 6D 70 32 2E 6F 0A |ump2 hexdump2.o.|
68 65 78 64 75 6D 70 32 2E 6F 3A 20 68 65 78 64 |hexdump2.o: hexd|
75 6D 70 32 2E 61 73 6D 0A 09 6E 61 73 6D 20 2D|ump2.asm..nasm -|
66 20 65 6C 66 20 2D 67 20 2D 46 20 73 74 61 62 |f elf -g-Fstab|
73 20 68 65 78 64 75 6D 70 32 2E 61 73 6D 0A 00 |s hexdump2.asm..|
```

Makefile 是纯文本，因此在转储中没有太多不可打印字符。然而，请注意，制表符和 EOL 这两个在 Linux 文本文件中通常存在的不可打印字符在左列的十六进制形式和右列的句点中都清晰可见。这是有用的，因为当文件在控制台上作为纯文本显示时，制表符和 EOL 字符是不可见的。它们有可见的效果，但你看不到字符本身。文件的十六进制转储可以精确显示任意制表符和 EOL 字符在文件中的具体位置及在特定位置的数量。

鉴于 hexdump2gcc 的复杂性，在深入了解程序内部如何运作之前，展示程序的伪代码可能会很有帮助。以下是该程序的高层次工作原理。

只要 stdin 中有可用数据，请执行以下操作：

- 从 stdin 读取数据
- 将数据字节转换为合适的十六进制/ASCII 显示格式
- 将格式化的数据字节插入 16 字节十六进制转储行
- 每 16 字节显示十六进制转储行

这是一个早期伪代码迭代的良好示例，当你大致知道程序要做什么，但对确切的实现方式还有些模糊时。它应该能帮助你更好地理解下面展示的更详细的伪代码：

- 将字节总数(RSI)和偏移计数器(RCX)清零
- 调用 LoadBuff 用来自 stdin 的第一批数据填充缓冲区
- 测试从 stdin 提取到缓冲区的字节数
- 如果字节数为 0，则文件为空；跳转到 Exit

Scan：

- 从缓冲区中获取一个字节并将其放入 AL
- 得出该字节在十六进制转储行字符串中的位置
- 调用 DumpChar 将字节放入行字符串中
- 增加总计数器和缓冲区偏移计数器
- 测试并查看我们是否已经处理了缓冲区中的最后一字节

  - 如果是，则调用 LoadBuff 用来自 stdin 的数据填充缓冲区，测试从 stdin 提取到缓冲区的字节数
  - 如果字节数为 0，则到达 EOF；跳转到 Exit，测试一下我们是否在十六进制转储行中插入了 16 字节
  - 如果是，则调用 PrintLine 显示十六进制转储行
- 循环回到 Scan

Exit：

- 根据 Linux 要求正常关闭程序

与我在第 8 章中展示的伪代码示例不同，这里明确提到了过程。我认为它们在上下文中几乎是自解释的，这正是一个良好过程的标志。例如，CALL LoadBuff 意味着“执行一个加载缓冲区的过程”。这正是 LoadBuff 所做的，而且 LoadBuff 仅做这件事。你不必面对 LoadBuff 如何完成其工作的所有细节。这使得更容易理解程序整体所表达的更大逻辑流。

仔细查看代码清单 10.1 中的代码，看看你能否理解之前的伪代码与实际机器指令之间的关系。一旦你掌握了这一点，我们就可以更深入地讨论过程。

10.2 调用和返回

在 hexdump2gcc 的主程序块的开头附近有一条我以前从未在本书中使用过的机器指令：

```
cal l LoadBuff
```

标签 LoadBuff 代表一个过程。正如你可能已经了解到的(特别是如果你曾使用较老的语言如 BASIC 或 FORTRAN 进行编程)，CALL LoadBuff 只是在告诉 CPU 去执行一个名为 LoadBuff 的过程，然后在 LoadBuff 执行完毕后返回。LoadBuff 在代码清单 10.1 中已被定义，为了接下来的讨论更清晰，我将在这里重新呈现它。

LoadBuff 是一个很好的程序示例，因为它在逻辑上相对简单，并且使用了我们已经讨论过的指令和概念。像一般的汇编语言程序一样，像 LoadBuff 这样的过程从顶部开始执行，依次运行其主体中的指令，并在某个时刻结束。结束不一定要在指令序列的最底部，但过程的“结束”始终是返回到调用它的程序部分的地方。这个地方就是你看到的 CALL 的另一半，RET(返回)。

```
LoadBuff:
    push rax          ; 保存调用者的 RAX
    push rdx          ; 保存调用者的 RDX
    push rsi          ; 保存调用者的 RSI
```

```
push rdi          ; 保存调用者的 RDI
mov rax,0         ; 指定 sys_read 调用
mov rdi,0         ; 指定文件描述符 0：标准输入
mov rsi,Buff      ; 传递要读取的缓冲区的偏移量
mov rdx,BUFFLEN   ; 传递一次要读取的字节数
syscall         ; 调用 syscall 的 sys_read 函数填充缓冲区
mov r15,rax     ; 保存从文件读取的字节数供以后使用
xor rcx,rcx     ; 将缓冲区指针 RCX 清除为 0
pop rdi     ; 恢复调用者的 RDI
pop rsi     ; 恢复调用者的 RSI
pop rdx     ; 恢复调用者的 RDX
pop rax     ; 恢复调用者的 RAX
ret         ; 返回给调用者
```

在 LoadBuff 这样的一个非常简单的例子中，RET 位于过程中指令序列的末尾处。但是，RET 可能位于过程中的任何位置，并且在某些情况下，你可能会发现在过程中使用多条 RET 指令最为简单。几条 RET 指令中的哪一条实际上将执行权交还给调用者取决于过程执行的操作和遇到的情况，但这并不重要。每个 RET 都是返回调用过程的代码的“出口”点，并且过程内的所有 RET 指令都将执行权交还到同一位置：调用过程的 CALL 指令之后的指令。

过程结构的要点如下：

- 过程必须以一个标签开始，标签是一个标识符，后跟一个冒号。
- 在过程中的某个地方，必须至少有一条 RET 指令。
- 可能有不止一条 RET 指令。程序的执行必须通过 RET 指令返回，但过程可能有多个出口。哪个出口被使用将取决于过程的执行流程，通过条件跳转指令，你可以在满足过程逻辑要求的任何地方设置出口。这些出口都指向同一个地方：调用该过程的 CALL 指令之后的那条指令。
- 一个过程可能使用 CALL 指令来调用另一个过程。稍后会详细介绍。

CALL 和 RET 的操作方式可能听起来很熟悉：CALL 首先将紧跟其后的下一条指令的地址压入栈中。然后，CALL 将执行转移到由过程名所标识的地址，这里是 LoadBuff。过程中的指令执行完毕后，过程以 RET 指令终止。RET 指令从栈顶弹出返回地址，并将执行转移到该地址。由于压入的地址是 CALL 指令之后的第一条指令的地址，因此执行会继续，就像 CALL 根本没有改变指令执行的流程一样。参见图 10.1。

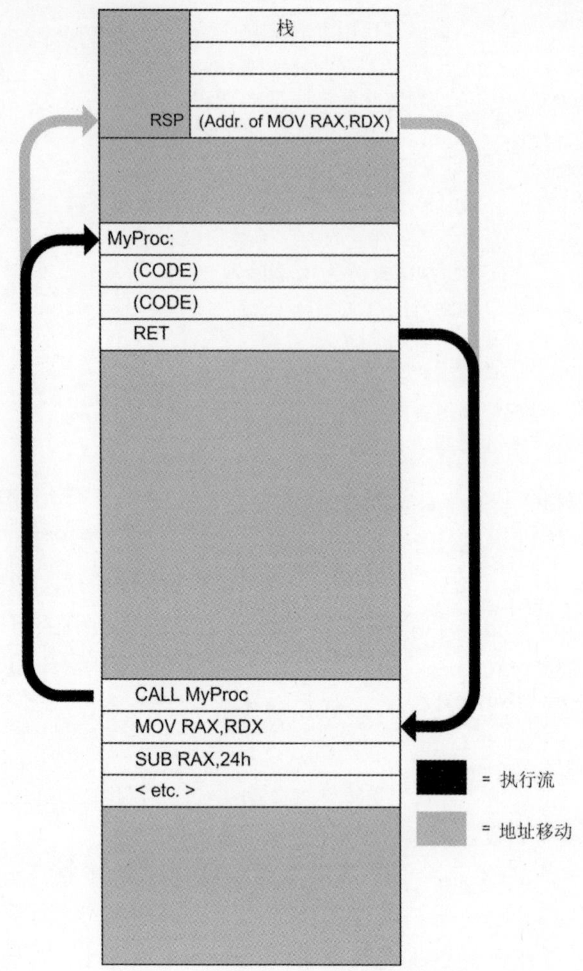

图 10.1　调用过程并返回

10.2.1　调用中的调用

你可以在一个过程内执行主程序中可以执行的任何操作。这包括在一个过程中调用其他过程以及向 Linux 内核服务发出 SYSCALL 调用。

在 hexdump2gcc 中有一个简单的例子：ClearLine 过程调用了 DumpChar 过程，以“清除”十六进制转储行变量 DumpLine。

```
ClearLine:
    push rax            ; 保存所有调用者的 r*x GP 寄存器
    push rbx
    push rcx
    push rdx
    mov rdx,15          ; 我们将进行 16 次操作，从 0 开始
```

```
.poke:
   mov rax,0          ; 告诉 DumpChar 操作一个 '0'
   call  DumpChar     ; 将 '0' 插入十六进制转储字符串
   sub rdx,1          ; DEC 不影响 CF!
   jae .poke          ; 如果 RDX ≥ 0，则循环返回
   pop rdx            ; 恢复所有调用者的 r*x 寄存器
   pop rcx
   pop rbx
   pop rax
   ret                ; 返回
```

基本上，ClearLine 所做的就是对 DumpChar 过程进行特殊使用，稍后将对此进行详细说明。当填充数据并显示到控制台时，DumpLine 变量如下所示：

```
75 6D 70 32 2E 61 73 6D 0A 09 6E 61 73 6D 20 2D|ump2.asm..nasm -|
```

每个两字符的十六进制值，以及右侧 ASCII 列中的每个 ASCII 字符，都是通过一次对 DumpChar 的调用插入的。需要调用 16 次 DumpChar 才能“填满”变量 DumpLine。此时，它就可以显示了。在 DumpLine 显示到控制台后，hexdump2gcc 继续其循环并再次开始填充 DumpLine。每调用 16 次 DumpChar，hexdump2gcc 就会将 DumpLine 显示到控制台上……，除了最后一次。被转储到控制台的文件长度可能(而且通常)不是 16 字节的整数倍。因此，DumpLine 的最后一次显示可能是不完整的行，可能有两个、三个、九个、十一个或少于十六个字符，我称之为“剩余”部分。当显示不完整的一行时，行转储中的最后几字节可能是上次 DumpLine 显示时发送到控制台的“旧”数据。为避免这种情况，DumpLine 在每次显示到终端后会立即被清零。这就是 ClearLine 的作用。调用 ClearLine 后，DumpLine 看起来像这样：

```
00 00 00 00 00 00 00 00 00 00 00 00 00 00 00 00 |................|
```

ClearLine 执行了简单且显而易见的操作：它调用 16 次 DumpChar，每次都将值 0 通过 RAX 传递给 DumpChar。DumpChar 会将十六进制值 00 的 ASCII 等价值和一个 ASCII 句点插入 ASCII 列的所有位置上，以表示 0 值。00 不是可显示的 ASCII 字符，与所有不可显示的字符一样，在十六进制转储输出中用句点表示。

10.2.2　意外递归的危险

在一个过程中调用其他过程时，你需要至少稍微注意一个问题：栈空间。记住，每次过程调用都会将一个 64 位的返回地址压入栈中。这个返回地址直到该过程的 RET 指令执行时才会从栈中移除。如果在返回前执行另一个 CALL 指令，第二个 CALL 指令会将另一个返回地址压入栈中。如果你在过程中不断调用其他过

程，每个 CALL 指令都会在栈上堆积一个返回地址，直到你开始从所有这些嵌套的过程中返回。

在 DOS 时代，这是一个真正的问题，因为内存非常稀缺，程序可能只为栈分配几百字节的内存，有时甚至更少。每次将地址压入栈时，栈都会向程序的 .data 和.text 部分方向增长。调用过“深”可能导致栈与数据或代码发生冲突，从而导致程序崩溃，通常情况下还会导致 DOS 一起崩溃。在 x64 Linux 下，你拥有更多内存，以及操作系统中的虚拟内存管理器。你需要嵌套数百万级的过程调用才会遇到问题，而那将是一个非常复杂的程序。

然而，你仍可能因为误用一种高级编程技术——递归，而陷入类似的麻烦。在递归中，过程会调用自身来完成工作。这对初学者来说通常显得奇怪，但它是一种表达特定程序逻辑的公认且合法的方法。当然，使用递归的关键在于知道何时停止。对于每一次自我调用，递归过程最终必须执行一次 RET。即使递归过程调用自身数十次或数百次，只要 CALL 指令与 RET 指令相平衡，就不会发生任何不好的情况。

问题在于，当你编写一个递归过程时，如果决定何时使用至关重要的 RET 指令的逻辑代码出错，麻烦就会出现。通常，返回的时机是由一个条件跳转指令来决定的。如果你弄错了该指令的意义或标志位的使用，那么这个过程将永远不会返回，而是会不断地自我调用。在现代 PC 上，一个汇编语言过程可以在一秒钟内调用自己一百万次左右。在某个时刻，栈会达到操作系统设定的增长极限，耗尽内存空间。当这种情况发生时，Linux 会抛出一个分段错误(segmentation fault)。

正如我所说，递归是一个高级话题，我不会在本书中解释如何正确使用它。这里提到它，仅仅是因为有可能无意中使用到递归。与我们当前的例子保持一致，假设你在深夜编写 ClearLine 的代码，在 ClearLine 调用 DumpChar 的地方，你糊里糊涂地写了 CALL ClearLine，而你本来打算写的是 CALL DumpChar。不要摇头，我从 1970 年开始编程，已经不止一次犯过这样的错误。迟早你也会遇到这种情况。ClearLine 并不是为递归设计的，所以它会进入一个几乎无穷无尽的循环，不断调用自身，直到耗尽栈内存并触发分段错误。

当 Linux 出现分段错误时，请将“意外”递归添加到你要查找的错误列表中。它属于我称为“不常见”但不可避免的错误类别。

10.2.3 需要警惕的标志相关错误

说到错误，ClearLine 程序非常简单，而且工作也很简单。它还提供了一个有用的教学机会，教你如何解决与标志相关的错误，而这个错误经常让初学者犯错。请看以下 ClearLine 的替代编码方式：

```
ClearLine:
```

```
    push rax        ; 保存所有调用者的 r*x GP 寄存器
    push rbx
    push rcx
    push rdx

    mov rdx,15      ; 将进行 16 次操作，从 0 开始

.poke:
    mov rax,0       ; 告诉 DumpChar 操作一个 0
    call DumpChar   ; 将 0 插入十六进制转储字符串
    sub rdx,1       ; DEC 不影响 CF!
    jae .poke       ; 如果 RDX >= 0，则循环返回

    pop rdx         ; 恢复调用者的 r*x GP 寄存器
    pop rcx
    pop rbx
    pop rax
    ret             ; 返回
```

这能行得通吗？如果你认为可以，那就再想一想。是的，我们从 15 倒数到 0，共进行了 16 次循环。是的，DEC(减 1 指令)在循环中经常被使用，从而倒数到零。但是这个循环有点不同，因为我们需要在 RDX 中的计数器值为 0 时做一些工作，然后减少一次。这里的条件跳转指令是 JAE(跳转到上方或等于)。它必须在 EDX 中的值低于零时跳回到 Poke。DEC 可以顺利地将计数器倒数到零然后低于零。那么为什么 JAE 在 DEC 之后不会跳转呢？逻辑似乎是正确的。

然而，标志位的规则是错误的。如果你查阅附录 B 中的 JAE 指令，会看到它在 CF=0 时跳转。CPU 并不理解 JAE 的“意义”。它不是一个有思维的东西，只是一些非常干净的细小沙粒。[1]它所理解的是，JAE 指令在 CF=0 时跳转。现在，如果你查阅附录 B 中的 DEC 指令并仔细检查标志位列表，会发现 DEC 并不会影响 CF，而 CF 正是 JAE 在决定是否跳转之前检查的内容。

这就是为什么这种情况下我们使用 SUB 指令来减少计数器寄存器的值，因为 SUB 会影响 CF，从而使 JAE 指令能够正确工作。速度上没有任何问题；SUB 和 DEC 一样快。这里的教训是，你需要理解条件跳转指令如何解释各种标志位。跳转的意义可能具有欺骗性，关键在于标志位的规则。

1 译者注：这句话是在用比喻的方式表达 CPU 的本质。它强调 CPU 只是一个机械化工具，没有理解能力或“思维”。“非常干净”的细小沙粒指的是 CPU 由简单而精准的电子元件组成，虽然这些元件非常小且复杂，但它们只是在执行预定的逻辑指令，而不是具有理解或判断能力的有机体。因此，CPU 只是遵循指令执行任务，而不会像人一样理解指令背后的“含义”或“意图”。

10.2.4 过程及其所需的数据

程序通过对数据进行操作来完成工作：操作缓冲区中的数据、命名变量中的数据以及寄存器中的数据。通常，过程(或子程序)被创建来对特定类型的数据进行特定类型的操作。调用这些过程的程序将其视为数据处理机：一种类型的数据输入，另一种转换后的数据输出。

此外，数据常被传递给一个过程，以控制或指导它所执行的工作。例如，一个过程可能需要一个计数值，以确定需要执行某个操作的次数，或者它可能需要一个位掩码来应用于某些数据值，这个位掩码可能并非每次都是完全相同的。

在编写过程(或子程序)时，你需要决定过程需要哪些数据来完成它的工作，以及这些数据将如何提供给过程。在汇编语言工作(以及大多数非外来编程语言)中，数据通常有两类：全局数据和本地数据。

全局数据在纯汇编语言工作中非常常见，尤其是在像本书中展示的小型程序中。全局数据可以被程序中的任何代码访问。全局数据项定义在程序的.data 或.bss 部分中。CPU 寄存器也是全局数据的容器，因为寄存器是 CPU 的一部分，可以从程序中的任何地方访问。

当你将程序分为主程序和多个称为库的过程组时，全局数据的概念会变得更复杂，本章稍后将解释这一点。

但是对于简单的程序来说，将数据传递给过程的最明显方法通常是最好的：将数据放入一个或多个寄存器中，然后调用过程。我们已经看到这种机制的运作方式，比如通过 SYSCALL 指令调用 Linux 内核服务。对于控制台输入，将服务编号放入 RAX，将文件描述符放入 RDI，将字符串的地址放入 RSI，将字符串的长度放入 RDX，然后通过 SYSCALL 进行调用。

对于普通过程来说，这个过程并没有什么不同。编写一个过程时，假设当该过程开始运行时，它所需的值将存放在特定的寄存器中。你需要确保调用该过程的代码在调用前将正确的值放入正确的寄存器中，但实际上并没有那么复杂。

表、缓冲区和其他命名的数据项从过程中访问的方式与程序的其他部分是一样的，都是通过内存寻址表达式用括号括起来进行访问。

10.2.5 保存调用者的寄存器

一旦你开始用汇编语言编写重要的程序，你会意识到寄存器永远不够用，而且当你需要更多寄存器时，你不能随便创建(与 C 和 Pascal 等高级语言不同)。必须谨慎使用寄存器，你会发现在任何较复杂的程序中，所有寄存器通常都处于使用状态。

从主程序的内部(或从另一个过程内部)跳出到一个过程时，会出现一个特定且微妙的问题。你可从任何地方调用一个过程——这意味着无法总是知道在调用该过程时，哪些寄存器已经在使用中。

有一个约定，规定哪些寄存器必须在过程中保留，哪些不必保留。此约定是 x86-x64 System V ABI 应用程序二进制接口的一部分，我将在第 11 章和第 12 章中详细介绍。一些寄存器被认为是“易失”的，这意味着它们可以通过过程更改，而另一些寄存器是“非易失”的，这意味着它们必须保留。

如果一个过程只检查寄存器的值(但不更改它)，则不需要保存它。例如，一个过程可能假设某个寄存器包含它需要用于索引表的计数器值，并且只要不更改其值，就可以自由使用该寄存器。然而，每当一个过程更改寄存器的值时(除非调用者明确期望寄存器中有一个返回值)，在该过程执行 RET 返回调用者之前，应该先保存并恢复该寄存器的值。

保存寄存器值是通过 PUSH 完成的：

```
push rbx
push rsi
push rdi
```

每个 PUSH 指令都会将一个 64 位寄存器压入栈上。这些值将安全地保留在栈上，直到在返回给调用者前将它们弹出到相同的寄存器中：

```
pop rdi
pop rsi
pop rbx
ret
```

这里有一个绝对关键的细节，它会导致许多非常奇怪的程序错误：调用者的值必须按照与压入栈时相反的顺序弹出。换句话说，如果你先将 RBX 压入栈上，然后是 RSI，最后是 RDI，那么你必须以 RDI、RSI、RBX 的顺序从栈中弹出它们。CPU 会按照你编写的顺序将栈中存储的值弹出到任何寄存器。但是，如果你弄错了顺序，你实际上会更改调用者的寄存器，而不是保存它们。原本在 RBX 中的内容可能会出现在 RDI 中，这样一来，调用者的程序逻辑可能彻底陷入混乱。

我在第 8 章最初解释栈时展示了这种情况，但当时你可能没有深刻理解。请简单回顾一下图 8.3，看看右侧列中发生了什么。CX 的值已被压入栈中，但下一条指令是 POP DX。这意味着原本在 CX 中的内容现在到了 DX 中。如果这是你想要的结果，那很好——有时这可能是解决特定问题的最佳方式。但是，如果你压入寄存器的值是为了保存它们，那么压入和弹出的顺序将至关重要。

保存寄存器的最佳方法是在过程内对任何被该过程更改的寄存器进行压入和弹出操作。这不包括传递给过程的寄存器：这些寄存器的值是由调用者在调用过程之前故意更改的。考虑到一个过程只定义一次，但在代码的许多地方会被多次调用。如果你在调用过程之前尝试保存寄存器，并且该过程更改了它们，你将执行比在过程内部保存使用的寄存器更多的压入和弹出操作。

此外，如果一个过程在寄存器中将一个值传递回调用者，调用者会假设该寄存器的值会改变，并利用该寄存器中的新值。

还有一个额外的复杂情况：不仅是你的过程在使用和更改寄存器，Linux 也会参与其中。

10.2.6 在 Linux 系统调用中保存寄存器

Linux 也使用寄存器。它对你的代码执行这些操作时，通常是透明的。唯一需要认真关注的是，在通过 SYSCALL 指令进行系统调用时，哪些寄存器会被更改，哪些寄存器不会被更改。遗憾的是，这个问题没有简单的答案，因为这完全取决于你所使用的具体系统调用。

但首先，最重要的是，SYSCALL 指令本身会使用两个寄存器：

- SYSCALL 将返回地址存储在 RCX 寄存器中。
- SYSCALL 将 RFlags 存储在 R11 寄存器中。

这在功能上等同于 SYSCALL 将 RCX 和 R11 压入栈中。但是，将值保存在寄存器中比将值压入栈中要快得多。从栈中弹出值也很慢，因此 SYSCALL 不会恢复任何内容。每次执行 SYSCALL 时，RCX 和 R11 都会被破坏。

这并不是进行系统调用涉及的所有破坏。系统调用期间的寄存器使用分为三类：

- 你需要将参数传递给寄存器中的系统调用代码。
- 系统调用代码本身使用了一些额外的寄存器。
- 系统调用可能返回代码需要的寄存器中的值。

SYSCALL 系统调用的定义包含了具体细节。这些定义是 x86-64 System V ABI(应用程序二进制接口)的一部分。如果你的代码主体使用了在系统调用期间会被修改的寄存器，你必须选择另一个寄存器在程序中使用，或者在设置参数并执行 SYSCALL 之前，使用 PUSH 指令将该寄存器的值保存到栈中。系统调用完成后，你必须通过 POP 指令恢复它的值。以这种方式使用栈可能导致栈对齐问题，除非你了解栈对齐的原理以及如何保持栈的对齐。我将在第 11 章和第 12 章中详细讨论这个问题。

此外，还有关于易失性(volatile)和非易失性(nonvolatile)寄存器的问题，我也将在第 11 章和第 12 章中进行讨论。

通过 SYSCALL 进行系统调用的过程并不复杂。然而，上次我查看时，系统调用的数量已经达到 335 个。每个系统调用都要求在特定的寄存器中传递特定的数据。这确实需要记住很多细节。通常，你需要查找各种参考资料来了解系统调用的具体细节。我推荐的一个参考资料是：

https://hackeradam.com/x86-64-linux-syscalls

另一个是：

https://blog.rchapman.org/posts/Linux_System_Call_Table_for_x86_64

这两个资源都是非常大的表格，类似于电子表格，包含寄存器的使用情况和每个系统调用编号所需的值。

不过，网页的存在时间并不长，如果你在几年后使用此书，可能网页已经不再可用了。这种情况下，你可在网上搜索 system call table x64，会找到几个类似的资源。确保你找到的表格是用于系统调用的，而不是用户空间调用(userspace calls)。用户空间调用是指调用 C 编程中使用的 glibc 代码库，这完全是另一回事。从汇编语言调用 glibc 是可能的，而且通常非常有用。我将在第 12 章中对此进行更详细的讨论。

如果你已经在 32 位保护模式下做过一些 Linux 汇编工作，这里有一个重要的警告：x64 系统调用的参数与 32 位 x86 系统调用的参数并不相同。大多数情况下，它们甚至差别很大。

在 x64 Linux 中，寄存器的使用有一定的规则：系统调用编号(换句话说，你要调用哪个系统调用)总是存放在 RAX 寄存器中。一个系统调用最多可以接受六个参数。用于传递参数的寄存器顺序如下：RDI、RSI、RDX、R10、R8 和 R9。换句话说，第一个参数通过 RDI 传递，第二个参数通过 RSI 传递，以此类推。

没有任何系统调用需要通过栈传递参数。

注意，无论一个寄存器(如 R9)是否用于向系统调用传递参数，该寄存器的值都不会被保留。Linux 在系统调用期间只保留 7 个寄存器的值：R12、R13、R14、R15、RBX、RSP 和 RBP。

在执行完 SYSCALL 后，RAX 寄存器中会包含一个返回值。如果 RAX 是负值，表示调用过程中发生了错误。对于大多数系统调用，0 表示成功。

10.2.7　PUSHAD 和 POPAD 已废弃

我在第 8 章中提到过这一点，但值得重复的是：某些情况下，过程可能会使用大多数或所有的通用寄存器。在 x64 前，有一对指令可以一次性压入和弹出所有的 32 位通用寄存器。这对指令是 PUSHAD 和 POPAD。另一对指令 PUSHA 和 POPA 用于压入和弹出所有 16 位通用寄存器。这些指令也被废弃了。

现在 x64 有 15 个通用寄存器，每个寄存器在栈中占用 8 字节，这样做是否浪费了栈空间？不一定。确实，将寄存器压入栈需要时间，但请记住，在每种情况下，当你权衡一条指令执行所需的时间是否比另一条指令更多时，必须考虑该指令的执行次数。如果一条指令位于一个密集的循环中，该循环顺序执行数万甚至数百万次，那么指令的速度就很重要。另一方面，如果一条指令在程序运行过程中只执行几次，那么它的速度充其量只是一个次要考虑因素，通常可以忽略不计。

是的，PUSHAD 和 POPAD 曾是方便的快捷方式，但现在它们已经消失了。现在你必须仔细考虑过程会修改哪些寄存器，然后将这些寄存器单独压入栈中，并在过程返回时将它们单独从栈中弹出。

例如，让我们看看本章前面在 hexdump2gcc 中展示的 LoadBuff 过程。LoadBuff 保存了调用者的四个寄存器：RAX、RDX、RSI 和 RDI。然而，它在不保存的情况下修改了另外两个寄存器，即 RCX 和 R15。

LoadBuff 过程之所以不保存 RCX 寄存器，是因为 RCX 寄存器中存储了一个“全局值”，即文件缓冲区变量 Buff 中下一个要处理的字符的位置。当一个缓冲区的数据被完全处理完时，就会调用 LoadBuff 过程，这时需要从标准输入(stdin)中加载新的一批数据。当缓冲区重新填满时，缓冲区计数器必须重置为 0，以便处理可以从新数据的开始处重新开始。LoadBuff 过程执行了这个操作，并将清除后的 RCX 寄存器值传递回调用者。

这样做的目的是确保在处理完一批数据后，计数器能够正确地从头开始，避免出现数据处理错误。因为 RCX 寄存器的值需要被传递回调用者以用于后续处理，因此它不需要在过程内被保存。

在 LoadBuff 过程中，R15 寄存器的任务是返回通过 sys_read 系统调用加载到 Buff 缓冲区中的字节数。程序开始时通过 BUFFLEN 常量指定要读取的字节数。然而，由于很少有文件的长度是 BUFFLEN 的整数倍，因此从标准输入读取的最后一批数据的字节数通常会少于 BUFFLEN。这个字节数被存储在 R15 寄存器中，并被认为是“全局值”，主程序使用该值来确定当前缓冲区是否已被完全处理。

LoadBuff 在栈上保存寄存器并在返回调用代码之前恢复它们。然而，并非所有的寄存器保存和恢复操作必须始终在过程内部完成。

调用代码也可以保存其自己的寄存器，这种做法偶尔会出现。例如，考虑以下(虚构的)指令序列：

```
push rbx
push rdx
call CalcSpace
pop rdx
pop rbx
```

保存寄存器在过程外部和内部的唯一区别是：调用过程的代码可以选择哪些寄存器正在使用，从而决定哪些寄存器需要保存。如果调用代码并未使用所有寄存器，保存所有寄存器将是浪费。

如果将寄存器保存在过程内部，每次调用都只需要四条指令，无论程序中有多少个调用。如果在程序内部保存寄存器，每个调用都需要一组五条指令。尽管在现代 x64 PC 上，这种差异在代码大小和执行速度上并不显著，但将寄存器保存在过程内部的好处在于使主程序代码更简洁。

在寄存器保存方面，没有严格的规则，但 x86-64 System V ABI 给出了建议的规则。我将在第 11 章和第 12 章中详细讨论这些建议。某些寄存器是易失的，不需要保留，而一些寄存器是非易失的，应当保留。同样，我将在接下来的两章中再次讨论这个问题，这两章还会讨论栈对齐等重要问题。

你需要知道在程序的任何时刻寄存器的使用情况，并相应地编写代码。在设计程序时对寄存器的使用做详细记录是很重要的。我唯一的建议是保守地处理寄存器，以免出现错误：保留那些你知道不会被全局使用或用于向调用者返回值的寄存器。相对于寄存器冲突所引发的错误带来的麻烦，保留寄存器所花费的时间是微不足道的。

10.2.8　本地数据

与全局数据相比，本地数据是仅对特定过程或在某些情况下对特定库可访问(或“可见”)的数据。当过程具有本地数据时，几乎总是指在调用过程中将数据放置在栈上的数据。

PUSH 指令将数据放置在栈上。当代码的一部分使用 CALL 指令调用一个过程时，它可以通过在 CALL 指令之前使用一个或多个 PUSH 指令将数据传递给该过程。然后，过程可以在栈上访问这些 PUSH 的数据项。然而，有一点警告：过程不能直接将这些数据项从栈中弹出到寄存器中，因为返回地址挡在了前面。

请记住，CALL 指令的第一个操作是将下一条机器指令的地址压入栈中。当过程获得控制权时，返回地址就在栈的顶部(TOS)，准备好用于 RET 指令。调用者在 CALL 指令之前压入栈中的任何数据项都位于返回地址之上。这些数据项仍可以使用普通的内存寻址和栈指针 RSP 访问。然而，你不能直接使用 POP 指令来访问它们，而不先弹出并重新推送返回地址。这种方法是可行的，我也做过一两次，但它很慢，而且一旦你理解了“栈帧”的本质以及如何在其中寻址，就没必要这么做了。稍后会详细讲解栈帧的概念，因为它在你开始调用 C 或其他高级语言编写的库过程时至关重要。现在，只需要理解全局数据几乎总是定义在程序的 .data 和 .bss 部分，而本地数据则被放置在栈上，用于特定过程的“本地”使用。本地数据需要小心谨慎并遵守规则才能安全使用，原因将在后面解释。

10.2.9　在过程定义中放置常量数据

到现在为止，你应该已经习惯了将代码放在.text 部分，将数据放在.data 或.bss

部分。在几乎所有情况下，这种方式都是组织代码和数据的好方法，但并没有绝对要求必须这样分离代码和数据。你可使用 NASM 的伪指令(如 DB、DW、DD 和 DQ)在过程中定义数据。我已经创建了一个实用的过程，展示了如何做到这一点，并且它是一个很好的例子，说明在什么时候这样做是合适的。

newlines 过程允许你向 stdout 输出指定数量的换行符，该数量由传递给子程序的 RDX 中的值指定。

```
; -------------------------------------------------------------------
; Newlines: Sends between 1 - 15
; newlines to the Linux console
; VERSION: 2.0
; UPDATED: 8/27/2022
; IN: EDX: # of newlines to send, from 1 to 15
; RETURNS: Nothing
; MODIFIES: RAX, RDI
; CALLS: Kernel sys_write
; DESCRIPTION: The number of newline chareacters (0Ah) specified
; in RDX is sent to stdout using using SYSCALL sys_write. This
; procedure demonstrates placing constant data in the
; procedure definition itself, rather than in the .data or
; .bss sections.

newlines:

    cmp rdx,15 ; Make sure caller didn't ask for more than 15
    ja .exit ; If so, exit without doing anything
    mov rsi,EOLs ; Put address of EOLs table into ECX
    mov rax,1 ; Specify sys_write
    mov rdi,1 ; Specify stdout
    syscall ; Make the kernel call
.exit:
    Ret ; Go home!

EOLs db 10,10,10,10,10,10,10,10,10,10,10,10,10,10,10
```

表 EOLs 包含 15 个 EOL 字符。如果你还记得，当 EOL 字符发送到 stdout 时，控制台会将其解释为换行符，使得控制台的光标位置向下移动一行。调用者通过 RDX 传递所需的换行符数量。newlines 过程首先检查调用者请求的换行数是否超出了表中 EOL(行尾)字符的数量，然后将 EOL 表的地址和请求的换行数插入通过 SYSCALL 进行的常规 sys_write 调用中。基本上，sys_write 将 RDX 字符从 EOLs 表显示到控制台，控制台将这些数据解释为 RDX 个换行符。

将数据直接放在过程内意味着可以很方便地将过程定义从一个程序中剪切并粘贴到另一个程序中，而不会遗漏重要的 EOL 字符表。因为 EOLs 表只被 newlines 过程使用，所以将 EOLs 表放在更中心的.data 部分没有任何好处。尽管 EOLs 表在计算机科学的技术意义上不是本地的(它不是由 newlines 的调用者放置在栈上的)，但它“看起来”是本地的，并且能让你的 .data 和 .bss 部分避免被只在单个过程内引用的数据弄得更加杂乱。

你可在本书的代码文档中找到一个完整的程序源文件 newlinestest.asm，你可以直接进行汇编(使用 SASM 构建)。这个文件包含了 newlines 过程，可以用它来进行实验。

10.2.10　更多表技巧

hexdump2gcc 程序的工作原理与代码清单 9.1 中的 hexdump1gcc 程序非常相似，但它还隐藏着更多技巧。值得注意的是十六进制转储行变量 DumpLine 的定义：

```
DumpLine:   db " 00 00 00 00 00 00 00 00 00 00 00 00 00 00 00 00 "
DUMPLEN     EQU $ - DumpLine
ASCLine:    db "|................|",10
ASCLEN      EQU $ - ASCLine
FULLLEN     EQU $ - DumpLine
```

这里我们看到一个由两部分声明的变量。每一部分都可以单独使用，或者(通常情况下)两部分一起使用。DumpLine 的第一部分是包含 16 个十六进制数字的字符串。它的长度由 DUMPLEN 常量定义。请注意，我个人的习惯是将常量的名称大写。常量与变量并不是同一种东西，我发现通过将常量大写，可以使程序更加易读，能一眼看出常量和变量的区别。这并不是 NASM 的要求；你可以选择小写或混合大小写来命名常量。

DumpLine 的第二部分是 ASCII 列，它有自己独立的标签 ASCLine。如果一个程序只需要使用 ASCII 列，它可以单独使用 ASCLine 变量，以及与之关联的长度常量 ASCLEN。现在，由于 DumpLine 的两部分在内存中是相邻的，因此当你引用 DumpLine 时，就可以将这两个部分作为一个整体进行引用，比如当你想通过 SYSCALL 将一行数据发送到标准输出时。在这种情况下，计算整行长度的常量是 FULLLEN。

将两部分命名为不同的变量是有用的，因为数据在写入和读取这两部分时，方式是完全不同的。以 hexdump2gcc 中的 DumpChar 过程为例：

```
DumpChar:
    push rbx  ; 保存调用者的 RBX
    push rdi  ; 保存调用者的 RDI

; 首先将输入字符插入转储行的 ASCII 部分
    mov bl,[DotXlat+rax]      ; 将不可打印字符转换为 '.'
    mov [ASCLine+rdx+1],bl ; 写入 ASCII 部分

; 接下来，将输入字符的十六进制等效值插入十六进制转储行的十六进制部分：

    mov rbx,rax            ; 保存输入字符的第二个副本
    lea rdi,[rdx*2+rdx] ; 计算行字符串中的偏移量 (RDX × 3)

; 查找低位四字节字符并将其插入字符串中：
     and rax,000000000000000Fh ; 屏蔽除低位四字节之外的所有字符
     mov al,[HexDigits+rax]      ; 查找四字节的字符等值
     mov [DumpLine+rdi+2],al     ; 将字符等值写入行字符串

; 查找高位半字节字符并将其插入字符串中：
     and rbx,00000000000000F0h ; 屏蔽除第二低位以外的所有字符半字节
     shr rbx,4                   ; 将字节的高 4 位移入低 4 位
     mov bl,[HexDigits+rbx]      ; 查找半字节的字符等效值
     mov [DumpLine+rdi+1],bl     ; 将字符等效值写入行字符串

; 完成！让我们返回：
     pop rdi  ; 恢复调用者的 RDI
     pop rbx  ; 恢复调用者的 RBX
     ret      ; 返回给调用者
```

写入 ASCII 列非常简单，因为 ASCII 列中的每个字符在内存中都是一字节，并且 ASCLine 中任何一个位置的有效地址都很容易计算：

```
mov [ASCLin+rdx+1],bl ;写入 ASCII 部分
```

在行的十六进制转储部分中，每个位置由三个字符组成：一个空格后跟两个十六进制数字。将其视为一个表时，引用 DumpLine 中的特定条目需要在有效地址计算中使用比例 3：

```
lea rdi,[rdx*2+rdx] ;计算行字符串中的偏移量(RDX × 3)[1]
```

1 译者注：这是在汇编语言中常见的一种方式，通过将寄存器 RDX 的值乘以 3 来计算偏移量。具体含义取决于上下文，例如 RDX 可能表示行号或索引，而每个条目(如字符或数据项)可能占用 3 字节。

注意，RDX*2+RDX 等效于注释中提到的 RDX×3。从数据操作的角度看，十六进制转储行的这两个部分是以非常不同的方式处理的，它们只有在发送到标准输出(stdout)时才会起作用。因此，为这两个部分分别提供一个标签是很有用的。C 语言中的结构体和 Pascal 语言中的记录在底层也采用了非常类似的处理方式。

hexdump2gcc 中的 DotXlat 表是字符转换的另一个示例，与所有此类转换表一样，它表达了在文本行中一致显示所有 256 个不同 ASCII 值所需的规则：

- 所有可打印字符均转换为其自身。
- 所有不可打印字符(包括所有控制字符以及 127 及以上的所有字符)均转换为 ASCII 句点。

10.3　本地标签和跳转的长度

随着你的程序变得越来越长和复杂，迟早你会不小心重复使用某个标签。在本书中，我不会展示特别长或复杂的程序，因此代码标签之间冲突的问题在这里不会成为一个实际问题。但随着你开始编写更复杂的程序，最终你可能在一个源代码文件中编写数百甚至(通过一些练习和坚持)上千行的汇编代码。你很快就会发现，重复的代码标签会成为一个问题。你如何能总是记得在一个 2732 行的程序中，已经在第 187 行用过标签 Scan 呢？

你不会。迟早(特别是如果你经常处理缓冲区和表)，你会尝试再次使用标签 Scan。NASM 会报错。

这是一个十分常见的问题(尤其是对于像 Scan 这样明显有用的标签)，NASM 的作者因此设计了一个特性来解决这个问题：本地标签。本地标签基于这样一个事实：在汇编工作中，几乎所有的标签(除了子程序的名称和主要部分)都是“本地”的，也就是说，这些标签只会被非常接近它们的跳转指令引用——可能只有两三条指令之隔。这些标签通常是密集循环的一部分，不会从远离代码的地方引用，并且通常只从一个地方引用。

以下是一个示例，摘自 hexdump2gcc 的主体部分：

```
; 遍历缓冲区并将二进制字节值转换为十六进制数字：
Scan:
xor rax,rax                   ; 将 RAX 清除为 0
mov al,[Buff+rcx]             ; 从缓冲区获取一个字节放入 AL
mov rdx,rsi                   ; 将总计数器复制到 RDX
and rdx,000000000000000Fh     ; 屏蔽字符计数器的最低 4 位
call DumpChar                 ; 调用字符操作过程
```

```
; 将缓冲区指针移至下一个字符并查看缓冲区是否已完成:
inc rsi              ; 增加已处理字符总数计数器
inc rcx              ; 增加缓冲区指针
cmp rcx,r15          ; 与缓冲区中的字符数进行比较
jb .modTest          ; 如果已经处理了缓冲区中的所有字符……
call LoadBuff        ; ……再次填充缓冲区
cmp r15,0            ; 如果 r15=0，则 sys_read 在 stdin 上达到 EOF
jbe Done             ; 如果是 EOF，则完成

; 查看我们是否处于 16 个块的末尾并需要显示一行:
.modTest:
test rsi,000000000000000Fh ; 测试计数器中的 4 个最低位是否为 0
jnz Scan              ; 如果计数器不是 16 的倍数，则循环返回
call PrintLine        ; ……否则打印该行
call ClearLine        ; 将十六进制转储行清除为 0
jmp Scan              ; 继续扫描缓冲区
```

请注意，标签.modTest 前面有一个句点(即小数点)。这个句点表明它是一个本地标签。本地标签是相对于代码中第一个非本地标签(即不以句点作为前缀的标签；我们称这些为全局标签)而言是本地的。在这个例子中，.modTest 所属的全局标签是 Scan。前面的代码块是程序主体的一部分，用于扫描输入文件缓冲区，将输入数据格式化为每行 16 字节，并将这些行显示到控制台上。

全局标签“拥有”本地标签的方式与其在源代码中的可见性有关：本地标签只能在其所属的全局标签(即位于其上方的第一个全局标签)之后的代码中被引用。

在这个例子中，本地标签.modTest不能在全局标签Scan之前的代码中被引用。这也意味着，程序中可存在第二个 .modTest 标签，只要它与另一个相同名称的本地标签之间存在一个全局标签，NASM 就能区分它们。

本地标签还可存在于过程(procedure)内部。在另一个来自 hexdump2gcc 的例子中，有一个名为 .poke 的本地标签，它属于 ClearLine 过程的标签。因此，它不能被程序或库中其他地方的任何其他过程引用。不要忘记，过程名称是全局标签。这种在单个过程中的隔离性可能不是显而易见的，但这是事实，原因在于，在程序或库中，一个过程的“下方”总会有另一个过程，或者是标记主程序开始的_start 或 main 标签。一旦你看到它的图示，就会觉得显而易见，如图 10.2 中所展示的那样。

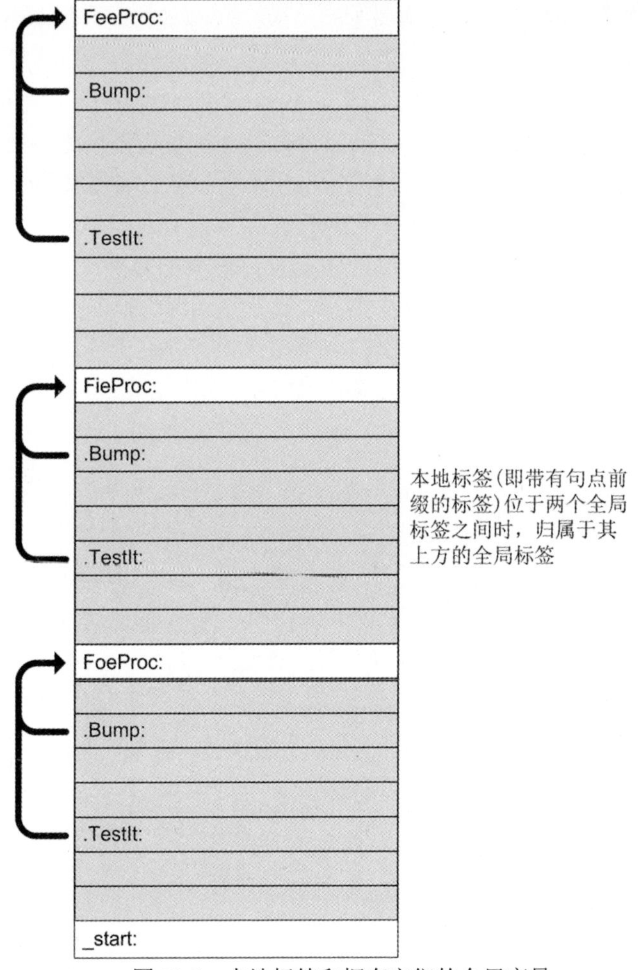

图 10.2　本地标签和拥有它们的全局变量

以下是关于本地标签的一些说明：

- 在过程内定义的本地标签至少是局限于定义它们的过程内部的。这正是图 10.2 的核心内容。当然，你可在过程中使用全局标签。但请记住，这会进一步限制本地标签的可见性。
- 这看起来有些奇怪，但定义从未被引用的全局标签是完全合法的，并且通常是有帮助的，这样可为本地标签提供所属关系。如果你在编写一个简单的实用程序，该程序以线性方式执行，不需要大量的跳转或长距离的循环返回，你可能很长时间都不需要插入全局标签。我喜欢使用全局标签来划分程序的主要功能部分，无论这些标签是否被调用。这使我可以在这些主要功能模块内自由使用本地标签。

- 在编写混合了大量全局和本地标签的紧凑代码时，要小心不要尝试跳转(JMP)到位于全局标签另一侧的本地标签。这就是为什么不建议在程序的某一部分内有 15 个名为 .scan 或 .loopback 的本地标签——你很容易把它们搞混。在尝试跳转到上方五条指令处的本地标签时，你可能会无意中跳转到下方七条指令处的同名标签。NASM 不会在你尝试跳转到全局标签另一侧的同名本地标签时发出警告，而这类错误有时难以查找。像任何工具一样，本地标签需要谨慎使用，才能发挥最大的效益。
- 这是我自己常用的一个经验法则：本地标签及所有跳转到它们的指令应当出现在同一个屏幕的代码范围内。换句话说，你应该能够在不滚动程序编辑器的情况下同时看到本地标签及其所有引用。这只是一个粗略的指导原则，有助于保持程序的逻辑性，但我发现它在我的工作中非常有用。

10.3.1 强制本地标签访问

你偶尔可能发现需要从全局标签所有者的“另一侧”访问本地标签。NASM 提供了一种方法来实现这一点，尽管我承认我自己从未有过这种需要。要强制超出作用域访问本地标签，关键在于理解 NASM 如何在内部处理本地标签。

本地标签有一个隐式定义，包含其所属的全局标签。我们之前讨论的 .modTest 本地标签属于全局标签 Scan。NASM 在内部将 .modTest 识别为 Scan.modTest。如果在程序的其他地方有另一个 .modTest 本地标签(假设它属于全局标签 Calc)，你可通过在跳转指令中包含其所有者的名称来强制跳转到它：

```
jne Calc.modTest
```

从某种意义上说，从内部实现的角度看，本地标签只是全局标签的“尾部”。如果需要，你可以通过在本地标签前添加其全局标签的名称将其视为全局标签，从而访问该本地标签。

再次强调，我自己从未需要这样做，也不认为这是一种好的实践，但了解这个功能的存在是有益的，以备不时之需。

10.3.2 短、近和远跳转

遇到这个错误可能让人感到困惑，它可能发生在完全正确的程序中。如果你使用 NASM 足够长时间，并且编写了足够大的程序，你最终可能遇到这个错误。它是这样的：

```
error: short jump is out of range
```

这个错误发生在条件跳转指令与它所引用的标签之间的距离太远时，其中“太远”指的是内存中的位置太远。这仅适用于条件跳转；无条件跳转指令 JMP 不受此错误的影响。

问题在于 NASM 为特定条件跳转指令生成二进制操作码的不同方式。根据跳转目标标签的距离，条件跳转分为两种类型：短跳转和近跳转。跳转目标在条件跳转指令的 127 字节以内时，称为短跳转；如果跳转目标超出 127 字节，但仍在当前代码段内，则称为近跳转。

在跳转指令中，还有第三种跳转，称为远跳转。这种跳转涉及完全离开当前代码段。对于旧的 DOS 实模式环境，这意味着需要为跳转目标指定段地址和偏移地址。虽然在 DOS 时代我曾用过一两次远跳转，但它们并不常见。请记住，分段现在归操作系统用于其自身的目的。在 32 位保护模式和 64 位长模式中，远跳转极其少见，并涉及各种操作系统复杂性，这在本书中无法详细讲解。对于用户编程来说，远跳转是完全不必要的。

问题实际上在于短跳转和近跳转之间的区别。短跳转指令生成了一个紧凑的二进制操作码。短跳转操作码的大小始终是两个字节，不多也不少。而近跳转操作码的大小则是四个或六个字节，具体取决于各种因素。紧凑的代码意味着更快的代码，大多数情况下，使用短跳转比使用近跳转要稍微快一些。此外，如果你大多数情况下使用短跳转，你的可执行文件将稍微小一些。

由于你编写的大多数条件跳转指令的目标程序位置距离当前指令只有几个指令，因此 NASM 默认生成短跳转操作码是合理的。实际上，NASM 会生成短跳转操作码，除非你明确告诉它使用近跳转。要指定使用近跳转，可使用 near 限定符：

```
jne Scan          ; 在任一方向 127 字节内跳转
jne near Scan     ; 在当前代码段的任意位置跳转
```

初学者往往会遇到“短跳”超出范围错误：你开始编写一个程序，并在程序末尾放置一个像 Exit:的标签，期望从程序的几个不同部分跳转到 Exit:标签。当程序还很新且较小时，这种方式可能会正常工作。然而，随着程序中间添加更多代码，导致位于程序开头的条件跳转距离 Exit:标签超过 127 字节时，就会发生错误。NASM 会抛出错误，指出短跳转超出范围。

修复方法很简单：对于 NASM 报告的“超出”范围的跳转，在条件跳转指令助记符和目标标签之间插入 NEAR 限定符。其他跳转指令则保持不变。

10.4　构建外部过程库

你会注意到，hexdump2gcc 程序中的大部分代码都被分解成不同的过程。这是正确的做法，有助于保持程序的可读性和可维护性。然而，声明在文件hexdump2gcc.asm 中的这些过程只能被 hexdump2gcc 程序本身使用。如果你编写了一个更强大的程序，出于某种原因需要显示数据的十六进制/ASCII 转储，你可以再次使用这些过程——只是在它们仍然位于 hexdump2gcc.asm 文件中时无法做到这一点。

解决办法是将 hexdump2gcc 的过程完全移出 hexdump2gcc.asm，并将它们放在一个单独的源代码文件中，称为库文件。这个库文件可能包含许多过程，但没有主程序部分，因此也没有_start:或 main:标签来指示程序执行的开始位置。它所包含的只有过程(也可能有一些数据定义)，因此不能被链接器转换为自己的可执行程序。

一旦你创建了包含过程的库文件，有两种方法可以使用它们：

- 一个库文件可以单独汇编成一个 .o 文件，然后由 Linux 链接器链接到你未来编写的其他程序中。
- 另外，库文件也可通过一个名为%INCLUDE 的指令被包含在主程序的源代码文件中。我很快会告诉你如何使用%INCLUDE。这是在 SASM 中使用库文件的方式。

10.4.1 当工具达到极限时

尽管SASM非常适合汇编语言初学者学习和使用(SASM正是为此而设计的)，但也有一些不足之处，我们即将遇到一个重要的缺陷：SASM 无法将多个汇编目标代码文件链接到单个可执行文件中。基本上，除了非常有限的情况，它无法执行单独的汇编。

第 5 章简要描述了单独汇编过程，并在图 5.8 和图 5.9 中进行了图示说明。一个程序可能由三四个独立的 .asm 源代码文件组成，每个文件分别汇编成一个独立的 .o 文件。为了生成最终的可执行文件，Linux 链接器 ld 会将所有 .o 文件编织在一起，解决它们之间的所有引用，最终创建出可执行文件。

SASM 并不完全支持单独汇编

稍后将详细描述库文件的单独汇编过程。这些示例将不使用 SASM，而是通过 makefile 来构建。在没有 SASM 的情况下，调试也会变得更具挑战性，我们也会讨论这一点。与此同时，SASM 有一个小技巧，可以让你创建独立的过程库。

10.4.2 在 SASM 中使用包含文件

NASM 包含一个指令，允许你在汇编操作期间将一个文件“包含”到另一个文件中。%INCLUDE 指令后跟一个文本文件的名称(用双引号括起来)：

```
%INCLUDE "%textlibgcc.asm"
```

别忘了双引号！这里只能使用源代码文本文件，不能包含任何类型的二进制文件。当 NASM 在汇编源代码文件时遇到%INCLUDE 指令，它会打开由%INCLUDE 指令指定的文件，并将包括文件中的文本逐行提取到主文件中进行汇编。

注意，包含文件并不会直接插入你的主汇编语言源文件中。基本上，当 NASM 遇到%INCLUDE 指令时，会暂停汇编主源文件，转而开始汇编包含文件。一旦处理完包含文件中的所有行，NASM 会从%INCLUDE 指令之后停止的位置继续汇编主源文件。

包含多个文件没有问题；你可在程序源文件中添加任意数量的%INCLUDE 指令。你还可在一个包含文件(本身也是一个库文件)中使用%INCLUDE 指令，不过这样做会让你的源代码变得非常混乱，除非有很充分的理由，否则我不推荐这么做。

在包含文件中不需要任何特殊声明，因为从实用的角度看，它是包含%INCLUDE 指令的源文件的一部分。作为一个包含文件的例子，请参见代码清单 10.2，它是一个用于在代码清单 10.3(hexdump3gcc.asm)中将文本写入 Linux 控制台的过程库。

代码清单 10.2　textlibgcc.asm

```
;  Library name : textlibgcc
;  Version      : 2.0
;  Created date : 5/9/2022
;  Last update  : 5/9/2023
;  Author       : Jeff Duntemann
;  Description  : A simple include library demonstrating the use of
;               : the %INCLUDE directive within SASM
;
;  Note that this file cannot be assembled by itself, as SASM does
;  not support separate assembly. It can only be used as the target
;  of an %INCLUDE directive.
;

SECTION .bss      ; Section containing uninitialized data

   BUFFLEN  EQU 10h
   Buff     resb BUFFLEN

SECTION .data      ; Section containing initialised data

; Here we have two parts of a single useful data structure,
```

```
; implementing the text line of a hex dump utility. The first part
; displays 16 bytes in hex separated by spaces. Immediately following
; is a 16-character line delimited by vertical bar characters.
; Because they are adjacent, the two parts can be referenced
; separately or as a single contiguous unit.
; Remember that if DumpLin is to be used separately, you must append
; an EOL before sending it to the Linux console.

DumpLine:  db " 00 00 00 00 00 00 00 00 00 00 00 00 00 00 00 00 "
DUMPLEN    EQU $-DumpLine
ASCLine:    db "|................|",10
ASCLEN     EQU $-ASCLine
FULLLEN    EQU $-DumpLine

; The HexDigits table is used to convert numeric values to their hex
; equivalents. Index by nybble without a scale: [HexDigits+eax]
HexDigits: db "0123456789ABCDEF"

; This table is used for ASCII character translation, into the ASCII
; portion of the hex dump line, via XLAT or ordinary memory lookup.
; All printable characters "play through" as themselves. The high
; 128 characters are translated to ASCII period (2Eh). The non-
; printable characters in the low 128 are also translated to ASCII
; period, as is char 127.
DotXlat:
    db 2Eh,2Eh,2Eh,2Eh,2Eh,2Eh,2Eh,2Eh,2Eh,2Eh,2Eh,2Eh,2Eh,2Eh,
    db 2Eh,2Eh,2Eh,2Eh,2Eh,2Eh,2Eh,2Eh,2Eh,2Eh,2Eh,2Eh,2Eh,2Eh,
    db 2Eh,2Eh,2Eh,2Eh,20h,21h,22h,23h,24h,25h,26h,27h,28h,29h,
    db 2Ah,2Bh,2Ch,2Dh,2Eh,2Fh,30h,31h,32h,33h,34h,35h,36h,37h,
    db 38h,39h,3Ah,3Bh,3Ch,3Dh,3Eh,3Fh,40h,41h,42h,43h,44h,45h,
    db 46h,47h,48h,49h,4Ah,4Bh,4Ch,4Dh,4Eh,4Fh,50h,51h,52h,53h,
    db 54h,55h,56h,57h,58h,59h,5Ah,5Bh,5Ch,5Dh,5Eh,5Fh,60h,61h,
    db 62h,63h,64h,65h,66h,67h,68h,69h,6Ah,6Bh,6Ch,6Dh,6Eh,6Fh
    db 70h,71h,72h,73h,74h,75h,76h,77h,78h,79h,7Ah,7Bh,7Ch,7Dh,
    db 7Eh,2Eh,2Eh,2Eh,2Eh,2Eh,2Eh,2Eh,2Eh,2Eh,2Eh,2Eh,2Eh,2Eh,
    db 2Eh,2Eh,2Eh,2Eh,2Eh,2Eh,2Eh,2Eh,2Eh,2Eh,2Eh,2Eh,2Eh,2Eh,
    db 2Eh,2Eh,2Eh,2Eh,2Eh,2Eh,2Eh,2Eh,2Eh,2Eh,2Eh,2Eh,2Eh,2Eh,
    db 2Eh,2Eh,2Eh,2Eh,2Eh,2Eh,2Eh,2Eh,2Eh,2Eh,2Eh,2Eh,2Eh,2Eh,
    db 2Eh,2Eh,2Eh,2Eh,2Eh,2Eh,2Eh,2Eh,2Eh,2Eh,2Eh,2Eh,2Eh,2Eh,
    db 2Eh,2Eh,2Eh,2Eh,2Eh,2Eh,2Eh,2Eh,2Eh,2Eh,2Eh,2Eh,2Eh,2Eh,
    db 2Eh,2Eh,2Eh,2Eh,2Eh,2Eh,2Eh,2Eh,2Eh,2Eh,2Eh,2Eh,2Eh,2Eh
    db 2Eh,2Eh,2Eh,2Eh,2Eh,2Eh,2Eh,2Eh,2Eh,2Eh,2Eh,2Eh,2Eh,2Eh,
    db 2Eh,2Eh,2Eh,2Eh,2Eh,2Eh,2Eh,2Eh,2Eh,2Eh,2Eh,2Eh,2Eh,2Eh,
    db 2Eh,2Eh,2Eh,2Eh


SECTION .text      ; Section containing code
```

```
;-----------------------------------------------------------------
; ClearLine:    Clear a hex dump line string to 16 0 values
; UPDATED:      5/9/2023
; IN:           Nothing
; RETURNS:      Nothing
; MODIFIES:     Nothing
; CALLS:        DumpChar
; DESCRIPTION: The hex dump line string is cleared to binary 0 by
;               calling DumpChar 16 times, passing it 0 each time.

ClearLine:
   push rax        ; Save all caller's r*x GP registers
   push rbx
   push rcx
   push rdx

   mov rdx,15      ; We're going to go 16 pokes, counting from 0
.poke:
   mov rax,0       ; Tell DumpChar to poke a '0'
   call DumpChar   ; Insert the '0' into the hex dump string
   sub rdx,1       ; DEC doesn't affect CF!
   jae .poke       ; Loop back if RDX >= 0

   pop rdx         ; Restore all caller's GP registers
   pop rcx
   pop rbx
   pop rax
   ret             ; Go home

;----------------------------------------------------------------
; DumpChar:      "Poke" a value into the hex dump line string.
; UPDATED:       5/9/2023
; IN:            Pass the 8-bit value to be poked in RAX.
;                Pass the value's position in the line (0-15) in RDX
; RETURNS:       Nothing
; MODIFIES:      RAX, ASCLin, DumpLin
; CALLS:         Nothing
; DESCRIPTION:  The value passed in RAX will be put in both the hex
;             dump portion and in the ASCII portion, at the position
;             passed in RDX, represented by a space where it is not
;             a printable character.

DumpChar:
   push rbx    ; Save caller's RBX
   push rdi    ; Save caller's RDI
```

```
; First we insert the input char into the ASCII portion of the dump
; line
    mov bl,byte [DotXlat+rax]      ; Translate nonprintables to '.'
    mov byte [ASCLine+rdx+1],bl    ; Write to ASCII portion

; Next we insert the hex equivalent of the input char in the hex portion
; of the hex dump line:
    mov rbx,rax            ; Save a second copy of the input char
    lea rdi,[rdx*2+rdx]    ; Calc offset into line string (RDX X 3)

; Look up low nybble character and insert it into the string:
    and rax,000000000000000Fh     ; Mask out all but the low nybble
    mov al,byte [HexDigits+rax]   ; Look up the char equiv. of nybble
    mov byte [DumpLine+rdi+2],al  ; Write the char equiv. to line
                                  ; string

; Look up high nybble character and insert it into the string:
    and rbx,00000000000000F0h    ; Mask out all the but second-lowest
                                 ; nybble
    shr rbx,4                    ; Shift high 4 bits of byte into low
                                 ; 4 bits
    mov bl,byte [HexDigits+rbx]  ; Look up char equiv. of nybble
    mov byte [DumpLine+rdi+1],bl  ; Write the char equiv. to line
                                  ; string

; Done! Let's go home:
    pop rdi    ; Restore caller's RDI
    pop rbx    ; Restore caller's RBX
    ret        ; Return to caller

;-------------------------------------------------------------
; PrintLine:   Displays DumpLin to stdout
; UPDATED:     5/9/2022
; IN:          DumpLine, FULLEN
; RETURNS:     Nothing
; MODIFIES:    Nothing
; CALLS:       Kernel sys_write
; DESCRIPTION: The hex dump line string DumpLin is displayed to stdout
;              using syscall function sys_write. Registers used
;              are preserved, along with RCX & R11.

PrintLine:
    ; Alas, we don't have pushad anymore.
    push rax
    push rbx
    push rcx        ; syscall clobbers
    push rdx
```

```
    push rsi
    push rdi
    push r11        ; syscall clobbers

    mov rax,1       ; Specify sys_write call
    mov rdi,1       ; Specify File Descriptor 1: Standard output
    mov rsi,DumpLine ; Pass address of line string
    mov rdx,FULLLEN  ; Pass size of the line string
    syscall          ; Make kernel call to display line string

    pop r11          ; syscall clobbers
    pop rdi
    pop rsi
    pop rdx
    pop rcx          ; syscall clobbers
    pop rbx
    pop rax
    ret              ; Return to caller


;-----------------------------------------------------------------
; LoadBuff:    Fills a buffer with data from stdin via syscall
; sys_read
; UPDATED:     5/9/2023
; IN:          Nothing
; RETURNS:     # of bytes read in R15
; MODIFIES:    RCX, R15, Buff
; CALLS:       syscall sys_read
; DESCRIPTION: Loads a buffer full of data (BUFFLEN bytes) from stdin
;          using syscall sys_read and places it in Buff. Buffer
;          offset counter RCX is zeroed, because we're starting in
;          on a new buffer full of data. Caller must test value in
;          R15: If R15 contains 0 on return, we've hit EOF on stdin.
;          Less than 0 in R15 on return indicates some kind of error.

LoadBuff:
    push rax         ; Save caller's RAX
    push rdx         ; Save caller's RDX
    push rsi         ; Save caller's RSI
    push rdi         ; Save caller's RDI

    mov rax,0        ; Specify sys_read call
    mov rdi,0        ; Specify File Descriptor 0: Standard Input
    mov rsi,Buff     ; Pass offset of the buffer to read to
    mov rdx,BUFFLEN  ; Pass number of bytes to read at one pass
    syscall          ; Call syscall's sys_read to fill the buffer
    mov r15,rax      ; Save # of bytes read from file for later
```

```
    xor rcx,rcx          ; Clear buffer pointer RCX to 0

    pop rdi              ; Restore caller's RDI
    pop rsi              ; Restore caller's RSI
    pop rdx              ; Restore caller's RDX
    pop rax              ; Restore caller's RAX
    ret                  ; And return to caller
```

使用过程库的程序比在单个源代码文件中包含所有机制的程序要小得多。代码清单10.3基本上是hexdump2gcc.asm，其中的过程被取出并收集到代码清单10.2中提供的包含文件中。

代码清单 10.3　hexdump3gcc.asm

```
;  Executable name  : hexdump3gcc
;  Version          : 2.0
;  Created date     : 9/5/2022
;  Last update      : 5/9/2023
;  Author         : Jeff Duntemann
;  Description    : A simple hex dump utility demonstrating the use
;                 : of code libraries by inclusion via %INCLUDE
;
;  Build using SASM's standard x64 build setup
;
;  Type or paste some text into Input window and click Build & Run.
;

SECTION .bss        ; Section containing uninitialized data

SECTION .data       ; Section containing initialised data

SECTION .text       ; Containing code

%INCLUDE "textlibgcc.asm"

GLOBAL main ; You need to declare "main" here because SASM uses gcc
            ; to do builds.

;-----------------------------------------------------------------------
; MAIN PROGRAM BEGINS HERE
;----------------------------------------------------------------------

main:
    mov rbp, rsp; for correct debugging

; Whatever initialization needs doing before loop scan starts is
```

```
; here:
    xor r15,r15     ; Zero out r15,rsi, and rcx
    xor rsi,rsi
    xor rcx,rcx
    call LoadBuff   ; Read first buffer of data from stdin
    cmp r15,0       ; If r15=0, sys_read reached EOF on stdin
    jbe Exit

; Go through the buffer and convert binary byte values to hex digits:
Scan:
    xor rax,rax               ; Clear RAX to 0
    mov al,byte[Buff+rcx]     ; Get a byte from the buffer into AL
    mov rdx,rsi               ; Copy total counter into RDX
    and rdx,000000000000000Fh  ; Mask out lowest 4 bits of char
                               ; counter
    call DumpChar             ; Call the char poke procedure

; Bump the buffer pointer to the next character and see if buffer's
; done:
    inc rsi         ; Increment total chars processed counter
    inc rcx         ; Increment buffer pointer
    cmp rcx,r15     ; Compare with # of chars in buffer
    jb .modTest     ; If we've processed all chars in buffer...
    call LoadBuff   ; ...go fill the buffer again
    cmp r15,0       ; If r15=0, sys_read reached EOF on stdin
    jbe Done        ; If we get EOF, we're done

; See if we're at the end of a block of 16 and need to display a line:
.modTest:
    test rsi,000000000000000Fh ; Test 4 lowest bits in counter for 0
    jnz Scan              ; If counter is *not* modulo 16, loop back
    call PrintLine        ; ...otherwise print the line
    call ClearLine        ; Clear hex dump line to 0's
    jmp Scan              ; Continue scanning the buffer

; All done! Let's end this party:
Done:
    call PrintLine     ; Print the final "leftovers" line

Exit:
    ret                ; Return to glibc's shutdown code
```

10.4.3　SASM 包含文件的存储位置

任何支持包含文件的编程语言中都会遇到的一个问题是汇编器或编译器需要

去哪里查找这些包含文件。使用 SASM 时你有两种选择：

(1) 可在当前工作目录中创建和使用包含文件库，即你的主源文件所在的目录。这是你在开发将来作为包含文件使用的库时应该做的事情。

(2) 还可使用存储在由 SASM 安装时创建的目录中的包含文件库。这个目录如下：

```
/usr/share/sasm/include
```

看上去都还好，不过，这里有个问题：你需要以 root 用户的身份登录才能将包含文件放入 SASM 的包含(include)目录中。如果你对获取 root 权限感到模糊，可以在网上搜索相关信息。安装 Linux 时会自动创建 root 账户；你需要通过设置密码来“认领”它。同样，由于细节太多，本书无法详细讨论，网上有很多相关教程，如果你打算进行任何严肃的 Linux 编程，这是一项你需要掌握的技能。

那么为什么还要费心去使用那个难以访问的包含目录呢？原因很简单：如果你将库文件保存在多个项目的工作目录中，当你对某个项目的库副本进行修改时，其他项目中相同库的副本不会同步更新。如果你不加小心，那么相同库的副本将逐渐在各个项目中“演变”成不同的版本，导致库中的过程变得不一致，甚至可能引发错误。

在源代码文件中对小问题进行“快速且粗糙”的修复的诱惑是很大的。但不要这么做——尤其是在处理包含文件库时。应该将包含文件库作为一个项目或项目的一部分来创建和完善，然后在获取 root 权限后，将其放入 SASM 的包含目录。这样一来，你的所有项目将使用完全相同的包含库副本。

10.4.4 创建包含文件库的最佳方法

如果你要使用 SASM 从头开发使用包含(include)目录的过程库，可以使用以下经过验证的流程：

(1) 设计过程。我通常会创建一个文本文件，描述库中过程需要完成的任务，并逐步完善这些描述，直到它们变成实际代码。

(2) 打开我之前描述的沙箱程序，将程序源代码输入进去。如果你已经在其他程序中写过这些代码，可将它们复制粘贴到新文件中。

(3) 在沙箱程序的主体中创建简单的“练习”代码，调用你的过程并进行测试。像往常一样使用 SASM 调试器进行调试。这将揭示较简单的错误，比如以错误的顺序压入和弹出寄存器、破坏调用者的寄存器等。

(4) 完成简单的调试后，将库源代码包含到一个“正式”程序中，并对库过程进行更全面的测试。

(5) 当你确信所有过程都按照设计工作时，将它们整合到一个没有沙箱框架的文件中，并将其放入 SASM 的包含文件目录中。

(6) 将新的库文件的副本保存在其他地方，并定期备份。

(7) 如果你在任何时候对库源代码进行更改，务必彻底测试这些更改，然后将修改后的文件放入 SASM 的包含目录中，替换掉已经存在的旧版本。

现在，我们将暂时搁置 SASM，讨论如何使用独立的汇编来将预先组装的 .o 目标代码文件链接成一个可执行文件。使用 SASM 很容易“上瘾”，因为它将许多有用的工具整合在一个 IDE 中——这个 IDE 是专门为学生在汇编语言编程的初步阶段创建的。

我会继续在本书中展示适用于 SASM 的示例代码，因为本书是计算机和汇编语言概念的入门介绍。一旦你开始学习更复杂的 IDE 和更高级的编程技术，就需要知道单独的汇编是如何工作的。

10.4.5　独立汇编和模块

从汇编过程的角度看，每个单独的.asm 文件都被视为一个模块，无论它是否包含_start:或 main:标签，因此无论它是一个程序还是仅包含一些过程。每个模块都包含代码，可能还包括一些数据定义。当所有声明都正确完成时，所有模块可以通过过程调用自由“交流”，任何过程都可以引用链接器组合的文件中的任何数据定义(本地标签仍然只对拥有它们的全局标签可见)。每个可执行文件只能包含一个_start:或 main:标签，因此在链接到一个可执行文件的多个模块中，只有一个可以包含_start:或 main:标签，从而成为程序本身。

这听起来比实际操作要难。关键在于正确处理所有声明。

10.4.6　全局和外部声明

这比以前要容易得多。在过去糟糕的 DOS 时代，你必须为单独汇编的库定义代码段和数据段，并确保这些段被标记为 PUBLIC，还要执行许多其他操作。而在 Linux 下的 32 位保护模式和 x64 长模式用户程序中，只有一个段，包含代码、数据和栈——字面上包含了程序的所有内容。大多数我们以前必须手动完成的“连接”现在由 NASM、链接器和 Linux 加载器自动完成。现在创建库变得非常简单，不比创建程序复杂，甚至在某些方面更加容易。

模块化编程的核心就是将地址解析推迟到链接时再进行。如果你已经开始用汇编语言编写自己的程序，可能已遇到过地址解析的问题。这种问题可能在你不经意间发生：如果你打算在程序中编写一个过程，但在你的极大热情下，先编写了引用该(尚未编写的)过程标签的代码，那么 NASM 会高兴地给你一个错误信息：

```
error: symbol 'MyProc' undefined
```

在模块化编程中，你经常会调用那些并不存在于你当前编写的源代码文件中的过程。如何绕过汇编器的“看门狗”呢？

解决办法是声明一个外部过程。这与字面意思非常相似：汇编器被告知某个标签将在程序外部的某个地方找到，在另一个模块中找到，而不是在当前文件中。一旦告诉了 NASM，NASM 就会暂时忽略未定义的标签。你向 NASM 承诺稍后会提供这个标签，NASM 会接受你的承诺。在链接步骤中，链接器会要求你遵守这个承诺。NASM 会将该引用标记为外部的，并继续运行，而不会因为未定义的标签而报错。

你对 NASM 做出的承诺看起来像这样：

```
EXTERN MyProc
```

在这里，你告诉了汇编器，标签 MyProc 代表一个过程，并且它将会在当前模块之外的某个地方找到。这就是汇编器需要的全部信息，以便暂时不报错。

完成这一步后，汇编器的工作就结束了。它会在你的程序中留下一个位子，供以后插入外部过程的地址。我有时会把它比作一个插孔，外部过程以后将连接到这个位置。

在定义了 MyProc 过程的另一个模块中，仅仅定义过程是不够的。插孔需要一个钩子。你必须告诉汇编器，MyProc 将被从模块外部引用。汇编器需要制造一个钩子，以便挂入插孔中。你通过将过程声明为全局(global)来制造这个钩子，这意味着程序中其他地方的模块可以自由地引用这个过程。声明一个过程为全局的操作并不比声明它为外部(external)更复杂：

```
GLOBAL MyProc
```

在定义过程的地方将其声明为 GLOBAL，可以在其标签声明为 EXTERN 的任何地方引用该过程。

当钩子和插孔都准备好后，实际将它们连接起来的是链接器。在链接操作期间，链接器将汇编器生成的两个 .o 文件结合在一起，一个来自你的程序，另一个来自包含 MyProc 的模块，并将它们组合成一个可执行的二进制文件。.o 文件的数量并不限于两个；你可以在一个程序中拥有几乎任意数量的独立汇编的外部模块。再强调一次，只有一个模块，即程序本身，可以拥有_start:或 main:标签。

当链接器创建的可执行文件被加载并运行时，程序可像在同一个源代码文件中声明的一样，快速地调用 MyProc。图 10.3 以图示方式总结了此过程。

适用于过程的方法同样适用于数据，并可在任一方向上使用。你的程序可以将任何命名的变量声明为 GLOBAL，然后该变量可以在其他模块中被使用，只要在这些模块中使用相同变量名称并通过 EXTERN 指令声明为外部变量。最后，只要所有全局和外部声明都处理得当，过程库本身也可以在它们之间共享数据和过程的任意组合。

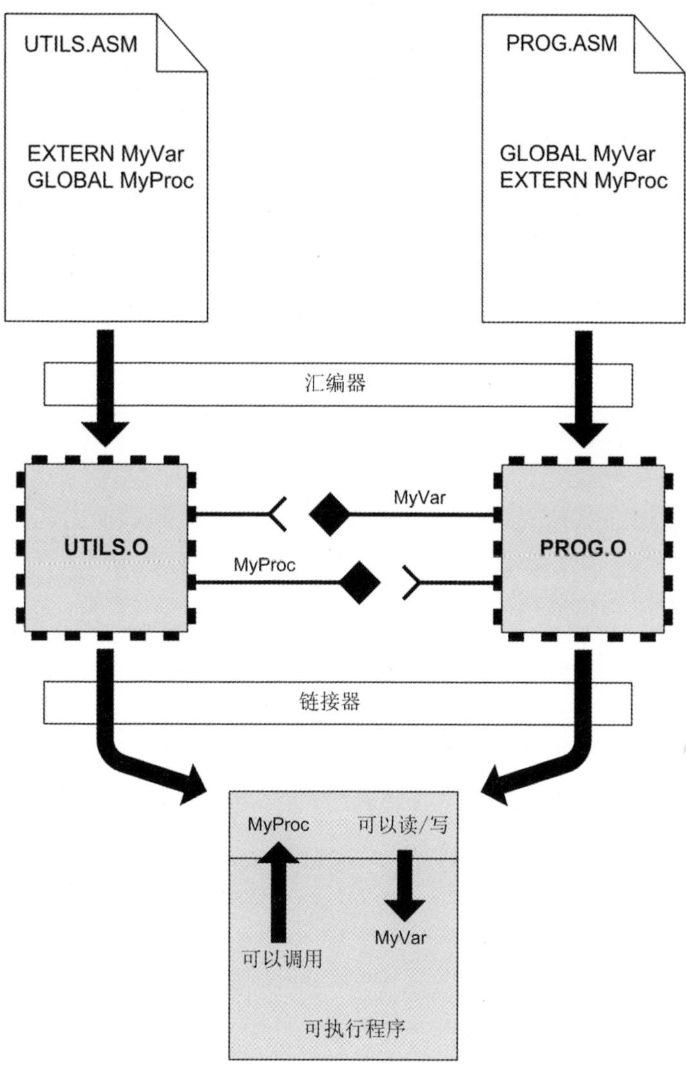

图 10.3　连接全局变量和外部变量

包含声明为全局的过程或变量的程序或模块称为“导出”这些项目。同样，我们说使用外部过程或变量的程序或模块是“导入”这些项目。

10.4.7　全局变量和外部变量的机制

代码清单 10.1 中的 hexdump2gcc 程序包含了多个过程。让我们将这些过程从主程序模块中分离出来，创建一个独立汇编的库模块，以便了解其工作原理。

在前几章中，我已经详细描述了汇编语言程序的源代码要求。独立汇编的库模块与程序类似，可能包含程序模块中的所有三个部分(.text、.data 和.bss)。然而，就库模块缺少的东西而言，有两个主要区别：

- 外部模块不包含主程序，因此没有起始地址。也就是说，库中不存在_start:或 main:标签来指示链接器代码执行应从哪个点开始。库模块并非旨在独立运行，因此在库模块中设置_start:或 main:标签不仅是多余的，而且如果主程序模块中已经存在_start:标签，还会导致严重的链接器错误。
- 外部模块不会返回给 Linux。如果只有主程序模块包含_start:或 main:标签，那么只有主程序模块应该包含关闭程序并将控制权交还给 Linux 的 sys_exit 系统调用。通常情况下，无论是在主程序模块中的过程，还是在外部库模块中的过程，都不应在过程中调用 sys_exit。主程序从操作系统获得运行权限，也应该由主程序将权限归还给操作系统。

请查看代码清单 10.4。它基本上与 hexdump2gcc 程序相同，但其过程被集中到一个单独汇编的库文件 textlib.asm 中。从源代码的角度看，它比 hexdump2gcc 更小，因为大部分代码已经被“外包”出去了。外包到哪里了？你现在还不知道——而且你也不需要知道。只要你使用 EXTERN 指令列出所有缺失的过程，NASM 就会推迟解析这些缺失过程的地址。

代码清单 10.4　hexdump3.asm

```
;  Executable name : hexdump3
;  Version         : 2.0
;  Created date    : 9/14/2022
;  Last update     : 7/18/2023
;  Author           : Jeff Duntemann
;  Description : A simple hex dump utility demonstrating the use of
;              : separately assembled code libraries via EXTERN &
;              : GLOBAL
;  Build using these commands:
;    nasm -f elf64 -g -F dwarf hexdump3.asm
;    ld -o hexdump3 hexdump3.o <path>/textlib.o
;
SECTION .bss        ; Section containing uninitialized data

SECTION .data       ; Section containing initialised data

SECTION .text       ; Section containing code

EXTERN ClearLine, DumpChar, LoadBuff, PrintLine
EXTERN Buff, BuffLength

GLOBAL _start:
```

```
_start:
    push rbp
    mov rbp,rsp      ; For the benefit of gdb
;    nop             ; Ditto

; Whatever initialization needs doing before the loop scan starts
; is here:
    xor r15,r15
    xor rsi,rsi
    xor rcx,rcx
    call LoadBuff    ; Read first buffer of data from stdin
    cmp r15,0        ; If r15=0, sys_read reached EOF on stdin
    jbe Exit

; Go through the buffer and convert binary values to hex digits:
Scan:
    xor rax,rax                ; Clear RAX to 0
    mov al,byte[Buff+rcx]      ; Get a char from the buffer into AL
    mov rdx,rsi                ; Copy total counter into RDX
    and rdx,000000000000000Fh  ; Mask out lowest 4 bits of char
                               ; counter
    call DumpChar              ; Call the char poke procedure

; Bump the buffer pointer to the next character and see if buffer's
; done:
    inc rsi                    ; Increment buffer pointer
    inc rcx                    ; Increment total chars processed
                               ; counter
    cmp rcx,r15              ; Compare with # of chars in buffer
    jb modTest               ; If we've processed all chars in buffer...
    call LoadBuff            ; ...go fill the buffer again
    cmp r15,0                ; If r15=0, sys_read reached EOF on stdin
    jbe Done                 ; If we get EOF, we're done

; See if we're at the end of a block of 16 and need to display a line:
modTest:
    test rsi,000000000000000Fh ; Test 4 lowest bits in counter for 0
    jnz Scan                 ; If counter is *not* modulo 16, loop back
    call PrintLine           ; ...otherwise print the line
    call ClearLine           ; Clear hex dump line to 0's
    jmp Scan                 ; Continue scanning the buffer

; All done! Let's end this party:
Done:
    call PrintLine           ; Print the "leftovers" line

Exit:
```

```
mov rsp,rbp     ; Epilog
pop rbp

    mov rax,60            ; Code for Exit system call
    mov rdi,0             ; Return a code of zero
    syscall               ; Make system call
```

多个项的外部声明可放在同一行上，用逗号分隔，如 hexdump3 所示：

```
EXTERN ClearLine, DumpChar, PrintLine
```

一个模块中不一定只有一个 EXTERN 指令。事实上，每个外部标识符都可以有自己的 EXTERN 指令。具体情况由你决定。然而，当你有一长串外部标识符时，避免犯这个错误：

```
EXTERN InitBlock, ReadBlock, ValidateBlock, WriteBlock, CleanUp,
ShowStats, PrintSummary   ; ERROR!
```

EXTERN 声明不能跨越行边界。事实上，几乎没有任何东西在汇编语言中可以跨越行边界，特别是在 NASM 中。Pascal 和 C 程序员在初次接触汇编语言时常会遇到这个特殊情况。如果你有太多的外部声明而不能在一行内用一个 EXTERN 指令放下，请在后续行中放置额外的 EXTERN 指令。

要将 hexdump3 链接到可运行的可执行程序中，我们必须为其每个过程创建一个外部库模块。所需的只是过程及其在适当部分中的数据，以及必要的 GLOBAL 声明。这就是代码清单 10.5 中的内容。

代码清单 10.5 textlib.asm

```
;  Module name      : textlib.asm
;  Version          : 2.0
;  Created date     : 9/14/2022
;  Last update      : 7/18/2023
;  Author           : Jeff Duntemann
;  Description: A simple procedure library demonstrating the use of
;             : separately assembled code libraries via EXTERN
;
;  Build using this command:
;    nasm -f elf64 -g -F dwarf textlib.asm
;
;

SECTION .bss              ; For containing uninitialized data

 BUFFLEN  EQU 10h        ; We read the input file 16 bytes at a time
 Buff:    resb BUFFLEN ; Reserve memory for the input file read
```

```
                              ; buffer

SECTION .data                 ; For containing initialised data

; Here we have two parts of a single useful data structure,
; implementing the text line of a hex dump utility. The first part
; displays 16 bytes in hex separated by spaces. Immediately following
; is a 16-character line delimited by vertical bar characters.
; Because they are adjacent, they can be referenced separately or
; as a single contiguous unit. Remember that if DumpLin is to be used
; separately, you must append an EOL before sending it to the Linux
; console.

DumpLine:   db " 00 00 00 00 00 00 00 00 00 00 00 00 00 00 00 00 "
DUMPLEN     EQU $-DumpLine
ASCLine:    db "|................|",10
ASCLEN      EQU $-ASCLine
FULLLEN     EQU $-DumpLine

; The equates shown above must be applied to variables to be exported:
DumpLength: dq DUMPLEN
ASCLength:  dq ASCLEN
FullLength: dq FULLLEN
BuffLength: dq BUFFLEN

; The HexDigits table is used to convert numeric values to their hex
; equivalents. Index by nybble without a scale, e.g.: [HexDigits+rax]
HexDigits:  db "0123456789ABCDEF"

; This table allows us to generate text equivalents for binary
; numbers.
; Index into the table by the nybble using a scale of 4:
; [BinDigits + rcx*4]
BinDigits:  db "0000","0001","0010","0011"
            db "0100","0101","0110","0111"
            db "1000","1001","1010","1011"
            db "1100","1101","1110","1111"

; Exported data items and procedures:
GLOBAL  Buff, DumpLine, ASCLine, HexDigits, BinDigits
GLOBAL  ClearLine, DumpChar, NewLines, PrintLine, LoadBuff

; This table is used for ASCII character translation, into the ASCII
; portion of the hex dump line, via XLAT or ordinary memory lookup.
; All printable characters "play through" as themselves. The high
; 128 characters are translated to ASCII period (2Eh). The non-
; printable characters in the low 128 are also translated to ASCII
```

```
; period, as is char 127.
  DotXlat:
  db 2Eh,2Eh,2Eh,2Eh,2Eh,2Eh,2Eh,2Eh,2Eh,2Eh,2Eh,2Eh,2Eh,2Eh,
  db 2Eh,2Eh,2Eh,2Eh,2Eh,2Eh,2Eh,2Eh,2Eh,2Eh,2Eh,2Eh,2Eh,2Eh,
  db 2Eh,2Eh,2Eh,2Eh,20h,21h,22h,23h,24h,25h,26h,27h,28h,29h,
  db 2Ah,2Bh,2Ch,2Dh,2Eh,2Fh,30h,31h,32h,33h,34h,35h,36h,37h,
  db 38h,39h,3Ah,3Bh,3Ch,3Dh,3Eh,3Fh,40h,41h,42h,43h,44h,45h,
  db 46h,47h,48h,49h,4Ah,4Bh,4Ch,4Dh,4Eh,4Fh,50h,51h,52h,53h,
  db 54h,55h,56h,57h,58h,59h,5Ah,5Bh,5Ch,5Dh,5Eh,5Fh,60h,61h,
  db 62h,63h,64h,65h,66h,67h,68h,69h,6Ah,6Bh,6Ch,6Dh,6Eh,6Fh
  db 70h,71h,72h,73h,74h,75h,76h,77h,78h,79h,7Ah,7Bh,7Ch,7Dh,
  db 7Eh,2Eh,2Eh,2Eh,2Eh,2Eh,2Eh,2Eh,2Eh,2Eh,2Eh,2Eh,2Eh,2Eh,
  db 2Eh,2Eh,2Eh,2Eh,2Eh,2Eh,2Eh,2Eh,2Eh,2Eh,2Eh,2Eh,2Eh,2Eh,
  db 2Eh,2Eh,2Eh,2Eh,2Eh,2Eh,2Eh,2Eh,2Eh,2Eh,2Eh,2Eh,2Eh,2Eh,
  db 2Eh,2Eh,2Eh,2Eh,2Eh,2Eh,2Eh,2Eh,2Eh,2Eh,2Eh,2Eh,2Eh,2Eh,
  db 2Eh,2Eh,2Eh,2Eh,2Eh,2Eh,2Eh,2Eh,2Eh,2Eh,2Eh,2Eh,2Eh,2Eh,
  db 2Eh,2Eh,2Eh,2Eh,2Eh,2Eh,2Eh,2Eh,2Eh,2Eh,2Eh,2Eh,2Eh,2Eh,
  db 2Eh,2Eh,2Eh,2Eh,2Eh,2Eh,2Eh,2Eh,2Eh,2Eh,2Eh,2Eh,2Eh,2Eh
  db 2Eh,2Eh,2Eh,2Eh,2Eh,2Eh,2Eh,2Eh,2Eh,2Eh,2Eh,2Eh,2Eh,2Eh,
  db 2Eh,2Eh,2Eh,2Eh,2Eh,2Eh,2Eh,2Eh,2Eh,2Eh,2Eh,2Eh,2Eh,2Eh,
  db 2Eh,2Eh,2Eh,2Eh

SECTION .text              ; For code

;-----------------------------------------------------------------
; ClearLine:   Clear a Full-Length hex dump line to 16 0 values
; UPDATED:     9/21/2022
; IN:          Nothing
; RETURNS:     Nothing
; MODIFIES:    Nothing
; CALLS:       DumpChar
; DESCRIPTION: The hex dump line string is cleared to binary 0.

ClearLine:
  push rax        ; Save all caller's r*x GP registers
  push rbx
  push rcx
  push rdx

  mov rdx,15      ; We're going to go 16 pokes, counting from 0
.poke:
  mov rax,0       ; Tell DumpChar to poke a '0'
  call DumpChar   ; Insert the '0' into the hex dump string
  sub rdx,1       ; DEC doesn't affect CF!
  jae .poke       ; Loop back if RDX >= 0

  pop rdx         ; Restore caller's r*x GP registers
```

```
    pop rcx
    pop rbx
    pop rax
    ret            ; Go home

;-----------------------------------------------------------------
; DumpChar:    "Poke" a value into the hex dump line string DumpLine.
; UPDATED:     9/21/2022
; IN:          Pass the 8-bit value to be poked in RAX.
;              Pass the value's position in the line (0-15) in RDX
; RETURNS:     Nothing
; MODIFIES:    RAX
; CALLS:       Nothing
; DESCRIPTION: The value passed in RAX will be placed in both the
;             hex dump portion and in the ASCII portion, at the position
;             passed in RCX, represented by a space where it is not
;             a printable character.

DumpChar:
  push rbx    ; Save caller's RBX
  push rdi    ; Save caller's RDI

; First we insert the input char into the ASCII portion of the dump
; line
    mov bl,byte [DotXlat+rax]      ; Translate nonprintables to '.'
    mov byte [ASCLine+rdx+1],bl    ; Write to ASCII portion

; Next we insert the hex equivalent of the input char in the hex portion
; of the hex dump line:
    mov rbx,rax              ; Save a second copy of the input char
    lea rdi,[rdx*2+rdx]      ; Calc offset into line string (RDX X 3)

; Look up low nybble character and insert it into the string:
    and rax,000000000000000Fh     ; Mask out all but the low nybble
    mov al,byte [HexDigits+rax] ; Look up the char equivalent of
                                ; nybble
    mov byte [DumpLine+rdi+2],al ; Write the char equivalent to line
                                 ; string

; Look up high nybble character and insert it into the string:
    and rbx,00000000000000F0h    ; Mask out all the but second-lowest
                                 ;nybble
    shr rbx,4              ; Shift high 4 bits of char into low 4 bits
    mov bl,byte [HexDigits+rbx] ; Look up char equivalent of nybble
    mov byte [DumpLine+rdi+1],bl; Write the char equiv. to line string

;Done! Let's go home:
```

```
    pop rdi     ; Restore caller's EDI register value
    pop rbx     ; Restore caller's EBX register value
    ret          ; Return to caller

;-----------------------------------------------------------------
; Newlines:     Sends between 1-15 newlines to the Linux console
; UPDATED:      5/9/2023
; IN:           # of newlines to send, from 1 to 15
; RETURNS:      Nothing
; MODIFIES:     Nothing
; CALLS:        Kernel sys_write
; DESCRIPTION:  The number of newline chareacters (0Ah) specified
;              in RDX is sent to stdout using using SYSCALL sys_write.
;              This procedure demonstrates placing constant data in
;              the procedure definition itself, rather than in .data
;              or .bss

Newlines:
    push rax       ; Push caller's registers
    push rsi
    push rdi
    push rcx       ; Used by syscall
    push rdx
    push r11       ; Used by syscall

    cmp rdx,15     ; Make sure caller didn't ask for more than 15
    ja .exit       ; If so, exit without doing anything
    mov rcx,EOLs   ; Put address of EOLs table into ECX
    mov rax,1      ; Specify sys_write call
    mov rdi,1      ; Specify File Descriptor 1: Standard output
    syscall        ; Make the system call

.exit:
    pop r11        ; Restore all caller's registers
    pop rdx
    pop rcx
    pop rdi
    pop rsi
    pop rax
    ret           ; Go home!

EOLs db 10,10,10,10,10,10,10,10,10,10,10,10,10,10,10

;-----------------------------------------------------------------
; PrintLine:    Displays the hex dump line string via SYSCALL
; sys_write
; UPDATED:      5/9/2023
```

```
; IN:           Nothing
; RETURNS:      Nothing
; MODIFIES:     RAX RCX RDX RDI RSI
; CALLS:        SYSCALL sys_write
; DESCRIPTION:  The hex dump line string DumpLine is displayed to
;               stdout using SYSCALL sys_write.


PrintLine:
    ; Alas, we don't have pushad anymore.
    push rax        ; Push caller's registers
    push rbx
    push rcx        ; Used by syscall
    push rdx
    push rsi
    push rdi
    push r11        ; Used by syscall

    mov rax,1           ; Specify sys_write call
    mov rdi,1           ; Specify File Descriptor 1: Standard output
    mov rsi,DumpLine    ; Pass offset of line string
    mov rdx,FULLLEN     ; Pass size of the line string
    syscall             ; Make system call to display line string

    pop r11             ; Restore callers registers
    pop rdi
    pop rsi
    pop rdx
    pop rcx
    pop rbx
    pop rax
    ret                 ; Go home!

;-------------------------------------------------------------
; LoadBuff:     Fills a buffer with data from stdin via syscall
; sys_read
; UPDATED:      5/9/2023
; IN:           Nothing
; RETURNS:      # of bytes read in R15
; MODIFIES:     RAX, RDX, RSI, RDI, RCX, R15, Buff
; CALLS:        syscall sys_read
; DESCRIPTION:  Loads a buffer full of data (BUFFLEN bytes) from stdin
;          using syscall sys_read and places it in Buff. Buffer
;          offset counter RCX is zeroed, because we're starting in
;          on a new buffer full of data. Caller must test value in
;          R15: If R15 contains 0 on return, we've hit EOF on stdin.
;          Less than 0 in R15 on return indicates some kind of error.
```

```
LoadBuff:
push rax            ; Save caller's RAX
push rdx            ; Save caller's RDX
push rsi            ; Save caller's RSI
push rdi            ; Save caller's RDI

mov rax,0           ; Specify sys_read call
mov rdi,0           ; Specify File Descriptor 0: Standard Input
mov rsi,Buff        ; Pass offset of the buffer to read to
mov rdx,BUFFLEN     ; Pass number of bytes to read at one pass
syscall             ; Call syscall's sys_read to fill the buffer
mov r15,rax         ; Save # of bytes read from file for later
xor rcx,rcx         ; Clear buffer pointer RCX to 0

pop rdi             ; Restore caller's RDI
pop rsi             ; Restore caller's RSI
pop rdx             ; Restore caller's RDX
pop rax             ; Restore caller's RAX
ret                 ; And return to caller
```

在代码清单 10.5 中，有两行全局标识符声明，每行都有一个 GLOBAL 指令。根据我的工作惯例，我将过程和命名数据项的声明分开，并为它们各自指定一行。当然，由于 GLOBAL 声明不能跨越文本行，如果你有很多全局项需要导出，可能需要超过两行。

```
GLOBAL Buff, DumpLine, ASCLine, HexDigits, BinDigits
GLOBAL ClearLine, DumpChar, NewLines, PrintLine, LoadBuff
```

任何需要导出的过程或数据项(即需要在模块外部可用)必须在 GLOBAL 指令之后的行上声明。不必将模块中的所有内容都声明为全局的。实际上，管理复杂性和防止某些类型的错误的一种方法是仔细考虑并严格限制其他模块可以“看到”哪些模块的内容。模块可以有“私有”的过程和命名数据项，这些只能在模块内部引用。将这些项设置为私有实际上是默认行为：只需要不声明它们为全局。

注意，所有声明为全局的项目必须在它们在源代码中定义之前进行声明。实际上，这意味着你需要在.text 部分的顶部声明全局过程，然后定义这些过程。同样，所有全局命名数据项必须在.data 部分中声明，然后定义这些数据项。

等式可从模块中导出，尽管这是 NASM 汇编器的一个创新，并不一定适用于所有汇编器。我认为这很冒险，因此，我定义命名变量来包含由等式定义的值，而不是直接导出等式：

```
DumpLength:  dq DUMPLEN
ASCLength:   dq ASCLEN
```

```
FullLength:  dq FULLLEN
BuffLength:  dq BUFFLEN
```

如果你希望导出它们，可将变量声明为 GLOBAL。注意，显示的示例并非从 textlib.asm 导出，仅用于说明该技术。

10.4.8　将库链接到程序中

对于本书中介绍的所有先前的示例程序，makefile 都相当简单。例如，下面是 hexdump2 程序的 makefile：

```
hexdump2: hexdump2.o
    ld -o hexdump2 hexdump2.o
hexdump2.o: hexdump2.asm
    nasm -f elf64 -g -F dwarf hexdump2.asm
```

链接器调用将 HEXDUMP2.O 转换为可执行文件 hexdump2，这就是它需要做的全部工作。添加一个库文件会稍微增加一些复杂性。链接器现在必须实际链接多个文件。其他 .o 格式的库文件在主程序的可链接文件名之后添加到链接器调用中。在链接步骤中，可以有任意(合理的)数量的 .o 文件。要构建 hexdump3，只需要两个文件。以下是 hexdump3 的 makefile：

```
hexdump3: hexdump3.o
   ld -o hexdump3 hexdump3.o ../textlib/textlib.o
hexdump3.o: hexdump3.asm
   nasm -f elf64 -g -F dwarf hexdump3.asm
```

textlib.o 文件简单地放在链接器调用行中，在程序本身的.o 文件之后。前面 makefile 中有一个小细节：库文件的路径是相对于包含 hexdump3 项目的目录的。通过在 textlib.o 文件名之前添加 ../textlib/，链接器可以通过 Linux 文件系统“向上、横跨、再向下”进入库的项目目录。否则，你就需要将 textlib.o 放在与 hexdump3.o 相同的目录中，或将它复制到 usr/lib 下的某个目录中，因为该路径位于默认的搜索路径中。

一旦完成并经过彻底测试(“彻底”的定义可能很宽泛)，usr/lib 下的某个目录实际上是一个很好的放置地点。然而，当你仍在积极开发一个库时，最好将它保存在与所有其他项目目录位于同一目录树中的一个独立项目目录中，这样你可以在构建其他程序时修复错误并添加新功能——这些问题和功能可能是你使用一段时间后才能想到的。

10.4.9　太多过程和库会造成危险

在汇编编程中，就像在生活中一样，过犹不及。我见过一些代码库，它们由数百个文件组成，每个文件都包含一个单独的过程。而这些过程并非是独立的，它们相互调用，形成一个错综复杂的执行网络，这在源代码层面上是非常难追踪的，尤其是当你继承了这样一个库，并且必须迅速掌握库所实现的机制是如何工作的。如果没有非常详细的文本文档，就无法从全局角度理解哪个过程调用了哪个。如果该库来自其他地方，并像“黑盒子”一样使用，这或许不算是灾难，尽管如此，我仍然喜欢了解我所使用的库是如何工作的。

可惜的是，这样创建单个过程库确实有一个合理的原因：当你将一个库链接到程序时，整个库都会被添加到可执行文件中，即使主程序从未引用过那些过程和数据定义。如果每个过程都单独汇编到自己的 .o 文件中，链接器只会将那些实际被程序调用(并因此被程序执行)的过程添加到你的程序中。

代码的最终去向非常重要。如果你的目标是生成尽可能小的可执行文件，这一点就很关键。尤其是在汇编语言的某些领域(特别是嵌入式系统相关领域)，每一字节都至关重要，“无用代码”永远不会运行，却会给低端硬件带来不必要的成本负担。

但在拥有 16GB 内存和 1TB 磁盘的普通 Linux PC 上，汇编语言代码的大小不会成为问题。如果你的代码在这样的环境中运行，那么可能更适合使用更少的库和更易理解的源代码，即使这会导致可执行文件中包含一些从未实际运行过的几千字节的代码。

10.5 制作过程的艺术

创建过程比简单地从程序中切出一段代码，然后做一个 CALL 和 RET 的组合更复杂。过程的主要目的是通过将具有共同目的的指令汇集成具名实体，使代码更易于维护。不要忘记 1977 年火星人如何绑架了我可怜的 APL 文本格式化程序。维护性可能是软件设计中最难解决的问题，而维护性完全依赖于可理解性。构建程序库的整个理念就是使你的代码易于理解——主要是让你自己理解，但也可能是让其他将要继承或尝试使用你代码的人理解。

在本节中，我将谈谈如何思考过程及其创建过程，同时考虑代码的可维护性。

10.5.1 可维护性和重用性

程序的最重要目的就是通过用描述性名称替代一系列机器指令来管理程序中的复杂性。其次是代码重用。在开始新项目时，没有必要每次都从头编写相同的常用机制。编写一次，写好，然后永远使用。

这两个目的相互作用。代码重用通过多种方式提高代码的可维护性：

- 重用意味着在整个项目中需要维护的代码总量会减少。
- 重用可以节省你在调试上投入的时间和精力。
- 重用迫使你在项目间保持一定的编码规范(因为你的库需要这样)，这使得你的项目之间具有“家族”相似性，在你离开一段时间后，更容易理解它们。
- 重用意味着会减少那些具有相似功能但方式略有不同的代码片段。

最后一点比较微妙但重要。当你在调试时，你脑海中不断闪现的是对程序各部分工作原理的理解。你希望这种理解对你每个编写的程序都是独特的，但事实并非如此。记忆是不精确的，而对那些分开但非常相似的事物的记忆往往会在一段时间后模糊在一起。在编程中，细节至关重要，而在汇编语言编程中，细节更多。如果你为三个不同的程序各自手动编写了三次 RefreshText 过程，这些程序只是略有不同，你可能会在查看其中一个时，依赖于对另一个 RefreshText 实现的理解。这些相似但不相同的过程在时间上越久远，你就越容易将它们混淆，从而浪费时间理清每个过程的细微差别。

然而，如果只有一个 RefreshText 过程，那么对 RefreshText 的理解也就只有一个。所有提到的重用优势归结为一点：通过简单减少必须管理的复杂性来管理复杂性。

10.5.2　决定什么应该是一个过程

那么，什么时候应该将一段指令提取出来并制作成一个过程呢？虽然没有严格的规则，但还是有一些有用的启发式方法值得讨论：

- 查找程序中经常发生的动作。
- 查找在单个程序中可能不会经常发生但在许多或大多数程序中往往以相同方式发生的动作。
- 当程序变得庞大时(这里的“庞大”指的是超出教科书示例类的范围，比如大约 1000 行代码)，请寻找可以转化为过程的功能块，以使主程序的整体执行流程变得更短、更简单，从而更易于理解。稍后将详细讨论这一点。
- 寻找程序中可能会随时间变化的操作，这些变化是由于你无法控制的外部因素(如数据规范、第三方库等)引起的，并将这些操作独立到过程里。

简而言之，要有大想法，并考虑长远。你不会永远是初学者。尽量预见你未来的编程工作，并创建一些通用的程序过程。“通用”在这里意味着不仅在你当前正在进行的单一程序中有用，还适用于你未来将要编写的程序。

对于频繁调用的过程，没有“最小”大小这一限制。极其简单的过程——即使只有四五条指令——本身并不会隐藏很多复杂性。它们确实为某些常用操作提供了描述性名称，这本身就很有价值。它们还可为创建更大、功能更强的过程提供标准的基本构建模块。话虽如此，如果在一个有几百条机器指令的中等程序中，某个简短的代码序列(5~10 条指令)仅调用一两次，它就不适合成为一个过程，除非它在未来的程序中有重用的潜力。

对于过程来说，也没有“最大”规模的限制，在某些情况下，较大的过程是有意义的，只要它们服务于某个明确的目的。请记住，过程不一定非要放在库中。当你的程序变得足够庞大，需要将其分解为功能性的部分以便于理解时，定义只被调用一次的大型过程可能会很有用。一个有上千行代码的汇编语言程序可以很好地拆分为七或八个较大的过程。每个过程预计仅从主程序中调用一次，但这使得你的主程序简短、易于理解，并能很好地体现程序的功能：

```
Start: call Initialize    ; 打开 spec 文件，创建缓冲区
     call OpenFile        ; 打开目标数据文件
Input: call GetRec        ; 从打开的文件中获取一条记录
     cmp rax,0            ; 在文件读取时测试 EOF
     je Done              ; 如果遇到 EOF，则关闭它
     call ProcessRec      ; 处理记录
     call VerifyRec       ; 根据规范验证修改后的数据
     call WriteRec        ; 将修改后的记录写入文件
     jmp Input            ; 返回并重新执行所有操作
Done: call CloseFile      ; 关闭打开的文件
     call CleanUp         ; 删除临时文件
     mov rax,60           ; 退出系统调用的代码
     mov rdi,0            ; 返回代码 0
     syscall              ; 进行系统调用
```

这个虚构的程序主体清晰易读，为即将接触千行汇编语言程序的开发者提供了必要的高层视角。请记住，火星人总是偷偷潜伏在某个角落，迫不及待地想把你的程序变成难以理解的象形文字。面对他们，没有什么武器能比过程更强大。

10.5.3 使用注释标题

随着时间的推移，你会发现自己在管理复杂性时会创建数十个甚至数百个过程。大多数高级语言供应商随其编译器提供的“现成”过程库在 NASM 中并不存在。总的来说，当你需要某个功能时，必须自己编写。

管理自己编写的例程清单绝非易事。你必须记录每个过程的基本信息，否则你会忘记它们，或错误记忆并根据错误信息采取行动。产生的错误往往难以找到，因为你确信自己对该过程了解得一清二楚！毕竟，你是写它的人！强烈建议为编写的每个过程添加注释标题，无论其多么简单。这样的注释标题至少应包含以下信息：

- 过程的名称

- 上次修改的日期
- 每个入口点的名称(如果过程有多个入口点)
- 过程的作用
- 调用者必须向其传递哪些数据项才能使其正常工作
- 过程返回了哪些数据(如果有)，以及这些数据返回到哪里(例如，在寄存器 RCX 中)
- 过程修改了哪些寄存器或数据项
- 过程调用了其他哪些过程(如果有)
- 编写使用该过程的代码时需要牢记的任何“陷阱”
- 除此之外，注释标题中的其他信息有时也很有帮助：
  - 如果你使用版本控制，则应包含过程的版本
  - 过程的创建日期
  - 如果你处理的是团队内共享的代码，则应包含过程编写者的姓名

典型的过程标题可能看起来像这样：

```
; -------------------------------------------------------------
; LoadBuff：通过系统调用 sys_read 从 stdin 用数据填充缓冲区
; UPDATED:   2022 年 10 月 9 日
; IN:     无
; RETURNS:   RAX 中读取的字节数
; MODIFIES：RCX、R15、Buff
; CALLS:   系统调用 sys_read
; DESCRIPTION:  使用系统调用 sys_read 从 stdin 加载一个充满数据(BUFFLEN 字节)
;     的缓冲区并将其放置在 Buff 中。缓冲区偏移计数器 RCX 为 0，因为
;     我们从充满数据的新缓冲区开始。调用者必须测试 RAX 中的值：如果
;     RAX 在返回时包含 0，则在 stdin 上找到 EOF。返回时 RAX 中的
;     < 0 表示某种错误。
```

注释标题并不能免除你对过程内部每一行代码进行注释的责任！正如我多次提到的，在每一行包含机器指令助记符的右侧加上简短的注释是个好主意。此外，在较长的过程中，还应该有一个注释块来描述程序内的每个主要功能块。

10.6　Linux 控制台中的简单光标控制

作为从汇编语言过程到汇编语言宏的过渡，我想花一点时间讨论如何在程序中控制 Linux 控制台显示。让我们回到为乔记餐馆(Joe’s diner)制作的小广告展示。首先，将清除 Linux 控制台，然后将广告文本居中显示在清空的屏幕上。将展示相同的程序两次，第一次以过程的形式表达，第二次以宏的形式表达。首先是过

程，如代码清单 10.6 所示。

代码清单 10.6　eattermgcc.asm

```
; Executable name : eattermgcc
; Version         : 2.0
; Created date    : 6/18/2022
; Last update     : 5/17/2023
; Author         : Jeff Duntemann
; Description    : A simple program in assembly for Linux, using
;               : NASM 2.15, demonstrating the use of escape
;               : sequences to do simple "full-screen" text output
;               : to a terminal like Konsole.
;
; Build using SASM's x64 build configuration.
;
; Run by executing the executable binary file.
;

section .data     ; Section containing initialised data

    SCRWIDTH      equ 80               ; Default is 80 chars wide
    PosTerm:      db 27,"[01;01H"      ; <ESC>[<Y>;<X>H
    POSLEN        equ $-PosTerm        ; Length of term position string
    ClearTerm:    db 27,"[2J"          ; <ESC>[2J
    CLEARLEN      equ $-ClearTerm      ; Length of term clear string
    AdMsg:        db "Eat At Joe's!"   ; Ad message
    ADLEN         equ $-AdMsg          ; Length of ad message
    Prompt:       db "Press Enter: "   ; User prompt
    PROMPTLEN     equ $-Prompt         ; Length of user prompt

; This table gives us pairs of ASCII digits from 0-80. Rather than
; calculate ASCII digits to insert in the terminal control string,
; we look them up in the table and read back two digits at once to
; a 16-bit register like DX, which we then poke into the terminal
; control string PosTerm at the appropriate place. See GotoXY.
; If you intend to work on a larger console than 80 X 80, you must
; add additional ASCII digit encoding to the end of Digits. Keep in
; mind that the code shown here will only work up to 99 X 99.
    Digits: db "0001020304050607080910111213141516171819"
            db "2021222324252627282930313233343536373839"
            db "4041424344454647484950515253545556575859"
            db "606162636465666768697071727374757677787980"

SECTION .bss      ; Section containing uninitialized data
```

```
SECTION .text       ; Section containing code

;--------------------------------------------------------------
; ClrScr:        Clear the Linux console
; UPDATED:       9/13/2022
; IN:            Nothing
; RETURNS:       Nothing
; MODIFIES:      Nothing
; CALLS:         SYSCALL sys_write
; DESCRIPTION:   Sends the predefined control Estring <ESC>[2J to the
;                console, which clears the full display

ClrScr:
    push rax          ; Save pertinent registers
    push rbx
    push rcx
    push rdx
    push rsi
    push rdi

    mov rsi,ClearTerm ; Pass offset of terminal control string
    mov rdx,CLEARLEN  ; Pass the length of terminal control string
    call WriteStr     ; Send control string to console

    pop rdi           ; Restore pertinent registers
    pop rsi
    pop rdx
    pop rcx
    pop rbx
    pop rax
    ret              ; Go home


;------------------------------------------------------------
; GotoXY:        Position the Linux Console cursor to an X,Y position
; UPDATED:       9/13/2022
; IN:      X in AH, Y   nop     ; This no-op keeps gdb happy...in AL
; RETURNS:       Nothing
; MODIFIES:      PosTerm terminal control sequence string
; CALLS:         Kernel sys_write
; DESCRIPTION:   Prepares a terminal control string for the X,Y
;           coordinates passed in AL and AH and calls sys_write to
;           position the console cursor to that X,Y position. Writing
;           text to the console after calling GotoXY will begin
;           display of text at that X,Y position.

GotoXY:
```

```
    push rax                ; Save caller's registers
    push rbx
    push rcx
    push rdx
    push rsi

    xor rbx,rbx             ; Zero RBX
    xor rcx,rcx             ; Ditto RCX

; Poke the Y digits:
    mov bl,al               ; Put Y value into scale term RBX
    mov cx,[Digits+rbx*2]   ; Fetch decimal digits to CX
    mov [PosTerm+2],cx      ; Poke digits into control string

; Poke the X digits:
    mov bl,ah               ; Put X value into scale term EBX
    mov cx,[Digits+rbx*2]   ; Fetch decimal digits to CX
    mov [PosTerm+5],cx      ; Poke digits into control string

; Send control sequence to stdout:
    mov rsi,PosTerm         ; Pass address of the control string
    mov rdx,POSLEN          ; Pass the length of the control string
    call WriteStr           ; Send control string to the console

; Wrap up and go home:
    pop rsi                 ; Restore caller's registers
    pop rdx
    pop rcx
    pop rbx
    pop rax
    ret                     ; Go home

;---------------------------------------------------------------
; WriteCtr:   Send a string centered to an 80-char wide Linux console
; UPDATED:   5/10/2023
; IN:       Y value in AL, String address in RSI, string length in RDX
; RETURNS:      Nothing
; MODIFIES:     PosTerm terminal control sequence string
; CALLS:        GotoXY, WriteStr
; DESCRIPTION:Displays a string to the Linux console centered in an
;             80-column display. Calculates the X for the passed-in
;             string length, then calls GotoXY and WriteStr to send
;             the string to the console

WriteCtr:
    push rbx            ; Save caller's RBX
    xor rbx,rbx         ; Zero RBX
```

```
    mov bl,SCRWIDTH  ; Load the screen width value to BL
    sub bl,dl        ; Take diff. of screen width and string length
    shr bl,1         ; Divide difference by two for X value
    mov ah,bl        ; GotoXY requires X value in AH
    call GotoXY      ; Position the cursor for display
    call WriteStr    ; Write the string to the console
    pop rbx          ; Restore caller's RBX
    ret              ; Go home


;-------------------------------------------------------------
; WriteStr:     Send a string to the Linux console
; UPDATED:      5/10/2023
; IN:           String address in RSI, string length in RDX
; RETURNS:      Nothing
; MODIFIES:     Nothing
; CALLS:        Kernel sys_write
; DESCRIPTION:  Displays a string to the Linux console through a
;               sys_write kernel call

WriteStr:
    push rax    ; Save pertinent registers
    push rdi
    mov rax,1   ; Specify sys_write call
    mov rdi,1   ; Specify File Descriptor 1: Stdout
    syscall     ; Make the kernel call
    pop rdi     ; Restore pertinent registers
    pop rax
    ret        ; Go home

global  main

main:
    push rbp       ; Prolog
    mov rbp, rsp   ; for correct debugging

; First we clear the terminal display...
    call ClrScr

; Then we post the ad message centered on the 80-wide console:
    xor rax,rax    ; Zero out RAX.
    mov al,12
    mov rsi,AdMsg
    mov rdx,ADLEN
    call WriteCtr

; Position the cursor for the "Press Enter" prompt:
```

```
    mov rax,0117h  ; X,Y = 1,23 as a single hex value in AX
    call GotoXY    ; Position the cursor

  ; Display the "Press Enter" prompt:
    mov rsi,Prompt        ; Pass offset of the prompt
    mov rdx,PROMPTLEN     ; Pass the length of the prompt
    call WriteStr         ; Send the prompt to the console

  ; Wait for the user to press Enter:
    mov rax,0        ; Code for sys_read
    mov rdi,0        ; Specify File Descriptor 0: Stdin
    syscall          ; Make kernel call

  ; And we're done!
  Exit:
    pop rbp
    ret
```

这里有一些新机制。到目前为止，本书中介绍的所有程序都只是按顺序将文本行发送到标准输出，控制台按顺序显示它们，从底部向上滚动。

这可能非常有用，但这不是我们能做的最好的事情。第 6 章简要描述了如何通过向控制台发送“转义序列”(嵌入从程序到标准输出的文本流)来控制 Linux 控制台。

控制控制台的转义序列的最简单例子是将整个控制台显示清空(基本上是空格字符)。在 eattermgcc 程序中，此序列是一个名为 ClearTerm 的字符串变量：

```
ClearTerm: db 27,"[2J" ; <ESC>[2J
```

转义序列的长度为四个字符。它以 ESC 字符开头，ESC 是一个不可打印字符，我们通常用其在 ASCII 表中的十进制值 27 来表示(或以十六进制 1Bh 表示)。紧随 ESC 字符之后的是三个可打印字符：[2J。虽然它们是可打印的，但由于跟在 ESC 后面，因此不会被打印。控制台监视 ESC 字符，并以一种特殊方式解释 ESC 后面的任何字符，这一过程遵循一个庞大而复杂的方案。特定的序列代表着特定命令，例如此处的命令用于清除显示。

转义序列的末尾没有标记来指示该序列已结束。控制台对每一个转义序列的内容了如指掌，包括每个序列的长度，也不存在任何歧义。在 ClearTerm 序列的情况下，控制台知道当它看到 J 字符时，序列已完成。然后，它会清除显示屏并继续显示你的程序发送到标准输出的字符。

向控制台发送转义序列时，无需特别处理。转义序列通过系统调用(SYSCALL)输出到标准输出，与其他文本一样。可以通过在程序的.text 部分中仔细安排 DB 指令，将转义序列嵌入可打印文本的中间。这一点很重要：尽管转义序列不会在控制台上显示，但在通过系统调用(sy_write)传递文本序列的长度时，仍然必须将其计算在内。

清除显示的转义序列很容易理解，因为它始终相同且总是执行相同的操作。而定位光标的序列则要复杂得多，因为它需要参数来指定光标要移动到的 X、Y 位置。这些参数都是以 ASCII 编码的两位十进制数字，必须在将序列发送到标准输出之前由程序嵌入序列中。在 Linux 控制台上移动光标的所有复杂性都涉及将这些 X 和 Y 参数嵌入转义序列中。

默认序列在 eattermgcc 中定义为 PosTerm：

```
PosTerm: db 27,"[01;01H" ; <ESC>[<Y>;<X>H
```

与 ClearTerm 类似，它也以 ESC 字符开始。在[字符和 H 字符之间是两个参数。Y 值首先出现，并通过分号与 X 值分隔。需要注意，这些不是二进制数字，而是两个代表十进制数字的 ASCII 字符，此情况下分别是 ASCII 48(0)和 ASCII 49(1)。你不能简单地将二进制值 1 直接放入转义序列中。控制台无法将二进制值 1 理解为 ASCII 49。X 和 Y 位置的二进制值必须转换为它们的 ASCII 等效值，然后插入转义序列中。

这是 GotoXY 过程的功能。二进制值通过查找表中的 ASCII 字符转换为 ASCII 等效值。数字表显示了从 0 到 80 的数字值的两位 ASCII 表示。小于 10 的值前面有零，例如 01、02、03 等。在 GotoXY 内部就是魔法发生的地方：

```
; 插入 Y 数字：
  mov bl,al                ; 将 Y 值放入比例项 RBX
  mov cx,[Digits+rbx*2]    ; 将十进制数字放入 CX
  mov [PosTerm+2],cx       ; 将数字插入控制字符串
 ; 插入 X 数字：
  mov bl,ah                ; 将 X 值放入比例项 EBX
  mov cx,[Digits+rbx*2]    ; 将十进制数字放入 CX
  mov [PosTerm+5],cx       ; 将数字插入控制字符串
```

X 值和 Y 值分别存储在两个 8 位寄存器 AL 和 AH 中。每个值被放置在一个清空的 RBX 中，这个 RBX 将成为从 Digits 开始的有效地址中的一项。由于 Digits 表中的每个元素占用两个字符，因此我们需要将偏移量乘以 2。

关键在于通过一次内存引用将两个 ASCII 数字同时加载，并放入 16 位寄存器 CX 中。将两个 ASCII 数字放入 CX 后，可同时将它们放入转义序列字符串中的正确位置。Y 值从字符串的偏移量 2 开始，而 X 值则从偏移量 5 开始。

一旦 PosTerm 字符串针对特定的 X,Y 坐标对进行了修改，该字符串将被发送到标准输出，并被控制台解释为控制光标位置的转义序列。下一个发送到控制台的字符将出现在新的光标位置，后续字符将按顺序出现，直到再将另一个光标控制序列发送到控制台为止。

确保在运行发出光标控制代码的程序时，控制台窗口的大小大于光标可能占用的最大 X 和 Y 值，否则行就会折叠，内容将无法按预期显示。eattermgcc 程序的数字表最大支持 80×80。如果你想在更大的显示屏上工作，需要用 ASCII 等效的两位数值扩展数字表，直到 99。由于表的设置和引用方式的限制，你只能获取两位数值，因此这里展示的代码只能使用 99×99 字符控制台。

这并不是一个严重问题，因为 Linux 中的文本模式屏幕通常遵循古老的文本终端标准，即 80×24。

10.6.1 控制台控制注意事项

这一切听起来很棒——但实际上并没有听起来那么棒。清除显示和移动光标等最基本的控制序列可能是通用的，并且很可能在任何 Linux 控制台上都能以相同的方式工作。当然，它们可以在 GNOME Terminal 和 Konsole 上运行，这是 Debian Linux 发行版中最受欢迎的两个控制台终端实用程序。

遗憾的是，UNIX 终端和终端控制的历史非常复杂，对于更高级的控制台控制功能，不同的控制台实现可能不支持某些序列，或者它们的序列可能有所不同。为确保一切正常运行，你的程序需要探测控制台，了解它支持哪种终端规范，然后根据需要发出转义序列。

这很遗憾。在 Konsole 中，以下转义序列可将控制台背景变为绿色：

```
GreenBack: db 27,"[42m"
```

至少在 Konsole 中这个序列是有效的。至于这个序列及其他类似的序列在多大程度上具有通用性，我就不太清楚了。对于其他众多的控制台控制命令也是如此，比如你可以通过它们打开和关闭 PC 键盘的 LED 灯、改变前景色、显示下画线等。关于这些内容的更多信息(以简洁的 UNIX 风格)可以在 Linux 的手册页中找到，关键词是 console_codes。我鼓励你进行实验，但要记住，不同的控制台(尤其是在非 Linux 的 UNIX 实现中)对不同序列可能会有不同的反应。

尽管如此，对控制台输出进行控制还不算是最难的。控制台编程的终极目标是创建全屏文本应用程序，这些应用程序可以在控制台上“绘制”一个带有数据输入字段的表单，并允许用户在各个字段之间通过 Tab 键切换，输入数据。在 Linux 中，这一过程因为需要通过所谓的原始模式(raw mode)访问控制台键盘上的各个按键而变得极为复杂。即便是解释原始模式的工作原理，也会占用大量篇幅，并涉及许多相当高级的 Linux 主题，而这些内容在本书中无法详细展开。

处理控制台的标准 UNIX 方法是使用一个名为 ncurses 的 C 库，尽管可以从汇编中调用 ncurses，但它确实是一个庞大且复杂的东西。对于汇编程序员来说，一个更好的选择是为 NASM 汇编专门编写的一个较新的库，名为 LinuxAsmTools。这个库最初由 Jeff Owens 编写，可以完成 ncurses 的大部分功能，但没有 C 语言那种强制调用约定和其他大量的 C 代码负担。LinuxAsmTools 是免费的、开源的。不过，你可能需要花点时间去寻找它。你可以在 Google 上搜索"Linux ASM Tools"，通常会找到一个链接，最可能在 GitHub 上找到。自从我在 2005 年首次发现它以来，这个库已经搬迁了几次，我怀疑它还会再搬迁。

10.7　创建和使用宏

将汇编语言程序拆分为更易于管理的块有多种方法。过程(Procedure)是最明显且最容易理解的方法。调用和返回过程的机制直接内置于 CPU 中，与任何特定的汇编器无关。

当今的主流汇编器提供了另一种复杂性管理工具：宏(Macros)。宏完全是一种不同的方式。虽然过程是通过调用(CALL)和返回(RET)指令来实现的，这些指令是指令集的一部分，但宏则是汇编器的一种技巧，并不依赖于任何特定的指令或指令组。

简而言之，宏(Macro)是一个代表某些文本行序列的标签。这个文本行序列可以是(但不一定是)指令的序列。当汇编器在源代码文件中遇到宏标签时，会用宏标签所代表的文本行来替换宏标签。这种操作称为扩展宏，因为宏的名称(占用一行文本)被几行文本替换，然后这些文本行就像它们一直出现在源代码文件中一样进行汇编。当然，宏不一定是多行文本，也可以只有一行文本(但这种情况下，使用它们的优势就会大大减少)。

宏(Macro)与之前在本章中解释过的包含文件(include file)有些相似。你可以把宏看作内嵌在源代码文件中的包含文件。它是一个文本行序列，定义一次后，赋予一个描述性名称，然后只需要使用宏名，就可在源代码中多次插入这个文本行序列。

图 10.4 中展示了这个过程。存储在磁盘上的源代码文件包含宏的定义，宏的定义被%MACRO 和%ENDMACRO 指令括起来。在文件的后续部分，宏名会多次出现。当汇编器处理这个文件时，会将宏的定义复制到内存中的某个缓冲区中。当汇编器从磁盘读取文本进行汇编时，会将宏中包含的语句插入宏名所在的位置。磁盘文件不会受到影响；宏的扩展仅发生在内存中。

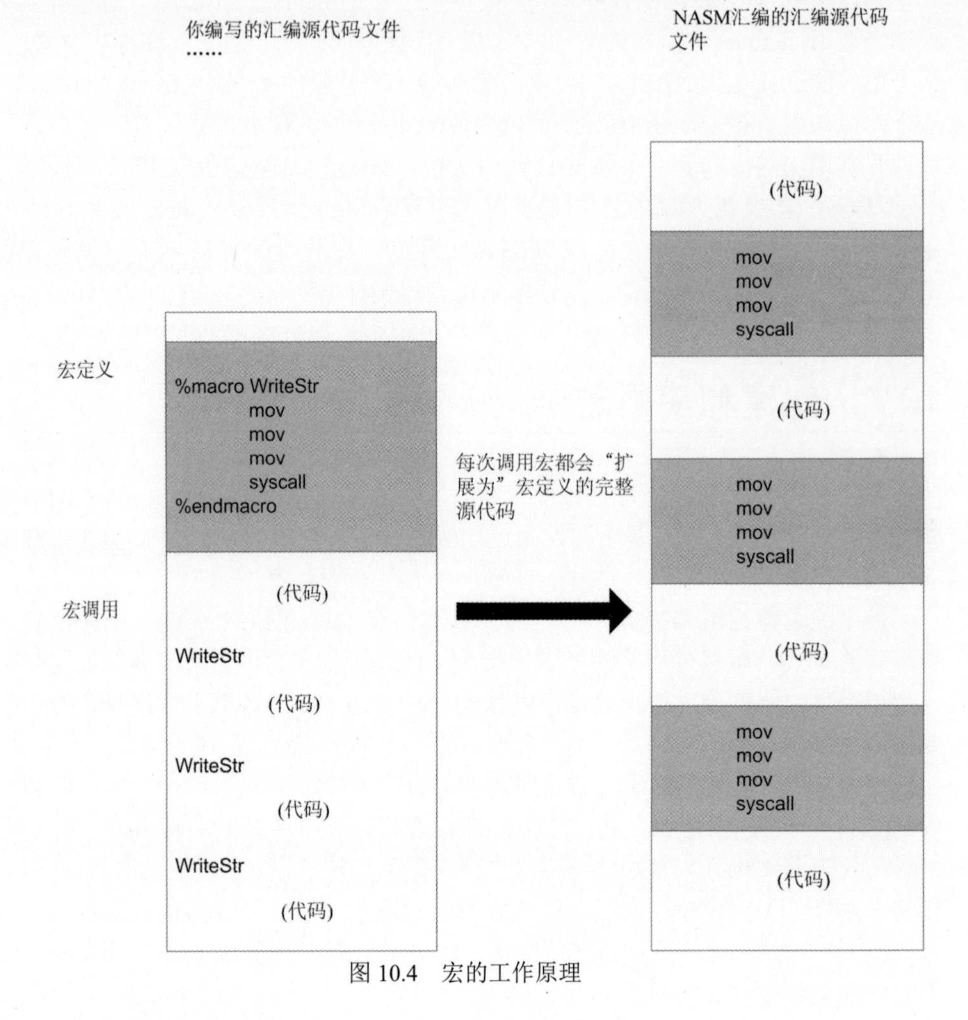

图 10.4　宏的工作原理

10.7.1　宏定义的机制

宏定义有点像过程定义，被一对特殊的 NASM 指令%MACRO 和%ENDMACRO 括起来。需要注意，%ENDMACRO 指令位于宏的最后一行之后的那一行。不要错误地将%ENDMACRO 视为标记宏最后一行的标签。

与过程相比，宏的一个小缺点是它只能有一个入口点。毕竟，宏是一段代码行的序列，这些代码行插入程序中执行流程的中间。你不会调用一个宏，也不会从宏中返回。CPU 会像运行任何指令序列一样，顺序执行宏中的代码。

大多数过程都可以通过稍加修改表达为宏。在代码清单 10.7 中，我将代码清单 10.6 中的程序进行了转换，将所有过程改为宏，以便你可以看到这两种方法的差异。

代码清单 10.7　eatmacro.asm

```
;  Executable name : eatmacro
;  Version          : 2.0
;  Created date     : 10/11/2022
;  Last update      : 7/18/2023
;  Author           : Jeff Duntemann
;  Description      : A simple program in assembly for Linux, using
;                : NASM 2.14.2, demonstrating the use of escape
;                : escape sequences to do simple "full-screen" text
;                : output through macros rather than procedures
;
;  Build using these commands:
;    nasm -f elf -g -F dwarf eatmacro.asm
;    ld -o eatmacro eatmacro.o
;
;
section .data      ; Section containing initialized data

    SCRWIDTH:  equ 80               ; By default 80 chars wide
    PosTerm:   db 27,"[01;01H"      ; <ESC>[<Y>;<X>H
    POSLEN:    equ $-PosTerm        ; Length of term position string
    ClearTerm: db 27,"[2J"          ; <ESC>[2J
    CLEARLEN   equ $-ClearTerm      ; Length of term clear string
    AdMsg:     db "Eat At Joe's!" ; Ad message
    ADLEN:     equ $-AdMsg          ; Length of ad message
    Prompt:    db "Press Enter: " ; User prompt
    PROMPTLEN: equ $-Prompt         ; Length of user prompt

; This table gives us pairs of ASCII digits from 0-80. Rather than
; calculate ASCII digits to insert in the terminal control string,
; we look them up in the table and read back two digits at once to
; a 16-bit register like DX, which we then poke into the terminal
; control string PosTerm at the appropriate place. See GotoXY.
; If you intend to work on a larger console than 80 X 80, you must
; add additional ASCII digit encoding to the end of Digits. Keep in
; mind that the code shown here will only work up to 99 X 99.
    Digits: db "0001020304050607080910111213141516171819"
        db "20212223242526272829303132333435363738 39"
          db "40414243444546474849505152535455565758 59"
          db "6061626364656667686970717273747576777879 80"

SECTION .bss      ; Section containing uninitialized data

SECTION .text     ; Section containing code
```

```
;-------------------------------------------------------------------------
; ExitProg:    Terminate program and return to Linux
; UPDATED:     10/11/2022
; IN:          Nothing
; RETURNS:     Nothing
; MODIFIES:    Nothing
; CALLS:       Kernel sys_exit
; DESCRIPTION:Calls syscall sys_edit to terminate the program and
;             return control to Linux

%macro  ExitProg 0
   mov rsp,rbp    ; Epilog
   pop rbp

   mov rax,60     ; 60 = exit the program
   mov rdi,0      ; Return value in rdi 0 = nothing to return
   syscall        ; Call syscall sys_exit to return to Linux
%endmacro


;-------------------------------------------------------------------------
; WaitEnter:   Wait for the user to press Enter at the console
; UPDATED:     10/11/2022
; IN:          Nothing
; RETURNS:     Nothing
; MODIFIES:    Nothing
; CALLS:       Kernel sys_read
; DESCRIPTION: Calls sys_read to wait for the user to type a newline
;              at the console

%macro WaitEnter 0
   mov rax,0      ; Code for sys_read
   mov rdi,0      ; Specify File Descriptor 0: Stdin
   syscall        ; Make kernel call
%endmacro


;-------------------------------------------------------------------------
; WriteStr:    Send a string to the Linux console
; UPDATED:     5/10/2023
; IN:          String address in %1, string length in %2
; RETURNS:     Nothing
; MODIFIES:    Nothing
; CALLS:       Kernel sys_write
; DESCRIPTION: Displays a string to the Linux console through a
;              sys_write kernel call
```

```
%macro WriteStr 2   ; %1 = String address; %2 = string length
   push r11         ; Save pertinent registers
   push rax
   push rcx
   mov rax,1   ; 1 = sys_write for syscall
   mov rdi,1   ; 1 = fd for stdout; i.e., write to the terminal window
   mov rsi,%1  ; Put address of the message string in rsi
   mov rdx,%2  ; Length of string to be written in rdx
   syscall     ; Make the system call
   pop rcx
   pop rax
   pop r11
%endmacro


;-----------------------------------------------------------------------
; ClrScr:      Clear the Linux console
; UPDATED:     5/10/2023
; IN:          Nothing
; RETURNS:     Nothing
; MODIFIES:    Nothing
; CALLS:       Kernel sys_write
; DESCRIPTION: Sends the predefined control string <ESC>[2J to the
;              console, which clears the full display

%macro ClrScr 0
   push rax    ; Save pertinent registers
   push rbx
   push rcx
   push rdx
   push rsi
   push rdi
; Use WriteStr macro to write control string to console:
 WriteStr ClearTerm,CLEARLEN
 pop rdi    ; Restore pertinent registers
 pop rsi
 pop rdx
 pop rcx
 pop rbx
 pop rax
%endmacro


;-----------------------------------------------------------------------
; GotoXY:       Position the Linux Console cursor to an X,Y position
; UPDATED:      10/11/2022
; IN:           X in %1, Y in %2
```

```
; RETURNS:      Nothing
; MODIFIES:     PosTerm terminal control sequence string
; CALLS:        Kernel sys_write
; DESCRIPTION:  Prepares a terminal control string for the X,Y
;           coordinates passed in AL and AH and calls sys_write to
;           position the console cursor to that X,Y position. Writing
;           text to the console after calling GotoXY will begin
;           display of text at that X,Y position.

%macro GotoXY 2 ; %1 is X value; %2 id Y value
   push rdx        ; Save caller's registers
   push rcx
   push rbx
   push rax
   push rsi
   push rdi
   xor rdx,rdx      ; Zero EDX
   xor rcx,rcx      ; Ditto ECX
; Poke the Y digits:
   mov dl,%2                ; Put Y value into offset term EDX
   mov cx,word [Digits+rdx*2]  ; Fetch decimal digits to CX
   mov word [PosTerm+2],cx     ; Poke digits into control string
; Poke the X digits:
   mov dl,%1                   ; Put X value into offset term EDX
   mov cx,word [Digits+rdx*2]  ; Fetch decimal digits to CX
   mov word [PosTerm+5],cx     ; Poke digits into control string
; Send control sequence to stdout:
   WriteStr PosTerm,POSLEN
; Wrap up and go home:
   pop rdi         ; Restore caller's registers
   pop rsi
   pop rbx
   pop rcx
   pop rdx
%endmacro

;-----------------------------------------------------------------
; WriteCtr: Send a string centered to an 80-char wide Linux console
; UPDATED: 5/10/2023
; IN:      Y value in %1, String address in %2, string length in %3
; RETURNS:      Nothing
; MODIFIES:     PosTerm terminal control sequence string
; CALLS:        GotoXY, WriteStr
; DESCRIPTION:Displays a string to the Linux console centered in an
;             80-column display. Calculates the X for the passed-in
;             string length, then calls GotoXY and WriteStr to send
;             the string to the console
```

```
%macro WriteCtr 3   ; %1 = row; %2 = String addr; %3 = String length
    push rbx        ; Save caller's RBX
    push rdx        ; Save caller's RDX
    mov rdx,%3      ; Load string length into RDX
    xor rbx,rbx      ; Zero RBX
    mov bl,SCRWIDTH ; Load the screen width value to BL
    sub bl,dl      ; Calc diff. of screen width and string length
    shr bl,1       ; Divide difference by two for X value
    GotoXY bl,%1   ; Position the cursor for display
    WriteStr %2,%3; Write the string to the console
    pop rdx        ; Restore caller's RDX
    pop rbx        ; Restore caller's RBX
%endmacro


global  _start     ; Linker needs this to find the entry point!

_start:
    push rbp       ; Stack alignment ptolog
    mov rbp,rsp    ; for correct debugging
    and rsp,-16

; First we clear the terminal display...
 ClrScr
; Then we post the ad message centered on the 80-wide console:
 WriteCtr 12,AdMsg,ADLEN
; Position the cursor for the "Press Enter" prompt:
 GotoXY 1,23
; Display the "Press Enter" prompt:
 WriteStr Prompt,PROMPTLEN
; Wait for the user to press Enter:
 WaitEnter
; and we're done!
    ExitProg
```

比较 eatmacro 中的宏与 eattermgcc 中的等效过程。宏去掉了 RET 指令(对于那些调用其他宏的宏，还去掉了 CALL 指令)，但大多数情况下，它们的代码几乎完全相同。

宏的调用非常简单，只需要直接命名它们即可。同样，不要使用 CALL 指令。只需要将宏名放在一行上即可：

```
ClrScr
```

汇编器将处理其余的事情。

10.7.2 定义带参数的宏

宏在很大程度上是一种直接的文本替换技巧，但文本替换有一些有趣且有时有用的技巧。其中之一就是在调用宏时向宏传递参数的能力。

例如，在 eatmacro 中，包含宏 WriteCtr 的调用，带有三个参数：

```
WriteCtr 12,AdMsg,ADDLEN
```

这个字面常量 12 被“传递”到宏中，用来指定要居中显示文本的屏幕行数；这种情况下，是从顶部算起的第 12 行。可将 12 替换为 3、16 或者 Linux 控制台当前显示的行数以下的任何其他数字。如果你尝试将光标定位到控制台中不存在的行，结果难以预测。通常，文本会显示在显示屏底部的行中。其他两个参数传递的是要显示的字符串的地址和长度。

宏参数同样是汇编器的产物。它们不会被压入栈中，也不会被设置到共享内存区域或类似的地方。参数只是占位符，用来表示你通过参数传递给宏的实际值(称为实参)。

让我们仔细看看 WriteCtr 宏，来了解这是如何运作的：

```
%macro WriteCtr 3      ; %1 = 行; %2 = 字符串地址; %3 = 字符串长度
   push rbx            ; 保存调用者的 RBX
   push rdx            ; 保存调用者的 RDX
   mov rdx,%3          ; 将字符串长度加载到 RDX
   xor rbx,rbx         ; 将 RBX 归零
   mov bl,SCRWIDTH     ; 将屏幕宽度值加载到 BL
   sub bl,dl           ; 计算屏幕宽度和字符串长度的差
   shr bl,1            ; 将差除以 2 得到 X 值
   GotoXY bl,%1        ; 定位光标进行显示
   WriteStr %2,%3      ; 将字符串写入控制台
   pop rdx             ; 恢复调用者的 RDX
   pop rbx             ; 恢复调用者的 RBX
%endmacro
```

那么，参数在哪里呢？这是 NASM 与微软的 MASM 具有很大区别的另一个地方。MASM 允许你使用符号名称(如 Row 或 StringLength)来代表参数。而 NASM 则依赖于一种更简单的系统，它在宏的定义中声明参数的数量，然后在宏内部通过编号(而不是符号名称)来引用每个参数。

在宏 WriteCtr 的定义中，宏名后面的数字 3 表示汇编器应该查找三个参数。对于像 ClrScr 这样没有参数的宏，这个数字仍必须存在——即使是 0。每个宏都必须有一个参数计数。在宏的定义中，参数通过编号引用。%1 表示在调用宏名 WriteCtr 后使用的第一个参数。%2 表示第二个参数，从左到右计数。%3 表示第三个参数，以此类推。

传递给参数的实际值称为实参。不要将实际值与参数混淆。如果你了解 Pascal，这与形式参数和实际参数之间的区别完全相同。宏的参数相当于 Pascal 中的形式参数，而宏的实参相当于 Pascal 中的实际参数。宏的参数是定义宏时名称后面跟随的标签。而实参是调用宏时在那一行中指定的值。

宏参数是一种标签，可在宏内部的任何地方被引用——但只能在宏内部引用。在 WriteCtr 宏中，%3 参数作为 MOV 指令的操作数被引用。因此，传递给 WriteCtr 的%3 参数被加载到寄存器 RDX 中。

宏的实参可以作为参数传递给其他宏。在 WriteCtr 中调用 WriteStr 宏时就属于这种情况。WriteStr 接收两个参数，而 WriteCtr 将参数%2 和%3 作为实参传递给 WriteStr。

10.7.3　调用宏的机制

可将一个字面常量作为实参传递给宏，就像在 eatmacro 程序中将行值传递给 WriteCtr 宏一样。也可将寄存器名称作为实参传递。这是合法的，而且是一个完全合理的 WriteCtr 调用方式：

```
mov al,4
WriteCtr al,AdMsg,ADLEN
```

在 WriteCtr 宏中，NASM 用 AL 寄存器的名称替换%1 参数：

```
GotoXY bl,%1 ; 定位光标进行显示
 变成
GotoXY bl,al
```

注意，指令操作数的常规规则在这里都适用。参数 %1 只能包含一个 8 位的实参，因为最终%1 将被加载到 GotoXY 内部的一个 8 位寄存器中。你不能合法地将寄存器 RBP 或 CX 传递给 WriteCtr 的参数%1，因为你不能直接将一个 64 位、32 位或 16 位的寄存器移到一个 8 位寄存器中。

同样，也可将一个带括号的地址作为实参传递：

```
WriteCtr [RowValue],AdMsg,ADLEN
```

当然，这假设 RowValue 是一个定义为 8 位数据项的命名变量。如果宏参数被用于需要 64 位实参的指令中(如 WriteCtr 的参数%2 和%3)，你也可以传递代表 64 位地址或 64 位数值的标签。

当调用一个宏时，实参之间用逗号分隔。NASM 会按照从左到右的顺序将实参填入宏的参数中。如果你只给一个有三个参数的宏传递了两个实参，那么根据你如何引用未填充的参数，可能会收到汇编器的错误信息。如果你传递了比宏的参数数量更多的实参，多余的实参将被忽略。

10.7.4 宏内的本地标签

eatmacro.asm 中包含的宏旨在保持简单且易于理解。它们没有包含任何跳转指令，但宏中的代码可以像过程或程序主体中的代码一样使用条件跳转和非条件跳转。然而，宏中使用的标签存在一个重要问题：汇编语言程序中的标签必须是唯一的，而宏本质上是每次调用时在源代码中重复。这意味着会出现标记重复标签的错误信息……除非将宏中的标签视为本地标签。本地项在其定义的框架之外没有意义。本地标签在宏定义之外是不可见的，这意味着它们只能在%MACRO...%ENDMACRO 范围内的代码中引用。

宏中定义的所有标签都被视为宏的本地标签，并由汇编程序专门处理。以下是一个例子；它是我之前介绍的一段代码的宏改编，用于将缓冲区中的字符从小写强制转换为大写：

```
%macro UpCase 2        ; %1 = 缓冲区地址; %2 = 缓冲区中的字符
    mov rdx,%1         ; 将缓冲区的偏移量放入 rdx
    mov rcx,%2         ; 将缓冲区中的字节数放入 rcx
%%IsLC:cmp byte [rdx+rcx-1],'a'  ; 是否低于 'a'?
    jb %%Bump          ; 非小写,跳过
    cmp byte [rdx+rcx-1],'z'   ; 是否高于 'z'?
    ja %%Bump          ; 非小写,跳过
    sub byte [rdx+rcx-1],20h   ; 将缓冲区中的字节强制为大写
%%Bump:dec rcx         ; 减少字符数
    jnz %%IsLC         ; 如果缓冲区中有更多字符，则重复
%endmacro
```

宏中的标签以两个百分号(%%)开头。标记宏中的位置时，本地标签后面应跟一个冒号。用作跳转或调用指令的操作数(如前面的 JA、JB 和 JNZ)时，本地标签后面不跟冒号。重要的是要理解，除非通过在每个标签前添加前缀%%将标签 IsLC 和 Bump 设为宏的本地标签，否则程序中将有多个标签实例(假设宏被调用多次)，汇编程序将在第二次以及每次后续调用时产生重复标签错误。

由于程序中的标签必须是唯一的，NASM 会将%%Bump 这样的本地标签转换成程序中唯一的标签。它通过使用前缀 ..@加上一个四位数字以及标签的名称来生成唯一的标签。每次调用宏时，NASM 都会改变这个数字，从而为宏中的每个本地标签生成唯一的同义标签。例如，标签%%Bump 在某次调用中可能变成..@1771.Bump，且每次调用宏时，这个数字都会不同。这些操作都是在后台进行的，除非你查看 NASM 生成的代码转储列表文件，否则你很少会注意到这些变化。

10.7.5　宏库作为包含文件

就像过程可以被收集到外部的库模块中一样，宏也可被收集到宏库中。宏库实际上只是一种文本文件，包含库中宏的源代码。与收集到模块中的过程不同，宏库不会单独被汇编，每次汇编程序时都必须通过汇编器处理。这是宏的一个普遍问题，不仅是收集到库中的宏。通过将代码划分为宏来管理复杂性的程序速度会比划分为单独模块的程序要慢。考虑到当今的 PC 速度，这比 1989 年我写本书的第一版时的问题要小得多，但对于非常大的项目来说，它仍然会影响构建速度。

宏库的使用方法是将其“包含到”程序的源代码文件中。实现此目的的方法是%INCLUDE 指令。%INCLUDE 指令位于宏库名称之前：

```
%include "mylib.mac"
```

从技术角度看，这个语句可放在源代码文件的任何地方，但必须记住，所有的宏在被调用之前都必须被完全定义。因此，最好在源代码文件的.text 部分靠近顶部的位置使用%INCLUDE 指令，在可能调用库宏之前就包含它们。

如果要包含在程序中的宏文件与程序不在同一目录中，则可能需要提供完全限定的路径名作为%INCLUDE 指令的一部分：

```
%include "../macrolibs/mylib.mac"
```

否则，NASM 可能无法找到宏文件并会向你发送错误消息。如果你不知道如何在 Linux 中创建完全限定路径名，请进行一些研究，因为这实际上不是一个编程主题。

10.7.6　宏与过程：优点和缺点

宏相对于过程(即子程序)而言有一些优势，其中之一就是速度。执行控制进入和退出过程的 CALL 和 RET 指令是需要时间的。而在宏中，不使用任何指令。宏只执行实际工作的指令，因此宏的工作得以尽快完成。

这种速度是有代价的，代价在于使用了额外的内存，尤其是在宏被大量调用的情况下。注意在图 10.4 中，宏 WriteStr 的三次调用在内存中生成了共计 18 条指令。如果将这个宏设置为一个过程(子程序)，那么只需要过程主体中的 6 条指令，加上一条 RET 指令和三条 CALL 指令即可完成相同的工作。过程实现共需要 8 条指令，而宏的实现需要 18 条指令。如果宏被调用五次或七次甚至更多次，差异将更加明显。每次调用宏时，所有指令都会在程序中再次被复制一遍。

对于简短的程序来说，这可能不是问题，而在代码必须尽可能快的情况下——比如在图形驱动程序中——宏通过节省调用和返回的过程开销，具有很大的优势。

这是一个容易理解的权衡：为了速度选择宏，为了紧凑选择过程(子程序)。

另一方面，除非你确实在编写绝对依赖性能的程序(如图形驱动程序)，否则这种权衡微不足道。对于普通软件来说，基于过程的实现与基于宏的实现之间的大小差异可能只有 2000 或 3000 字节，速度差异也可能难以察觉。在现代 CPU 上，任何特定软件的性能都很难预测，而大容量存储设备和内存系统使得程序大小远不如上一代那么重要。如果你在决定某种情况下是使用过程还是宏，大小或速度之外的其他因素将占主导地位。

例如，我一直觉得以宏为主的软件在调试时要困难得多。软件工具不一定能够很好地处理宏。举个例子，Gdb 调试器的 Insight 组件在其源代码窗口中并不显示展开的宏文本。Insight 的设计并没有特别考虑纯汇编语言的调试(Gdb 像大多数 UNIX 工具一样，具有强烈的 C 语言偏向)，因此当你进入宏时，源代码高亮显示会停止，直到执行离开宏为止。因此，你无法像逐步执行过程或程序代码那样逐步执行宏的代码。Gdb 仍然可以在控制台窗口中像往常一样进行调试，但与 SASM 或 Insight 提供的视觉视角相比，控制台调试是一个非常痛苦的过程。

最后，有另一个与宏相关的问题，这个问题很难解释，这也是我非常不喜欢宏的原因：过多使用宏，你的代码将不再像汇编语言。让我们再看一下 eatmacro.asm 程序的主程序部分，没有注释：

```
ClrScr
WriteCtr 12,AdMsg,ADLEN
GotoXY 1,23
WriteStr Prompt,PROMPTLEN
WaitEnter
ExitProg
```

这就是整个主程序。整个程序都被宏调用所取代了。是汇编语言吗？还是某种 BASIC 变种？

我承认，这里用宏调用替换了整个主程序是为了说明这一点，但确实有可能创建如此多的宏，以至于你的汇编程序开始看起来像某种奇怪的高级语言。我实际上在 20 世纪 70 年代末在施乐公司做程序员时使用过类似的东西。施乐公司有一种内部语言，基本上是 8080 汇编器，配有大量的宏，用于早期基于 8080 的微型计算机。这种方法奏效了。在那样微小的计算能力下，它必须奏效。

令人难以接受的事实是，宏可使程序的功能更加清晰，但如果使用过度，它们也可能完全掩盖程序在“内部”如何实际工作的真相。在我的项目中，仅使用宏来减少大量重复的指令序列，特别是进行 Linux 系统调用之前设置寄存器这样的操作。毕竟，汇编编程的核心目标是全面理解软件与 CPU 交互时发生的事情。任何阻碍这种理解的工具都应该谨慎、熟练地使用，最重要的是，应该尽量少用——否则你还不如去学 C 语言。

第11章

字符串及其他——那些令人惊叹的字符串指令

大多数人在学过一点汇编语言后，都会抱怨做任何有用的事情都需要大量指令。总的来说，这是一个合理的抱怨，也是人们用 Pascal 和 BASIC 等高级语言编写程序的主要原因。另一方面，x64 指令集充满了惊喜，其中最可能让初学者感到惊讶的就是我们所称的字符串指令。

它们是 x64 指令集中唯一能一次处理长字节序列、字(words)、双字(double words)或四字(quad words)的指令。请记住，在汇编语言中，任何连续的字节序列或更大单位的内存数据都可以被视为字符串——不仅仅是人类可读字符的序列。更令人惊讶的是，字符串指令以极其紧凑的方式处理这些大规模的字节序列或更大的单位：完全在 CPU 内部执行指令循环！实际上，字符串指令就是将整个指令循环嵌入单个机器指令中的。

字符串指令微妙而复杂，我无法在本书中详尽介绍它们。它们所做的大部分工作都属于高级主题的范畴。不过，可通过用它们构建一些简单工具并添加到视频工具包中，从而很好地理解字符串指令。

此外，在我看来，字符串指令无疑是汇编语言工作中最迷人的方面。

11.1 汇编语言字符串的概念

“字符串”这个词在这里是个大问题。它在所有计算机编程中的含义大致相同，但在这个单一主题上有很多细微变化。如果你像我一样学习了 Pascal 中的字符串，你会发现，当用 C/C++、Python、BASIC 或汇编语言编程时，你所知道的知识并不完全适用。

因此，大体观点如下：字符串是内存中任何连续的字节组，包含任何类型的数据，大小任意(只要操作系统允许即可)。对于现代 Linux，这个数字可能很大。汇编语言字符串的主要定义是，字节连续排列，没有中断。

这是非常基本的。大多数高级语言都以多种方式建立在字符串概念的基础上。源自 UCSD(以及后来的 Turbo)的 Pascal 实现将字符串视为单独的数据类型，字符串开头有一个长度计数器来指示字符串中有多少字节。在 C 语言中，字符串前面没有长度字节。相反，当遇到二进制值为 0 的字节时，C 字符串就结束了。这在汇编工作中非常重要，其中大部分工作与 C 和标准 C 库(C 的字符串处理机制)密切相关。在 BASIC 中，字符串存储在字符串空间中，该空间有许多相关的内置代码机制，用于管理字符串空间并处理字符串数据的深层操作。

开始使用汇编语言时，你必须放弃所有那些高级语言的东西。汇编字符串只是内存的连续区域。它们从某个指定地址开始，经过一定数量的字节，然后停止。没有长度计数器来告诉你字符串中有多少字节，也没有标准边界字符(如二进制 0)来指示字符串的开始或结束位置。你当然可以编写例程，以分配 Pascal 样式字符串或 C 样式字符串并对其进行操作。但是，为了避免混淆，你必须将例程操作的数据视为 Pascal 或 C 字符串，而不是汇编语言字符串。

11.1.1 彻底改变你的“字符串感”

汇编字符串没有边界值或长度指示符。可以包含任何值，包括二进制 0。事实上，你真的必须停止将字符串视为内存中的特定区域。你应该改为从定义它们的寄存器值的角度来考虑字符串。

与 Pascal 等语言中的字符串相比，它有点颠倒，但确实有效：当设置一个寄存器来指向一个字符串时，就得到了一个字符串。一旦指向一个字符串，该字符串的长度就由放置在寄存器 RCX 中的值定义。

我再说一遍：汇编字符串完全由你放置在寄存器中的值定义。对于嵌入 CPU 芯片中的字符串和寄存器有一组假设。当执行其中一条字符串指令时(正如稍后将描述的)，CPU 使用这些假设来确定从内存的哪个区域读取或写入。

11.1.2 源字符串和目标字符串

x64 汇编中有两种字符串。源字符串是你读取的字符串。目标字符串是你写入的字符串。两者之间的区别只是寄存器的问题；源字符串和目标字符串可以重叠。事实上，同一内存区域可同时作为源字符串和目标字符串。

以下是 CPU 在以 64 位长模式执行字符串指令时对字符串所做的假设：

- RSI 指向源字符串。
- RDI 指向目标字符串。
- 两种字符串的长度都是放置在 RCX 中的值。
- CPU 如何根据此长度进行操作取决于具体指令及其使用方式。
- 来自源字符串或发往目标字符串的数据必须从寄存器 RAX 开始行程、在寄存器 RAX 结束行程或者经由寄存器 RAX。

CPU 可以同时识别源字符串和目标字符串，因为 RSI 和 RDI 可以保存彼此独立的值。然而，由于只有一个 RCX 寄存器，因此当同时使用源字符串和目标字符串时，它们的长度必须相同，例如将源字符串复制到目标字符串。

为记住源字符串和目标字符串之间的差异，可以分析它们的偏移寄存器。RSI 中的 SI 表示“源索引”，RDI 中的 DI 表示“目标索引”。正如你现在所知，R 是通用寄存器被标记为 64 位大小的约定。

11.1.3 文本显示虚拟屏幕

将所有字符串背景信息牢牢记住的最佳方法是查看一些正在运行的字符串指令。在代码清单 11.1 中，用字符串指令实现了一个有趣的机制：Linux 控制台的简单虚拟文本显示。

在 PC 兼容机上使用 DOS 进行实模式编程的时代，我们可以不受阻碍地访问 PC 图形适配器上的实际“视频显示刷新缓冲区”内存(显存)。如果将 ASCII 字符或字符串写入组成显卡显示缓冲区的内存区域，相关文本字形会立即出现在屏幕上。在本书的早期版本中，我介绍了 DOS，利用这种直接访问显示机制，讨论了一套有用的显示例程，演示了英特尔架构的字符串指令。

在 Linux 下，这不再可能。图形显示缓冲区仍然存在，但它现在是 Linux 操作系统的“财产”，用户应用程序无法写入它，甚至无法直接读取它。

在 Linux 控制台上用汇编语言编写文本模式应用程序远不如在 DOS 下那么容易。我在第 10 章中解释了如何通过使用 sys_write 系统调用向控制台写入转义序列来进行(非常)简单的控制台终端控制。然而，除了两三个最简单的命令外，由于终端实现的差异，使用“裸”转义序列变得有些不确定。同样的序列在一个终端中可能意味着一种操作，而在另一个终端中则可能完全不同。使用 ncurses 这样的代码库时需要耗费大量精力来检测和适应各种终端规范。编写这样的代码并不是一下午就能完成的事情，实际上，这个话题太大了，无法在像这样的入门书中详细讨论。

不过，我们可以采用一些小技巧并从中学到一些东西。一个方法是将自己的文本视频刷新缓冲区分配在内存中，作为一个命名变量，然后通过一个 SYSCALL 指令周期性地将整个缓冲区写入 Linux 控制台。自 DOS 时代以来，PC 的速度已经大大提升，而文本视频缓冲区并不大。一个 25 × 80 的文本显示缓冲区只有 2000 个字符长，整个缓冲区可以通过一个 sys_write 系统调用发送到 Linux 控制台。缓冲区会立即出现在控制台上，至少对任何人类观察者而言都是如此。

将文本放入缓冲区的过程非常简单，只需要计算缓冲区中给定行和列位置的地址，并从该地址开始将 ASCII 字符值写入缓冲区变量即可。在每次修改缓冲区变量后，可通过 SYSCALL 指令将整个缓冲区写入控制台来更新显示。经验丰富的专家可能称这为“蛮力”(确实，这远不如 ncurses 库那样功能丰富)，但它易于理解。虽然这种方法无法控制字符颜色或属性(如下画线、闪烁等)，但有助于你很好地理解 x86 字符串指令的基本概念。

查看代码清单 11.1 中的代码。

代码清单 11.1　vidbuff1.asm

```
; Executable name : vidbuff1
; Version         : 2.0
; Created date    : 10/12/2022
; Last update     : 7/18/2023
; Author          : Jeff Duntemann
; Description     : A simple program in assembly for Linux, using
;         : NASM 2.14.02,demonstrating string instruction
;         : operation by "faking"full-screen memory-mapped text
;         : I/O.
;
;   Note that the output to the console from this program will NOT
;   display correctly unless you have enabled the IBM850 character
;   encoding in the terminal program being used to display the
;   console!
;

SECTION .data           ; Section containing initialized data
   EOL     equ 10       ; Linux end-of-line character
   FILLCHR equ 32       ; ASCII space character
   HBARCHR equ 196      ; Use dash char if this won't display
   STRTROW equ 2        ; Row where the graph begins

; We use this to display a ruler across the screen.
   TenDigits   db 31,32,33,34,35,36,37,38,39,30
```

```
    DigitCount  db 10
    RulerString db "12345678901234567890123456789012345678901234567890123456789012345
    67890123456789012345678901234567890"
    RULERLEN    equ $-RulerString

; The dataset is just a table of byte-length numbers:
    Dataset db 9,17,71,52,55,18,29,36,18,68,77,63,58,44,0
    Message db "Data current as of 5/13/2023"
    MSGLEN  equ $-Message

; This escape sequence will clear the console terminal and place the
; text cursor to the origin (1,1) on virtually all Linux consoles:
    ClrHome db 27,"[2J",27,"[01;01H"
    CLRLEN  equ $-ClrHome ; Length of term clear string

SECTION .bss            ; Section containing uninitialized data

    COLS    equ 81      ; Line length + 1 char for EOL
    ROWS    equ 25      ; Number of lines in display
    VidBuff resb COLS*ROWS  ; Buffer size adapts to ROWS & COLS

SECTION .text         ; Section containing code

global  _start        ; Linker needs this to find the entry point!

ClearTerminal:
    push r11          ; Save all modified registers
    push rax
    push rcx
    push rdx
    push rsi
    push rdi

    mov rax,1          ; Specify sys_write call
    mov rdi,1          ; Specify File Descriptor 1: Standard Output
    mov rsi,ClrHome    ; Pass address of the escape sequence
    mov rdx,CLRLEN     ; Pass the length of the escape sequence
    syscall            ; Make system call

    pop rdi           ; Restore all modified registers
    pop rsi
    pop rdx
    pop rcx
    pop rax
    pop r11
    ret
```

```
;-----------------------------------------------------------------
; Show:          Display a text buffer to the Linux console
; UPDATED:       5/10/2023
; IN:            Nothing
; RETURNS:       Nothing
; MODIFIES:      Nothing
; CALLS:         Linux sys_write
; DESCRIPTION:  Sends the buffer VidBuff to the Linux console via
;        sys_write.The number of bytes sent to the console is
;        calculated by multiplying the COLS equate by the ROWS
;        equate.

Show:
   push r11          ; Save all registers we're going to change
   push rax
   push rcx
   push rdx
   push rsi
   push rdi
   mov rax,1           ; Specify sys_write call
   mov rdi,1           ; Specify File Descriptor 1: Standard Output
   mov rsi,VidBuff     ; Pass address of the buffer
   mov rdx,COLS*ROWS   ; Pass the length of the buffer
   syscall             ; Make system call
   pop rdi             ; Restore all modified registers
   pop rsi
   pop rdx
   pop rcx
   pop rax
   pop r11
   ret


;-----------------------------------------------------------------
; ClrVid:    Clears a buffer to spaces and replaces overwritten EOLs
; UPDATED:  5/10/2023
; IN:       Nothing
; RETURNS:  Nothing
; MODIFIES:    VidBuff, DF
; CALLS:       Nothing
; DESCRIPTION: Fills the buffer VidBuff with a predefined character
;             (FILLCHR) and then places an EOL character at the end
;             of every line, where a line ends every COLS bytes in
;             VidBuff.

ClrVid:
   push rax           ; Save registers that we change
```

```
    push rcx
    push rdi
    cld                 ; Clear DF; we're counting up-memory
    mov al,FILLCHR      ; Put the buffer filler char in AL
    mov rdi,VidBuff     ; Point destination index at buffer
    mov rcx,COLS*ROWS   ; Put count of chars stored into RCX
    rep stosb           ; Blast byte-length chars at the buffer

; Buffer is cleared; now we need to re-insert the EOL char after each
; line:
    mov rdi,VidBuff   ; Point destination at buffer again
    dec rdi           ; Start EOL position count at VidBuff char 0
    mov rcx,ROWS      ; Put number of rows in count register
.PtEOL:
    add rdi,COLS           ; Add column count to RDI
    mov byte [rdi],EOL     ; Store EOL char at end of row
    loop .PtEOL            ; Loop back if still more lines
    pop rdi                ; Restore caller's registers
    pop rcx
    pop rax
    ret                    ; and go home!


;-----------------------------------------------------------------
; WrtLn:        Writes a string to a text buffer at a 1-based X,Y
; UPDATED:      5/10/2023
; IN:           The address of the string is passed in RSI
;               The 1-based X position (row #) is passed in RBX
;               The 1-based Y position (column #) is passed in RAX
;               The length of the string in chars is passed in RCX
; RETURNS:      Nothing
; MODIFIES:     VidBuff, RDI, DF
; CALLS:        Nothing
; DESCRIPTION: Uses REP MOVSB to copy a string from the address in
;              RSI to an X,Y location in the text buffer VidBuff.

WrtLn:
    push rax        ; Save registers we will change
    push rbx
    push rcx
    push rdi
    cld                 ; Clear DF for up-memory write
    mov rdi,VidBuff ; Load destination index with buffer address
    dec rax         ; Adjust Y value down by 1 for address calculation
    dec rbx         ; Adjust X value down by 1 for address calculation
    mov ah,COLS     ; Move screen width to AH
    mul ah          ; Do 8-bit multiply AL*AH to AX
```

```
    add rdi,rax      ; Add Y offset into vidbuff to RDI
    add rdi,rbx      ; Add X offset into vidbuf to RDI
    rep movsb        ; Blast the string into the buffer
    pop rdi          ; Restore registers we changed
    pop rcx
    pop rbx
    pop rax
    ret              ; and go home!


;-----------------------------------------------------------------
; WrtHB:        Generates a horizontal line bar at X,Y in text buffer
; UPDATED:      5/10/2023
; IN:           The 1-based X position (row #) is passed in RBX
;               The 1-based Y position (column #) is passed in RAX
;               The length of the bar in chars is passed in RCX
; RETURNS:      Nothing
; MODIFIES:     VidBuff, DF
; CALLS:        Nothing
; DESCRIPTION: Writes a horizontal bar to the video buffer VidBuff,
;          at th1e 1-based X,Y values passed in RBX,RAX. The bar is
;          "made of" the character in the equate HBARCHR. The
;          default is character 196; if your terminal won't display
;          that (you need the IBM 850 character set) change the
;          value in HBARCHR to ASCII dash or something else supported
;          in your terminal.

WrtHB:
    push rax          ; Save registers we change
    push rbx
    push rcx
    push rdi
    cld              ; Clear DF for up-memory write
    mov rdi,VidBuff  ; Put buffer address in destination register
    dec rax          ; Adjust Y value down by 1 for address calculation
    dec rbx          ; Adjust X value down by 1 for address calculation
    mov ah,COLS       ; Move screen width to AH
    mul ah            ; Do 8-bit multiply AL*AH to AX
    add rdi,rax       ; Add Y offset into vidbuff to EDI
    add rdi,rbx       ; Add X offset into vidbuf to EDI
    mov al,HBARCHR    ; Put the char to use for the bar in AL
    rep stosb         ; Blast the bar char into the buffer
    pop rdi           ; Restore registers we changed
    pop rcx
    pop rbx
    pop rax
```

```
    ret            ; And go home!


;-----------------------------------------------------------------
; Ruler:    Generates a "1234567890"-style ruler at X,Y in text buffer
; UPDATED:      5/10/2023
; IN:           The 1-based X position (row #) is passed in RBX
;               The 1-based Y position (column #) is passed in RAX
;               The length of the ruler in chars is passed in RCX
; RETURNS:      Nothing
; MODIFIES:     VidBuff
; CALLS:        Nothing
; DESCRIPTION:  Writes a ruler to the video buffer VidBuff, at the
1-based
;           X,Y position passed in RBX,RAX. The ruler consists of a
;           repeating sequence of the digits 1 through 0. The ruler
;           will wrap to subsequent lines and overwrite whatever EOL
;           characters fall within its length, if it will not fit
;           entirely on the line where it begins. Note that the Show
;           procedure must be called after Ruler to display the ruler
;           on the console.

Ruler:
    push rax        ; Save the registers we change
    push rbx
    push rcx
    push rdx
    push rdi
    mov rdi,VidBuff ; Load video buffer address to RDI
    dec rax         ; Adjust Y value down by 1 for address calculation
    dec rbx         ; Adjust X value down by 1 for address calculation
    mov ah,COLS     ; Move screen width to AH
    mul ah          ; Do 8-bit multiply AL*AH to AX
    add rdi,rax     ; Add Y offset into vidbuff to RDI
    add rdi,rbx     ; Add X offset into vidbuf to RDI

; RDI now contains the memory address in the buffer where the ruler
; is to begin. Now we display the ruler, starting at that position:
    mov rdx,RulerString ; Load address of ruler string into RDX
DoRule:
    mov al,[rdx] ; Load first digit in the ruler to AL
    stosb        ; Store 1 char; note that there's no REP prefix!
    inc rdx      ; Increment RDX to point to next char in ruler string
    loop DoRule  ; Decrement RCX & Go back for another char until RCX=0
    pop rdi      ; Restore the registers we changed
    pop rdx
    pop rcx
```

```
    pop rbx
    pop rax
    ret          ; And go home!

;-------------------------------------------------------------------------
; MAIN PROGRAM:

_start:
    push rbp
    mov rbp,rsp
    and rsp,-16

; Get the console and text display text buffer ready to go:
    call ClearTerminal ; Send terminal clear string to console
    call ClrVid         ; Init/clear the video buffer

; Next we display the top ruler:
    mov rax,1          ; Load Y position to AL
    mov rbx,1          ; Load X position to BL
    mov rcx,COLS-1     ; Load ruler length to RCX
    call Ruler         ; Write the ruler to the buffer

; Thow up an informative message centered on the last line
    mov rsi,Message    ; Load the address of the message to RSI
    mov rcx,MSGLEN     ; and its length to RCX
    mov rbx,COLS       ; and the screen width to RBX
    sub rbx,rcx        ; Calc diff of message length and screen width
    shr rbx,1          ; Divide difference by 2 for X value
    mov rax,20         ; Set message row to Line 24
    call WrtLn         ; Display the centered message

; Here we loop through the dataset and graph the data:
    mov rsi,Dataset    ; Put the address of the dataset in RSI
    mov rbx,1          ; Start all bars at left margin (X=1)
    mov r15,0          ; Dataset element index starts at 0
.blast:
    mov rax,r15        ; Add dataset number to element index
    add rax,STRTROW  ; Bias row value by row # of first bar
    mov cl,byte [rsi+r15]    ; Put dataset value in lowest byte of RCX
    cmp rcx,0         ; See if we pulled a 0 from the dataset
    je .rule2         ; If we pulled a 0 from the dataset, we're done
    call WrtHB        ; Graph the data as a horizontal bar
    inc r15           ; Increment the dataset element index
    jmp .blast        ; Go back and do another bar

; Display the bottom ruler:
.rule2:
```

```
    mov rax,r15       ; Use the dataset counter to set the ruler row
    add rax,STRTROW   ; Bias down by the row # of the first bar
    mov rbx,1         ; Load X position to BL
    mov rcx,COLS-1    ; Load ruler length to RCX
    call Ruler        ; Write the ruler to the buffer

; Having written all that to the buffer, send the buffer to the
; console:
    call Show        ; Refresh the buffer to the console

; And return control to Linux:
Exit:
    mov rsp,rbp
    pop rbp

    mov rax,60        ; End program via Exit Syscall
    mov rdi,0         ; Return a code of zero
    syscall           ; Return to Linux
```

在以下部分中，将逐一介绍它。请注意，有一个单独的文件可用于通过 SASM 构建，名为 vidbuff1gcc.asm。该文件与 vidbuff1.asm 几乎完全相同，但在全局起始地址 _start 与 main 方面差异较大。

11.2　REP STOSB：软件机关枪

REP STOSB 是 x86 汇编中的一个强大指令组合，被戏称为“软件机关枪”，因为它能在极短时间内执行大量重复操作。STOSB 是“Store String Byte”的缩写。

虚拟文本显示缓冲区只是 .bss 部分中用 RESB 指令保留的一块原始内存区域。缓冲区的大小由两个等式定义，这些等式指定了你想要的行数和列数。默认情况下，将其设置为 25 行和 80 列，但 2023 年的控制台显示器可显示比这大得多的文本屏幕。可更改 COLS 和 ROWS 等式，将缓冲区定义为最大 255×255 的大小，不过如果你的终端窗口没有那么大，显示结果将无法预测。

更改文本显示的尺寸是通过更改其中一个或两个等式来完成的。代码中需要执行的其他更改将自动处理。注意，这必须在汇编时完成，因为许多计算是在你构建程序时由 NASM 在汇编时完成的。

不必将终端窗口的大小与你选择的 ROWS 和 COLS 值精确匹配，只要终端窗口大于 ROWS×COLS 即可。如果你最大化终端窗口(如 Konsole)，文本将从屏幕的左上角开始显示。

11.2.1 机关枪式操作虚拟显示

当 Linux 将程序加载到内存时，通常会将未初始化的变量(如代码清单 11.1 中的 VidBuff1)清除为二进制零。这种处理方式虽然不错，但二进制零在 Linux 控制台上无法正确显示。为在控制台上看起来是“空白”的，显示缓冲区内存必须清除为 ASCII 空格字符(即值为 20h 的字符)。这意味着需要从缓冲区的起始位置到结束位置，将 20h 值写入内存中。

这种操作应始终在密集的循环中进行。最明显的方法是将显示缓冲区的地址放入寄存器 RDI 中，将刷新缓冲区的字节数放入寄存器 RCX 中，将用于清除缓冲区的 ASCII 值放入 AL 寄存器中，然后以如下方式编写一个密集的循环代码：

```
Clear: mov [rdi],al  ; 将 AL 中的值写入内存
       inc rdi       ; 将 RDI 移到缓冲区中的下一字节
       dec rcx       ; 将 RCX 减少一个位置
       jnz Clear     ; 再次循环，直到 RCX 为 0
```

这样是可以的，尤其是在较新的 CPU 上。但前面的所有代码都等效于这一条指令：

```
rep stosb
```

STOSB 指令是英特尔字符串指令中最简单的一种，也是一个良好的起点。正如我所展示的那样，这条指令分为两部分，这种情况我们以前没有遇到过。REP 是一种新型的前缀，会改变 CPU 处理后续指令助记符的方式。稍后会详细讨论 REP。现在，让我们先看看 STOSB。助记符的意思是按字节存储字符串。像所有字符串指令一样，STOSB 对某些 CPU 寄存器做出了一些假设。它只对目标字符串起作用，因此不涉及 RSI。不过，这些假设必须得到认可和处理：

- RDI 必须加载目标字符串的地址(RDI 用于目标索引)。
- RCX 必须加载 AL 中的值需要存储到字符串中的次数。
- AL 必须加载要存储到字符串中的 8 位值。
- 方向标志 DF 必须根据你希望搜索的方向来设置或清除。清除时(使用 CLD 指令)表示向上内存搜索，设置时(使用 STD 指令)表示向下内存搜索。稍后将进一步解释 DF 在 STOSB 中的用法。

11.2.2 执行 STOSB 指令

设置好这三个寄存器后，就可以安全地执行 STOSB 指令了。执行此操作后，将发生以下情况：

(1) AL 中的字节值被复制到 RDI 中存储的内存地址。

(2) RDI 增加 1，这样它现在指向内存中刚写入的字节后的下一字节。

注意，这里还没有进入“机关枪”模式——至少目前还没有。AL 中的值只被复制到内存中的一个位置。RDI 寄存器会被调整，以便为下一次执行 STOSB 做好准备。

一个要点是，STOSB 不会自动减少 RCX 的值。RCX 只有在 STOSB 前面加上 REP 前缀时才会自动递减。如果没有 REP 前缀，你需要手动减少 RCX 的值，可通过显式使用 DEC 指令或 LOOP 指令来完成，稍后将详细解释。

所以，如果没有 REP 前缀，你无法让 STOSB 自动运行。不过，如果你愿意，可在执行另一个 STOSB 之前执行其他指令。只要不修改 RDI 或 RCX，可做任何想做的事情。然后当你再次执行 STOSB 时，AL 中的另一个副本将被写入 RDI 指向的位置，RDI 也会再次调整(你需要记住以某种方式递减 RCX 的值)。注意，如果你愿意，可改变 AL 中的值，但改变后的值会被复制到内存中。你可能想要这样做——并没有规定你必须用单一的值来填充字符串。

不过，这就像半自动武器和全自动武器的区别一样(半自动武器每次按下并释放扳机时发射一发子弹，而全自动武器在你一直按住扳机时会连续发射子弹)。要让 STOSB 完全自动化，只需要在它前面加上 REP 前缀。REP 的作用非常简单：它在 CPU 内部设置了一个密集的循环，不断将 AL 的副本写入内存，每次将 RDI 加 1，将 RCX 减 1，直到 RCX 递减到 0。然后停止。当“烟雾”散去时，你会发现整个目标字符串，无论多大，都被填充上了 AL 的副本。

在代码清单 11.1 中给出的 vidbuff1.asm 程序中，清除显示缓冲区的代码位于 ClrVid 过程中。相关行如下所示：

```
cld                 ; 清除 DF，以便我们计算内存
mov al,FILLCHR      ; 将缓冲区填充字符放入 AL
mov rdi,VidBuff     ; 将目标索引指向缓冲区
mov rcx,COLS*ROWS   ; 将字符数存储在 RCX 中
rep stosb           ; 在缓冲区中重复字符
```

FILLCHR 等式默认设置为 32，即 ASCII 空格字符。可将其设置为其他字符以填充缓冲区，尽管这可能没什么实际用途。此外，要写入内存的字符数量是由 NASM 在汇编时计算的，计算方法为 COLS * ROWS。这使你可以在不更改清除显示缓冲区代码的情况下，改变虚拟显示的大小。

11.2.3 STOSB 和方向标志 DF

在前面显示的短代码序列的开头，有一条我之前没有讨论过的指令 CLD。它控制了字符串指令操作中的一个关键点：字符串操作在内存中进行的方向。

大多数情况下，当你使用 STOSB 时，会希望它在内存中“向上”运行，也就是说，从较低的内存地址向较高的内存地址运行。在 ClrVid 中，你将视频刷新

缓冲区起始地址放入 RDI 中，然后将字符连续写入内存中的更高地址。每次 STOSB 将一字节写入内存后，RDI 都会递增，指向内存中的下一字节。

这是合理的工作方式，但并不是所有时候都必须这样做。STOSB 也可以很容易地从高地址开始，然后在内存中向下移动。每次将数据存储到内存时，RDI 可以减少 1。

STOSB 的操作方向——是向上递增到更高的内存地址，还是向下递减到更低的地址——由 RFlags 寄存器中的方向标志 DF 控制。DF 的唯一职责就是控制某些指令在内存中采取行动的方向，这些指令(如 STOSB 及其相关指令)可在内存中朝两个方向之一移动。大多数这些指令(如 STOSB 及其兄弟指令)都是字符串指令。

DF 的意义如下：当 DF 被设置(即 DF 的值为 1)时，STOSB 和它的同类字符串指令会向下工作，从较高的地址向较低的地址移动。当 DF 被清除(即 DF 的值为 0)时，STOSB 和它的同类字符串指令会向上工作，从较低的地址向较高的地址移动。这实际上是指在字符串指令执行期间，RDI 寄存器的调整方向：当 DF 被设置时，RDI 会递减；当 DF 被清除时，RDI 会递增。

方向标志 DF 在 CPU 重置时默认值为 0(向上)。一般来说，可以通过两种方式改变它：使用 CLD 指令，或使用 STD 指令。CLD 将 DF 清零(即设置为 0)，而 STD 则将 DF 设置为 1。调试时要记住，POPF 指令也可以通过从栈将一整套新的标志位弹出到 RFlags 寄存器来改变 DF。DF 的默认状态是清零(0)，而 vidbuff1 演示程序中的所有字符串指令都在内存中向上工作，因此在 ClrVid 过程里包含 CLD 指令并非技术上必需的。然而，程序的其他部分可能会改变 DF。为确保你的“机关枪”朝正确方向开火，通常建议在字符串指令之前放置合适的 CLD 或 STD 指令。

人们有时会感到困惑，认为 DF 也决定了字符串指令是否增加或减少 RCX。其实并非如此！字符串指令中没有任何内容会增加 RCX。RCX 保存的是一个计数值，而不是一个内存地址。你将计数值放入 RCX，然后每次字符串指令执行时，RCX 就会递减，直到达到 0。DF 对此毫无影响。基本上，RDI 是目标位置，而 RCX 是弹夹中的子弹数量。

11.2.4 定义显示缓冲区中的行

然而，将 VidBuff 清除为空格字符并不是故事的结束。为在显示 Linux 控制台的终端程序中正确渲染，显示数据必须被分为多行。行由 EOL 字符(ASCII 10)分隔。一行从缓冲区的开头开始，并以第一个 EOL 字符结束。下一行从 EOL 字符之后立即开始，并一直运行到下一个 EOL 字符，以此类推。

当文本以零碎方式写入控制台时，每行的长度可能不同。然而，在虚拟显示系统中，整个缓冲区通过一次 SYSCALL 调用被写入控制台，作为一系列长度相同的行。这意味着当清除缓冲区时，还必须在我们希望每一显示行结束的地方插入 EOL 字符。

在 ClrVid 过程的剩余部分，我们需要做的是为每个 COLS 字节在缓冲区中写入一个 EOL 字符。这是通过一个非常紧密的循环来完成的。如果查看 ClrVid 的第二部分，可能会注意到其中的循环并不完全是普通的循环。记住这个想法——稍后会回到 LOOP 指令的讲解。

11.2.5　将缓冲区发送到 Linux 控制台

需要重申一下，这里讨论的是一个虚拟显示。VidBuff 只是内存中的一个区域，你可以用普通的汇编语言指令在其中写入字符和字符串。然而，除非你将缓冲区发送到 Linux 控制台，否则这些内容不会出现在显示器上。

这非常简单。代码清单 11.1 中的 Show 过程通过 SYSCALL 进行一次对 sys_write 内核服务的调用，并一次性将整个缓冲区发送到控制台。嵌入缓冲区中每 COLS 字节处的 EOL 字符会像控制台中处理的其他 EOL 字符一样，强制每个 EOL 后立即开始新的一行。由于所有行的长度相同，将 VidBuff 发送到控制台会在任何至少 COLS x ROWS 大小的终端窗口中正确显示一个矩形文本区域。较小的窗口将把 VidBuff 的文本搞乱。试着在各种大小的终端窗口中运行 vidbuff1 程序，你很快就会明白我的意思。

重要的是，每当你想要更新屏幕时，程序应该调用 Show。你可根据需要随时调用 Show；在现代 Linux PC 上，更新速度快得几乎是瞬间完成的。因此，每次对 VidBuff 进行写入后调用 Show 是完全可行的，不过是否这样做取决于你。

11.3　半自动武器：没有 REP 的 STOSB

在所有字符串指令中，我首先向你展示了 REP STOSB，因为它的效果极为显著。但更重要的是，它简单——实际上，使用 REP 比不使用 REP 更简单。REP 从程序员的角度简化了字符串处理，因为它将整个指令循环放入 CPU 内部。你也可以在没有 REP 的情况下使用 STOSB 指令，但这需要多做一些工作。包括在 CPU 外部设置指令循环，并确保其正确无误。

为什么要费这个劲呢？原因很简单：使用 REP STOSB 时，你只能反复将同一个值存储到目标字符串中。不管你在执行 REP STOSB 之前将什么值放入 AL，这个值都会被存储到内存中 RCX 次。而通过半自动方式触发 STOSB 并在每次触发之间更改 AL 中的值，你可将不同的值存储到目标字符串中。

在 CPU 外部自行处理循环时，会稍微浪费一些时间。因为在从内存中获取循环的指令字节时会花费一定的时间。然而，如果你尽可能让循环紧密一些，就不会损失太多速度，特别是在现代的英特尔/AMD 处理器上，它们有效利用了缓存，并且不会每次执行时都从外部内存获取指令。

11.3.1 谁减少了 RCX?

当你使用 REP STOSB(或任何字符串指令的 REP 前缀)时，RCX 会在每次内存访问后自动递减 1。当 RCX 递减到 0 时，REP STOSB 会检测到 RCX 变为 0 并停止向内存写入。然后控制会传递到下一条指令。然而，如果去掉 REP 前缀，RCX 的自动递减就会停止。同样，RCX 递减到 0 时的自动检测也会停止。

这意味着，当不使用 REP 时，你需要自行管理 RCX 的递减以及对 0 值的检测。要做到这一点，通常会在每次执行 STOSB 之后手动递减 RCX，并使用循环来检查 RCX 是否已经减为 0。这增加了编程的复杂性，但也给了你更多的控制权，让你能在每次存储不同的值时动态调整 A 的值，而这在 REP STOSB 的情况下是做不到的。

显然，需要在某个地方递减 RCX，因为 RCX 决定了字符串指令访问内存的次数。如果 STOSB 不会自动递减 RCX——你猜对了——你就得在其他地方用另一条指令来完成这个任务。

最直接的方法是使用 DEC RCX 指令来递减 RCX。而确定 RCX 是否已经递减到 0 的明显方法是，在 DEC RCX 指令之后跟上一条 JNZ(非零跳转)指令。JNZ 会测试零标志(ZF)，并在 ZF 为 false 时跳回到 STOSB 指令处继续执行，直到 ZF 变为 true。而当 DEC 指令将其操作数(在这里是 RCX)递减到 0 时，ZF 就会变为 true。

11.3.2 LOOP 指令

了解了所有这些内容后，考虑以下汇编语言指令循环。这段代码并不是摘自代码清单 11.1，而是一个为了演示“困难”做法而拼凑出来的例子：

```
    mov al,30h   ; 将字符 0 的值放入 AL
DoChar:
    stosb     ; 注意没有 REP 前缀!
    inc al    ; 将 AL 中的字符值增加 1
    dec rcx   ; 将计数减少 1......
    jnz DoChar  ; ……如果 RCX > 0，则再次循环
```

来看一下这个循环是如何运行的。STOSB 指令执行，AL 被修改，然后 RCX 被递减。JNZ 指令检测 DEC 指令是否已将 RCX 减为零。如果是这样，零标志 ZF

被设置，循环将终止。但在设置 ZF 之前，程序会跳回 DoChar 标签处，STOSB 再次执行。

不过，还有一种更简单的方法，使用一个我之前没有讨论过的指令：LOOP。LOOP 指令结合了 RCX 的递减与基于 ZF 的测试和跳转。其使用方式如下：

```
    mov al,30h    ; 将字符 0 的值放入 AL
DoChar:
    stosb         ; 注意没有 REP 前缀！
    inc al        ; 将 AL 中的字符值增加 1
    loop DoChar   ; 返回并执行另一个字符，直到 RCX 变为 0
```

当 LOOP 指令执行时，首先将 RCX 递减 1。然后检查零标志(ZF)，以确定递减操作是否使 RCX 变为零。如果是，它会继续执行下一条指令。如果不是(也就是说，ZF 仍然为 0，表明 RCX 仍然大于 0)，LOOP 会跳转到其操作数指定的标签处。

因此，这个循环会持续运行 LOOP，直到 RCX 递减到 0。此时，循环结束，执行流程继续到 LOOP 之后的下一条指令。

11.3.3　在屏幕上显示标尺

作为一个有用的示例，说明何时使用不带 REP(但带有 LOOP)的 STOSB 是合理的，让我为你的视频工具包提供另一项内容。来自代码清单 11.1 的 Ruler 过程可在屏幕上某个可选位置显示任意长度的从 1 开始的递增数字序列。换句话说，你可在任何想要的位置显示如下的数字字符串：

```
123456789012345678901234567890123456789012345678901234567890
```

这可能允许你确定控制台窗口水平方向上的行开始位置或某个字符落在哪里。Ruler 过程允许你指定标尺长度(以位数表示)，以及它将显示在屏幕上的哪个位置。

对 Ruler 的典型调用如下所示：

```
mov rax,1         ; 将 Y 位置加载到 AL
mov rbx,1         ; 将 X 位置加载到 BL
mov rcx,COLS-1    ; 将标尺长度加载到 RCX
call Ruler        ; 将标尺写入缓冲区
```

此调用将标尺放在显示屏的左上角，从位置(1,1)开始。标尺的长度通过 RCX 传递。这里，你指定的标尺比显示宽度短一个字符。这会生成一个跨越整个虚拟文本显示可见宽度的标尺。

为什么要短一个字符？请记住，每行末尾都有一个 EOL(行结束)字符。这个

EOL 字符不会直接显示出来，但仍然占据一个字符，并需要在缓冲区中占用一字节。COLS 的值必须始终考虑到这一点：如果你希望显示的宽度为 80 个字符，COLS 必须设置为 81。如果你希望显示的宽度为 96 个字符，COLS 必须设置为 97。如果像前面所示那样编写对 Ruler 的调用，NASM 将在汇编时进行一些数学运算，并始终生成一个跨越文本显示可见宽度的标尺。

除了 LOOP 指令，这里还有一些新的汇编技术值得解释。让我们暂时不讨论字符串指令，仔细看看这些内容。

11.3.4 MUL 不是 IMUL

第 7 章中描述了 MUL 指令及其隐式操作数。Ruler 过程也使用 MUL 来计算显示内存缓冲区中的(X, Y)位置，STOSB 可在此位置开始放置标尺字符。确定任何给定 X 和 Y 值在缓冲区中的偏移量(以字节为单位)的算法如下所示：

```
Offset = ((Y * width in characters of a screen line) + X)
```

很明显，必须在屏幕缓冲区中下移 Y 行，然后从屏幕左边距向外移动 X 字节才能到达(X, Y)位置。在 Ruler 程序中，计算方式如下：

```
mov rdi,VidBuff      ; 将视频缓冲区地址加载到 RDI
dec rax              ; 将 Y 值向下调整 1 以进行地址计算
dec rbx              ; 将 X 值向下调整 1 以进行地址计算
mov ah,COLS          ; 将屏幕宽度移到 AH
mul ah               ; 将 AL*AH 与 AX 进行 8 位乘法
add rdi,rax          ; 将 Y 偏移量添加到 vidbuff 中并添加到 RDI
add rdi,rbx          ; 将 X 偏移量添加到 vidbuff 中并添加到 RDI
```

这两个 DEC 指令处理了该系统中(X,Y)坐标是以 1 为基准的问题；也就是说，屏幕的左上角是位置(1,1)，而不是像某些(X,Y)坐标系那样以(0,0)为基准。可以这样理解：如果你想要在屏幕的左上角开始显示标尺，必须从缓冲区的起始位置(即没有任何偏移的位置)开始写入标尺字符。为便于计算，(X,Y)的值必须以 0 为基准。

在使用 MUL 指令进行 8 位乘法时，其中一个因子是隐含的：AL 中包含 Y 值，而调用者通过 RAX 将 Y 值传递给 Ruler。我们将屏幕宽度存储在 AH 中，然后使用 MUL 将 AH 和 AL 相乘。这样，乘积会替换 AH 和 AL 中的值，并作为 AX 中的值进行访问。将这个乘积与 X 值(通过 BL 传递给 Ruler)相加，再加上 RDI 的值，就可以得到标尺字符需要写入的精确内存地址。

这里需要提醒你一个常见的错误：MUL 和 IMUL 未必是相同的，它们在大多数情况下都不同。MUL 和 IMUL 是姊妹指令，都用于执行乘法操作。不同之处在于，MUL 将操作数视为无符号数，而 IMUL 则将操作数视为有符号数。只要两个因子在有符号上下文中保持为正数，这种区别并不重要。实际上，对于 8 位乘法操作，MUL 和 IMUL 在处理不超过 127 的值时表现相同。但一旦达到 128，一切都改变了。在 8 位有符号上下文中，大于 127 的值被视为负数。MUL 将 128 视为 128，而 IMUL 则将 128 视为-1。

可在 Ruler 过程中将 MUL 指令替换为 IMUL，这样在你传递的屏幕尺寸不超过 127 的情况下，程序将正常运行。但一旦屏幕尺寸超过 127，IMUL 会突然计算出一个名义上为负的乘积……，但这只在你将该值视为有符号数时会发生。一个负数如果被当作无符号数来处理，将变成一个非常大的正数。如果在内存地址计算中，RDI 加上这个异常值所代表的地址，那么可能导致分段错误(segmentation fault)。你可以试一试！没有坏处，但这是一个很有趣的教训。IMUL 是用来处理有符号数的。而对于内存地址计算，应该使用 MUL 指令，以避免类似的问题。

11.3.5　Ruler 的教训

Ruler 过程是一个很好的例子，展示了如何在不使用 REP 前缀的情况下使用 STOSB。因为我们每次将 AL 存储到内存时都需要改变 AL 的值，所以不能使用 REP STOSB。注意，在更改要显示的数字时，没有对 RDI 或 RCX 做任何处理，因此这些寄存器中的值将在下一次执行 STOSB 时保留。Ruler 也很好地展示了 LOOP 如何与 STOSB 配合工作，将 RCX 递减并将控制返回循环顶部。从某种意义上说，LOOP 在 CPU 外部完成了 REP 在 CPU 内部所做的事情：调整 RCX 并闭合循环。在使用任何字符串指令时，请记住这一点！

11.3.6　STOS 的四种大小

在讨论其他字符串指令之前，需要指出的是，STOS 字符串指令有四种不同的“大小”：

- STOSB 将 AL 中的 8 位值存储到内存中。
- STOSW 将 AX 中的 16 位值存储到内存中。
- STOSD 将 EAX 中的 32 位值存储到内存中。
- STOSQ 将 RAX 中的 64 位值存储到内存中。

STOSW、STOSD 和 STOSQ 的工作方式与 STOSB 几乎相同。主要区别在于每次内存传输操作后目标地址 RDI 的更改方式。RDI 根据指令所作用的数量的大小而变化。对于 STOSW，RDI 会改变两个字节，根据 DF 的状态向上或向下。对于 STOSD，RDI 会改变四个字节，同样根据 DF 的状态向上或向下。STOSQ 会根据 DF 的状态向上或向下改变 RDI 八个字节。

然而，在所有情况下，当指令前面有 REP 前缀时，计数寄存器(在 x64 中为 RCX)在每次内存传输操作后都会减少 1。它总是递减，并且总是递减 1。RCX 计数的是操作次数，与内存地址或存储在内存中的值的大小无关。

11.3.7 再见，BCD 算术

讨论已经不再可用的机器指令可能看起来有点奇怪，但我这样做是有原因的。曾阅读过本书早期版本，特别是 2009 年版的读者可能还记得，vidbuff1 示例程序(代码清单 11.1)使用了 BCD 算术来生成构成标尺的字符。

坦率地说，x64 架构的设计者移除了 x86 定义中所有的 BCD 算术指令。这涉及六条指令：

```
AAA, DAA, DAS, AAS, AAM, AAD
```

解释 BCD 算术超出了本书的范围(如果你真的感兴趣，可以参考 2009 年的版本，其中有一些介绍)，我提到它只是因为在 2009 年版中，vidbuff1 程序使用了 BCD 算术。BCD 算术在某些情况下(主要是在财务计算中)有其用途，但如今我们有了更好的财务计算技术。

基本上，BCD 算术允许你将一个 ASCII 字符与另一个 ASCII 字符相加。它复杂且速度慢。另外，由于完成它的指令已经不再可用，这种操作也不再可能。

11.4 MOVSB：快速块复制

STOSB 指令非常吸引人，但就在一行汇编代码中实现的纯粹功能而言，仍然比不上 MOVS 指令。与 STOS 一样，MOVS 也有四种“大小”，分别用于处理字节(MOVSB)、16 位字(MOVSW)、32 位双字(MOVSD)和 64 位四字(MOVSQ)。对于本章中涉及的 ASCII 字符，MOVSB 是最佳选择。

MOVSB 指令的要点是：存储在 RSI 地址处的一块内存数据被复制到存储在 RDI 地址处的目标位置。要移动的字节数放在 RCX 寄存器中。每复制一字节后，RCX 减少 1，RSI 和 RDI 中的地址各调整 1。对于 MOVSW，每复制一个字(word)后，源寄存器和目标寄存器各调整两个字节；对于 MOVSD，它们各调整四个字节；而对于 MOVSQ，它们各调整八个字节。这些调整要么是增加，要么是减少，具体取决于 DF 的状态。在所有情况下，每次数据项从源地址传输到目标地址时，RCX 都减少 1。记住，RCX 计数的是内存传输操作，而不是地址字节！

DF 寄存器对 MOVSB 的影响与对 STOSB 的影响相同。默认情况下，DF 被清除，字符串操作从低内存向高内存“上坡”运行。如果设置了 DF，字符串操作的工作方向则相反，从高内存向低内存运行。

MOVSB 可以像 STOSB 一样，既可以半自动操作，也可以自动操作。为 MOVSB 添加 REP 前缀后(假设寄存器设置正确)，一块内存将通过紧凑的循环在

CPU 内部从一个位置复制到另一个位置，而且只需要一个指令。

为了演示 MOVSB，在代码清单 11.1 中添加了一个名为 WrtLn 的简单过程。WrtLn 将一个字符串复制到显示缓冲区 VidBuff 中的指定(X,Y)位置。它的作用类似于 Pascal 中的 Write 或 C 语言中的 print。在调用 WrtLn 之前，你需要将字符串的源地址放在 RSI 寄存器中，将以 1 为基准的(X,Y)坐标放在 RBX 和 RAX 中，将字符串的长度(以字节为单位)放在 RCX 中。

WrtLn 中实际执行工作的代码非常简单：

```
cld                 ; 清除 DF 以进行上位内存写入
mov rdi,VidBuff     ; 使用缓冲区地址加载目标索引
dec rax             ; 将 Y 值向下调整 1 以进行地址计算
dec rbx             ; 将 X 值向下调整 1 以进行地址计算
mov ah,COLS         ; 将屏幕宽度移到 AH
mul ah              ; 将 AL*AH 与 AX 进行 8 位乘法
add rdi,rax         ; 将 Y 偏移量添加到 VidBuff 中以进行 RDI 操作
add rdi,rbx         ; 将 X 偏移量添加到 VidBuff 中以进行 RDI 操作
rep movsb           ; 将字符串发送到缓冲区
```

使用 MUL 计算从(X, Y)值到 VidBuff 的偏移量的代码与 Ruler 中使用的代码相同。在 vidbuff1 的主程序部分，进行了一些额外的计算，以在可见缓冲区的中心显示字符串，而不是在某个特定的(X, Y)位置显示：

```
mov rsi,Message     ; 将消息地址加载到 RSI
mov rcx,MSGLEN      ; 将其长度加载到 RCX
mov rbx,COLS        ; 将屏幕宽度加载到 RBX
sub rbx,rcx         ; 计算消息长度和屏幕宽度的差异
shr rbx,1           ; 将差异除以 2 得到 X 值
mov rax,20          ; 将消息行设置为第 20 行
call WrtLn          ; 显示居中消息
```

11.4.1　DF 和重叠阻挡移动

简单的演示程序 vidbuff1 使用 MOVSB 将消息从程序的 .data 部分复制到显示缓冲区。WrtLn 使用 MOVSB 将消息从低内存“上坡”复制到高内存，你可能会认为，可以轻松地将其从高内存“下坡”复制到低内存，你是对的。方向标志 DF 似乎只是偏好问题。除非源和目标内存块重叠。

RSI 和 RDI 不一定要指向完全独立的内存区域。源和目标内存块可以重叠，这在许多情况下非常有用。

举个例子，考虑在内存缓冲区中编辑文本的挑战。假设你在缓冲区中有一个字符串，并想在字符串的中间某个位置插入一个字符。字符串中插入点后的所有字符都必须“移开”以给新插入的字符腾出空间。假设缓冲区末尾有足够的空余

空间。这就是 REP MOVSB 的一个自然应用场景——但设置它可能比最初看起来更复杂。

我清楚地记得第一次尝试这么做的情景——这也正好是我第一次尝试使用 MOVSB。我的做法如图 11.1 左侧部分所示。目标是将字符串右移一个位置，以便在它前面插入一个空格字符。

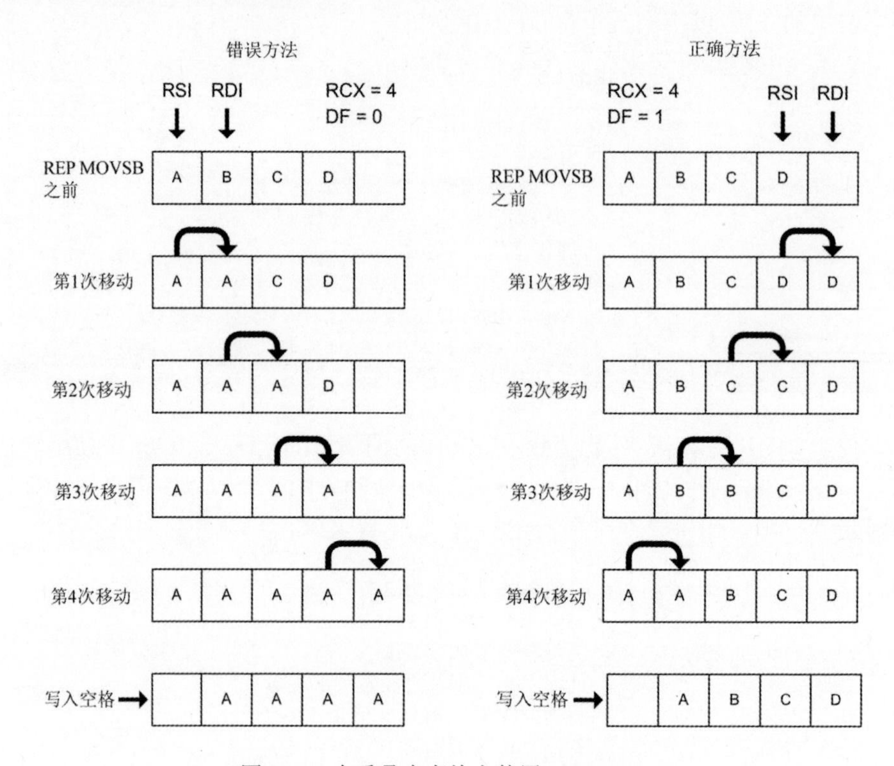

图 11.1 在重叠内存块上使用 MOVSB

将 RSI 指向字符串的第一个字节，并将 RDI 指向我想要移动字符串的位置。然后，我执行了一条“上坡”的 REP MOVSB 指令。当操作完成后，我发现自己将整个字符串的每个字符替换成它的第一个字符。是的，这显然是一个错误。我犯这个错误的时候，寄存器的大小是 16 位的，我那时还年轻，但在 x64 长模式下，情况是一样的，这个错误仍然易犯。

在图的右侧显示了正确进行插入操作的方法。你必须从字符串的高端开始，朝“下坡”方向移动，直到插入点。第一次字符移动必须将字符串的最后一个字符移到空的缓冲区空间中，以免影响下一个字符的移动，以此类推。这样，两个仅差一字节的重叠内存区域可以相互复制，而不会丢失任何数据。

这种操作展示出来比讲述更容易理解。如果你能观察到移动过程，头脑会变得更加清晰。我已经创建了一个重叠块移动的沙箱演示，代码在代码清单 11.2 中。

这个演示是为 SASM 设计的，这就是它具有 gcc 后缀的原因。

代码清单 11.2　movsbdemogcc.asm

```
section .data
              ;0000000000011
              ;0123456789012
   EditBuff: db 'abcdefghijklm '
   BUFFLEN   equ $-EditBuff
   ENDPOS    equ 12        ; 0-based number of last visible character
   INSRTPOS  equ 1

section .text

global main

main:
;  This a "sandbox" program for single-stepping in the SASM debugger,
;  and is not a complete program. Just letting it fly will segfault.

   mov rbp, rsp; for correct debugging

; Put your experiments between the two nops...
   nop

   std                      ; We're doing a "downhill" transfer
   mov rbx,EditBuff
   mov rsi,EditBuff+ENDPOS    ; Start at end of visible text
   mov rdi,EditBuff+ENDPOS+1  ; Bump text right by 1
   mov rcx,ENDPOS-INSRTPOS+2  ; # of chars to bump; not a 0-based
                              ; address but a count
   rep movsb                  ; Move 'em!
   mov byte [rbx],' '         ; Write a space at insert point

; Put your experiments between the two nops...
   nop
```

要在 SASM 中观察移动过程，你需要加载代码清单 11.2 中的代码，构建它，然后启动调试器。一旦进入调试模式，选择 Debug | Show Memory。在 Variable Or Expression 字段中输入 EditBuff。在 Type 字段中，从第一个下拉菜单中选择 Char，从第二个下拉菜单中选择 b。EditBuff 长度为 14 个字符(包括结尾的空格)，所以在第三个字段中输入 14。不要勾选 Address 复选框。

它的工作原理如下：ENDPOS 是字符串中最后一个非空格字符的偏移量(基于 0)。注意，这不是一个计数，而是从 EditBuff 开始的偏移量。缓冲区开始到最后一个字符 m 的偏移量是 12 字节。如果你从 EditBuff 的地址开始并加上 12，那么 RSI 将指向 m。而 RDI 则指向字符串最后一个字符之后的第一个缓冲区位置的偏移量，这就是为什么在汇编时进行 ENDPOS+1 的计算，使其指向 EditBuff 末尾的空格字符的原因。

要放入 RCX 中的计数值必须考虑地址偏移的基于 0 的性质。你需要在字符串的结束位置(ENDPOS)和插入位置(INSRTPOS)之间的差值上加 2，因为它们都是基于 0 的，为得到正确计数，你必须加回 ENDPOS 和 INSRTPOS 都为基于 1 的数字时的两个额外的 1(记住，计数不是基于 0 的)。

请注意代码块开头的 STD 指令。STD 将方向标志 DF 设为 1，这会强制字符串指令从高地址向低地址“下坡”工作。DF 默认值为 0，因此为了使这段代码正常工作，STD 指令必须存在！

11.4.2 单步 REP 字符串指令

这里要提一下，尽管 REP MOVSB 指令看起来是一条单条指令，但它实际上是一条非常紧密的循环，以单条指令的形式实现。在调试器中单步执行 REP MOVSB 不会一次性执行整个循环！每次单击 SASM 的 Step Into 图标时，只会发生一次内存传输操作。

如果将 RCX 加载为 13 这样的计数值，你将需要单击 Step Into 图标 13 次，逐步执行完整个指令。这允许你在指令操作时观察内存和寄存器的变化。然而，对于 RCX 中的较大计数值，这可能会需要很多次单击。如果你对字符串指令设置的正确性有信心，可能希望在 REP 字符串指令后的下一条指令上设置一个断点，然后单击 Continue(或按 F5)以全速执行字符串指令，而不会在每次内存传输操作后暂停。SASM 会在断点处暂停，你可以检查内存缓冲区的最终状态，然后继续逐步执行。

另一件事是使用 SASM 的调试器观察内存移动时遇到的问题，这与 SASM 显示字符串缓冲区的方式有关。如果你从第一个下拉菜单中选择 Smart，SASM 会将 EditBuff 显示为一串字符，形式为 abcdefghijklm，但不包括结尾的空格。你可通过这种显示方式观察移动发生的过程，但这并非完整画面，可能会让你感到困惑。

EditBuff 的 Char 显示部分之所以如此，是因为它允许你包含不可显示的字符，如换行符(EOL)。一个字符会显示为其十进制等价值，然后是实际字符，用单引号括起来，像这样：

```
{97'a',98'b',99'c',100'd',101'e',102'f'103'g', … 32''}
```

这种格式将显示 EditBuff 末尾的空格字符，但你必须密切观察才能看到移动过程。

我真诚地希望 SASM 有一天会包含十六进制转储样式的内存显示，就像 Insight 中那样。

11.5　将数据存储到不连续的字符串中

有时你不得不打破规则。到目前为止，我在解释字符串指令时，一直假设目标字符串在内存中总是一个连续的字节序列。但情况并非总是如此。除了在每次执行 STOSB 之间更改 RAX 的值，你还可以更改目标地址。最终结果是，你可以在一个非常密集的循环中，将数据存储到内存中的多个不同区域。

11.5.1　显示一个 ASCII 表

我为 SASM 创建了一个小的演示程序，以展示想表达的想法。它不像代码清单 11.1 中的 Ruler 过程那样有用，但表达了重点，而且如果你一直跟随我的讲解，就很容易理解。showchargcc 程序使用了许多与 vidbuff1 相同的基本机制，包括虚拟显示机制和 Ruler。因此，为了节省篇幅，不会在这里展示整个程序。完整的源代码文件(以及本书中介绍的所有代码)可以从源代码存档压缩文件中下载。

showchargcc 程序清除屏幕，在第 1 行显示一个标尺，下面显示一个表格(包含 256 个 ASCII 字符中的 224 个)，整齐地显示在 7 行中，每行 32 个字符。该表包括 127 个“高”ASCII 字符，有外语字符、下画线字符和杂项符号。它不显示前 32 个 ASCII 字符。Linux 将这些字符视为控制字符，甚至那些有可用字形的字符也不会显示在控制台上。

showchargcc 程序引入了一些新概念和指令，所有这些都与程序循环相关。诸如 STOSB 的字符串指令和程序循环密切相关。为节省篇幅，代码清单 11.3 展示了 showchargcc。它调用的所有过程和宏都出现在代码清单 11.1 中。

代码清单 11.3　showchargcc.asm

```
; Executable name : showchargcc
; Version         : 2.0
; Created date    : 10/19/2022
; Last update     : 7/15/2023
; Author          : Jeff Duntemann
; Description     : A simple program in assembly for Linux,
;   demonstrating discontinuous string writes to memory using STOSB
;   without REP. The program loops through characters 32 through
;   255 and writes a simple "ASCII chart" in a display buffer. The
```

```
;   chart consists of 8 lines of 32 characters, with the lines not
;   continuous in memory.
;
; Build using the standard SASM x64 build lines
;

SECTION .data         ; Section containing initialized data
   EOL  equ 10        ; Linux end-of-line character
   FILLCHR equ 32     ; Default to ASCII space character
   CHRTROW equ 2      ; Chart begins 2 lines from top
   CHRTLEN equ 32     ; Each chart line shows 32 chars

; This escape sequence will clear the console terminal and place the
; text cursor to the origin (1,1) on virtually all Linux consoles:
   ClrHome db 27,"[2J",27,"[01;01H"
   CLRLEN  equ $-ClrHome      ; Length of term clear string
   EOL     equ 10             ; Linux end-of-line character


; We use this to display a ruler across the screen.
   RulerString db
"12345678901234567890123456789012345678901234567890123456789012345678901234567890"
   RULERLEN    equ $-RulerString

SECTION .bss           ; Section containing uninitialized data

   COLS equ 81         ; Line length + 1 char for EOL
   ROWS equ 25         ; Number of lines in display
   VidBuff resb COLS*ROWS  ; Buffer size adapts to ROWS & COLS

SECTION .text          ; Section containing code

global  main           ; Linker needs this to find the entry
                       ; point!

ClearTerminal:
   push r11            ; Save all modified registers
   push rax
   push rcx
   push rdx
   push rsi
   push rdi

   mov rax,1            ; Specify sys_write call
   mov rdi,1            ; Specify File Descriptor 1: Standard Output
   mov rsi,ClrHome      ; Pass address of the escape sequence
```

```
    mov rdx,CLRLEN      ; Pass the length of the escape sequence
    syscall             ; Make system call

    pop rdi             ; Restore all modified registers
    pop rsi
    pop rdx
    pop rcx
    pop rax
    pop r11
    ret

;-----------------------------------------------------------------
; Show:         Display a text buffer to the Linux console
; UPDATED:      5/10/2023
; IN:           Nothing
; RETURNS:      Nothing
; MODIFIES:     Nothing
; CALLS:        Linux sys_write
; DESCRIPTION: Sends the buffer VidBuff to the Linux console via
;          sys_write.
;          The number of bytes sent to the console is calculated by
;          multiplying the COLS equate by the ROWS equate.

Show:
    push r11            ; Save all registers we're going to change
    push rax
    push rcx
    push rdx
    push rsi
    push rdi

    mov rax,1           ; Specify sys_write call
    mov rdi,1           ; Specify File Descriptor 1: Standard Output
    mov rsi,VidBuff     ; Pass address of the buffer
    mov rdx,COLS*ROWS   ; Pass the length of the buffer
    syscall             ; Make system call

    pop rdi             ; Restore all modified registers
    pop rsi
    pop rdx
    pop rcx
    pop rax
    pop r11
    ret

;-----------------------------------------------------------------
```

```
; ClrVid:       Clears a buffer to spaces and replaces overwritten
;               EOLs
; UPDATED:      5/10/2023
; IN:           Nothing
; RETURNS:      Nothing
; MODIFIES:     VidBuff, DF
; CALLS:        Nothing
; DESCRIPTION:  Fills the buffer VidBuff with a predefined character
;             (FILLCHR) and then places an EOL character at the end
;             of every line, where a line ends every COLS bytes in
;             VidBuff.

ClrVid: push rax        ; Save registers that we change
 push rcx
 push rdi
 cld                   ; Clear DF; we're counting up-memory
 mov al,FILLCHR        ; Put the buffer filler char in AL
 mov rdi,VidBuff       ; Point destination index at buffer
 mov rcx,COLS*ROWS     ; Put count of chars stored into RCX
 rep stosb             ; Blast byte-length chars at the buffer

; Buffer is cleared; now we need to re-insert the EOL char after each
;                  line:
 mov rdi,VidBuff       ; Point destination at buffer again
 dec rdi               ; Start EOL position count at VidBuff char 0
 mov rcx,ROWS          ; Put number of rows in count register

.PtEOL: add rdi,COLS    ; Add column count to RDI
 mov byte [rdi],EOL     ; Store EOL char at end of row
 loop .PtEOL            ; Loop back if still more lines
 pop rdi                ; Restore caller's registers
 pop rcx
 pop rax
 ret                  ; and go home!

;------------------------------------------------------------
; Ruler:   Generates a "1234567890"-style ruler at X,Y in text buffer
; UPDATED:      5/10/2023
; IN:           The 1-based X position (row #) is passed in RBX
;               The 1-based Y position (column #) is passed in RAX
;               The length of the ruler in chars is passed in RCX
; RETURNS:      Nothing
; MODIFIES:     VidBuff
; CALLS:        Nothing
; DESCRIPTION:  Writes a ruler to the video buffer VidBuff, at the
;          1-based X,Y position passed in RBX,RAX. The ruler
;          consists of a repeating sequence of the digits 1 through
```

```
;           0. The ruler will wrap to subsequent lines and overwrite
;           whatever EOL characters fall within its length, if it will
;           not fit entirely on the line where it begins. Note that
;           the Show procedure must be called after Ruler to display
;           the ruler on the console.

Ruler:
    push rax          ; Save the registers we change
    push rbx
    push rcx
    push rdx
    push rdi

    mov rdi,VidBuff ; Load video buffer address to RDI
    dec rax           ; Adjust Y value down by 1 for address calculation
    dec rbx           ; Adjust X value down by 1 for address calculation
    mov ah,COLS       ; Move screen width to AH
    mul ah            ; Do 8-bit multiply AL*AH to AX
    add rdi,rax       ; Add Y offset into vidbuff to RDI
    add rdi,rbx       ; Add X offset into vidbuf to RDI

; RDI now contains the memory address in the buffer where the ruler
; is to begin. Now we display the ruler, starting at that position:
    mov rdx,RulerString  ; Losd address of ruler string into RDX

DoRule:
    mov byte al,[rdx] ; Load first digit in the ruler to AL
    stosb             ; Store 1 char; note that there's no REP prefix!
    inc rdx           ; Increment RDX to point to next char in ruler
                      ; string
    loop DoRule   ; Decrement RCX & Go back for another char until RCX=0

    pop rdi           ; Restore the registers we saved
    pop rdx
    pop rcx
    pop rbx
    pop rax
    ret

;-------------------------------------------------------------
; MAIN PROGRAM:
;-------------------------------------------------------------
main:
    mov rbp,rsp
```

```
; Get the console and text display text buffer ready to go:
    call ClearTerminal  ; Send terminal clear string to console
    call ClrVid         ; Init/clear the video buffer

; Show a 64-character ruler above the table display:
    mov rax,1          ; Start ruler at display position 1,1
    mov rbx,1
    mov rcx,32         ; Make ruler 32 characters wide
    call Ruler         ; Generate the ruler

; Now let's generate the chart itself:
    mov rdi,VidBuff    ; Start with buffer address in RDI
    add rdi,COLS*CHRTROW   ; Begin table display down CHRTROW lines
    mov rcx,224        ; Show 256 chars minus first 32
    mov al,32          ; Start with char 32; others won't show
.DoLn: mov bl,CHRTLEN ; Each line will consist of 32 chars
.DoChr: stosb          ; Note that there's no REP prefix!
    jrcxz AllDone      ; When the full set is printed, quit
    inc al             ; Bump the character value in AL up by 1
    dec bl             ; Decrement the line counter by one
    loopnz .DoChr   ; Go back & do another char until BL goes to 0
    add rdi,COLS-CHRTLEN   ; Move RDI to start of next line
    jmp .DoLn         ; Start display of the next line

; Having written all that to the buffer, send the buffer to the
; console:
AllDone:
    call Show          ; Refresh the buffer to the console
Exit:
    ret
```

11.5.2 嵌套指令循环

一旦所有寄存器按照 STOSB 的假设正确设置后，showchargcc 的实际工作由两个指令循环完成，一个嵌套在另一个内部。内循环显示一行由 32 个字符组成的内容。外循环将显示内容分为 7 行。内循环是两者中更有趣的部分。如下所示：

```
.DoChr:
    stosb           ; 注意没有 REP 前缀！
    jrcxz AllDone   ; 全部打印完毕后退出
    inc al          ; 将 AL 中的字符值增加 1
    dec bl          ; 将行计数器减少 1
    loopnz .DoChr   ; 返回并执行另一个字符，直到 BL 变为 0
```

这里的工作(将字符放入显示缓冲区)再次由 STOSB 完成。同样，STOSB 单独工作，没有 REP。如果没有 REP 将循环拉入 CPU 内部，你必须自己设置循环。

请记住每次触发 STOSB 时会发生什么：AL 中的字符被写入 RDI 指向的内存位置，并且 RDI 增加 1。在循环的另一端，LOOPNZ 指令将 RCX 减少 1 并关闭循环。

在寄存器设置过程中，我们向 RCX 加载了想要显示的字符数，在本例中为 224 个。这是 224 个字符，因为 256 个完整列表中的前 32 个字符大部分是控制字符，无法显示。每次 STOSB 触发时，它都会在显示缓冲区 VidBuff 中放置另一个字符，这样就只剩下一个要显示的字符了。RCX 充当主计数器，跟踪我们最终显示最后一个剩余字符的时间。当 RCX 变为零时，我们就显示了 ASCII 字符集的适当子集，工作就完成了。

11.5.3　当 RCX 变为 0 时跳转

JRCXZ 是专门为帮助处理此类循环而创建的特殊分支指令。在第 10 章中，我解释了如何根据一个或多个 CPU 标志的状态，使用 JMP 指令的多种变体之一进行分支。在本章前面，我解释了 LOOP 指令，它是一种特殊用途的 JMP 指令，与隐含的 DEC RCX 指令相结合。JRCXZ 是 JMP 指令的另一种变体，但它不监视任何标志或递减任何寄存器。相反，JRCXZ 监视 RCX 寄存器。当它看到 RCX 刚刚变为零时，会跳转到指定的标签。如果 RCX 仍然非零，则执行将转到行中的下一条指令。

在前面所示的内循环中，当 JRCXZ 看到 RCX 最终变为 0 时，会分支到 close up shop 代码。这就是 showchar 程序终止的方式。

其他大多数 JMP 指令都有对应的伙伴指令，当控制标志不为真时进行跳转。也就是说，JC(进位跳转)在进位标志等于 1 时跳转，它的伙伴指令 JNC(非进位跳转)则在进位标志不为 1 时跳转。然而，JRCXZ 是个例外，不存在 JRCXNZ 指令，所以不要在指令参考中寻找它！

11.5.4　关闭内循环

假设 STOSB 指令尚未将 RCX 递减至 0(JRCXZ 监视的条件)，则循环继续。AL 递增。这就是选择行中下一个 ASCII 字符的方式。AL 中的值由 STOSB 发送到 RDI 中存储的位置。如果增加 AL 中的值，则会将显示的字符更改为行中的下一个字符。例如，如果 AL 包含字符 A 的值(65)，则递增 AL 会将字符 A 更改为 B (66)。在下一次循环中，STOSW 将在屏幕上显示 B 而不是 A。

AL 中的字符代码递增后，BL 递减。现在，BL 与字符串指令没有直接关系。字符串指令所做的任何假设都不涉及 BL。这里将 BL 完全用于其他用途。BL 充当计数器，控制屏幕上显示的字符行的长度。BL 先前加载了由等式 CHRTLEN 表示的值，其值为 32。每次通过循环时，DEC BL 指令都会将 BL 的值减 1。然后 LOOPNZ 指令开始发挥作用。

LOOPNZ 与我们之前研究过的 LOOP 有点不同。如果你不真正理解它是如何工作的，它的不同足以让你陷入麻烦。LOOP 和 LOOPNZ 都将 RCX 寄存器减 1。LOOP 监视 RCX 寄存器的状态并关闭循环，直到 RCX 变为 0。LOOPNZ 监视 RCX 寄存器的状态和零标志 ZF 的状态。LOOP 忽略 ZF。仅当 RCX < > 0 且 ZF = 0 时，LOOPNZ 才会关闭循环。换句话说，仅当 RCX 中仍有剩余内容且未设置零标志 ZF 时，LOOPNZ 才会关闭循环。

那么，LOOPNZ 到底在监视什么？请记住，在 LOOPNZ 指令之前，我们通过 DEC BL 指令将 BL 减 1。DEC 指令始终影响 ZF。如果 DEC 指令的结果导致 DEC 的操作数变为零，则 ZF 变为 1(已置位)。否则，ZF 保持为 0(保持清零)。因此，实际上，LOOPNZ 正在监视 BL 寄存器的状态。直到 BL 减至 0(设置 ZF)，LOOPNZ 关闭循环。当 BL 变 0 后，内循环结束，执行通过 LOOPNZ 进入下一条指令。

那么 RCX 呢？好吧，LOOPNZ 事实上正在关注 RCX，但 JRCXZ 也在关注。JRCXZ 实际上是控制整个循环(内部和外部部分)何时完成其工作并必须停止的开关。因此，虽然 LOOPNZ 确实监视 RCX，但其他人正在执行该任务，并且其他人会先于 LOOPNZ 对 RCX 采取行动。因此，LOOPNZ 的工作是减少 RCX，但监视 BL。它控制两个循环中的内部循环。

11.5.5 关闭外循环

但这是否意味着 JRCXZ 关闭了外循环？不，JRCXZ 告诉我们两个循环何时完成。关闭外循环与关闭内循环略有不同。再看一下两个嵌套循环：

```
.DoLn:
    mov bl,CHRTLEN     ; 每行由 32 个字符组成
.DoChr:
    stosb              ; 注意没有 REP 前缀!
    jrcxz AllDone      ; 打印完成后退出
    inc al             ; 将 AL 中的字符值增加 1
    dec bl             ; 将行计数器减少 1
    loopnz .DoChr      ; 返回并执行另一个字符，直到 BL = 0
    add rdi,COLS-CHRTLEN ; 将 RDI 移到下一行的开头
    jmp .DoLn          ; 开始显示下一行
```

在屏幕上显示 ASCII 表的整行时，内循环即视为完成。BL 控制行的长度，当 BL 变为零(LOOPNZ 指令检测到)时，即完成一行。然后 LOOPNZ 转到修改 RDI 的 ADD 指令。

我们修改 RDI，从显示缓冲区中已完成行的末尾地址跳转到左边距下一行的开头。这意味着必须将一定数量的字符从 ASCII 表行的末尾“换行”到可见屏幕的末尾。所需的字节数由汇编时的表达式 COLS-CHRTLEN 给出。这基本上就是 ASCII 表行的长度与虚拟屏幕宽度之间的差异。不是显示虚拟屏幕的终端窗口的宽度！表达式的结果是我们必须进一步移入显示缓冲区才能到达屏幕左边缘下一行开头的字节数。

但在通过修改 RDI 完成换行之后，外循环的工作就完成了，我们关闭循环。这次，通过简单的 JMP 指令无条件地执行此操作。JMP 指令的目标是.DoLn 本地标签。在外循环的顶部(由 .DoLn 标签表示)，我们将表行的长度加载回现在为空的 BL 寄存器，然后返回内循环。内部循环再次开始向缓冲区发送字符，并将继续这样做，直到 JRCXZ 检测到 RCX 已变为 0。

至此，内循环和外循环都已完成，并且完整的 ASCII 表已写入 VidBuff 中。完成此操作后，可通过调用 Show 过程将缓冲区发送到 Linux 控制台。

11.5.6　回顾 showchar

让我们回顾一下刚刚经历的事情，因为它确实非常复杂。showchar 程序包含两个嵌套循环：内循环通过 STOSB 在屏幕上显示字符。外循环通过重复内循环一定次数(这里是 7)，在屏幕上显示一行行字符。

内部循环由 BL 寄存器中的值控制，该值最初设置为获取一行字符的长度(此处为 32)。外循环并未明确受要显示的行数控制。也就是说，你不会将数字 7 加载到寄存器中并递减它。相反，外部循环将继续进行，直到 RCX 中的值变为 0，这表明整个工作(显示我们想要显示的所有 224 个字符)已完成。

内循环和外循环都会修改 STOSB 使用的寄存器。每个字符在屏幕上显示后，内部循环会修改 AL。这使得每次 STOSB 触发时都可以显示不同的字符。每次完成一行字符时，外循环都会修改 RDI(目标索引寄存器)。这使我们能够将目标字符串分成七个独立的、不连续的、不相同的行。

11.6　命令行参数、字符串搜索和 Linux 栈

当你在 Linux 控制台命令提示符下启动程序时，可选择在可执行程序的路径名后包含任意合理数量的参数。换句话说，你可以像这样执行名为 showargs1 的

程序：

```
$./showargs1 time for tacos
```

三个参数位于程序名称之后，用空格分隔。注意，这些参数与 I/O 重定向参数不同，后者需要使用重定向运算符“>”或“<”，并由 Linux 单独处理。

当某个程序开始运行时，启动程序时输入的任何命令行参数都会在 Linux 栈上传递给该程序。在本章中，我们将了解如何从汇编语言程序访问程序的命令行参数。在此过程中，将看到另一个 x86 字符串指令的实际应用：SCASB。

11.6.1 显示 SASM 的命令行参数

Linux 将命令行参数放在栈上并不意味着你只有直接访问栈才能获取它们。你可以从 SASM IDE 内部编写的程序中，通过寄存器 RSI 和 RDI 访问参数。它的工作原理如下：

- 在程序启动时，寄存器 RDI 包含一个大于或等于 1 的值，表示命令行参数的数量。该值始终至少为 1，因为 Linux 始终将程序的命令行调用文本作为其命令行参数列表中的第一项。
- 启动时，寄存器 RSI 包含命令行参数列表中第一项的地址。请记住，第一项始终是程序的命令行调用。如果没有命令行参数，则调用文本是你可以从 RSI 访问的唯一内容。如果有命令行参数，内存中将有一个地址列表，每个地址都指向其中一个参数。

请记住，对于使用默认构建参数通过 SASM 构建的程序或与 gcc 链接的非 SASM 程序，情况都是如此。为什么？SASM 使用 Gnu C 编译器 gcc 作为链接器，并将标签 main:放在程序的开头。所有 C 程序都有所谓的函数 main()，它是程序的一部分。本质上，SASM 构建的是一个 C 程序，你可以为其编写 main()函数。棘手的部分是 gcc 链接到在 main()函数开始执行之前运行的代码块。

此“启动”代码执行多项操作。对于本讨论，重要的是它将参数计数和指向参数表的指针从栈复制到寄存器 RSI 和 RDI 中。参见图 11.2。请注意，与 glibc 链接但在 SASM 外部构建的程序在 RSI 和 RDI 中具有相同的有用信息，如图 11.2 所示。这由 glibc 启动代码提供。

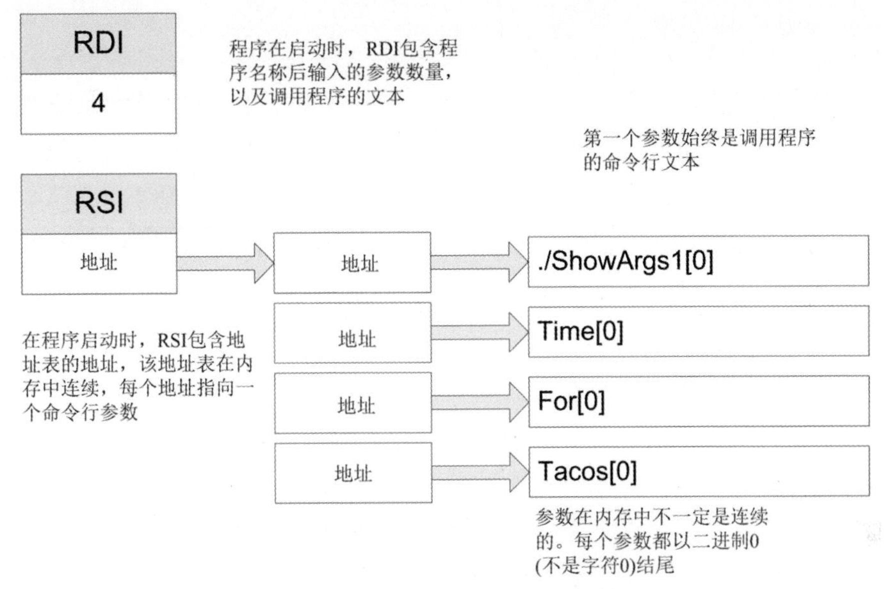

图 11.2　如何从 SASM 内部访问参数

稍后将解释在不与 gcc 链接的情况下构建的汇编程序如何从栈中读取相同的信息。现在看一下代码清单 11.4，这是一个为 SASM 编写的显示命令行参数的程序。

代码清单 11.4　showargs1gcc.asm

```
;  Executable name : showargs1gcc
;  Version         : 2.0
;  Created date    : 10/17/2022
;  Last update     : 7/18/2023
;  Author          : Jeff Duntemann
;  Description : A simple program in assembly for Linux, using NASM
;           2.14.02,demonstrating how to access command line
;           arguments from programs written/built in SASM.
;
;           Build using SASM standard x64 build setup
;
SECTION .data                  ; Section containing initialised data

   ErrMsg db "Terminated with error.",10
   ERRLEN equ $-ErrMsg

   MAXARGS equu 5           ; More than 5 arguments triggers an error

SECTION .bss                 ; Section containing uninitialized data
```

```
SECTION .text              ; Section containing code

global main                ; Linker needs this to find the entry point!

main:
    mov rbp, rsp           ; for correct SASM debugging
    nop                    ; This no-op keeps gdb happy...

    mov r14,rsi            ; Put offset of arg table in r14
    mov r15,rdi            ; Put argument count in r15

    cmp qword r15,MAXARGS   ; Test for too many arguments
    ja Error               ; Show error message if too many args & quit

; Use SCASB to find the 0 at the end of the single argument
    xor rbx,rbx            ; RBX contains the 0-based # (not address)
                           ; of current arg
Scan1:
    xor rax,rax       ; Searching for string-termination 0, so clear
                      ; AL to 0
    mov rcx,0000ffffh      ; Limit search to 65535 bytes max
    mov rdi,qword [r14+rbx*8] ; Put address of string to search in
                              ; RDI, for SCASB
    mov rdx,rdi            ; Copy string address into RDX for
                           ; subtraction

    cld             ; Set search direction to up-memory
    repne scasb     ; Search for null (0) in string at RDI
    jnz Error       ; Jump to error message display if null not found.

    mov byte [rdi-1],10    ; Store an EOL where the null used to be
    sub rdi,rdx      ; Subtract position of 0 in RDI from start address
                     ; in RDX
    mov r13,rdi            ; Put calculated arg length into R13

; Display the argument to stdout:
    mov rax,1         ; Specify sys_write call
    mov rdi,1         ; Specify File Descriptor 1: Standard Output
    mov rsi,rdx       ; Pass offset of the arg in RSI
    mov rdx,r13       ; Pass length of arg in RDX
    syscall           ; Make kernel call

    inc rbx           ; Increment the argument counter
    cmp rbx,r15       ; See if we've displayed all the arguments
    jb Scan1          ; If not, loop back and do another
    jmp Exit          ; We're done! Let's pack it in!
```

```
Error:
    mov rax,1           ; Specify sys_write call
    mov rdi,1           ; Specify File Descriptor 2: Standard Error
    mov rsi,ErrMsg      ; Pass offset of the error message
    mov rdx,ERRLEN      ; Pass the length of the message
    syscall             ; Make kernel call

Exit:
    ret
```

11.6.2　使用 SCASB 进行字符串搜索

因为 glibc 启动代码将参数计数和表指针复制到寄存器中，所以获取命令行参数很容易。栈上有一个地址表，每个地址都指向一个参数。唯一棘手的部分是确定每个参数有多少字节，以便你可在需要时将参数数据复制到其他地方，或者将其传递给 Linux 系统调用(如 sys_write)。因为每个参数都以一个 0 字节结尾，所以挑战很简单：我们必须搜索那个 0。

可通过显而易见的方式完成，即在循环中从内存中的地址读取一字节，然后将该字节与 0 进行比较，增加计数器并读取内存中的下一字节。但是，好消息是 x64 指令集在字符串指令中实现了这样的循环，该指令不存储数据(如 STOSB)或复制数据(如 MOVSB)，而在内存中搜索特定数据值。该指令是 SCASB(按字节扫描字符串)，如果你到目前为止已经按照我对其他字符串指令的演示进行操作，那么理解它应该是小菜一碟。

代码清单 11.4 通过查看栈上的命令行参数并构建参数长度表来演示 SCASB。然后，它通过调用 sys_write 将参数(以及可执行文件的调用文本)回显到 stdout。

首先要做的是将参数计数和表指针复制到不同的寄存器中，在本例中为 R14 和 R15。为什么？ RSI 和 RDI 寄存器都有秘密安排：RDI 是使用 SCASB 的一部分(稍后会详细介绍)，RSI 用于进行 sys_write 调用。你需要将参数计数和地址表指针安全地保存在不会用于其他用途的寄存器中。

我们在本书中第一次使用了前缀：REPNE。这可以理解为“不相等时重复”。稍后将更详细地解释它。当 REPNE 与 SCASB 一起使用时，REPNE SCASB 指令可以找到每个参数末尾的 0 字节。设置 SCASB 与设置 STOSB 大致相同：

- 对于上行内存搜索(如本例)，CLD 指令用于确保清除方向标志(DF)。
- 要搜索的字符串的第一个字节的地址放在 RDI 中。这里，它是存储在栈中某处的命令行参数的地址。
- 要搜索的值放在 8 位寄存器 AL 中(这里是二进制数字 0)。
- 最大计数放在 RCX 中。这样做是为了避免在内存中搜索太远，而你要搜索的字节实际上不存在。

完成所有这些后，就可以执行 REPNE SCASB 了。与 STOSB 一样，这会在 CPU 内部创建一个密集的循环。每次循环时，都会将[RDI]处的字节与 AL 中的值进行比较。如果值相等，则进行循环，REPNE SCASB 停止执行。如果值不相等，则 RDI 增加 1，RCX 减少 1，然后循环继续对[RDI]处的字节进行另一次测试。

当 REPNE SCASB 在 AL 中找到该字符并结束时，RDI 将指向搜索字符串中找到的字符位置后的字节。如果要访问找到的字符，必须从 RDI 中减去 1，就像程序用 EOL 字符替换终止 0 字符时所做的那样：

```
mov byte [rdi-1], 10 ; 将 EOL 存储在 0 所在的位置
```

11.6.3 REPNE 与 REPE

这里有必要仔细研究一下 REPNE 前缀，以及它的反义词 REPE。SCASB 指令与 STOSB 和 MOVSB 略有不同，因为它是条件字符串指令。当前面带有 REP 前缀时，STOSB 和 MOVSB 都会无条件地重复其操作。除了测试 RCX 以查看循环是否已进行预定的迭代次数，没有进行任何测试。相比之下，SCASB 每次触发时都会执行单独的测试，并且每个测试都有两种方式。这就是为什么我们不使用带有 SCASB 的无条件 REP 前缀，而使用 REPNE 前缀或 REPE 前缀。

在搜索字符串中查找与 AL 中的字节匹配的字节时，我们使用 REPNE 前缀，如 showargs1gcc 程序中所做的那样。在搜索字符串中查找与 AL 中的字节不匹配的字节时，我们使用 REPE。你可能认为这听起来有点倒退，事实确实如此。然而，REPNE 前缀的含义是这样的：只要[RDI]不等于 AL，就重复 SCASB。同样，REPE 前缀的含义是这样的：只要[RDI]等于 AL，就重复 SCASB。前缀指示 SCASB 指令应继续触发多长时间，而不是应该停止的时间。

请务必记住，REPNE SCASB 可能由于以下两个原因之一而结束：它找到与 AL 中的字节匹配的内容，或将 RCX 计数到 0。几乎在所有情况下，如果 REPNE SCASB 结束时 RCX 为零，则意味着在搜索字符串中未找到 AL 中的字节。然而，存在一种侥幸的可能性，即当[RDI]包含与 AL 匹配的项时，RCX 恰好倒计数为零。这不太可能，但在某些数据混合的情况下，这种情况可能会发生。

每次 SCASB 触发时，它都会进行比较，并且会设置或清除零标志 ZF。REPNE 将在比较结果将 ZF 设置为 1 时结束指令。若比较结果将 ZF 清除为 0，REPE 将结束指令。但是，为了绝对确保捕获“搜索失败”结果，必须在 SCASB 指令结束后立即测试 ZF。

```
For REPNE SCASB: Use JNZ.
For REPE SCASB: Use JZ.
```

11.6.4　无法将命令行参数传递给 SASM 中的程序

如果你在 SASM 中构建并运行代码清单 11.4，将显示列表中的第一个项目，即程序的调用文本。但是，此调用文本不包含名称 showargs1gcc。你将看到如下内容：

```
/tmp/SASM/SASMprog.exe
```

为什么？当你在 SASM 中运行程序时，你运行的是一个名为 SASMprog.exe 的临时二进制文件。SASM 在构建程序时生成此文件。它与你在 SASM 中编写的任何程序的文件名相同。可执行文件 showargs1gcc 在你通过将可执行文件保存到磁盘来创建它之前并不存在。除非打开终端窗口，导航到可执行程序所在的文件夹，然后从命令行运行它，否则你无法运行它。

这引出了 SASM 的一个主要缺点：据我所知，SASM 无法存储将传递给 SASM 中运行的程序的命令行参数。要让 showargs1gcc 真正显示参数，你必须将其保存为可执行文件并从终端命令行运行它。

如果你以这种方式从命令行运行 showargs1gcc：

```
$ ./showargs1gcc time for tacos
```

将在终端窗口中看到以下内容：

```
./showargs1gcc
time
for
tacos
```

每个命令行参数都位于单独的行上，因为程序将每个参数末尾的 0 字节替换为 EOL 字符。

快速提醒：可通过在 SASM 中选择 File | Save.exe 菜单项，然后输入要为可执行程序文件指定的名称来保存可执行文件。该名称不必是源代码文件的名称去掉 .asm。你不必使用 .exe 后缀。大多数 Linux 可执行文件只是一个名称，根本没有任何后缀。可将其命名为任何你想要的名称。但我强烈建议你将可执行文件与源代码文件和 makefile 保存在同一文件夹中。

11.7　栈及其结构和使用方法

栈比你想象的要大得多，也复杂得多。当 Linux 加载程序时，会在程序代码开始执行之前将大量信息放在栈上。这包括正在运行的可执行文件的调用文本、用户在执行程序时输入的任何命令行参数及 Linux 环境的当前状态，这是一个非常大的文本配置字符串集合，定义了 Linux 的设置方式。

这一切都是根据计划进行的，我在图 11.3 中总结了该计划。首先，复习一些术语：栈的顶部(违反直觉)位于图的底部。它是程序开始运行时 RSP 所指向的内存位置。栈的底部位于图的顶部。它是 Linux 在加载并运行程序时提供给程序的虚拟地址空间中的最高地址。这种“顶部”和“底部”的区分是一个古老的惯例，让很多人感到困惑。内存图通常从页面底部的低内存开始，并在其上方描绘较高的内存，即使这意味着栈的底部位于图的顶部。如果你想彻底理解栈，你别无选择。

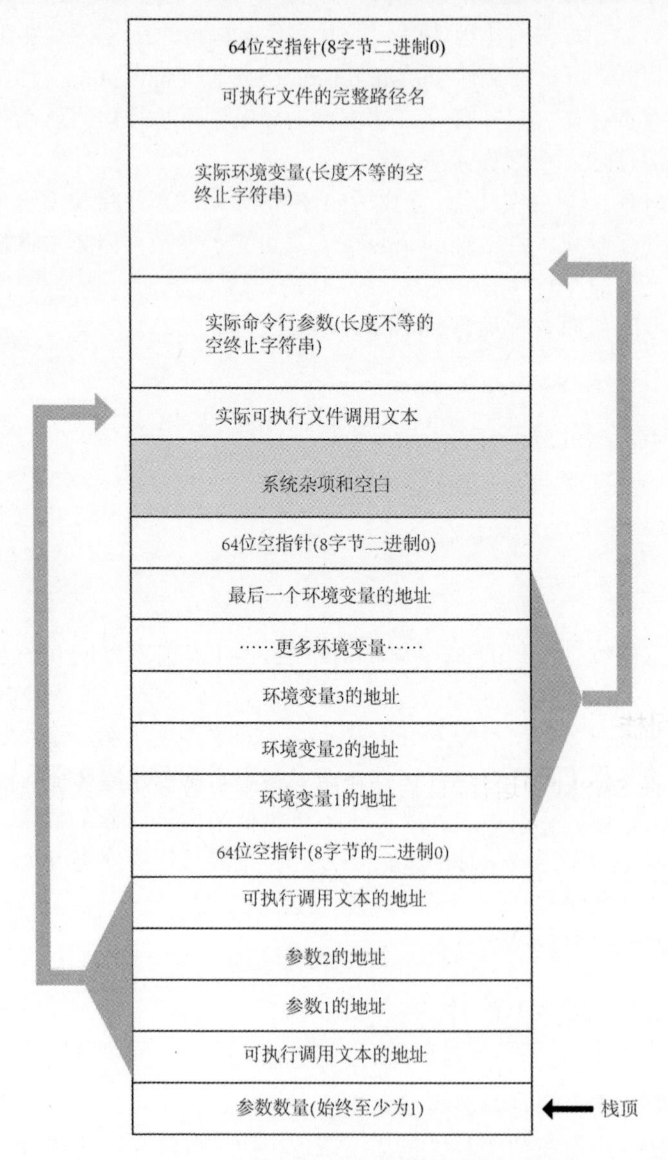

图 11.3　程序执行时的 Linux 栈

Linux 从高内存向低内存构建栈，从栈底部开始，然后从那里向下移动。当你的程序代码真正开始运行时，RSP 指向栈的顶部。以下是启动时栈上内容的详细描述：

- RSP(即栈顶部)是一个 64 位数字，为你提供栈上存在的命令行参数的计数。即使没有输入参数，该值始终至少为 1。用户在执行程序时键入的文本会与任何命令行参数一起计数，并且此"调用文本"始终存在，这就是计数始终至少为 1 的原因。
- RSP 的下一个 64 位内存项是运行可执行文件的调用文本的地址。该文本可以是完全限定的，这意味着路径名包括从/home 目录到该文件的目录路径；例如，/home/asmstuff/asm4ecode/showargs2/showargs2。当你从 Insight 调试器运行程序时，调用文本看起来就是这样的。有关 Insight 的更多信息，请参阅附录 A。如果你使用"点"斜杠方法从当前目录中调用可执行文件，将看到以./为前缀的可执行文件名称。
- 如果输入了任何命令行参数，它们的 64 位地址位于 RSP 的内存中，第一个(最左边)参数的地址后跟第二个参数的地址，以此类推。参数的数量显然是可变的，但很少需要超过四个或五个。
- 命令行参数地址列表以空指针终止，这是 64 位二进制 0 的术语。
- 向上内存从空指针开始一个较长的 64 位地址列表。具体有多少取决于特定的 Linux 系统，但它可能接近 200。这些地址中的每一个都指向一个以 null 结尾的字符串(稍后将详细介绍)，其中包含属于 Linux 环境的定义之一。
- Linux 环境变量地址列表的末尾是另一个 64 位空指针，它标志着栈"目录"的末尾。除此之外，可使用栈中较早找到的地址来访问内存中更远的项。

11.7.1　直接访问栈

代码清单 11.4 在 SASM 中运行，C 启动代码会将参数数量和参数表地址复制到寄存器中。如果你不使用 SASM，那么这个有用的步骤将不会发生。你必须直接访问栈。代码清单 11.5 显示了如何做到这一点。

代码清单 11.5　showargs2.asm

```
;  Executable    : showargs2
;  Version       : 2.0
;  Created date : 11/3/2022
;  Last update  : 5/11/2023
;  Author        : Jeff Duntemann
;  Description  : A simple program in assembly for Linux, using NASM
```

```
;     2.15.05,demonstrating the way to access command line arguments
;     on the stack. This version accesses the stack "nondestructively"
;     by using memory references calculated from RBP rather than
;          POP instructions.
;
;    Use this makefile to build:
;    showargs2: showargs2.o
;       ld -o showargs2 -g showargs2.o
;    showargs2.o: showargs2.asm
;       nasm -f elf64 -g -F dwarf showargs2.asm -l showargs2.lst
;

SECTION .data          ; Section containing initialized data

   ErrMsg db "Terminated with error.",10
   ERRLEN equ $-ErrMsg

SECTION .bss           ; Section containing uninitialized data

; This program handles up to MAXARGS command-line arguments. Change
; the value of MAXARGS if you need to handle more arguments than the
; default 10.
; Argument lengths are stored in a table. Access arg lengths this
;    way: [ArgLens + <index reg>*8]
; Note that when the argument lengths are calculated, an EOL char
; (10h) is stored into each string where the terminating null was
; originally. This makes it easy to print out an argument using
; sys_write.

   MAXARGS   equ  10      ; Maximum # of args we support
   ArgLens:  resq MAXARGS ; Table of argument lengths

SECTION .text        ; Section containing code

global  _start       ; Linker needs this to find the entry point!

_start:
   push rbp          ; Standard prolog
   mov rbp, rsp
   and rsp,-16


; Copy the command line argument count from the stack and validate
; it:
   mov r13,[rbp+8]         ; Copy argument count from the stack
   cmp qword r13,MAXARGS ; See if the arg count exceeds MAXARGS
   ja Error                ; If so, exit with an error message
```

```
; Here we calculate argument lengths and store lengths in table
; ArgLens:
    mov rbx,1            ; Stack address offset starts at RBX*8

ScanOne:
    xor rax,rax      ; Searching for 0, so clear AL to 0
    mov rcx,0000ffh ; Limit search to 65535 bytes max
    mov rdi,[rbp+8+rbx*8] ; Put address of string to search in RDI
    mov rdx,rdi           ; Copy starting address into RDX

    cld              ; Set search direction to up-memory
    repne scasb      ; Search for null (binary 0) in string at RDI
    jnz Error        ; REPNE SCASB ended without finding AL

    mov byte [rdi-1],10; Store an EOL where the null used to be
    sub rdi,rdx      ; Subtract position of 0 from start address
    mov [ArgLens+rbx*8],rdi   ; Put length of arg into table
    inc rbx           ; Add 1 to argument counter
    cmp rbx,r13       ; See if arg counter exceeds argument count
    jbe ScanOne       ; If not, loop back and scan another one

; Display all arguments to stdout:
    mov rbx,1 ; Start (for stack addressing reasons) at 1
Showem:
    mov rax,1        ; Specify sys_write call
    mov rdi,1        ; Specify File Descriptor 1: Standard Output
    mov rsi,[rbp+8+rbx*8]   ; Pass offset of the argument
    mov rdx,[ArgLens+rbx*8] ; Pass the length of the argument
    syscall          ; Make kernel call
    inc rbx          ; Increment the argument counter
    cmp rbx,r13      ; See if we've displayed all the arguments
    jbe Showem       ; If not, loop back and do another
    jmp Exit         ; We're done! Let's pack it in!

Error:
    mov rax,1        ; Specify sys_write call
    mov rdi,1        ; Specify File Descriptor 2: Standard Error
    mov rsi,ErrMsg ; Pass offset of the error message
    mov rdx,ERRLEN ; Pass the length of the message
    syscall          ; Make kernel call

Exit:
    mov rsp,rbp
    pop rbp

    mov rax,60       ; Code for Exit Syscall
```

```
    mov rdi,0        ; Return a code of zero
    syscall          ; Make kernel call
```

11.7.2 程序序言和结语

这里简要说明一个棘手的问题：栈对齐。我将在第 12 章中更详细地介绍栈对齐，但代码清单 11.5 包含一些有趣的内容：序言对齐(Alignment prolog)。

```
push rbp    ; 序言对齐
mov rbp, rsp
and rsp,-16
```

它位于没有与 glibc 库链接的程序的开头。这些程序以_start: 标签开始。使用 make 创建的程序通常使用序言对齐。x64 ABI 标准要求栈在 16 字节(不是位！)边界上对齐。AND RSP, -16 可以确保栈对齐。之前讨论过 AND；你应该能很快理解，此指令将栈指针的低四位强制转换为 0。它现在与 16 字节边界对齐，即使之前没有。

将 RBP 压入栈可为你提供一个锚点，从该锚点可寻址栈上“较低”位置的现有命令行参数等数据项。它还有助于保持栈对齐，下一章将介绍工作原理。将 RBP 置于栈顶的实际结果是它包含栈指针的原始值。缺点是你必须跳过它才能看到命令行参数。

还有一个叫作结语(Epilog)的部分，它位于程序的末尾，就在程序将控制权返回给 Linux 之前。结语(同样，仅适用于非 SASM 程序)在程序使用 SYSCALL 退出之前出现：

```
mov rsp,rbp
pop rbp
```

结语的目的是将栈恢复到函数入口处的状态。具体如何实现，将等到第 12 章再介绍。现在，你可能会问，为什么这个例子中使用了序言对齐，而前面的例子没有使用。对于与 gcc 编译器和 glibc 库链接的程序，栈已经对齐。因此，SASM 程序不需要序言对齐。SASM 确实需要在 MAIN: 函数的开头使用 MOV RBP, RSP 指令，否则其调试器接口可能无法正常工作。

同样，我将在第 12 章中更详细地讨论栈对齐。对于不经常使用栈的简单程序(如本书中的大多数示例)，栈未对齐可能不会造成太多麻烦。尽管如此，有必要养成将序言对齐放在非 SASM 程序开头的习惯。

11.7.3 栈上的寻址数据

访问栈需要你知道栈上有什么以及在哪里。从栈顶部开始，即程序开始运行时栈指针 RSP 中存在的地址。注意，将 RBP 压入栈后，序言立即将 RSP 复制到 RBP 中。这为你提供了一个指向 Linux 开始执行程序时栈存在的可靠指针。由于原始栈顶部安全地存在于 RBP 中，栈指针 RSP 可以随着过程的调用和返回而上下移动。为简单起见，showargs2 程序什么也不做。此外，可将临时值压入栈供以后使用，尽管 x64 架构中通用寄存器的数量是 x64 架构的两倍，但随着新代码的编写，这样做的频率越来越低。RBP 曾是 16 位时代的 BP，其名称的意思是“基址指针”。它的创建是为了保存栈指针的初始值，提供一个“基址”来引用栈上的其他项目。

那么，从 Linux 继承的栈上有什么呢？我在图 11.3 中画出了它。在序言将 RBP 压入之前的状态。栈顶是一个 8 字节值，表示命令行参数的数量。栈上始终至少有 1 项：程序调用文本。换句话说，如果[RBP]中的值为 5，则实际有四个命令行参数。第五个项是调用文本，它首先出现在栈上。如果输入的参数超过 MAXARGS 个(此处为 10 个)，程序将显示一个错误消息。

紧随着参数计数的是指向实际参数的 64 位地址表。有多少个地址取决于在命令行中输入了多少个参数。至少有一个。表中的第一个地址是用户输入的调用程序的文本的地址。之后，地址按照用户输入的顺序指向命令行参数。

showargs2 中从栈读取的所有内容都是基于 RBP 中的地址读取的。测试参数数量与最大值的方法如下：

```
mov r13,[rbp+8]     ; 将参数计数从栈复制到 R13
cmp r13,MAXARGS     ; 查看参数计数是否超过 MAXARGS
ja Error            ; 如果是，则退出并显示错误消息
```

这里，参数计数位于 RBP 中包含的地址加上 8 字节，因为 RBP 是由序言压入栈的，并且必须“超过”才能达到参数计数。RBP 保存地址的事实告诉汇编器 MAXARGS 表示的值将被视为 64 位四字，即使其值只有 10。请记住，等式是值，而不是内存中的位置。如果参数计数超过 10，程序将中止并显示一条简短的错误消息。

扫描每个参数以找到其终止零字符是使用 x64 中最复杂的有效地址计算完成的：基址 + (索引×比例) + 位移。请参阅第 9 章中关于有效地址(尤其是图表)的讨论。

```
mov rsi,qword [rbp+8+rbx*8]
```

这里的有效地址项在代码中以不同顺序显示，以便理解此特定内存引用的工作原理。顺序如下：

(1) 从 RBP 中的“基”址地址开始引用栈。

(2) 将基址加 8 以“越过”栈顶部 RBP。这是有效地址的“位移”项。

(3) 将要访问的地址的从 1 开始的序数乘以 8，这是 x64 中所有地址的大小(以字节为单位)。换句话说，对于参数列表中的第二项，你可将 RBX 中存储的序数乘以 8(x64 中的地址大小)。添加的最小值至少为 8，这可以让你超过参数计数。

(4) 将 RBX 和 8 的乘积添加到基址加上位移，即可得到表中第一个参数的地址。此地址被复制到 RDI 中，供 REPNE SCASB 指令使用。

如果你对此还不完全清楚，请再读一遍。内存寻址是汇编语言工作中最重要的概念。如果你不理解内存寻址，那么了解机器指令和寄存器对你帮助不大。

11.7.4 不要弹出

在本书的 2009 版中，我介绍了 showargs 的一个版本，通过将栈上的项目弹出到寄存器中来访问它们。这当然有效，但现在到了 2024 年，我建议你避免从栈上弹出内容，除非你自己的代码将它们压入那里。正如你可能想象的那样，将参数计数弹出到像 RAX 这样的寄存器中，通过移动 RSP 来更改原始栈内容。如果你可以通过基于 RBP 的单个内存地址引用栈内容，你就不必像最初从 Linux 接收到的那样，担心一旦 RSP 不再指向栈顶时可能发生的错误。

第12章

转向 C
——调用 C 语言编写的外部函数

学习汇编语言有很多好处，其中大部分源于你必须详细了解一切工作原理，否则你将一事无成。从数字电子计算诞生之初，这一点一直是正确的，但由此引出了一个合理的问题：我真的必须知道所有这些吗？

公平的答案是否定的。不必对底层机器和操作系统进行汇编级控制，就可以编写极其有效的程序。这就是创建高级语言的目的：在更高的抽象级别上更轻松、更快速地进行编程。如果所有软件都必须用汇编语言编写，那么目前还不清楚有多少软件会存在。

其中包括 Linux。Linux 的一小部分是用汇编语言编写的，但总的来说，操作系统的大部分是用 C 语言编写的(2022 年之后，Linux 的某些部分开始用内存更安全、更新的语言编写)。Linux 世界以 C 语言为中心，如果你希望在 Linux 下大量使用汇编语言，那么你最好准备学习一些 C 语言，并在必要时使用它。

几乎可以立即获得回报：能够访问用 C 语言编写的程序库。有成千上万个这样的库，与 Linux 操作系统相关的库大多数是免费的，并附带 C 源代码。使用 C 函数库(在 C 语言中，程序就是这么叫的)有利有弊，但学习调用 C 函数技能的真正原因是了解所有工作原理的一部分，尤其是在 Linux 下，C 语言随处可见。

事实上，所有不涉及 Perl 或 Python 等解释性语言的 Linux 编程示例都采用 C 或 C++语言。本书中不会涉及 C++，也不会涉及后起之秀 Rust。最重要的是，C 运行时库包含许多非常有用的函数，但要求你在调用这些函数时使用 C 协议。因此，如果你还不了解 C 语言，请买一本书，然后认真学习一些 C 语言。你不需要做很多工作，但请确保你了解所有基本的 C 概念，尤其是函数调用。我将尝试介绍一些基础内容，但无法讲授这门语言本身，也无法讲授它自带的所有库。你可能觉得 C 有点令人厌恶(就像我以前和现在一样)，或者你可能喜欢它，但你必须明白的是，你无法逃避它，即使你对 Linux 的主要兴趣源于汇编语言。

12.1 GNU

在 20 世纪 70 年代末，一个名叫 Richard Stallman 的传奇 UNIX 黑客想要拥有自己的 UNIX 副本。然而，他不想为此付费，所以他做了一件显而易见的事情——至少对他来说是显而易见的：他开始开发自己的版本。如果这对你来说不明显，那么你可能还不够了解 UNIX 文化。然而，他对当时可用的所有编程工具都不满意，并且觉得它们的价格昂贵。因此，作为编写自己的 UNIX 版本的先决条件，Stallman 开始编写自己的编译器、汇编器和调试器。他已经编写了自己的编辑器，即传奇的 EMACS。

Stallman 将他的 UNIX 版本命名为 GNU，这是一个递归缩写，意思是“GNU 不是 UNIX”，这很有意思，也是绕过 AT&T 商标保护的一种方法，当时他们对谁使用了 UNIX 这个词以及如何使用非常挑剔。随着时间的推移，GNU 工具有了自己的生命，而 Stallman 实际上从未真正完成 GNU 操作系统本身。其他免费版本的 UNIX 出现了，并且几年来出现了一些关于谁实际拥有其中哪些部分的闹剧。这让 Stallman 非常反感，他创建了自由软件基金会作为 GNU 工具开发的大本营，并创建了一种激进的软件许可证，称为 GNU 公共许可证 (GPL)，有时非正式地称为 copyleft。Stallman 在 GPL 下发布了 GNU 工具，它不仅要求软件免费(包括所有源代码)，而且阻止人们对软件进行微小修改并声称衍生作品属于自己。改变和改进必须回馈给 GNU 社区。

这在当时看来很疯狂，但多年来，它已经呈现出自己独特的逻辑和生命力。GPL 使得在 GPL 下发布的软件能够快速发展，因为很多人正在使用和改进它，并且在不收费或不受限制的情况下进行改进。从这个开源大熔炉中，最终诞生了 Linux，这是首屈一指的 GPL 操作系统。Linux 使用 GNU 工具集构建并维护。如果你要在 Linux 下编程，无论你使用什么语言，你最终都会使用一种或多种 GNU 工具。

12.1.1　瑞士军刀编译器

现代 Linux 发行版上的 EMACS 副本中没有留下 Richard Stallman 的太多痕迹——在过去 30 多年里，它已被许多其他人重写了无数次。Stallman 的遗产最持久的地方是 GNU 语言编译器。有很多这样的编译器，但你必须尽可能彻底理解 GNU C 编译器，也就是 gcc。小写字母在 UNIX 世界中是一种迷恋，很多人(包括我自己)都不太理解这种迷恋。

为什么要用 C 编译器进行汇编工作？主要是因为：gcc 所做的不仅仅是编译 C 代码。它是一种瑞士军刀开发工具。事实上，我可能会更好地将其功能描述为构建软件而不是简单地编译它。除了将 C 代码编译为目标代码，gcc 还控制汇编步骤和链接步骤。

汇编步骤？是的，确实如此。有一个名为 gas 的 GNU 汇编器，尽管这是一个奇怪的东西，它并不是真正打算供人类程序员使用的。gcc 的作用是控制 gas 和 GNU 链接器 ld(你已经在 makefile 中使用了)，就像控制牵线木偶一样。如果你使用 gcc，特别是在初学者水平，你不必直接用 gas 或 ld 做太多的事情。

让我们进一步讨论这个问题。

12.1.2　以 GNU 方式构建代码

汇编语言与 C 的工作方式不同，而 gcc 是最重要的一个 C 编译器。因此，我们需要首先看看构建 C 代码的过程。从表面看，使用 GNU 工具为 Linux 构建 C 程序非常简单。然而，在幕后，这是一件非常棘手的事情。虽然看起来 gcc 完成了所有工作，但 gcc 真正做的是充当多个 GNU 工具的主控制器，监督代码汇编线，除非你特别想看，否则你不需要看到它。

理论上，从 C 源代码生成可执行二进制文件只需要执行以下操作：

```
gcc eatc.c -o eatc
```

这里，gcc 获取文件 eatc.c(这是一个 C 源代码文件)并对其进行处理以生成可执行文件 eatc。-o 选项告诉 gcc 如何命名可执行输出文件。但是，这里发生的事情比表面上看到的要多。我们来看看图 12.1。图中，阴影箭头表示信息的移动。空白箭头表示程序控制。

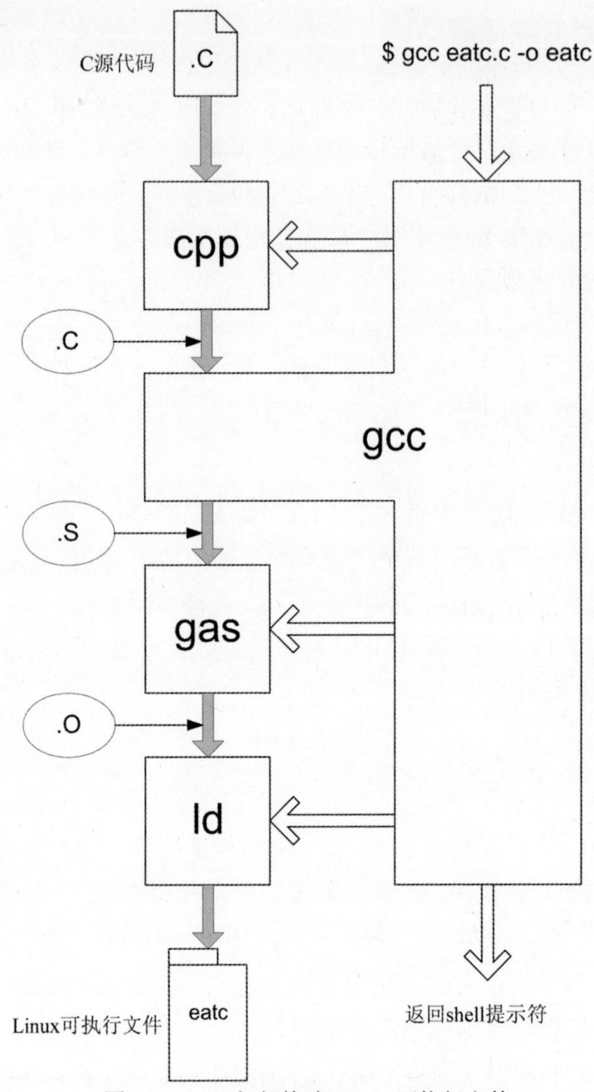

图 12.1　gcc 如何构建 Linux 可执行文件

程序员从 shell 命令行(通常是在终端窗口中)调用 gcc。然后 gcc 控制系统并立即调用一个名为 C 预处理器 cpp 的实用程序。预处理器采用原始 C 源代码文件并处理某些项目，如#includes 和#defines。它可以被认为是 C 源代码文件上的一种宏扩展过程。

当 cpp 完成其工作后，gcc 就会正式接管。gcc 根据预处理的 C 源代码文件生成一个文件扩展名为 .s 的汇编语言源代码文件。这实际上是与原始 .c 文件中的 C 语句等效的汇编代码，以人类可读的形式呈现。如果你掌握了阅读 AT&T 汇编语法和助记符的技能(稍后会详细介绍)，可以通过检查 gcc 生成的 .s 文件学到很多知识。

当 gcc 生成与 C 源代码文件对应的汇编语言代码后，它会调用 GNU 汇编器 gas，将 .s 文件汇编成目标代码。此目标代码写在扩展名为 .o 的文件中。

最后一步涉及链接器 ld。.o 文件包含二进制代码，但它只是原始 .c 文件中的语句生成的二进制代码。.o 文件不包含标准 C 库中的代码，而这些代码在 C 编程中非常重要。这些库已经编译完毕，只需要链接到你的应用程序即可。链接器 ld 在 gcc 的指导下完成这项工作。好处是 gcc 准确地知道哪些标准 C 库需要链接到你的应用程序才能使其工作，并且它总是在正确的版本中包含正确的库。因此，虽然 gcc 实际上并不进行链接，但它知道需要链接什么——随着你的程序变得越来越复杂，这确实是有价值的。

最后，ld 输出完全链接的可执行程序文件。此时，构建完成，gcc 将控制权返回给 Linux shell。请注意，所有这些通常只需要向 gcc 发出一个简单命令即可完成！

12.1.3　SASM 使用 GCC

其中一些可能听起来很熟悉。我们已在前几章中使用了 SASM，SASM 的工作方式与我们在 makefile 和 Linux make 实用程序中学到的完全不同。我很早就提到过 SASM 生成的实际上是用汇编语言编写的 C 程序。如果你查看 SASM 设置菜单的 Build 选项卡，请注意 gcc(而不是 ld)显示在链接器路径中。这并不意味着不使用 ld，就像我们使用 makefile 时一样。这意味着 gcc 可以完全控制链接过程，在必要时调用 ld 来链接二进制 C 代码的预编译库。

12.1.4　如何在汇编工作中使用 gcc

我刚刚描述并在图 12.1 中为你绘制的流程是使用 GNU 工具在 Linux 下构建 C 程序的方法。这里详细介绍这个过程，将使用其中的一部分(尽管只是一部分)来简化汇编编程。确实，我们不需要将 C 源代码转换为汇编代码，事实上，我们不需要使用 gas 将 gas 汇编源代码转换为目标代码。但是，在链接方面我们确实需要 gcc。我们将在链接阶段利用 GNU 代码构建过程，以便 gcc 可以自动协调链接步骤。

当我们使用 NASM 汇编 .asm Linux 程序时，NASM 会生成一个包含二进制目标代码的 .o 文件。正如我们所见，在 64 位 Linux 下调用 NASM 通常按如下方式进行：

```
nasm -f elf64 -g -F dwarf eatclib.asm
```

此命令将指示 NASM 汇编文件 eatclib.asm 并生成一个名为 eatclib.o 的文件。

–f elf64 部分指示 NASM 以 64 位 ELF 格式生成目标代码，而不是 NASM 能够生成的众多其他目标代码格式之一。-g -F dwarf 部分允许在输出文件中生成 DWARF 格式的调试信息。eatclib.o 文件本身不是可执行文件，它需要被链接。因此，我们调用 gcc 并指示它链接程序：

```
gcc eatclib.o -o eatclib -no-pie
```

命令中调用的唯一输入文件是包含目标代码的 .o 文件。仅凭这一事实，gcc 只需要将 .o 文件与 C 运行时库链接即可生成最终的可执行文件。–o eatclib 部分告诉 gcc，最终可执行文件的名称为 eatclib。

包含–o 说明符很重要。如果你没有准确告诉 gcc 最终可执行文件的名称，它会为该文件指定可执行文件的默认文件名 a.out。

命令行参数 -no-pie 告诉 gcc 不要链接 PIE 可执行文件。本章后面将详细解释这一点。它是为了减少可执行文件对某些漏洞的脆弱性。在简单的教学示例程序(如本书中的程序)中使用 –no-pie 选项是可以的。对于生产代码，你需要 PIE。

12.1.5 为什么不使用 gas

你可能想知道，如果每个 Linux 副本都自动安装了一个完美的汇编器，为什么我还要费心地向你展示如何安装和使用另一个汇编器。下面列出两个原因：

- GNU 汇编器 gas 使用一种特殊语法，与 x86/x64 世界中所有其他常见的汇编器(包括 NASM)完全不同。它有一整套独特的指令助记符。我发现它们丑陋、不直观且难以阅读。这是 AT&T 语法，之所以这样命名，是因为它是由 AT&T 创建的可移植汇编符号，使 UNIX 更容易从一个底层 CPU 移植到另一个。它的设计有些“丑陋”，部分原因是为了通用性，并可针对可能出现的任何合理的 CPU 架构进行重新配置。
- 更确切地说，“可移植汇编语言”的概念在我看来是自相矛盾的。汇编语言应该是底层机器架构的直接、完整、一对一的反映。任何试图使汇编语言通用的尝试都会使语言远离机器，并限制汇编程序员按照设计指导 CPU 的能力。创建和发展 CPU 架构的组织最有能力定义 CPU 的指令助记符和汇编语言语法，而不会妥协。这就是为什么我会一直使用和讲解英特尔助记符。

如果只是这么简单，我根本不会提到 gas，因为你不需要 gas 就可以在 NASM 中编写 Linux 汇编语言程序。但是，学习许多标准 C 库调用的主要方法之一是在简短的 C 程序中使用它们，然后检查 gcc 生成的 .s 汇编输出文件。因此，熟悉在 Linux 下使用的 C 调用约定时，具备阅读 AT&T 助记符的能力会十分有用。本章稍后将概述 AT&T 语法。

12.2　链接标准 C 库

当你使用 makefile 和 make 实用程序编写全汇编程序时，你就编写了所有内容。除了偶尔深入研究 Linux 内核服务外，所有运行的代码都只是你编写的代码。链接外部汇编语言程序库会使这种情况稍微复杂一些，尤其是如果你不是编写这些库的人。链接到标准 C 库(对于 Linux 称为 glibc)中的函数会使情况变得更加复杂。在 x64 汇编语言中链接到 glibc 例程比在 32 位 x86 汇编语言中更容易，这可能让你感到些许安慰。

正如我之前提到的，用 SASM 编写汇编程序与编写 C 程序非常相似，在 C 程序中，程序的主体用汇编语言编写。SASM 生成的程序是 C 语言和汇编语言的混合体。如果你创建一个链接 glibc 函数的 Linux 汇编语言程序，那么你所做的几乎是相同的。此混合体的结构如图 12.2 所示。

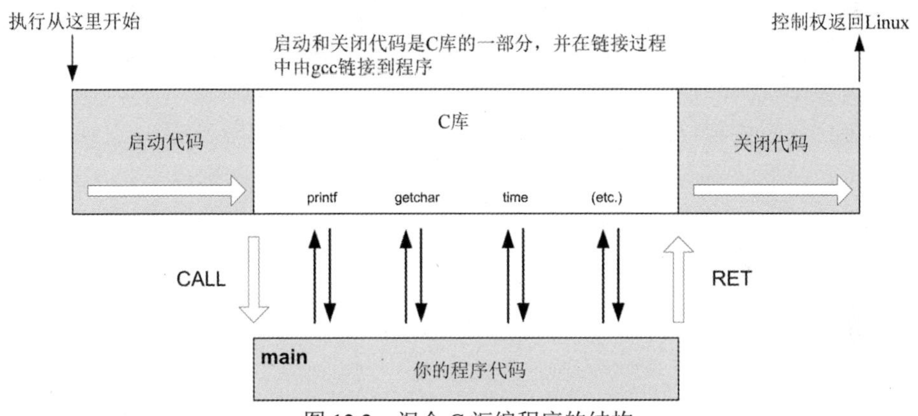

图 12.2　混合 C 汇编程序的结构

你的程序不再像以前的汇编程序那样简单，从顶部开始然后向下运行。glibc 不仅是一组不相交的函数。它是标准的 C 运行时库，作为其标准的一部分，规定了链接到它的任何程序的特定结构。此结构包括在程序开始前运行的代码块，以及在程序结束后运行的另一个代码块。启动代码会调用你的程序，就像你的程序是一个过程(使用 CALL 指令)，并使用 RET 指令将控制权返回给 C 库代码。

从技术角度看，你的程序是一个过程(在 C 语言中再次称为函数)，将其视为一个过程会有所帮助。这就是我在图 12.2 中绘制它的方式。当 Linux 开始执行程序时，它实际上不是从你编写的代码的顶部开始，而是从启动代码块的开头开始。当启动代码完成其必须执行的操作后，会执行一条 CALL 指令，该指令将执行转移到汇编代码中。当汇编语言程序通过 RET 将控制权返回给其调用者时，关闭代码开始执行，并且正是关闭代码通过必要的 syscall 内核调用将控制权返回 Linux。

将 C 代码链接到汇编程序后，使用 SYSCALL service 60 退出程序并返回 Linux

并不是一个好主意。需要做一些处理工作，可能包括刷新缓冲区、关闭文件或关闭网络连接。C 关闭代码会执行所有这些操作，如果你跳过它，可能会发生不好的事情。当你使用本书中介绍的简单代码示例时，这些不好的事情可能不会发生，而一旦你开始雄心勃勃地编写数千行代码，所有这些都将成为可能，并给你带来无尽的痛苦。

基本上，当你使用 C 语言时，请按照 C 语言的方式做事。

在启动代码和关闭代码之间，你可以根据需要多次调用 glibc。当你使用 gcc 链接程序时，包含调用的 C 库例程的代码将链接到程序中。注意，启动和关闭代码及程序调用的库函数的所有代码都实际存在于使用 gcc 生成的可执行文件中。

12.2.1 C 调用约定

glibc 库并没有单独对汇编语言程序进行特殊处理。纯 C 程序的工作方式几乎完全相同，这就是 C 程序的主程序部分称为主函数的原因。它确实是一个函数，用于启动的标准 C 库代码使用 CALL 指令调用它，并通过执行 RET 指令将控制权返回给关闭代码。

主程序获取控制权的方式是你将看到的我们称为C调用约定的一组规则的第一个示例。标准 C 库如果不一致就毫无意义，这是它最大的优点。在 x64 处理器上实现的所有 C 库函数都遵循这些规则。尽早将这些规则深深印入脑海，你将少掉很多头发，因为你不必像我一样绞尽脑汁来搞清楚它们。

程序必须以全局标签 main:开头。使用_start:是行不通的。main 函数的标签就是 main:，没有例外。SASM 程序总是以 main:开头，因为 SASM 使用 gcc 来链接 glibc 中的代码。

这是你的起点，接下来的内容会迅速变得相当复杂。

12.2.2 调用者、被调用者和破坏者

如果你曾学习过 32 位 Linux 的汇编编程，你就会知道，将参数传递给 C 风格函数是通过在调用之前将参数压入栈来完成的。这些已经不再适用(稍后将回过头来讲述这一点)。

32 位调用约定和 64 位调用约定之间最大的区别在于向函数传递参数的方式。将前 6 个参数传递给 x64 函数是在寄存器中(而不是在栈上)完成的。如果一个函数有 6 个以上的参数(这种情况并不常见，而且往往是糟糕的设计)，其余参数将在栈上传递。

这样做是因为我们现在拥有的寄存器比 32 位时代多得多。入栈和出栈会涉及内存，因此速度很慢。而写入和读取寄存器是在 CPU 内部进行的，因此速度要快得多。现代 CPU 缓存技术使栈的使用速度比以前更快，但即使是内存缓存访问也

比寄存器访问慢。

你可能还记得，在前面的章节中，程序使用 x64 SYSCALL 指令将参数传递给 Linux 函数调用。所有这些参数(至少在我们使用的简单程序中)都在寄存器中传递。此外，它有一个系统，前 6 个参数以非常特定的顺序在特定寄存器中传递。顺序如下：

```
RDI
RSI
RDX
RCX
R8
R9
```

传递给函数的第一个参数始终通过 RDI 传递。如果要给函数传递两个参数，则第一个通过 RDI 传递，第二个通过 RSI 传递，以此类推。对于通过 SYSCALL 进行的调用，以及调用 C 库函数，都是如此。

寄存器中的参数顺序很简单。下一部分很微妙：函数可以在内部使用哪些寄存器，从而使寄存器发生改变？哪些寄存器在函数执行后必须保持不变？用程序员的行话来说：我们可以“破坏”哪些寄存器？

再次强调，这是一个系统。这 7 个寄存器不能被函数破坏：RSP、RBP、RBX、R12、R13、R14 和 R15。这组寄存器称为非易失性寄存器，基本上意味着必须由被调用者保留(或不使用)的寄存器。

一个函数可以调用其他函数。调用另一个函数的函数是调用者，被调用的函数是被调用者。调用者和被调用者之间存在某种信任关系：被调用者向调用者承诺，当被调用者完成执行时，RSP、RBP、RBX、R12、R13、R14 和 R15 的值将与被调用者开始执行时的值相同。被调用者可以使用非易失性寄存器，但在被调用者返回给调用者之前，必须先保存(压入栈)并恢复(弹出栈)它使用的寄存器。

其他寄存器称为易失性寄存器，这意味着被调用者可以毫无顾忌地使用和更改它们。这些寄存器是 RAX、RCX、RDX、RSI、RDI、R8、R9、R10 和 R11。如果你很敏锐，会注意到 C 调用约定中使用的所有 6 个寄存器都是易失性寄存器。这是有道理的，因为调用者已在使用它们将值传递给被调用者。

但是，如果调用者已经在使用某些易失性寄存器，该怎么办？如果调用者希望任何易失性寄存器在经过被调用者后仍然有效，则调用者必须在调用被调用者之前保存它们。返回给调用者后，调用者通过将保存的值弹回寄存器来恢复其在栈上保存的任何易失性寄存器。

这意味着比通常情况下更多的压入和弹出操作。优秀的汇编语言程序员面临的挑战之一就是避免内存不足，包括压入和弹出栈。我们现在有更多寄存器可以使用，巧妙地使用这些寄存器可以减少对栈的访问频率。

用尽所有其他选项后，只保存必须保存的寄存器。

x64 指令集消除 PUSHA 和 POPA 是有原因的。

12.2.3 设置栈帧

尽管有更多寄存器，栈在汇编语言工作中仍然极其重要，在与 C 交互的程序中更是如此，因为在 C 及大多数其他本机代码高级语言(包括 Pascal)中，栈具有核心作用。

与 Linux 汇编工作相关的一种低级机制是栈帧。编译器依赖栈帧在函数中创建局部变量，虽然栈帧在纯汇编工作中不太有用，但如果要调用由高级语言编译器编写的函数，则必须了解它们。

栈帧是栈上标记为属于特定函数(包括 main()函数)的位置。它基本上是两个寄存器中包含的地址之间的区域：基指针 RBP 和栈指针 RSP。参见图 12.3。

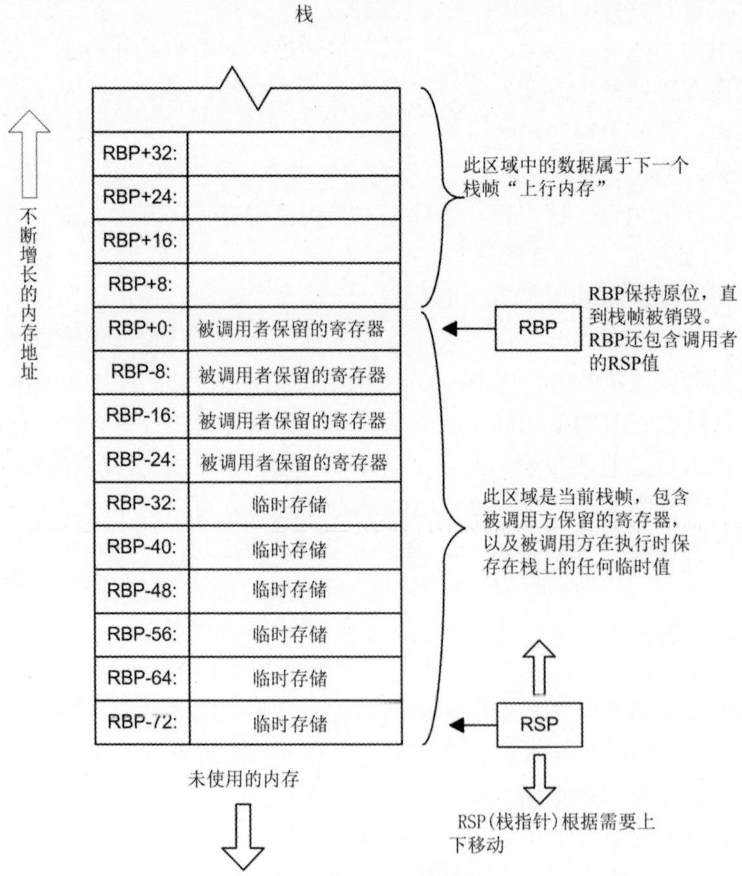

图 12.3　栈帧

栈帧是通过将 RBP 的副本压入栈上，然后将栈指针 RSP 复制到寄存器 RBP 中来创建的。任何遵守 C 调用约定的汇编程序中的前两个指令必须是：

```
push rbp
mov rbp,rsp
```

很多人将其称为程序的序言，因为它必须作为任何遵守 C 调用约定的程序的开头。如果没有序言，gdb 调试器及其调试器前端(如 Insight)将无法正常运行。

一旦 RBP 被固定为栈帧的一端，栈指针 RSP 就可以自由地在栈中上下移动，因为你的代码需要临时存储。在 x64 下调用 glibc 中的函数所需的压入和弹出次数比在旧的 32 位世界中要少，因为现在大多数参数都通过寄存器传递给函数。

12.2.4　在结语中销毁栈帧

在程序通过将控制权返回给启动/关闭代码来结束执行之前(如果你尚不清楚这种关系，请参见图 12.2)，必须销毁栈帧。这听起来像是出了什么问题，但事实并非如此：必须销毁栈帧，否则程序将崩溃。“收起(Put away)”可能比“销毁”更合适……。但程序员更喜欢丰富多彩的语言，一旦你花了大量时间与他们相处，就会明白这一点。

在销毁栈帧并将控制权返回给关闭代码前，栈必须是清理干净的。这仅意味着，在程序运行期间，你可能已压入栈中的任何被调用者保留的寄存器和临时值都必须消失。弹出你压入的内容！完成此操作后，将撤销创建栈帧时遵循的逻辑：我们通过两个通常称为结语的指令将调用者的 RBP 值从栈中弹出并退出：

```
pop rbp
ret
```

就是这样！栈帧消失了，栈现在处于启动代码将控制权交给程序时的状态。RET 指令将控制权发送给 C 库的关闭代码，因此它可在将控制权返回给 Linux 之前完成所有必须完成的处理工作。

12.2.5　栈对齐

序言和结语的目的并不是显而易见的，特别是如果你在 32 位 Linux 世界中工作后第一次接触 x64。这归结为一个新的要求：x64 栈必须在 16 字节边界上对齐。这意味着当你从函数(包括 main:)返回时，栈指针必须指向一个能被 16 整除的地址。为什么这是一个问题？请记住，当调用过程(C 术语中的函数)时，调用者会将返回地址压入栈。返回地址的大小为 8 字节。但是，如果你在向栈添加 8 字节(而非 16 字节)后访问栈，则可能发生不好的事情。这不是保证，但它可能会发生，特别是当你的代码变得比本书中的简单示例更复杂时。

序言将 RBP 压入栈。这会将另外 8 个字节添加到栈中，共 16 字节。因此栈仍然是对齐的。在结语中，将 RBP 的值从栈中弹出。结束结语的 RET 指令将栈的返回地址弹出到指令指针中，因此从栈中删除了总共 16 字节。当 main: 函数获得控制权时，栈是对齐的，这要归功于 glibc 启动代码，当程序执行将控制权返回给 glibc 关闭代码的 RET 指令时，它最好仍然对齐。

即使在没有使用 glibc 的情况下(如程序使用_start:标签而非 main:时)，栈对齐仍然是必需的。这时 glibc 无法帮助你，因为它不存在。然而，仍然需要有序言和结语，虽然在这种情况下要做的事情比将 glibc 链接到程序中时稍多一些。所需的序言被称为栈对齐序言(stack alignment prolog)：

```
push rbp
mov rbp,rsp
and rsp,-16
```

不同之处在于 AND RSP, -16 指令。该指令将栈指针 RSP 的最低四位清零。然后地址的最后一个十六进制数字变为 0，栈在 16 字节边界上对齐。如果你在使用栈时小心谨慎，它将保持对齐，我们稍后会看到。

以下是栈对齐的结语：

```
mov rsp,rbp
pop rbp
```

使用_start 时的另一个区别是，结语不能通过执行 RET 指令返回 Linux。你必须通过 SYSCALL 使用 Exit 服务，正如我在前面的章节中解释的那样。在 POP RBP 之后，可用 SYSCALL service 60 将控制权返回给 Linux。

那么你自己编写的程序呢？理想情况下，所有程序都应以序言开始，以结语结束。在自己的函数中，通常可以不使用序言/结语，尤其是当它们很简单并且与栈关系不大时。为简单起见，本书的一些示例程序中省略了序言/结语。另外，直到最后一章才详细讨论栈帧；如果不知道栈的工作原理，就不可能理解栈对齐。

稍后的代码清单 12.6 中的 randtest 程序通过将第 7 个参数压入栈中来传递给 printf()函数。保持栈在 16 字节边界上的对齐方式有所不同：通过将一个“虚拟”项目(这里是 RAX，其内容无关紧要)压入栈中，然后在调用 printf()之后，向 RSP 加 16 而非 8。以下是实现这一操作的代码片段；如果你不理解其中的所有内容，也不必担心：

```
Shownums:
    mov r12,qword [Pulls]          ; 将压入计数放入 r12
    xor r13,r13
.dorow:
```

```
mov rdi,ShowArray              ; 传递基字符串的地址
mov rsi,[Stash+r13*8+0]        ; 传递第一个元素
mov rdx,[Stash+r13*8+8]        ; 传递第二个元素
mov rcx,[Stash+r13*8+16]       ; 传递第三个元素
mov r8,[Stash+r13*8+24]        ; 传递第四个元素
mov r9,[Stash+r13*8+32]        ; 传递第五个元素
push rax                       ; 保持栈 16 字节对齐
push qword [Stash+r13*8+40]    ; 传递栈上的第六个元素
xor rax,rax        ; 告诉 printf()没有向量值传入
call printf        ; 显示随机数
add rsp,16         ; 栈清理：2 个项×8 字节 = 16
```

在这段代码中，压入 RAX 会使栈减少 8 字节，将第 7 个参数压入栈则再减少 8 字节，共减少 16 字节，从而保持栈的对齐状态。目前为止一切顺利，但这仅完成了一半的工作。因此，调用 printf()后，通过一些简单的算术操作来“清理”栈：将参数和 RAX 的虚拟副本的大小加回栈指针。在代码片段中，向栈中压入两个 QWORD 值使 RSP 的地址向内存的下方移动 16 字节。为清理栈，使用 ADD RSP, 16 指令将这 16 字节加回去。这样，栈将再次保持对齐并且“清理”干净。

之前我告诉过你“压入”的项要弹出。有时弹出并不实用。只要你将栈指针恢复到压入之前的值，一切都会顺利。如果将值作为本地存储压入栈，请确保将所有这些值的总大小加回 RSP，使栈再次“清理”干净。如果你没有将 16 字节的倍数压入栈，请通过压入虚拟(dummy)值来填充它，直到总数为 16 的倍数。

那么，为什么 x86-64 System V ABI 作者要求使用 16 字节对齐的栈呢？始终保持栈与 16 字节边界对齐可使代码在许多方面变得更简单，包括当 SSE 向量存储在栈中时使用它们。我不会在本书中介绍 SSE 或英特尔 CPU 中的其他数学子系统，所以如果现在还不明白，请不要担心。一旦你掌握了汇编语言，我鼓励你探索 x64 数学指令和向量寄存器。

关于栈对齐的最后一点说明：SASM 在处理这里展示的序言和结语时存在一些问题。需要在开头添加 mov rbp, rsp 指令，但除此之外不需要其他内容。SASM 的结语只包含最后的 RET 指令。

12.2.6 通过 puts()输出字符

glibc 中最简单实用的函数之一是 puts()，它用于将字符发送到标准输出。在汇编语言中调用 puts()非常简单，只需要三行代码。代码清单 12.1 中的程序演示了 puts()的用法。eatlibc 程序包含了序言和结语。如果你去掉用于设置和调用 puts()的三条指令，剩下的部分可以作为调用 glibc 中函数的新程序的样板代码。

以这种方式调用 puts()是一个很好的示例，展示了调用几乎任何 C 库例程的一般过程。再次强调，按照通用的 x64 调用约定，将要显示的字符串的地址放在

RDI 寄存器中。不需要传递字符串长度值。puts()函数从 RDI 中传递的地址开始，从字符串的起始处读取字符并发送到标准输出，直至遇到 0(空字符)。在字符串的第一个字节和第一个空字符之间的字符数，就是控制台接收到的字符数。

代码清单 12.1　eatlibc.asm

```
; Executable name : eatlibc
; Version         : 3.0
; Created date    : 11/12/2022
; Last update     : 5/24/2023
; Author          : Jeff Duntemann
; Description     : Demonstrates calls made into libc, using NASM
;                  2.14.02 to send a short text string to stdout with
;                  puts().
; Build using these commands:
;   nasm -f elf64 -g -F dwarf eatlibc.asm
;   gcc eatlibc.o -o eatlibc


SECTION .data           ; Section containing initialised data

EatMsg: db "Eat at Joe's!",0

SECTION .bss            ; Section containing uninitialized data

SECTION .text           ; Section containing code

extern puts             ; The simple "put string" routine from libc
global main             ; Required so the linker can find the entry
                        ; point

main:
    push rbp            ; Set up stack frame for debugger
    mov rbp,rsp

;; Everything before this is boilerplate; use it for all ordinary
;; apps!

    mov rdi,EatMsg      ; Put address of string into rdi
    call puts           ; Call libc function for displaying strings
    xor rax,rax         ; Pass a 0 as the program's return value.

;; Everything after this is boilerplate; use it for all ordinary
;; apps!
 pop rbp    ; Destroy stack frame before returning
ret    ; Return control to Linux
```

12.3　使用 printf()格式化文本输出

puts()库例程看起来虽然很有用，但与它的一些更复杂的“兄弟”相比，它还是相对简单的。使用 puts()只能将一个简单的文本字符串发送到文件(默认是标准输出)，而且不能进行任何格式化操作。更糟的是，无论你在字符串数据中是否包含换行符，puts()总会在显示的末尾处添加一个换行符(EOL)。这使得你无法通过多次调用 puts()将多个文本字符串输出到终端的同一行上。

puts()的最大优点是它比较简单。对于几乎所有的字符输出需求，最好使用一个功能更强大的库函数 printf()。printf()函数允许你做很多真正有用的事情，只需要一个函数调用即可：

- 输出带有或不带有终止 EOL 的文本
- 通过随数据一起输出格式代码，将数字数据转换为多种格式的文本
- 将文本输出到包含多个单独存储的字符串的文件中

如果你使用 C 语言超过半小时，printf()对你来说会非常明显，但对于使用其他语言的人来说，可能需要一点解释。

printf()例程不仅可以轻松显示像“Eat at Joe’s!”这样的简单字符串，还可以将其他文本字符串和转换后的数值数据与该基本字符串合并，并无缝地显示在标准输出上。这是通过在基本字符串中插入格式化代码，然后将每个格式化代码对应的数据项与基本字符串一起传递给 printf()来完成的。格式化代码以百分号开头，并包括与要合并到基本字符串中的数据项的类型和大小相关的信息，以及呈现这些信息的方式。

首先，来看一个非常简单的例子。这是一个包含一个格式代码的基本字符串：

```
"The answer is %d, and don't you forget it!"
```

%d 格式代码只是告诉 printf()将有符号整数值转换为文本，并用该文本替换基本字符串中的格式代码。当然，现在你必须将整数值传递给 printf()(稍后将展示如何完成此操作)，但当你这样做时，printf()会将整数转换为文本，并在将文本发送到流时将其与基本字符串合并。如果传递的十进制值为 42，你将在控制台上看到以下内容：

```
The answer is 42, and don't you forget it!
```

格式化代码实际上具有相当多的结构，并且 printf()机制作为一个整体具有的问题比本书中描述的更多。任何好的 C 参考资料都会进行详细解释。维基百科的处理非常出色：

```
https://en.wikipedia.org/wiki/Printf
```

表 12.1 列出了最常见和最有用的格式代码。

表 12.1　Printf()格式代码

%d	打印一个有符号的十进制整数
%u	打印一个无符号的十进制整数
%x, %X	打印一个十六进制无符号整数；%x 表示小写，%X 表示大写
%s	打印一个以空字符结尾的字符串
%c	打印一个单个字符
%f	打印一个浮点数
%%	打印一个%字符

对格式代码进行的最重要改进是在%符号和代码字母之间放置一个整数值%5d。

此代码告诉 printf()在五个字符宽的字段内右对齐显示值。如果你不在此处输入字段宽度值，printf()将仅向该值提供其数字所需的空间。

记住，如果你需要显示百分号，则必须在字符串中包含两个连续的百分号：第一个是格式代码，它告诉 printf()将第二个显示为本身，而不是格式代码的引导。

12.3.1　将参数传递给 printf()

将值传递给 printf()遵循 x64 调用约定。如果你要显示嵌入格式代码的字符串，则基本字符串应该是第一个参数，其地址在 RDI 中传递。之后，将要与字符串合并的第一个值在 RSI 中传递，第二个值在 RDX 中传递，以此类推，按照标准参数寄存器顺序进行。值按从左到右的顺序插入字符串中的代码。

代码清单 12.2 给出了 printf()格式的一个非常简单的演示。需要注意的一件有趣事情是，可通过引用或值传递数字。第一个整数通过将其地址放入 RSI 中来传递。第二个整数通过将文字值复制到 RDX 中来传递。第三个整数也作为 RCX 中的文字传递。第三个值以十六进制表示法显示，即使文字是加载到 RCX 中的简单十进制整数值。printf()函数可执行很多这样的转换。

可使用类似的方式将文本字符串合并到基本字符串中，方法是将要合并的字符串的地址加载到寄存器中，并使用%s 代码指示 printf()在何处插入辅助字符串。

为节省篇幅，此处删除了注释标题。answcr.asm 的 makefile 如下：

```
answer: answer.o
   gcc answer.o -o answer -no-pie
answer.o: answer.asm
   nasm -f elf64 -g -F dwarf answer.asm
```

输入并保存 makefile 时不要忘记插入所需的标签！

代码清单 12.2　answer.asm

```
section .data
answermsg db "The answer is %d ... or is it %d? No! It's 0x%x!",10,0
answernum dd 42

section .bss

section .text

extern printf

global main

main:
   push rbp              ; 序言
   mov rbp,rsp

   mov rax,0             ; 向量寄存器计数……,此处为 0

   mov rdi,answermsg     ; 消息/格式字符串进入 RDI
   mov rsi,[answernum]   ; RSI 中的第二个参数
   mov rdx,43            ; RDX 中的第三个参数。可使用数字
   mov rcx,42            ; RCX 中的第四个参数。以十六进制显示此参数
   mov rax,0             ; 这告诉 printf 没有向量参数传入
   call printf           ; 调用 printf()

   pop rbp               ; 结语

   ret                   ;从 main()返回到关闭代码
```

运行 answer 时，你会看到以下内容：

```
The answer is 42 … or is it 43? No! It's 0x2a!
```

12.3.2　printf()需要在 RAX 中加上前置 0

使用 printf()还有一个小问题。在几乎所有情况下(当然包括在刚开始学习汇编语言时)，都应该在 printf()调用之前放置指令 MOV RAX,0。RAX 中的 0 告诉 printf()函数，传递给它的向量寄存器中没有浮点参数。一旦开始使用向量值，需要在调用 printf()前将这些参数的数量放在 RAX 中。解释浮点和向量寄存器超出了本书的范围，因此如果你有兴趣，可在互联网上查看相关内容。同样的要求也适用于 scanf()。

12.3.3 你需要使用-no-pie 选项

在本章中使用 gcc 作为链接器的程序的 makefile 中，你将看到 gcc 选项 -no-pie。此选项的目的是防止 gcc 将程序链接为 PIE。详细解释 PIE 是一个高级主题，远远超出了本书的范围。简而言之：PIE 是一种防止某些类型的代码漏洞的方法，它在加载可执行文件时将可执行文件的某些部分放置在随机位置。这使得无法预测给定代码段将在何处执行。

ROP (Return-oriented programming，返回导向编程)攻击依赖于了解某些程序部分在 Linux 虚拟内存系统中的位置。PIE(位置无关可执行)程序不太容易受到 ROP 攻击。-no-pie 选项指示链接器不生成 PIE。这在理论上使得本书中的-no-pie 示例程序容易受到攻击。理论上如此。一旦你成为一个经验丰富的程序员，开始编写用于一般用途的软件(而不仅仅是学习编程)，你应该了解这些问题，并且应该进行更多研究。PIE 会使调试变得更复杂，这也是我在本书中的示例中不使用 PIE 的原因。但是，一旦你编写的程序经过调试并运行良好，应该将其重构为 PIE 程序，这是 gcc 作为链接器时的默认设置。

12.4 使用 fgets()和 scanf()输入数据

使用 SYSCALL 指令和 sys_read 内核调用从 Linux 键盘读取字符很简单，但用途不大。标准 C 库有更好的方法。实际上，用于从键盘(这是分配给标准输入的默认数据源)读取数据的 C 库函数几乎与将数据显示到标准输出的函数相反。

如果你仔细阅读 C 库参考文档(你应该这样做——那里有许多有趣的例程，你可以从汇编程序中调用它们)，你可能会发现 gets()例程。你可能想知道(如果我没有选择在这里告诉你)为什么我没有介绍它。gets()例程本身很简单：将一个字符串数组的名称传递给它，该数组中用于放置字符，然后用户在键盘上输入字符，这些字符将放置在数组中。当用户按下回车键时，gets()会在输入的文本末尾附加一个空值并返回。有什么理由不爱它呢？

那么，数组有多大？用户的处理合适吗？

关键在于，gets()函数无法知道何时停止接收字符。如果用户输入的字符超过了你为数组分配的存储空间，gets()会毫不犹豫地继续接收字符，并覆盖数组旁边的内存中的其他数据。如果这些数据是某些重要的数据，你的程序几乎肯定会出现故障，甚至可能直接崩溃。

这就是为什么如果你尝试使用 gets()，gcc 会警告你 gets()十分危险。它很古老，自 UNIX 和标准 C 库首次设计以来的几十年里，已经创建了更好的机制。gets()的指定后继者是 fgets()，它内置了一些安全措施，但也有一些复杂性。

复杂性源于你必须将文件句柄传递给 fgets()。通常，名称以 f 开头的标准 C 库例程作用于文件。稍后将解释如何使用磁盘文件。你可以使用 fgets()从磁盘文件读取文本，但请记住，在 UNIX 术语中，你的键盘已经连接到文件，该文件称为标准输入 stdin。如果可将 fgets()连接到标准输入，就可以从键盘读取文本，这正是古老而危险的 gets()函数自动执行的操作。

使用 fgets()的好处是，可指定例程从键盘接受的最大字符数。用户输入的任何其他内容都将被截断并丢弃。如果最大值不大于你定义的用于保存用户输入的字符的字符串缓冲区，则使用 fgets()不会导致你的程序崩溃。

将 fgets()连接到标准输入很容易。正如本书前面所解释的那样，Linux 预定义了三个标准文件句柄，这些句柄会自动链接到程序中。这三个是 stdin(标准输入)、stdout(标准输出)和 stderr(标准错误)。为通过 fgets()接收来自键盘的输入，我们希望使用标识符 stdin。只需要声明为 EXTERN 即可从汇编语言程序内部引用它。

因此，以下是使用 fgets()函数的方法：

(1) 确保已在程序的 .text 部分顶部声明了 EXTERN fgets 和 EXTERN stdin 及其他外部声明。

(2) 声明一个足够大的缓冲区变量来保存你希望用户输入的字符串数据。在程序的.bss 部分使用 RESB 指令。

(3) 将缓冲区的地址加载到 RDI 中。

(4) 接下来，将表示你希望 fgets()接收的最大字符数的值加载到 RSI 中。确保它不大于你在.bss 中声明的缓冲区变量！

(5) 将 stdin 的值加载到 RDX 中。注意，不要传递外部值 stdin 的地址。使用括号传递外部项 stdin 包含的实际值：[stdin]。

(6) 调用 fgets。

与往常一样，传递给 fgets()的参数将按照 x64 调用约定中指定的顺序输入寄存器中。这比将它们压入栈上要方便得多，就像在 32 位世界中所做的那样。

代码清单 12.3 是一个简单程序，演示了如何通过 fgets()从标准输入获取文本。同样，为简洁起见，我省略了注释标题。

代码清单 12.3 fgetstest.asm

```
; 添加所需的标签后使用这个 makefile:
;
; fgetstest: fgetstest.o
;    gcc fgetstest.o -o fgetstest -no-pie
; fgetstest.o: fgetstest.asm
;    nasm -f elf64 -g -F dwarf fgetstest.asm

SECTION .data     ; 包含已初始化数据的部分
```

```
message: db "You just entered: %s.

SECTION .bss      ; 包含未初始化数据的部分

testbuf: resb 20
BUFLEN equ $-testbuf

SECTION .text      ; 包含代码的部分

extern printf
extern stdin
extern fgets

global main      ; 必需，以便链接器可以找到入口点

main:
push rbp         ; 为调试器设置栈帧
mov rbp,rsp

;;; 在此之前的所有内容都是样板；适用于所有普通应用程序！

; 从用户那里获取一些字符：
mov rdi,testbuf    ; 将缓冲区的地址放入 RDI
mov rsi,BUFLEN     ; 将要输入的字符数放入 RSI
mov rdx,[stdin]    ; 将 stdin 的值放入 RDX
call fgets         ; 调用 libc 函数输入数据

;显示输入的字符：
mov rdi,message    ; 基本字符串的地址进入 RDI
mov rsi,testbuf    ; 数据输入缓冲区的地址进入 RSI
mov rax,0          ; 向量寄存器的数量……,这里是 0
call printf        ; 调用 libc 函数显示输入的字符

;;; 此后的所有内容都是样板；适用于所有普通应用程序！
pop rbp            ; 结语：返回前销毁栈帧

ret                ; 返回 glibc 关闭代码
```

fgetstest 程序演示了如何在基本字符串中嵌入字符串代码%s。只需要将%s 放入基本字符串中，然后复制要插入下一个可用的 x64 调用约定寄存器中的字符串地址。这里，这就是 RSI。

从屏幕的用户端看，fgets()只接收字符，直到用户按下回车键。在用户输入了允许的最大字符数后，它不会自动返回。这会阻止用户回退输入并进行更正。但是，用户输入的任何超出允许字符数的内容都将被丢弃。

12.4.1　使用 scanf()输入数值

在某种奇特的意义上，C 库函数 scanf()可以看作 printf()的反向操作：printf()输出格式化的数据流，而 scanf()则从键盘接收字符数据流，并将其转换为存储在数值变量中的数值数据。scanf()函数工作得非常好，能理解很多格式，在输入浮点数时尤其有用。浮点值在汇编工作中是一个特别的问题，本书中不会涉及。你可以参考 Wikipedia 上的条目，写得很好：

```
https://en.wikipedia.org/wiki/Scanf_format_string
```

在你熟悉汇编编程的过程中编写的大多数简单程序中，可能会输入简单的整数，而 scanf()对此非常擅长。向 scanf()传递一个数字变量的名称，该变量用于存储输入的值，以及一个格式代码，指示该值在数据输入时将采用什么形式。scanf()会将用户输入的字符转换为这些字符所代表的整数值。也就是说，scanf()会将用户依次输入的两个 ASCII 字符 4 和 2 转换为十进制数值 42，当用户按下回车键后，完成转换。

那么如何提示用户输入内容呢？许多新手可能认为可将提示字符串与格式代码结合在一起，并作为一个字符串传递给 scanf()，但遗憾的是，这样做不行。看起来这应该是可行的——毕竟，在 printf()中，你可以将格式化代码与要显示的基础字符串结合起来。然而，在 scanf()中，你确实可以使用包含格式代码的基础字符串……但那样用户就不得不输入提示字符串及数值数据！

因此，实际上，scanf()使用的唯一字符串是包含格式代码的字符串。如果需要提示，则必须在调用 scanf()之前使用 printf()显示提示。要使提示和数据输入保持在同一行，请确保提示字符串末尾没有 EOL 字符！

scanf()函数自动从标准输入获取字符输入。你不必像使用 fgets()那样将文件句柄 stdin 传递给它。有一个单独的 glibc 函数称为 fscanf()，你必须向其传递文件句柄，但对于整数数据输入，使用 scanf()没有任何危险。

scanf()函数的使用方法如下：

(1) 确保已在.TEXT 部分的顶部声明了 EXTERN scanf 及其他外部声明。

(2) 声明一个正确类型的内存变量，用于保存 scanf()读取和转换的数字数据。这里的示例针对的是整数数据，因此你可以使用 DQ 指令或 RESQ 指令创建这样的变量。显然，如果你要保留几个单独的值，则需要为每个输入的值声明一个变量。

(3) 要调用 scanf()输入单个值，首先将格式字符串(指定数据将以何种格式到达)的地址复制到 RDI 中。对于整数值，这通常是字符串%d。

(4) 将保存值的内存变量的地址复制到 RSI 中。请参阅以下有关在一次调用中输入多个值的讨论。

(5) 将 RAX 清除为零，告诉 scanf()在函数调用中没有传递任何向量寄存器参数。

(6) 调用 scanf()。

可将包含多个格式代码的字符串呈现给 scanf()，以便用户只需要调用一次 scanf()即可输入多个数值。我试过这种方法，它会生成一个非常奇特的用户界面。如果你正在编写一个程序来读取文本文件(包含以文本表示的整数值行)并将整数值转换为内存中的实际整数变量，则最好使用该功能。为了通过键盘简单地从用户那里获取数值，最好每次调用 scanf()只接收一个值。

代码清单 12.4 中的 charsin.asm 程序显示了如何在数据输入字段旁边设置提示，以便通过键盘接收来自用户的字符串数据和数字数据。接收数据后，程序用 printf()显示输入的内容。

代码清单 12.4 charsin.asm

```
; Executable name : charsin
; Version         : 3.0
; Created date    : 11/19/2022
; Last update     : 11/20/2022
; Author          : Jeff Duntemann
; Description     : A character input demo for Linux, using NASM
                  : 2.14.02,
;                 : incorporating calls to both fgets() and scanf().
;
; Build using these commands:
;   nasm -f elf64 -g -F dwarf charsin.asm
;   gcc charsin.o -o charsin -no-pie
;

[SECTION .data]         ; Section containing initialised data

SPrompt  db 'Enter string data, followed by Enter: ',0
IPrompt  db 'Enter an integer value, followed by Enter: ',0
IFormat  db '%d',0
SShow    db 'The string you entered was: %s',10,0
IShow    db 'The integer value you entered was: %5d',10,0

[SECTION .bss]          ; Section containing uninitialized data

IntVal   resq 1         ; Reserve an uninitialized double word
InString resb 128       ; Reserve 128 bytes for string entry buffer

[SECTION .text]         ; Section containing code
```

```
extern stdin          ; Standard file variable for input
extern fgets
extern printf
extern scanf

global main           ; Required so linker can find entry point

main:
   push rbp           ; Set up stack frame
   mov rbp,rsp

;;; Everything before this is boilerplate; use it for all ordinary
;;; apps!

; First, an example of safely limited string input using fgets:
   mov rdi,SPrompt   ; Load address of the prompt string into RDI
   call printf       ; Display it

   mov rdi,InString  ; Copy address of buffer for entered chars
   mov rsi,72        ; Accept no more than 72 chars from keybd
   mov rdx,[stdin]   ; Load file handle for standard input into RDX
   call fgets        ; Call fgets to allow user to enter chars

   mov rdi,SShow     ; Copy address of the string prompt into RSI
   mov rsi,InString  ; Copy address of entered string data into RDI
   call printf       ; Display it

; Next, use scanf() to enter numeric data:
   mov rdi,IPrompt   ; Copy address of integer input prompt into
                     ; RDI
   call printf       ; Display it

   mov rdi,IFormat   ; Copy address of the integer format string
                     ; into RDI
   mov rsi,IntVal    ; Copy address of the integer buffer into RSI
   call scanf        ; Call scanf to enter numeric data

   mov rdi,IShow     ; Copy address of base string into RDI
   mov rsi,[IntVal]  ; Copy the integer value to display into RSI
   call printf       ; Call printf to convert & display the integer

;;; Everything after this is boilerplate; use it for all ordinary
;;; apps!

   mov rsp,rbp       ; Destroy stack frame before returning
   pop rbp
   ret               ; Return control to Linux
```

12.5 成为 Linux 时间领主

标准 C 库包含一组相当丰富的函数，用于处理日期和时间。虽然这些函数最初设计用于处理 20 世纪 70 年代流行的老式 AT&T 小型计算机硬件中的实时时钟生成的日期值，但它们现在已成为任何操作系统实时时钟支持的标准接口。使用 C 为 Windows 编程的人使用完全相同的函数组，并且无论你在哪种操作系统下工作，它们的工作原理都大致相同。

通过了解这些函数调用如何成为汇编语言过程，你将能读取当前日期、以多种格式表示时间和日期值、将时间戳应用于文件等。

让我们看看这是如何工作的。

12.5.1 C 库的时间机器

标准 C 库的某处有一段代码，在调用该代码时，会查看计算机的实时时钟，读取当前的日期和时间，并转换为一个标准的有符号整数值。这个值(理论上)是自“UNIX 纪元”(或在程序员圈子中称为“纪元”)以来所经过的秒数，UNIX 纪元始于 1970 年 1 月 1 日 00:00:00 的世界标准时间。每经过一秒，这个值就加 1。当你通过 C 库读取当前时间或日期时，获取到的就是这个数值的当前值。

这个数字被称为 time_t。在其历史的大部分时间里，time_t 是一个 32 位的有符号整数。随着时间的推移，人们开始担心当一个 32 位有符号整数不足以容纳自 1970 年以来的秒数时会发生什么。到 2038 年 1 月 19 日 03:14:07 UTC 时，将 time_t 视为 32 位有符号整数的计算机会看到它回滚到 0，因为 32 位有符号整数表示的最大数量是 2 147 483 647。这确实是很大的秒数(也是一个相当长的准备时间)，但到那时我才 86 岁，我希望那时还能在场。我还记得那个 Y2K(千年虫)引发的恐慌呢。

事实上，这种情况不会发生，就像臭名昭著的千年虫没有导致文明崩溃一样。正确实现的 C 库根本不会假设 time_t 是 32 位数。因此，当有符号的 32 位 time_t 在 2038 年翻转时，我们将对所有事物使用 64 位值，整个问题将推迟到 2920 亿年之后。如果到那时我们还没有一劳永逸地解决这个问题，我们将在宇宙学家预测的大坍缩中与整个宇宙一起消亡。

当然，Linux 中不再存在此问题。所有 64 位 Linux 系统都使用 64 位 time_t，自 2020 年发布 Linux v5.6 以来，32 位版本的操作系统也使用 64 位 time_t。

time_t 值只是一个任意的秒数，本身并不会告诉你太多信息，但可以用于计算以秒为单位的经过时间。标准 C 库实现的另一种标准数据类型更有用。tm 结构(通常称为结构，在 Pascal 中称为记录)是 9 个 32 位数值的分组，以单独有用的块表示当前时间和日期，如表 12.2 所述。注意，虽然结构(或记录)名义上是不同值的分组，但在当前的 x64 Linux 实现中，tm 值更像是数组或数据表，因为所有 9 个元素的大小相同，即 32 位或 4 字节。表 12.2 中以这种方式描述了它，即为结构中的每个元素包含一个从结构开头偏移的值。这允许你使用指向结构开头的指针和从开头计算的偏移量来创建结构中任何给定元素的有效地址。

注意，即使在 64 位 Linux 实例中，tm 字段的大小也是 32 位。为什么还是 32 位？很简单，tm 中的任何元素都不需要接近 8 字节来表示。最大的可能值是 tm_yday，它包含当前日期的序数，即从 1 到 366 的数字，其中 1 表示一月的第一天。当然，几个世纪后，自 1900 年以来的年数将超过 366。

表 12.2　tm 结构中包含的值

偏移量/字节	C 库名称	定义
0	tm_sec	分钟后的秒数，从 0 开始
4	tm_min	小时后的分钟数，从 0 开始
8	tm_hour	一天中的小时，从 0 开始
12	tm_mday	月中的日期，从 1 开始
16	tm_mon	月份，从 0 开始
20	tm_year	自 1900 年以来的年数，从 0 开始
24	tm_wday	自周日以来的天数，从 0 开始
28	tm_yday	一年中的第几天，从 0 开始
32	tm_isdst	夏令时标志

需要进一步解释的一个元素是 tm_isdst。如果夏令时(DST)生效，则 tm_isdst 中的值为正；如果 DST 未生效，则为零。如果系统无法判断 DST 是否生效，则 tm_isdst 中的值为负。

有一些 C 库函数可将 time_t 值转换为 tm 值并转回。我在本章中介绍了其中几个，但它们都非常简单，一旦你彻底掌握了 C 调用约定，就应该能够为其中任何一个制定汇编调用协议。

另一个需要注意之处是，time_t 值不是自 UNIX 纪元开始以来的精确秒数。UNIX 计算秒数的方式存在问题，并且 time_t 不会像现实世界中的 NIST 时间那样通过“闰秒”调整累积的天文误差。因此，在较短的时间间隔内(理想情况下，少于一年)，time_t 可能被认为是准确的。此外，假设它会偏离几秒钟或更多，并且没有简单的方法可找出如何补偿错误。

12.5.2　从系统时钟获取 time_t 值

在 UNIX 兼容系统中，任何一秒的时间(至少是 1970 年 1 月 1 日之后的秒数)都可以表示为 64 位有符号整数。通过调用 time()函数获取当前时间的值。与所有按照 x64 调用约定设计的函数一样，time()在 RAX 中返回其 time_t 值。

但是，有一个可能让初学者犯难的陷阱：time()可以接收一个参数。与所有第一个参数一样，它会传递给 RDI 中的 time()。这个参数是可选的。

当调用 time()时，如果 RDI 包含 0，则 time_t 值将在 RAX 中返回。如果 RDI 包含除 0 外的任何内容，time()将假定 RDI 中的值是一个地址，并尝试把 time_t 值写入该地址处的内存。如果 RDI 包含无效地址的“剩余”部分，调用 time()通常会导致分段错误。我说“通常”是因为我听说在某些系统上，time()的实现包含一些额外的机制来检测无效地址；如果 RDI 中的地址无效，将恢复为返回 RAX 中的值。不过，你不能指望这一点。

不需要向 time()传递其他参数。返回时，将在 RAX 中获得当前的 time_t 值。这就是全部了。考虑到实现差异的可能性，不建议向 time()提供地址。建议在 RAX 中返回 time_t 值。这要求在调用 time()之前将 RDI 清除为 0。

12.5.3 将 time_t 值转换为格式化字符串

同样，time_t 值本身并不能告诉你很多信息。C 库包含一个函数，返回指向给定 time_t 值的格式化字符串表示的指针。那就是 ctime()函数，它返回指向隐藏在运行时库中某处的字符串的指针。该字符串具有以下格式：

```
Wed Nov 28 12:13:21 2022
```

第一个字段是代表星期几的三个字符代码，后面是代表月份的三个字符代码和代表月份日期的两个空格字段。接下来是时间(24 小时制)，年份排在最后。为保险起见(尽管有时可能有点麻烦)，ctime 返回的字符串以换行符结尾。

下面展示了如何调用 ctime 并显示它生成的时间/日期字符串：

```
mov rdi,TimeValue    ; 将 time_t 值的*地址*复制到 rdi
call ctime           ; 返回 rax 中 ASCII 时间字符串的指针
mov rdi,rax          ; 将 rax 中的地址复制到 rdi
call puts            ; 调用 puts 显示 ASCII 时间字符串
```

这看起来很传统，但这里有一些你必须注意的事情：向 ctime()传递了 time_t 值的地址，而不是值本身！你可能习惯于通过把整数值复制到 RDI、RSI 等将这些值传递给函数，但这里不是这样。在 Linux 下，time_t 值表示为 8 字节整数，但不能保证它永远如此。旧版本的 Linux 可能使用 32 位 time_t。其他 UNIX 实现可能无处不在。因此，为了保持选项的开放性(并确保 UNIX 可以在未来数千年甚至数十亿年中使用)，C 库函数 ctime()需要一个指向当前 time_t 值(而非 time_t 值本身)的指针。

在 RDI 中传递要表示为字符串的 time_t 值的地址，然后调用 ctime()。ctime()

在 RAX 中返回的是指向该字符串的指针，它将该指针保存在运行时库中的某个位置。可使用该指针通过 puts 或 printf 在屏幕上显示该字符串，或将其写入文本文件。

12.5.4　生成单独的本地时间值

glibc 库还提供了一个函数，用于将日期和时间的各个部分拆解为单独的值，以便单独使用它们或以各种组合使用它们。此函数是 localtime()，给定一个 time_t 值，它会将日期和时间拆解为 tm 结构的字段，如表 12.2 所述。以下是调用它的代码：

```
mov rdi,TimeValue   ; 在 rdi 中传递日历时间值的地址
call localtime      ; 返回指向 rax 中静态时间结构的指针
```

这里，TimeValue 是一个 time_t 值。给定这个值，localtime()会在 RAX 中返回一个指向 C 库中某个 tm 结构的指针，与 ctime()非常相似。通过使用该指针作为基址，可访问结构中的各个字段。诀窍在于了解你想要的各个时间/日期字段在 tm 中的偏移量，并将该偏移量用作地址基址的常量位移。

```
mov rdi, yrmsg              ; 传递 rdi 中基字符串的地址
mov rsi, dword [rax+20]     ; 年份值 tm_year 是 tm 中的 20 字节偏移量
mov rax,0             ; 向量寄存器的数量，0
call printf           ; 使用 printf 显示字符串和年份值
```

通过使用表 12.2 中所示的偏移量，可访问 tm 结构中的时间和日期的所有其他组件，每个组件都存储为 32 位整数值。

12.5.5　使用 MOVSD 复制 glibc 的 tm 结构

有时保留 tm 结构的单独副本会很方便，尤其是当你同时处理多个日期/时间值时。因此，使用 localtime()将日期/时间值填充到 C 库的隐藏 tm 结构后，你可将该结构复制到程序的 .bss 或 .data 部分中分配的结构。

这样的复制是直接使用 REP MOVSD(重复移动字符串双精度)指令进行的，该指令是我在第 11 章中介绍的一组指令之一。MOVSD 几乎是一个神奇的指令：一旦你设置好指向要复制的数据区域和目标区域的指针，将区域的大小存储在 RCX 中，然后让 REP MOVSD 完成剩下的操作。它会在一次操作中将整个缓冲区从内存中的一个位置复制到另一个位置。

要使用 REP MOVSD，请将源数据(即要复制的数据)的地址放入 RSI。将目标位置(要放置数据的位置)的地址移到 RDI。要移动的项目数放在 RCX 中。确保方向标志 DF 已清除(有关更多信息，请参阅第 11 章)，然后执行 REP MOVSD：

```
mov rsi,rax          ; 将静态 tm 的地址从 rax 复制到 rsi
mov rdi,tmcopy       ; 将本地 tm 变量的地址放入 rdi
mov rcx,9            ; Linux 下 tm 结构的大小为 9 个双字
cld                  ; 将 df 清除为 0，以便我们向上移动内存
rep movsd            ; 将静态 tm 结构复制到本地 tm 副本
```

为什么要使用 MOVSD 而不是它的 64 位“大哥”MOVSQ？tm 结构基本上是一个由 9 个四字节元素(而不是八字节元素)组成的数组。

这里将 C 库的 tm 结构移动到程序 .bss 部分中分配的缓冲区。tm 结构的大小为 9 个双字(36 字节)。因此，我们必须保留那么多空间并为其命名：

```
TmCopy resd 9  ;为时间结构 tm 保留 9 个 32 位字段
```

上述代码假设 C 库中已填充的 tm 结构的地址位于 RAX 中，并且已分配 tm 结构 TmCopy。一旦执行，它将所有 tm 数据从其在 C 运行时库中的隐藏位置复制到新分配的缓冲区 TmCopy。

REP 前缀将 MOVSD 置于“机关枪”模式，正如我在第 11 章中解释的那样。也就是说，MOVSD 继续将数据从 RSI 中的地址移到 RDI 中的地址，每次移动时将 RCX 减 1，直到 RCX 变为零时停止。

你应该避免的一个简单错误是忘记 RCX 中的计数是要移动的数据项数，而不是要移动的字节数！根据助记符末尾的 D，MOVSD 移动双字，而你在 RCX 中放置的值必须是要移动的四字节项数。因此，在移动九个双字时，MOVSD 实际上将 36 字节从一个位置传输到另一个位置——但这里计算的是双字，而不是字节。

代码清单 12.5 中的程序将所有这些代码片段组合在一起，演示了主要的 UNIX 时间功能。C 库中还有许多时间函数需要研究，利用你现在对 C 函数调用的了解，应该能够为其中任何一个函数指定调用协议。

代码清单 12.5　timetest.asm

```
; Executable name  : timetest
; Version          : 3.0
; Created date     : 11/28/2022
; Last update      : 11/28/2022
; Author           : Jeff Duntemann
; Description      : A demo of time-related functions for Linux, using
;                    NASM 2.14.02. Will NOT work in SASM.
;
; Built using this makefile, after adding required tabs:
;
; timetest: timetest.0
;       gcc timetest.o -o timetest -no-pie
; timetest.o: timetest.asm
```

```
;       nasm -f elf64 -g -F stabs timetest.asm

[SECTION .data]     ; Section containing initialized data

TimeMsg  db "Hey, what time is it? It's %s",10,0
YrMsg  db "The year is %d.",10,10,0
PressEnt  db "Press enter after a few seconds: ",0
Elapsed
db
"A total of %d seconds has elapsed since program began running.",10,0

[SECTION .bss]     ; Section containing uninitialized data

OldTime resq 1     ; Reserve 3 quadwords for time_t values
NewTime resq 1
TimeDiff resq 1
TimeStr resb 40    ; Reserve 40 bytes for time string
TmCopy resd 9      ; Reserve 9 integer fields for time struct tm

[SECTION .text]    ; Section containing code

extern ctime
extern difftime
extern getchar
extern printf
extern localtime
extern strftime
extern time

global main    ; Required so linker can find entry point

main:
  push rbp       ; Set up stack frame
  mov rbp,rsp

;;; Everything before this is boilerplate; use for all ordinary apps!

; Generate a time_t calendar time value with clib's time function
  xor rdi,rdi    ; Clear rdi to 0
  call time      ; Returns calendar time in rax
  mov [OldTime],rax  ; Save time value in memory variable

; Generate a string summary of local time with clib's ctime function
  mov rdi,OldTime  ; Push address of calendar time value
  call ctime       ; Returns pointer to ASCII time string in rax

  mov rdi,TimeMsg  ; Pass address of base string in rdi
```

```
    mov rsi,rax         ; Pass pointer to ASCII time string in rsi
    mov rax,0           ; Count of vector regs..here, 0
    call printf         ; Merge and display the two strings

  ; Generate local time values into libc's static tm struct
    mov rdi,OldTime ; Push address of calendar time value
    call localtime  ; Returns pointer to static time structure in rax

  ; Make a local copy of libc's static tm struct
    mov rsi,rax         ; Copy address of static tm from rax to rsi
    mov rdi,TmCopy      ; Put the address of the local tm copy in rdi
    mov rcx,9           ; A tm struct is 9 dwords in size under Linux
    cld                 ; Clear DF so we move up-memory
    rep movsd           ; Copy static tm struct to local copy

  ; Display one of the fields in the tm structure
    mov rdx,[TmCopy+20] ; Year field is 20 bytes offset into tm
    add rdx,1900        ; Year field is # of years since 1900
    mov rdi,YrMsg       ; Put address of the base string into rdi
    mov rsi,rdx
    mov rax,0           ; Count of vector regs..here, 0
    call printf         ; Display string and year value with printf

  ; Display the 'Press Enter: ' prompt
    mov rdi,PressEnt ; Put the address of the base string into rdi
    mov rax,0          ; Count of vector regs..here, 0
    call printf

  ; Wait a few seconds for the user to press Enter
  ; so that we have a time difference:
    call getchar   ; Wait for user to press Enter

  ; Calculating seconds passed since program began running:
  xor rdi,rdi               ; Clear rdi to 0
      call time             ; Get current time value; return in EAX
      mov [NewTime],rax   ; Save new time value

      sub rax,[OldTime]   ; Calculate time difference value
      mov [TimeDiff],rax ; Save time difference value

      mov rsi,[TimeDiff] ; Put difference in seconds rdi
      mov rdi,Elapsed ; Push addr. of elapsed time message string
      mov rax,0        ; Count of vector regs..here, 0
      call printf   ; Display elapsed time

  ;;; Everything after this is boilerplate; use for all ordinary apps!
```

```
pop rbp     ; Epilog: Destroy stack frame before returning
ret         ; Return to glibc shutdown code
```

如果你要使用 GNU 领域之外的其他 UNIX 实现，请记住 time_t 值可能已经有了除 32 位整数的定义。目前，glibc 将 time_t 定义为 64 位整数，你只需要将两个 time_t 值相减即可计算出它们之间的时间差。对于其他非 GNU 的 UNIX 实现，最好使用 libc 库中的 difftime()函数返回两个 time_t 值之间的差值。

12.6　理解 AT&T 指令助记符

x86 CPU 有不止一组指令助记符，这也是造成很多混乱的原因。指令助记符只是人类记住二进制位模式 1000100111000011 对 CPU 意味着什么的一种方式。我们不会连续写入 16 个 1 和 0(或者更易于理解的十六进制等效值 89C3h)，而会使用 MOV BX,AX。

记住，助记符只是人类的记忆唤醒器，是 CPU 本身所不知道的东西。汇编程序将助记符转换为机器指令。虽然我们可以一致认为 MOV BX,AX 将转换为 1000100111000011，但字符串 MOV BX,AX 并没有什么神奇之处。我们也可以就 COPY AX TO BX 或 STICK GPREGA INTO GPREGB 达成一致。我们使用 MOV BX,AX 是因为这是英特尔建议做的；由于英特尔设计和制造 CPU 芯片，它可能最了解如何描述其自身产品的内部细节。

我们称之为 AT&T 助记符的备用 x86 指令助记符集源于让 UNIX 尽可能轻松地移植到不同计算机体系结构的愿望。然而，指令集实现者的目标与汇编语言程序员的目标不同，如果你的目标是拥有完整且最高效的 x86/x64 CPU 命令，那么你最好使用英特尔指令集编写代码，正如我在本书中一直在讲授的那样。

事实上，AT&T 助记符看起来很奇怪，甚至对我来说也有点晦涩难懂。原因是它们从未打算供人类用来编写汇编语言程序。它们被设计成一种易于移植的中间语言，即由一个软件编写并由完全不同的软件执行的语言。在 Linux 中，这通常是 C 语言编译器 gcc 和 Gnu 汇编程序 gas。事实上，C 语言最初被认为是一种“高级汇编程序”，与 COBOL、FORTRAN 或 Pascal 等其他编程语言相比，它确实是。

尽管有充分的理由能够读懂 AT&T 助记符和语法，但它已经变得足够复杂，下面将概述 AT&T 助记符。

12.6.1　AT&T 助记符约定

当 gcc 将 C 源代码文件编译为机器代码时，它实际上所做的是使用 AT&T 助记符将 C 源代码转换为汇编语言源代码，可回顾图 12.1。gcc 编译器将 .c 源代码文件作为输入，并生成 .s 汇编语言源文件，然后将其交给 GNU 汇编器 gas 进行汇编。这是 GNU 工具在所有平台上使用所有 GNU 语言(C 和 C++等)的工作方式。汇编步骤通常对程序员是不可见的，在 gas 将 .s 文件转换为机器代码并进行 ld 链接后，该文件将被丢弃。你可以使用 –S 选项让 gcc 将 AT&T 汇编源代码文件保存到磁盘：

```
gcc eatc.c -S -o eatc
```

注意，-S 开关使用大写字母 S。Linux 和其他 UNIX 后代中的几乎所有内容都区分大小写。

现在，如果你要处理标准 C 库及用 C 编写的和为 C 编写的大量其他函数库，那么至少要熟悉 AT&T 助记符。有一些通用规则，一旦理解，就会变得容易得多。以下一个简短的列表：

- AT&T 助记符和寄存器名称始终为小写。这符合 UNIX 区分大小写的惯例。我在文本和示例中混合使用了大写和小写，以便让你习惯以两种方式查看汇编源代码，但你必须记住，虽然英特尔的语法(及 NASM)建议使用大写但可以接受小写，但 AT&T 语法要求使用小写。
- 寄存器名称前面始终带有百分号(%)。也就是说，英特尔将其写为 AX 或 RBX，而 AT&T 将写为%ax 和%rbx。这有助于汇编器识别寄存器名称。
- 每个具有操作数的 AT&T 机器指令助记符都有一个单字符后缀，指示其操作数的大小。后缀字母为 b、w、l 和 q，分别表示字节(8 位)、字(16 位)、长整型(32 位)和四元组(64 位)。Intel 会写成 MOV RBX,RAX，AT&T 会写成 movq %rax,%rbx。
- 当指令不带操作数(call、leave、ret)时，它没有操作数大小后缀。在英特尔和 AT&T 语法中，调用和返回看起来非常相似。
- 在 AT&T 语法中，源操作数和目标操作数的放置顺序与英特尔语法相反。也就是说，英特尔会写成 MOV RBX,RAX，而 AT&T 会写成 movq %rax,%rbx。换句话说，在 AT&T 语法中，源操作数在前，然后是目标操作数。
- 在 AT&T 语法中，即时操作数前面始终带有美元符号$。英特尔会写成 PUSH 42，AT&T 会写成 Pushq $42。这有助于汇编器识别即时操作数。
- 并非所有 AT&T 指令助记符都由 gcc 生成。英特尔的 JCXZ、JECXZ、LOOP、LOOPZ、LOOPE、LOOPNZ 和 LOOPNE 不久前就被添加到 AT&T 助记符集中，并且在某些版本中，gcc 不会生成使用它们的代码。

- 在 AT&T 语法中，内存引用中的位移是放置在包含基数、索引和小数位数的括号外的有符号量。稍后将单独讨论这个问题，因为你会在很多.s 文件中看到它，而且你应该能够阅读和理解 AT&T 内存地址语法。
- 引用时，消息字符串的名称会以美元符号($)为前缀，就像数字文字一样。在 NASM 中，命名字符串变量被视为变量而非文字。这只是另一个需要注意的 AT&T 错误。
- 注意，AT&T 方案中的注释分隔符是井号(#)，而不是几乎所有英特尔风格的汇编程序(包括 NASM)中使用的分号。

12.6.2 AT&T 内存引用语法

正如你在前面的章节中记得的那样，引用内存位置是通过将地址的位置括在方括号中完成的，如下所示：

```
mov rax,[rbp]
```

这里，获取位于 RBP 中包含的地址的任何 64 位数量并将其加载到寄存器 RAX 中。更复杂的内存寻址可能如下所示：

```
mov rax,[rbx-8]            ; 基数减位移
mov ax, word [bx+di+28]   ; 基数加索引加位移
mov al, byte [bx+di*4]    ; 基数加索引乘以比例
```

上面显示的所有示例都使用英特尔语法。AT&T 的内存寻址语法有很大不同。AT&T 助记符用圆括号代替方括号来括住内存地址的组成部分：

```
movb (%rbx),%al # mov byte al,[rbx] in Intel syntax
```

这里将[rbx]处的字节数量移到 AL。不要忘记操作数的顺序与英特尔语法相反！在括号内放置基数、索引和小数位(如果存在)。基数必须始终存在。位移(如果存在)必须位于括号前面和外面：

```
movl -8(%rbx),%rax # mov dword rax,[rbx-8] (Intel)
movb 28(%rbx,%rdi),%eax # mov byte rax,[rbx+edi+28] (Intel)
```

注意，在 AT&T 语法中，你不必在括号内进行数学运算。基数、索引和小数位用逗号分隔，且不允许使用加号和星号。解释 AT&T 内存引用的方式如下：

```
±disp(base,index,scale)
```

上面 ± 符号表示位移是有符号的；也就是说，它可以是正数或负数，以表示位移值是添加到地址的其余部分还是从地址的其余部分减去。通常，你只会看到明确的减号；如果没有减号，则默认位移为正数。位移和比例值是可选的。

然而，你大多数时候看到的是一种非常简单的内存引用类型：

```
-16(%rbp)
```

当然，位移会有所不同，但这几乎总是意味着一条指令正在引用栈上某处的数据项。C 代码在栈帧中分配栈上的变量，然后通过 RBP 中值的文字偏移量引用这些变量。RBP 充当地址起点，栈上的项可以通过 RBP 的偏移量(正或负)来引用。前面的引用将告诉机器指令使用 RBP 中地址减 16 字节的项。

12.7 生成随机数

随着对标准 C 库调用的快速浏览，接下来跳转到一个更为随机的主题(或者至少是适度的伪随机)。标准 C 库有一对函数可让程序生成伪随机数。这里的“伪”字很重要。研究表明，单纯依靠软件无法生成真正随机的数字。实际上，关于什么是真正的随机性这一概念本身就很玄妙，已经让许多数学家为之困扰。理论上，你需要从某种量子现象中获取触发器(放射性是最常被提到的)才能实现真正的随机性。这样的东西确实存在。但在缺乏放射触发的随机数生成器的情况下，我们只能依赖伪随机性，并学会接受它。

伪随机的简化定义大致如下：伪随机数生成器会生成一系列没有可识别模式的数字，但通过向生成器传递相同的种子值，可以重复生成相同的序列。种子值只是一个整数，作为输入值传递给一个复杂的算法，该算法生成伪随机数序列。给生成器传递相同的种子值，就会得到相同的序列。然而，在序列内部，生成器范围内的数字分布是相当分散且随机的。

标准 C 库包含两个与伪随机数相关的函数：

- srand()函数将新的种子值传递给随机数生成器。此值必须是 32 位整数。如果未传递种子值，则种子值默认为 1。
- rand()函数返回一个 31 位伪随机数。高位始终为 0，因此如果将其视为 32 位有符号整数，则该值始终为正数。

一旦你理解了工作原理，使用它们就变得非常简单了。

12.7.1 使用 srand()为生成器设定种子

将种子值放入生成器实际上比调用当前序列中的下一个伪随机数更复杂。而且调用 srand()并不难：将种子值加载到 RDI，然后调用 srand()。这就是你要做的！srand()函数不返回值。但是……你使用什么作为种子值？

那么，现在问题来了。

如果程序每次运行时都不能使用完全相同的伪随机数序列，那么你显然不想使用硬编码到程序中的普通整数。理想情况下，每次运行程序时，你都希望获得不同的种子值。最简单的方法(尽管还有其他方法)是使用 time()函数返回的自 1970 年 1 月 1 日以来的秒数为 srand()调用设置种子，我在上一节中对此进行了解释。这个值称为 time_t，是一个每秒都会变化的有符号整数，因此每过一秒，你就会得到一个新的种子值，根据定义，这个种子值永远不会重复。这里假设我在上一节中提到的 time_t 翻转问题将在 2038 年之前得到解决。

几乎每个人都会这么做，唯一需要注意的是，你必须确保不要频繁调用 srand()来重新设置序列种子，频率不要超过每秒一次。大多数情况下，对于那些运行、执行任务并在几分钟或几小时内终止的程序，你只需要在程序开始执行时调用一次 srand()。如果你正在编写一个会运行数天、数周或更长时间而不会终止的程序(如服务器)，那么每天重新设置一次随机数生成器的种子可能是个好主意。

以下是一段简短的代码片段，它调用 time()来检索当前的 time_t 值，然后将时间值传递给 RDI 中的 srand()：

```
xor rdi,rdi     ; 确保在调用 time()前将 rdi 设置为 0
call time       ; 在 rax 中返回 time_t 值(32 位整数)
mov rdi,rax     ; 将种子值传递给 rdi 中的 srand
call srand      ; time_t 是随机生成器的种子值
```

在调用 time()前将 RDI 设置为 0 会告诉 time()函数你没有传入变量来接收时间值。你想要保留的 time_t 值在 RAX 中返回。

12.7.2　生成伪随机数

一旦为生成器设定了种子，获取伪随机序列中的数字就很容易了：每次调用 rand()时，都会提取序列中的下一个数字。rand()函数与 C 库中的任何函数一样易于使用：它不需要任何参数(因此你不需要向该函数传递任何内容)，并且伪随机数在 RAX 中返回。

代码清单 12.6 中的 randtest.asm 程序演示了 srand()和 rand()的工作原理。还展示了其他几个有趣的汇编技巧，我将在本节的其余部分讨论它们。

代码清单 12.6　randtest.asm

```
; Executable name  : randtest
; Version      : 3.0
; Created date    : 11/29/2022
; Updated date    : 5/24/2023
; Author         : Jeff Duntemann
; Description    : A demo of Unix rand & srand using NASM 2.14.02
;
; Build using these commands:
```

```
;       nasm -f elf64 -g -F dwarf randtest.asm
;       gcc randtest.o -o randtest -no-pie
;

section .data

Pulls  dq 36 ; How many nums do we pull? (Must be a multiple of 6!)
Display  db 10,'Here is an array of %d %d-bit
random numners:',10,0
ShowArray  db '%10d %10d %10d %10d %10d %10d',10,0
NewLine  db 0
CharTbl
db '0123456789ABCDEFGHIJKLMNOPQRSTUVWXYZabcdefghijklmnopqrstuvwxyz-@'

section .bss

[SECTION .bss]      ; Section containing uninitialized data

BUFSIZE equ 70      ; # of randomly chosen chars
RandVal resq 1      ; Reserve an integer variable
Stash resq 72       ; Reserve an array of 72 integers for randoms
RandChar resb BUFSIZE+5  ; Buffer for storing randomly chosen
characters

section .text

extern printf
extern puts
extern rand
extern srand
extern time

;-------------------------------------------------------------
; Random number generator procedures -- Last update 5/13/2023
;
; This routine provides 6 entry points, and returns 6 different
; "sizes"of pseudorandom numbers based on the value returned by rand.
; Note first of all that rand pulls a 31-bit value. The high 16 bits
; are the most "random" so to return numbers in a smaller range, you
; fetch a 31-bit value and then right-shift it to zero-fill all but
; the number of bits you want. An 8-bit random value will range from
; 0-255, a 7-bit value from 0-127, and so on. Respects RBP, RSI, RDI,
; RBX, and RSP. Returns random value in RAX.
;-------------------------------------------------------------
pull31: mov rcx,0    ; For 31 bit random, we don't shift
        jmp pull
pull20: mov rcx,11   ; For 20 bit random, shift by 11 bits
```

```
        jmp pull
pull16: mov rcx,15   ; For 16 bit random, shift by 15 bits
        jmp pull
pull8: mov rcx,23    ; For 8 bit random, shift by 23 bits
        jmp pull
pull7: mov rcx,24    ; For 7 bit random, shift by 24 bits
        jmp pull
pull6: mov rcx,25    ; For 6 bit random, shift by 25 bits
        jmp pull
pull4: mov rcx,27    ; For 4 bit random, shift by 27 bits

pull:
    push rbp        ; Prolog: Create stack frame
    mov rbp,rsp

    mov r15,rcx     ; rand trashes rcx; save shift value in R15
    call rand       ; Call rand for random value; returned in RAX
    mov rcx,r15     ; Restore shift value back into RCX
    shr rax,cl      ; Shift the random value in RAX by the chosen
    ; factor, keeping in mind that part we want
    ; is in CL
    pop rbp     ; Epilog: Destroy stack frame
    ret         ; Go home with random number in RA

;; This subroutine pulls random values and stuffs them into an
;; integer array. Not intended to be general purpose. Note that
;; the address of the random number generator entry point must
;; be loaded into r13 before this is called, or you'll seg fault!

puller:
    push rbp          ; Prolog: Create stack frame
    mov rbp,rsp

    mov r12,[Pulls] ; Put pull count into R12
.grab:
    dec r12       ; Decrement counter in RSI
    call r13      ; Pull the value; it's returned in RAX
    mov [Stash+r12*8],rax ; Store random value in the array
    cmp r12,0     ; See if we've pulled all STASH-ed
                  ; numbers yet
    jne .grab     ; Do another if R12 <> 0

    pop rbp       ; Epilog: Destroy stack frame
    ret          ; Otherwise, go home!

;; This subroutine displays numbers six at a time
;; Not intended to be general-purpose...
```

```
shownums:
    push rbp     ; Prolog: Create stack frame
    mov rbp,rsp

    mov r12,qword [Pulls]  ; Put pull count into r12
    xor r13,r13
.dorow:
    mov rdi,ShowArray  ; Pass address of base string
    mov rsi,[Stash+r13*8+0]    ; Pass first element
    mov rdx,[Stash+r13*8+8]    ; Pass second element
    mov rcx,[Stash+r13*8+16]   ; Pass third element
    mov r8,[Stash+r13*8+24]    ; Pass fourth element
    mov r9,[Stash+r13*8+32]    ; Pass fifth element
    push rax ; To keep stack 16-bytes aligned
    push qword [Stash+r13*8+40] ; Pass 6th element on the stack
    xor rax,rax     ; Passs 0 to show there will be no fp regs
    call printf     ; Display the random numbers
    add rsp,16      ; Stack cleanup: 2 items X 8 bytes = 16

    add r13,6      ; Point to the next group of six randoms in Stash
    sub r12,6      ; Decrement pull counter
    cmp r12,0      ; See if pull count has gone to 0
    ja .dorow      ; If not, we go back and do another row!

    pop rbp        ; Epilog: Destroy stack frame
    ret            ; Done, so go home!

; MAIN PROGRAM:

global main        ; Required so linker can find entry point

main:
    push rbp       ; Prolog: Set up stack frame
    mov rbp,rsp

;;; Everything before this is boilerplate;

; Begin by seeding the random number generator with a time_t value:

Seedit:
    xor rdi,rdi     ; Mske sure rdi starts out with a 0
    call time       ; Returns time_t value (64-bit integer) in rax
    mov rdi,rax     ; Pass srand a time_t seed in rdi
    call srand      ; Seed the random number generator

; All of the following code blocks are identical except for the size
```

```
; of the random value being generated:

; Create and display an array of 31-bit random values
    mov r13,pull31 ; Copy address of random # subroutine into RDI
    call puller    ; Pull as many numbers as called for in [Pulls]

    mov rdi,Display ; Display the base string
    mov rsi,[Pulls] ; Display the number of randoms displayed
    mov rdx,32      ; Display the size of the randoms displayed
    xor rax,rax     ; Passs 0 to show there will be no fp registers
    call printf     ; Display the label
    call shownums   ; Display the rows of random numbers

; Create and display an array of 20-bit random values
    mov r13,pull20  ; Copy address of random # subroutine into RDI
    call puller     ; Pull as many numbers as called for in [Pulls]

    mov rdi,Display  ; Display the base string
    mov rsi,[Pulls]  ; Display the number of randoms displayed
    mov rdx,20       ; Display the size of the randoms displayed
    xor rax,rax      ; Passs 0 to show there will be no fp registers
    call printf      ; Display the label
    call shownums    ; Display the rows of random numbers

; Create and display an array of 16-bit random values
    mov r13,pull16  ; Copy address of random # subroutine into RDI
    call puller     ; Pull as many numbers as called for in [Pulls]

    mov rdi,Display  ; Display the base string
    mov rsi,[Pulls]  ; Display the number of randoms displayed
    mov rdx,16       ; Display the size of the randoms displayed
    xor rax,rax      ; Passs 0 to show there will be no fp registers
    call printf      ; Display the label
    call shownums    ; Display the rows of random numbers

; Create and display an array of 8-bit random values
    mov r13,pull8   ; Copy address of random # subroutine into RDI
    call puller     ; Pull as many numbers as called for in [Pulls]

    mov rdi,Display  ; Display the base string
    mov rsi,[Pulls]  ; Display the number of randoms displayed
    mov rdx,8        ; Display the size of the randoms displayed
    xor rax,rax     ; Passs 0 to show there will be no fp registers
    call printf     ; Display the label
    call shownums   ; Display the rows of random numbers

; Create and display an array of 7-bit random values
```

```
    mov r13,pull7   ; Copy address of random # subroutine into RDI
    call puller     ; Pull as many numbers as called for in [Pulls]

    mov rdi,Display  ; Display the base string
    mov rsi,[Pulls]  ; Display the number of randoms displayed
    mov rdx,7        ; Display the size of the randoms displayed
    xor rax,rax      ; Passs 0 to show there will be no fp registers
    call printf      ; Display the label
    call shownums    ; Display the rows of random numbers

; Create and display an array of 6-bit random values
    mov r13,pull6   ; Copy address of random # subroutine into RDI
    call puller     ; Pull as many numbers as called for in [Pulls]

    mov rdi,Display  ; Display the base string
    mov rsi,[Pulls]  ; Display the number of randoms displayed
    mov rdx,6      ; Display the size of the randoms displayed
    xor rax,rax    ; Passs 0 to show there will be no fp registers
    call printf    ; Display the label
    call shownums ; Display the rows of random numbers

; Create and display an array of 4-bit random values
    mov r13,pull4   ; Copy address of random # subroutine into RDI
    call puller     ; Pull as many numbers as called for in [Pulls]

    mov rdi,Display  ; Display the base string
    mov rsi,[Pulls]  ; Display the number of randoms displayed
    mov rdx,4        ; Display the size of the randoms displayed
    xor rax,rax     ; Passs 0 to show there will be no fp registers
    call printf     ; Display the label
    call shownums   ; Display the rows of random numbers

; Create a string of random alphanumeric characters:
Pulchr:
     mov rbx, BUFSIZE  ; BUFSIZE tells us how many chars to pull
.loop:
    dec rbx         ; BUFSIZE is 1-based, so decrement first!
    mov r13,pull6   ; For random in the range 0-63
    call r13
    mov cl,[CharTbl+rax] ; Use random # in rax as offset into table
    ; and copy character from table into CL
    mov [RandChar+rbx],cl  ; Copy char from CL to character buffer
    cmp rbx,0              ; Are we done having fun yet?
```

```
        jne .loop           ; If not, go back and pull another

    ; Display the string of random characters:
        mov rdi,NewLine     ; Output a newline
        call puts           ; using the newline procedure
        mov rdi,RandChar    ; Push the address of the char buffer
        call puts           ; Call puts to display it
        mov rdi,NewLine     ; Output a newline
        call puts

    ;;; Everything after this is boilerplate; use for all ordinary apps!

        Mov rsp,rbp        ; Epilog: Destroy stack frame
        pop rbp
        mov rp
        ret      ; Return to glibc shutdown code
```

12.7.3　相比之下有些比特更随机

在 x64 Linux 下，rand()函数将 RAX 中的 31 位无符号值作为 64 位整数返回。整数的符号位(所有 64 位中的最高位)始终清除为 0。rand()和 srand()的 UNIX 文档表明，rand()生成的值的低位比高位随机性小。这意味着，如果你只打算使用 rand()生成的值的部分位，则应尽可能使用最高位。

老实说，我不知道为什么会这样，也不知道问题有多严重。我不是一个资深的数学家，我会相信 rand()文档。但它与如何限制你生成的随机数的范围有关。

问题很明显：假设你想要提取一些随机的字母数字 ASCII 字符。你不需要 0~20 亿的数字。只有 127 个 ASCII 字符，实际上只有 62 个是字母和数字。其余的是标点符号、空格、控制字符或非打印字符，如笑脸。你想要做的是提取 0~61 的随机数。

提取从 0~20 亿的数字直到找到一个小于 62 的数字将需要很长时间。显然，你需要一种不同的方法。我采用的方法将 rand()返回的 31 位值视为随机位的集合。我提取了这些位的子集，刚好足以满足我的需求。六位可以表示从 0 到 63 的值，因此我从原始 31 位值中取出最高阶的 6 位，并使用它们来指定随机字符。

这很简单，只需要将 31 位值向右移动，直到除最高 6 位的所有位都从值的右端移出并消失。同样的技巧适用于任何(合理)位数。你所要做的就是选择要移动的位数。我为 randtest.asm 创建了一个具有多个入口点的过程，其中每个入口点从随机值中选择不同数量的位数予以保留：

```
    pull31: mov rcx,0    ; For 31 bit random, we don't shift
```

```
    jmp pull
pull20: mov rcx,11   ; For 20 bit random, shift by 11 bits
    jmp pull
pull16: mov rcx,15   ; For 16 bit random, shift by 15 bits
    jmp pull
pull8: mov rcx,23    ; For 8 bit random, shift by 23 bits
    jmp pull
pull7: mov rcx,24    ; For 7 bit random, shift by 24 bits
    jmp pull
pull6: mov rcx,25    ; For 6 bit random, shift by 25 bits
    jmp pull
pull4: mov rcx,27    ; For 4 bit random, shift by 27 bits

pull:
    push rbp    ; Prolog: Create stack frame
    mov rbp,rsp

    mov r15,rcx   ; rand trashes rcx; save shift value in R15
    call rand     ; Call rand for random value; returned in RAX
    mov rcx,r15   ; Restore shift value back into RCX
    shr rax,cl    ; Shift the value in RAX by the chosen factor
    ; keeping in mind that part we want is in CL
    pop rbp   ; Epilog: Destroy stack frame
    ret       ; Go home with random number in RAX
```

要获取一个16位的随机数，请调用pull16。要获取一个8位的随机数，请调用pull8，以此类推。我发现，较小的数字不如较大的数字随机，而pull4返回的数字可能不足以满足随机性的要求。我保留了pull4的代码，这样你可以通过运行randtest来亲自验证。这里的逻辑应该很容易理解：你选择一个移位值，将其放入RCX，将RCX复制到R15，调用rand()，然后从R15中复制回RCX，并将随机数(rand()在RAX中返回的值)按CL中的值进行移位——当然，CL是RCX的最低8位。

为什么要将RCX保存到R15？这是因为RCX不是C调用约定中由被调用者保留的寄存器，而几乎所有的C库函数都会在内部使用RCX，从而覆盖其值。如果你想在调用库函数时保留RCX中的值，必须在调用前将其保存到某个地方，并在调用完成后恢复它。以前保存寄存器值的唯一方法是使用栈。现在，由于x64引入了新的通用寄存器，你可使用一些glibc的例程不会覆盖的寄存器来完成所有工作，这样就不需要将其保存到栈中。

我使用pull6例程来提取随机的6位数字，从字符表中选择字符，从而创建一个随机的字母数字字符串。我在表中添加了两个额外的字符(-和@)，将其填充到 64 个元素，这样就不必测试每个提取的数字是否小于 62。如果你需要将随机值限制在一个范围内，而该范围不是 2 的幂次方，可选择下一个更大的 2 的幂次方值——但设计程序时尽量避免在类似 0 到 65 的范围内选择随机值。关于随机数的内容，算法书籍中有很多讨论，如果这个概念让你感兴趣，我建议你深入研究这些书籍。

12.7.4　调用寄存器中的地址

我在 randtest 中使用了一种有时会被汇编新手遗忘的技术：可对存储在寄存器中的程序地址执行 CALL 指令。你不必总是使用带有即时数标签的 CALL。换句话说，以下两个 CALL 指令完全合法且等效：

```
mov r13,pull8    ; 将标签 pull8 所代表的地址复制到 r13 中
call pull8       ; 调用 pull8 所代表的地址
call r13         ; 调用 r13 中存储的地址
```

为什么这样做？随着时间的推移，你会找到原因，但一般来说，它允许你将过程调用视为参数。在 randtest 中，将大量代码分解成一个名为 puller 的过程，然后针对不同大小的随机数多次调用 puller。通过将该过程的地址加载到 RDI 中，将要调用的正确随机数过程的地址传递给 puller：

```
; 创建并显示一个 8 位随机值数组：
mov r13,pull8  ; 将随机子程序的地址复制到 r13
call puller   ; 提取[pulls]中要求的尽可能多的数字
```

在 puller 过程中，代码通过以下方式调用请求的随机数过程：

```
puller:
    mov r12,[Pulls]   ; 将拉取计数放入 R12
.grab:
     dec r12                 ; 减少 RSI 中的计数器
     call r13                ; 拉取值；它在 RAX 中返回
     mov [Stash+r12*8],rax   ; 将随机值存储在数组中
     cmp r12,0               ; 看看我们是否已经拉取了 STASH 中的所有数字
     jne .grab               ; 如果 R12 <> 0，则再执行一次
     ret                     ; 否则，返回！
```

看到 CALL R13 指令了吗？这种情况下(R13 之前已加载了过程 pull8 的地址)，即使在过程 puller 中没有 pull8 标签，调用的仍然是 pull8。这种方法允许在 puller 中使用相同的代码，通过调用传递给它的 R13 中的过程地址，来填充具有不同大小的随机数的缓冲区。通过在寄存器中调用地址，可极大地提升代码的通用性——但一定要确保对你的意图进行详细记录，因为你调用的标签并不包含在

CALL 指令中！

12.7.5 使用 puts()将一个裸换行符发送到控制台

randtest 程序还演示了一些简单但并不明显的内容：如何向 Linux 控制台发送“裸”换行符。我之前解释过，libc 的 puts()函数始终以换行符结束其显示的内容——即使你不希望它显示换行符。要将内容显示在控制台上而不显示换行符，你必须使用 printf()。

那么，如果你只想向控制台发送换行符而不发送其他内容，该怎么办？很简单：将变量(我称之为 NewLine)定义为单字节，在其中放入 0。然后将 NewLine 变量的地址复制到 RDI，调用 puts()：

```
mov rdi,NewLine  ; 输出换行符
call puts
```

请记住，puts()显示的内容包括 RDI 中传递给它的地址，乃至它遇到的第一个空值(即 0)。如果该地址上的唯一内容是空值，puts()将向控制台发送换行符，而不会发送其他任何内容。

12.7.6 如何向 libc 函数传递六个以上的参数

如果你还记得，在 x64 调用约定中，传递给函数的前六个参数在 RDI、RSI、RDX、RCX、R8 和 R9 中传递。那么，如果你想向 printf()传递七个或更多参数怎么办？超过六个参数的任何参数都必须放在栈上。我特意将 randtest 设计为将七个参数传递给 printf()。该操作发生在名为 Shownums 的过程中：

```
Shownums:
    mov r12,qword [Pulls]   ; 将拉计数放入 r12
    xor r13,r13
  .dorow:
    mov rdi,ShowArray         ; 传递基字符串的地址
    mov rsi,[Stash+r13*8+0]   ; 传递第一个元素
    mov rdx,[Stash+r13*8+8]   ; 传递第二个元素
    mov rcx,[Stash+r13*8+16]  ; 传递第三个元素
    mov r8,[Stash+r13*8+24]   ; 传递第四个元素
    mov r9,[Stash+r13*8+32]   ; 传递第五个元素
    push rax                  ; 保持栈 16 字节对齐
    push qword [Stash+r13*8+40] ; 将第六个元素传递到栈
    xor rax,rax      ; 告诉printf()没有向量值传入
    call printf      ; 显示随机数
    add rsp,16       ; 栈清理：2 个项目×8 字节 = 16 字节
```

在标签 dorow:处是六个 MOV 指令序列，所有这些指令都传递 printf()使用的参数。首先是基本字符串的地址(在 RDI 中)，然后是组成一行的六个随机数。一旦得到第六个数字，就没有寄存器可以传递东西了。因此，在调用 printf()之前，最后一个参数值被压入栈。

嗯，几乎是立即的。在本章前面，我从另一个方向介绍了相同的代码：栈对齐。尽管 glibc 启动代码将栈对齐为 16 字节值，但仅将一个项目压入栈只会向栈指针添加 8 字节，因此栈未对齐。要解决此问题，请在将第七个参数压入栈之前将 RAX 压入栈。RAX 向栈添加另外 8 字节，使其恢复为 16 字节对齐。RAX 中实际的内容并不重要。它只是 8 字节的填充。

如果有八个参数，则第八个参数将在第七个参数之后立即压入栈，根本不需要任何 PUSH RAX 指令。原因如下：栈对齐的要点是仅以 16 字节块的形式增加或缩小栈，即使其中一个块的一半是“虚拟”寄存器。

将两个参数值压入栈会使栈增加 16 字节，因此不需要虚拟值。事实上，如果你忘记并添加 PUSH RAX，将使栈错位！

printf()函数知道从哪里获取参数，会找到并使用传递给它的所有参数。然而，printf()不会在使用完这些参数后自行清理栈。如果你为了调用 printf()将值压入栈，一旦 printf()处理完这些值，你需要自己清理栈。这不是通过弹出操作完成的(至少在这种情况下不是)，而是通过将你压入栈的项目大小加回到 RSP 中来完成。记住，栈是“向下”增长的(朝向更低的地址)。如果我们压入某些东西，RSP 会减小相应的大小，这种情况下，是一个 64 位整数。要清理栈，将压入的内容的大小加回 RSP。在这个例子中，我们压入一个 8 字节的寄存器和一个 8 字节的整数，共 16 字节，因此将 16 加到 RSP 中。这样一来，堆就干净了——至少从调用 printf()的角度来看是这样的。

保持对栈的跟踪。弹出你压入的内容，或将压入的项目大小加回 RSP。如果弄乱栈，几乎不可避免地会发生分段错误。

12.8　C 语言如何处理命令行参数

在第 11 章中，解释了如何从 Linux 程序中访问命令行参数，作为关于栈帧的更广泛讨论的一部分。关于在 glibc 中链接和调用标准 C 库函数，有一个比较奇怪的现象，那就是访问命令行参数的方式发生了显著变化。

命令行参数仍然在栈上，参数地址的表格也是如此。然而，你不再需要在栈中寻找这些参数了。

main()是一个函数，仅是 C 程序的一部分。此外，有启动代码和关闭代码。一旦启动代码完成其工作，它会像调用其他函数一样调用 main()。当 main()完成后，将控制权还给关闭代码，关闭代码执行其工作，然后将控制权交还给 Linux。

使得查找命令行参数的过程变得更简单的原因在于，启动代码在调用 main()时遵循了 x64 调用约定。函数的前 6 个参数通过寄存器传递，第一个接收参数的寄存器是 RDI。

当启动代码调用 main()时，会将参数个数(在 C 语言中称为 argc)放入 RDI 寄存器。通常传递给 main()的唯一的另一个参数是指向栈上指针表的地址，在 C 语言中称为 argv。argv 表中的每个地址都指向实际的参数文本。指向指针表的指针通过第二个调用约定寄存器 RSI 传递。

代码清单 12.7 的功能与第 11 章中介绍的 showargs2 程序相同，但要简洁得多。我们将一起分析它。

代码清单 12.7　showargs3.asm

```
; Executable name   : showargs3
; Version       : 3.0
; Created date      : 10/1/1999
; Last update     : 5/13/2023
; Author      : Jeff Duntemann
; Description     : A demo that shows how to access command line
;        arguments stored on the stack by addressing
;        them relative to rbp.
;
; Build using these commands:
;        nasm -f elf64 -g -F dwarf showargs3.asm
;        gcc showargs3.o -o showargs3
;

[SECTION .data]    ; Section containing initialized data

ArgMsg db "Argument %d: %s",10,0

[SECTION .bss]     ; Section containing uninitialized data

[SECTION .text]    ; Section containing code

global main        ; Required so linker can find entry point
extern printf      ; Notify linker that we're calling printf

main:
   push rbp        ; Set up stack frame for debugger
   mov rbp,rsp

;;; Everything before this is boilerplate; use for all ordinary apps!
```

```
mov r14,rdi     ; Get arc count (argc) from RDI
mov r13,rsi     ; Put the pointer to the arg table argv from RSI
xor r12,r12     ; Clear r12 to 0

.showit:
mov rdi,ArgMsg  ; Pass address of display string in rdi
mov rsi,r12     ; Pass argument number in rsi
mov rdx,qword [r13+r12*8] ; Pass address of an argument in RDX
mov rax,0       ; Tells printf() no vector arguments are coming
call printf     ; Display the argument # and argument

inc r12         ; Bump argument # to next argument
dec r14         ; Decrement argument counter by 1
jnz .showit     ; If argument count is 0, we're done

;;; Everything after this is boilerplate; use for all ordinary apps!

mov rsp,rbp     ; Destroy stack frame before returning
pop rbp

ret     ; Return to glibc shutdown code
```

在程序的序言部分，argc 计数值被复制到 R14 中，argv 表的地址被复制到 R13 中。R12 被清除为 0。每次通过.showit 循环时，值根据 x64 调用约定被传递给 printf()函数。显示字符串的地址被传递到 RDI，参数编号(从 0 开始)被传递到 RSI。每个参数文本的地址通过 RDX 传递，使用以下方式计算有效地址：

```
mov rdx,qword [r13+r12*8]
```

如果你需要快速复习有效地址计算，可以回头看一下图 9.9。基址是 R13，是表格的起始地址。表格中的每个地址占用 8 字节，所以你可将表格条目的序号位置(即元素 0、1、2、3 等)视为索引，并将其乘以比例因子 8，因为在 x64 中，地址的大小都是 8 字节。

完成计算后，表格中选定元素的有效地址被复制到 RDX 寄存器中。随后，RDX 将 argv 元素的地址传递给 printf()进行显示。注意，在这个有效地址计算中，没有位移项。

在.showit 循环中，R14 递减参数的数量，而 R12 递增并为每个参数赋予序号。换句话说，R14 计数显示剩余的参数数量，而 R12 则递增每个参数的序号，以便 printf()显示。

从图 12.4 中应该清楚地看出这一切。

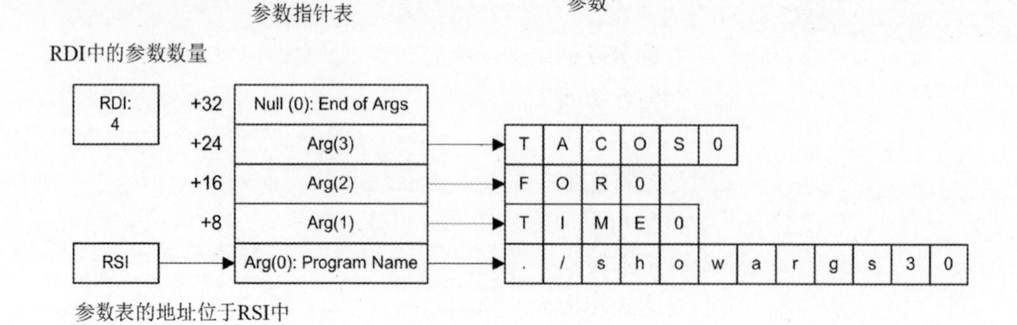

图 12.4 从 x64 main()函数访问命令行参数

12.9 简单文件 I/O

这里展示的最后一个示例程序名义上是关于处理基于磁盘的文本文件的。然而，它汇集了之前解释过的许多汇编技巧和特性，并增加了一些新的内容。这是我展示给你的最大、最复杂的程序，如果你能够阅读并理解其逻辑流程，那么你已经从这本书中学到了我想教给你的所有内容。

该程序比书中的其他任何内容都更像一个“真正的”程序，因为它处理命令行参数，将输出写入磁盘文件，并执行其他任何你在构建实用程序时可能需要的有用功能。

代码清单 12.8 中的 textfile.asm 程序创建并填充一个文本文件。你可以指定要填充到文件中的行数及行中的文本。如果你没有指定文件的文本，程序将生成一行随机选择的字符并使用该字符。调用该程序的方式如下：

```
$./textfile 50 Time for tacos!
```

这个调用会创建一个新文件(文件名在程序中固定为 testeroo.txt)，并将文本 Time for tacos!写入文件 50 次，然后关闭文件。如果 testeroo.txt 文件已经存在，它将从头开始被覆盖。如果你在行数之后没有输入任何内容，程序将用随机的字母数字字符填充文件。如果第一个参数不是整数(如输入字母 Q)，textfile 将显示一条单行错误消息。如果只输入程序名称并按下回车键，textfile 将显示几行内容，解释它的功能及如何使用它。

12.9.1　使用 sscanf()将字符串转换为数字

在命令行中输入一个数字以调用程序时，可通过本章稍早描述的机制，将该数字作为命令行参数之一进行访问。然而，这里有一个问题：这个数字是以文本形式存在的，你不能直接将字符串 751 加载到寄存器或整型变量中。要将数字参数作为数字使用，必须首先将它们的文本表达式转换为数字形式。

标准 C 库中有几个函数可以应对这个挑战。其中一些函数，如 strtod()，用途比较专一和有限，只能将文本转换为一种数值类型。不过，有一个函数能够将几乎任何合法数值的文本表达式转换为适当的数值形式。这个函数就是 sscanf()，我们将在代码清单 12.8 中使用它。

sscanf()函数接收三个参数，你必须按以下顺序将它们加载到标准参数寄存器中：

(1) 第一个参数是要转换为数值的文本字符串的地址。在 textfile.asm 中，将 RDI 加载为 arg(1)的地址，即你在命令行中调用程序时输入的第一个命令行参数。

(2) 接下来，将 RSI 加载为一个格式代码字符串的地址，该字符串告诉 sscanf()你希望将输入文本转换为哪种数值格式。这里的代码字符串是 %d，你可能还记得，我们在讨论 printf()时提到%d 是用于整数的代码。

(3) 第三个参数是用来存放 sscanf()生成的数值的变量地址。这个地址放在 RDX 寄存器中。这里生成一个 64 位的整数。因此，在 textfile.asm 中，我们传递变量 IntBuffer 的地址，该地址被声明为一个 64 位整数。

(4) 与 printf()和 scanf()一样，在调用 sscanf()之前立即将 RAX 清零。

一旦这三个参数被加载到正确的寄存器中并且 RAX 被清零，就可以调用 sscanf()。sscanf()会将转换后的数值存放在作为第三个参数传递的数值变量中，同时在 RAX 中返回一个代码，以指示转换是否成功。如果 RAX 中的返回值为 0，则表示发生了错误，此时你不能假设数值变量中有任何有效数据。如果转换成功，RAX 中的返回值将为 1。

上面是使用 sscanf()的最简单方式。它可以一次转换整个数组的数字，但这是一个更专业的用法，当你刚开始学习时，可能不太需要。这种专业用法通常需要使用向量寄存器，而本书并未涉及这些内容。然而，在示例程序中，调用 sscanf()之前将 RAX 清零是很重要的，这样可以告诉函数不使用向量寄存器。

传递给 sscanf()作为第二个参数的字符串可能包含多个格式代码，这种情况下，作为第一个参数传递的字符串地址应包含描述每个格式代码对应的数值的文本。在代码清单 12.8 中，格式文本仅指定了一个值，使用了%d 格式代码。

整个过程如下所示：

```
xor rax,rax ; 将 rax 清除为 0
mov rdi,qword [r13+8]  ; 传递 rdi 中参数的地址
```

```
    mov rsi,IntFormat       ; 传递 rsi 中整数格式代码的地址
    mov rdx,IntBuffer       ; 传递 sscanf 输出的整数缓冲区地址
    mov rax,0     ; 告诉 sscanf()没有向量参数
    call sscanf   ; 使用 sscanf()将字符串参数转换为数字
    cmp rax,1     ; 返回值 1 表示我们得到一个数字
    je chkdata    ; 如果得到一个数字，则继续；否则中止

    mov rdi,Err1  ; 传递 rdi 中的单行错误信息地址
    mov rax,0     ; 告诉 printf()没有向量参数
    call printf   ; 显示错误信息
    jmp gohome    ; 退出程序
```

假设用户在命令行中输入了至少一个参数(程序在上述代码片段之前已经验证了这一点)，那么指向第一个参数的指针位于命令行参数指针表开始处的偏移量为 8 的位置。表中的第一个元素，我们称之为 arg(0)，指向用户在命令行中输入的程序名称。这就是我们将[R13+8]处的内容加载到栈上的原因；我们已经将 R13 加载为参数指针表的地址。[R13+8]处存储的是指向 arg(1)的指针，即第一个实际的命令行参数。第一个参数 arg(0)是用户用来调用程序的文本。如果你仍然不清楚这部分内容，可参考图 12.4。

12.9.2 创建和打开文件

到现在为止，你应该对从汇编调用 C 库函数的基本机制感到相当熟悉了。不管你是否意识到，你已经对操作文本文件的一些机制很熟悉了。你已经使用 printf()通过标准输出将格式化的文本显示到屏幕上。相同的机制也用于将格式化的文本写入基于磁盘的文本文件——基本上你只是用一个真正的磁盘文件替代了标准输出。因此，理解文本文件的输入输出(I/O)不应该在概念上有太大的跨越。

但与标准输出不同的是，标准输出是由 C 库预定义的并且总是可用的，而基于磁盘的文本文件则需要你创建或打开才能使用。这就需要用到 fopen()函数来完成这项工作。

打开文件通常有三种方式：读取、写入和追加。当你以读取模式打开文件时，可通过 fgets()等函数从文件中读取文本，但不能向文件写入内容。当你以写入模式打开文件时，文件中之前的所有内容都会被丢弃，新的内容会从文件的开头开始写入。而当你以追加模式打开文件时，你可以向文件写入内容，但新的内容会被添加在现有内容之后，文件中原有的内容也会被保留。

通常，当你以写入模式打开一个文件时，你无法从中读取内容，但有一些特殊模式允许同时读取和写入文件。对于文本文件(这里讨论的就是文本文件)来说，这种操作会引入一些复杂性，所以通常情况下，文本文件要么是以读取模式打开，要么是以写入模式打开，而不会同时以两种模式打开。

在 UNIX 文件系统中，如果你以写入或追加模式打开一个文件，并且该文件不存在，那么文件会被创建。如果你不确定文件是否存在并且需要确认，应该尝试以读取模式打开它，而不是以写入模式打开，否则即使文件原本不存在，你也会得到一个新的文件！

要使用 fopen()函数，你必须在调用之前将以下参数设置到相应的寄存器中：

(1) 将包含要打开的文件名称的字符串的地址放在 RDI 中。

(2) 将指示应以哪种模式打开文件的代码的地址放在 RSI 中。Linux 的各种可用模式列于表 12.3 中。通常用于文本文件的模式是 r、w 和 a。这些应定义为短字符串，后跟一个空值：

```
WriteCode db 'w',0
OpenCode db 'r',0
```

使用寄存器中的这两项，你可以调用 fopen()。如果文件已成功打开，fopen()将在 RAX 中返回文件句柄。文件句柄是 Linux 在调用 fopen()期间分配给文件的 64 位数字。如果无法打开，RAX 将包含值 0 而不是文件句柄。以下是打开文件进行读取的代码：

```
mov rdi,Filename   ; 将文件名传递给 RDI 中的 fopen
mov rsi,ReadCode   ; 将指针传递给 rsi 中的写入/创建代码 ('r')
call fopen         ; 打开文件进行读取
cmp rax,0          ; 测试文件打开是否成功：如果为 0 则失败
je OpenErr         ; 如果打开失败,则跳转到错误处理代码
<use opened file>
```

创建文件与然后写入文件的过程是相同的，只是必须使用 w 代码而不是 r 码。我们将在程序 textfile.asm 中看到它的工作原理。

表 12.3　与 fopen()一起使用的文件访问代码

代码	描述
"r"	打开现有文本文件进行阅读
"w"	创建一个新的文本文件，或者打开并截断一个现有文件
"a"	创建一个新的文本文件，或打开一个现有文件，以便在末尾添加新文本
"r+"	打开现有文本文件进行写入或读取
"w+"	创建一个新的文本文件，或者打开并截断一个现有文件供读写访问
"a+"	创建一个新的文本文件，或打开一个现有文件进行读取或写入，以便在末尾添加新文本

12.9.3 使用 fgets()从文件读取文本

当 fopen()成功为你创建或打开文件时，它会在 RAX 中返回一个文件句柄。将该文件句柄安全地保存在某个地方——我建议将其复制到为此目的分配的内存变量中，或将其放在你知道不会用于其他任何用途的寄存器中。这一点很重要：如果将其存储在 RAX、RCX 或 RDX 中，然后调用几乎任何 C 库函数，则寄存器中的文件句柄将被丢弃，你将丢失它。

一旦打开文件进行读取，就可使用 fgets()函数按顺序从中读取文本行。每次对打开的文本文件调用 fgets()时，它将读取文件的一行，该行定义为直到下一个 EOL(“换行符)字符(ASCII 10)的所有字符；在 UNIX 世界中，这始终表示文本行的结束。

在任何给定的文件中，在遇到下一个换行符之前，你无法知道将有多少个字符。因此，让 fgets()一直读取字符直到遇到换行符是很危险的。如果你试图打开错误类型的文件(例如一个二进制代码文件，或压缩数据文件)，你可能在遇到文件系统认为是换行符的二进制值 10 之前读取数千字节。无论你为存储接收文本分配了多大的缓冲区，都会发生溢出，fgets()可能破坏相邻的数据，甚至导致程序崩溃。

因此，你还必须将限制值传递给 fgets()。当 fgets()开始读取一行时，它会跟踪从文件中读取了多少个字符，当读取到比限制值少一个字符时，它会停止读取字符。然后，它会将 EOL 字符添加到最后一个字符的缓冲区并返回。

按以下方式设置对 fgets()的调用。

(1) 首先，将字符缓冲区的地址加载到 RDI 中，fgets()将从文件中读取的字符存储在该缓冲区中。

(2) 接下来，将字符计数限制值加载到 RSI 中。这必须是实际的整数值，而不是指向该值的指针！

(3) 最后，将文件打开时 fopen()返回的文件句柄加载到 RDX 中。

完成所有操作后，调用 fgets()。如果 fgets()在 RAX 中返回 0，则要么你已到达文件末尾，要么在读取过程中发生了文件错误。无论哪种情况，文件都不会再有数据。但如果 RAX 中没有返回 0，你可以假设在 RDI 中传递给 fgets()的地址处的缓冲区中存在有效文本。

我使用 fgets()创建了一个非常简单的基于磁盘的帮助系统，用于 textfile.asm。当用户没有输入任何命令行参数时，textfile 程序会从磁盘读取一个简短的文本文件并将其显示到标准输出。如果磁盘上的帮助文件无法打开，textfile 会显示一个简短的错误消息。这是一种常见且礼貌的做法，我建议你为日常使用构建的所有实用程序都采用这种方式。

帮助系统的代码相对简单，演示了 fopen()和 fgets()的用法：

```
diskhelp:
    mov rdi,DiskHelpNm   ; 指向帮助文件名称的指针在 rdi 中传递
    mov rsi,OpenCode    ; 指向以读取模式打开的代码"r"的指针存储在 rsi 中
    call fopen          ; 尝试打开文件进行读取
    cmp rax,0           ; 如果尝试打开失败，则 fopen 返回 null
    jne .disk           ; 从磁盘读取帮助信息，否则从内存读取
    call memhelp
    ret
 .disk:
    mov rbx,rax         ; 在 ebx 中保存打开文件的句柄
.rdln:
    mov rdi,HelpLine    ; 将指针传递给 rdi 中的缓冲区
    mov rsi,HELPLEN     ; 将缓冲区大小传递给 rsi
    mov rdx,rbx         ; 将文件句柄传递给 rdx 中的 fgets
    call fgets          ; 从文件中读取一行文本
    cmp rax,0           ; 返回 null 表示错误或 EOF
    jle .done           ; 如果在 rax 中得到 0，则关闭并返回
    mov rdi,HelpLine    ; 将帮助行的地址传递给 rdi
    mov rax,0           ; 告诉 printf()没有向量参数
    call printf         ; 调用 printf()显示帮助行
    jmp .rdln

.done:
    mov rdi,rbx     ; 在 rdi 中传递要关闭的文件句柄
    call fclose     ; 关闭文件
    jmp gohome      ; 返回主目录
```

调用 diskhelp 过程之前，调用者将帮助文件名称的指针传递给 RBX 寄存器。代码会尝试打开这个文件。如果尝试打开帮助文件失败，程序会显示一个非常简短的“安全失败(fail safe)”帮助消息，这个消息来自程序.data 部分存储的字符串(这是对 memhelp 的调用，它是 textfile.asm 中的另一个简短过程)。切勿让用户盯着无声的光标，猜测发生了什么！

一旦磁盘上的帮助文件成功打开，程序开始循环，通过 fgets()从打开的文件中读取文本行，然后使用 printf()将这些行写入标准输出。要读取的行的最大长度由 HELPLEN 常量定义。

为什么使用等式？最大帮助文件行的长度被定义在源代码的一个地方，而不是在多个地方指定，这样可以消除在不同部分的源代码中意外放置多个值的可能性。如果需要更改它，通过使用等式，你只需要更改一个等式的值，就可以更改所有使用该值的地方。等式有助于防止错误。只要能用，尽量使用它们。

每次从文件中读取一行时，行的地址会传递给 printf()，并显示在标准输出中。当帮助文件中不再有更多行可读时，fgets()会在 RAX 中返回 0，程序会跳转到关闭文件的函数调用。

请注意 fclose()函数，它的使用非常简单：将打开文件的文件句柄复制到 RDI，然后调用 fclose()。这就是关闭文件所需的全部操作！

12.9.4 使用 fprintf()将文本写入文件

在本章前面，我解释了如何使用 printf()函数通过标准输出将格式化文本写入显示器。标准 C 库提供了一个函数，可以将完全相同的格式化文本写入任何打开的文本文件。fprintf()函数的功能与 printf()完全相同，但它在栈上需要一个额外的参数：打开的文本文件的文件句柄。printf()发送到标准输出的文本流与 fprintf()发送到该打开文件的文本流相同。

因此，我不会再重新解释如何使用格式化代码和基本字符串为 printf()格式化文本。它以相同的方式完成，使用完全相同的代码。相反，我将简单总结如何设置对 fprintf()的调用：

(1) 将文件句柄(即文本应写入的文件的句柄)复制到 RDI 中(这也是 fprintf()与 printf()的不同之处)。

(2) 将包含格式化代码的基础字符串的地址复制到 RSI 中。同样，这与 printf()的处理方式一样。

(3) 根据 C 调用约定中指定的顺序，将指向由基础字符串控制的值的指针传递到寄存器中。与调用 printf()的方式没有区别。在 textfile.asm 中，第一个是行号(传递到 RDX 中)，第二个是用户输入的文本行(传递到 RCX 中)。

(4) 与 printf()一样，在调用 fprintf()之前，将 RAX 清零。

然后调用 fprintf()。你的文本将被写入打开的文件。注意，要使用 fprintf()，目标文件必须以写入或追加模式打开。如果你尝试在以只读模式打开的文件上使用 fprintf()，将生成错误，并且 fprintf()将不会写入任何数据。

这种情况下，fprintf()将返回一个错误代码；该代码是一个负数，而不是 0！因此，尽管你应该将返回值与 0 比较，但实际上需要检查小于 0 的值，而非 0 本身。通常，为在 fprintf()错误条件下跳转，你会使用指令 JL(Jump if Less)，它会在值小于 0 时跳转。

以下是 textfile.asm 中的 fprintf()调用示例：

```
writeline:
    cmp qword r15,0       ; 行数是否已变为 0?
    je closeit            ; 如果是，则关闭文件并退出
    mov rdi,rbx           ; 在 rdi 中传递文件句柄
    mov rsi,WriteBase     ; 在 rsi 中传递基本字符串
    mov rdx,r14           ; 在 rdx 中传递行号
    mov rcx,Buff          ; 在 rcx 中传递指向文本缓冲区的指针
    mov rax,0             ; 告诉 fprintf 没有向量参数
    call fprintf          ; 将文本行写入文件
```

```
dec r15                 ; 减少要写入的行数
inc r14                 ; 增加行号
jmp writeline           ; 循环回来并再次执行

;; 我们已完成文本写入；现在关闭文件：closeit:
mov rdi,rbx             ;在 rdi 中传递要关闭的文件的句柄
call fclose             ;关闭文件
```

12.9.5　将过程收集到库中的注意事项

以下概述如何将过程收集到库中。

- 创建一个新的源代码文件并将过程源代码粘贴到文件中，该文件必须具有.ASM 扩展名。
- 将库中所有过程的可调用入口点及其他程序和库可能使用的任何其他标识符声明为全局。这使得这些项目对与新库链接的其他程序或库可见(从而可用)。
- 如果过程调用你拥有或创建的其他库中的任何 C 库函数或过程，或使用库外定义的变量或其他标识符，请将所有此类外部标识符声明为 extern。
- 从程序调用库过程时，更新该程序的 makefile，以便最终的可执行文件依赖于该库。

最后需要进一步讨论的是：接下来展示的 Makefile 用于构建 textfile.asm 演示程序，并链接一个名为 linlib.asm 的库。注意，这里有一整行新的内容，指定了如何汇编对象文件 linlib.o，并且最终的二进制文件 textfile 依赖于 textfile.o 和 linlib.o 两个文件。

由于 textfile 可执行文件依赖于 textfile.o 和 linlib.o，因此每当你对 textfile.asm 或 linlib.asm 进行更改时，Make 工具都会通过 gcc 完全重新链接可执行文件。然而，除非你更改了两个 .asm 文件，否则只有被更改的 .asm 文件会重新汇编。Make 的神奇之处就在于它只做需要做的事，不会多做。

```
textfile: textfile.o linlib.o
    gcc textfile.o linlib.o -o textfile -no-pie
textfile.o: textfile.asm
    nasm -f elf64 -g -F dwarf textfile.asm
linlib.o: linlib.asm
    nasm -f elf64 -g -F dwarf linlib.asm
```

完整的 linlib.asm 文件可以在本书的列表存档中找到。它包含的过程已经从本章中展示的其他程序中汇集而来，因此在这里重新打印它们会显得重复。

最后，完整的 textfile.asm 程序如下。请确保你能读懂它——书中已经涵盖了

这里的所有内容。如果你想要挑战一下，可考虑下一个项目：将 textfile.asm 进行改编以读取一个文本文件，并在每行文本前加上行号后再次写出。允许用户在命令行中输入一个新文件的名称，以便包含修改后的文本。保留帮助系统，并为它编写一个新的帮助文本文件。

如果你能完成这个任务，那么可以自豪地称自己为汇编语言程序员了！

代码清单 12.8　textfile.asm

```
; Executable name   : textfile
; Version           : 3.0
; Created date      : 11/21/1999
; Last update       : 5/24/2023
; Author            : Jeff Duntemann
; Description       : A text file I/O demo for Linux, using NASM 2.14.02
;
; Build executable using these commands:
;     nasm -f elf64 -g -F dwarf textfile.asm
;     nasm -f elf64 -g -F dwarf linlib.asm
;     gcc textfile.o linlib.o -otextfile -no-pie
;
; Note that the textfile program requires several procedures
; in an external library named LINLIB.ASM.

[SECTION .data] ; Section containing initialized data

IntFormat   dq '%d',0
WriteBase   db 'Line # %d: %s',10,0
NewFilename  db 'testeroo.txt',0
DiskHelpNm   db 'helptextfile.txt',0
WriteCode   db 'w',0
OpenCode   db 'r',0
CharTbl
db '0123456789ABCDEFGHIJKLMNOPQRSTUVWXYZabcdefghijklmnopqrstuvwxyz-@'
Err1
db 'ERROR: The first command line argument must be an integer!',10,0
HelpMsg
db 'TEXTTEST: Generates a test file. Arg(1) should be the # of ',10,0
HELPSIZE EQU $-HelpMsg
db 'lines to write to the file. All other args are concatenated',10,0
db 'into a single line and written to the file. If no text args',10,0
db 'are entered, random text is written to the file. This msg ',10,0
db 'appears only if the file HELPTEXTFILE.TXT cannot be opened.
',10,0
HelpEnd dq 0
```

```
[SECTION .bss] ; Section containing uninitialized data

LineCount  resq 1 ; Reserve integer to hold line count
IntBuffer  resq 1 ; Reserve integer for sscanf's return value
HELPLEN  EQU 72 ; Define length of a line of help text data
HelpLine  resb HELPLEN ; Reserve space for disk-based help text line
BUFSIZE  EQU 64 ; Define length of text line buffer buff
Buff  resb BUFSIZE+5 ; Reserve space for a line of text

[SECTION .text]   ; Section containing code

;; These externals are all from the glibc standard C library:
extern fopen
extern fclose
extern fgets
extern fprintf
extern printf
extern sscanf
extern time

;; These externals are from the associated library linlib.asm:
extern seedit    ; Seeds the random number generator
extern pull6     ; Generates a 6-bit random number from 0-63

global main      ; Required so linker can find entry point

main:
    push rbp      ; Prolog: Set up stack frame
    mov rbp,rsp

    mov r12,rdi   ; Save the argument count in r12
    mov r13,rsi   ; Save the argument pointer table to r13

    call seedit   ; Seed the random number generator

;; First test is to see if there are command-line arguments at all.
;; If there are none, we show the help info as several lines. Don't
;; forget that the 1st arg is always the program name, so there's
;; always at least 1 argument, even if we don't use it!

cmp r12,1       ; If count in r12 is 1, there are no arguments
ja chkarg2      ; Continue if arg count is > 1
mov rbx,DiskHelpNm ; Put address of help file name in rbx
call diskhelp   ; If only 1 arg, show help info...
jmp gohome      ; ...and exit the program

;; Next we check for a numeric command line argument 1:
```

```
chkarg2:
mov rdi,qword [r13+8] ; Pass address of an argument in rdi
mov rsi,IntFormat  ; Pass addr of integer format code in rsi
mov rdx,IntBuffer  ; Pass addr of integer buffer for sscanf output
xor rax,rax    ; 0 says there will be no vector parameters
call sscanf    ; Convert string arg to number with sscanf()
cmp rax,1      ; Return value of 1 says we got a number
je chkdata     ; If we got a number, go on; else abort

mov rdi,Err1   ; Pass address of error 1-line message in rdi
xor rax,rax    ; 0 says there will be no vector parameters
call printf    ; Show the error message
jmp gohome     ; Exit the program

;; Here we're looking to see if there are more arguments. If there
;; are, we concatenate them into a single string no more than
;; BUFSIZE chars in size. (Yes, I DO know this does what strncat
;; does...)

chkdata:
mov r15,[IntBuffer] ; Store the # of lines to write in r15
cmp r12,3         ; Is there a second argument?
jae getlns        ; If so, we have text to fill a file with
call randline     ; If not, generate a line of random text
                  ; for file. Note that randline returns ptr
                  ; to line in rsi
jmp genfile ; Go on to create the file

;; Here we copy as much command line text as we have, up to BUFSIZE
;; chars, into the line buffer Buff. We skip the first two args
;; (which at this point we know exist) but we know we have at least
;; one text arg in arg(2). Going into this section, we know that
;; r13 contains the pointer to the arg table.

getlns:
mov r14,2       ; We know we have at least arg(2), start there
mov rdi,Buff    ; Destination pointer is start of char buffer
xor rax,rax     ; Clear rax to 0 for the character counter
cld    ; Clear direction flag for up-memory movsb

grab:
mov rsi,qword [r13+r14*8] ; Copy pointer to next arg into rsi
.copy:
cmp byte [rsi],0  ; Have we found the end of the arg?
je .next     ; If so, bounce to the next arg
movsb        ; Copy char from [rsi] to [rdi]; inc rdi & rsi
```

```
inc rax     ; Increment total character count
cmp rax,BUFSIZE  ; See if we've filled the buffer to max count
je addnul        ; If so, go add a null to Buff & we're done
jmp .copy

.next:
mov byte [rdi],' '  ; Copy space to Buff to separate the args
inc rdi      ; Increment destination pointer for space
inc rax      ; Add one to character count too
cmp rax,BUFSIZE  ; See if we've now filled Buff
je addnul        ; If so, go down to add a nul and we're done
inc r14          ; Otherwise, increment the arg processed count
cmp r14,r12      ; Compare against argument count in r12
jae addnul       ; If r14 = arg count in r12, we're done
jmp grab         ; Otherwise, go back and copy it

addnul:
mov byte [rdi],0  ; Tack a null on the end of Buff
mov rsi,Buff    ; File write code expects ptr to text in rsi

;; Now we create a file to fill with the text we have:
genfile:
mov rdi,NewFilename ; Pass filename to fopen in RDI
mov rsi,WriteCode  ; Pass pointer to write/create code ('w') in rsi
call fopen    ; Create/open file
mov rbx,rax   ; rax contains the file handle; save in rbx

;; File is open. Now let's fill it with text:
mov r14,1     ; R14 now holds the line # in the text file

writeline:
cmp qword r15,0  ; Has the line count gone to 0?
je closeit    ; If so, close the file and exit
mov rdi,rbx   ; Pass the file handle in rdi
mov rsi,WriteBase  ; Pass the base string in rsi
mov rdx,r14     ; Pass the line number in rdx
mov rcx,Buff    ; Pass the pointer to the text buffer in rcx
xor rax,rax     ; 0 says there will be no vector parameters
call fprintf    ; Write the text line to the file
dec r15     ; Decrement the count of lines to be written
inc r14     ; Increment the line number
jmp writeline   ; Loop back and do it again

;; We're done writing text; now let's close the file:
closeit:
mov rdi,rbx   ; Pass the handle of the file to be closed in rdi
call fclose   ; Closes the file
```

```
gohome:     ; End program execution
pop rbp     ; Epilog: Destroy stack frame before returning
ret         ; Return control to the C shutdown code


;;; SUBROUTINES========================================================
;-------------------------------------------------------------------
;
;Disk-based mini-help subroutine -- Last update 12/16/2022
;
; This routine reads text from a text file, the name of which is passed
; by way of a pointer to the name string in ebx. The routine opens
; the text file, reads the text from it, and displays it to standard
; output.If the file cannot be opened,a very short memory-based
; message is displayed instead.
;-------------------------------------------------------------------
diskhelp:
push rbp
mov rbp,rsp

mov rdi,DiskHelpNm ; Pointer to name of help file is passed in rdi
mov rsi,OpenCode   ; Pointer to open-for-read code "r" gpes in rsi
call fopen       ; Attempt to open the file for reading
cmp rax,0        ; fopen returns null if attempted open failed
jne .disk        ; Read help info from disk, else from memory
call memhelp     ; Display the help message
pop rbp          ; Epilog
ret

.disk:
mov rbx,rax     ; Save handle of opened file in ebx
.rdln:
mov rdi,HelpLine   ; Pass pointer to buffer in rdi
mov rsi,HELPLEN   ; Pass buffer size in rsi
mov rdx,rbx     ; Pass file handle to fgets in rdx
call fgets      ; Read a line of text from the file
cmp rax,0       ; A returned null indicates error or EOF
jle .done       ; If we get 0 in rax, close up & return
mov rdi,HelpLine   ; Pass address of help line in rdi
xor rax,rax     ; Passs 0 to show there will be no fp registers
call printf     ; Call printf to display help line
jmp .rdln

.done:
mov rdi,rbx     ; Pass handle of the file to be closed in rdi
call fclose     ; Close the file
jmp gohome      ; Go home
```

```
memhelp:
push rbp      ; Prolog
mov rbp,rsp
mov rax,5          ; rax contains the number of newlines we want
mov rbx,HelpMsg  ; Load address of help text into rbx
.chkln:
cmp qword [rbx],0   ; Does help msg pointer point to a null?
jne .show         ; If not, show the help lines
pop rbp           ; Epilog
ret               ; If yes, go home
.show:
mov rdi,rbx       ; Pass address of help line in rdi
xor rax,rax       ; 0 in RAX says no vector parameters passed
call printf       ; Display the line
add rbx,HELPSIZE    ; Increment address by length of help line
jmp .chkln          ; Loop back and check to see if we're done yet

showerr:
push rbp      ; Prolog
mov rsp,rbp

mov rdi,rax       ; On entry, rax contains address of error message
xor rax,rax       ; 0 in RAX says there will be no vector parameters
call printf       ; Show the error message

pop rbp      ; Epilog
ret          ; Pass control to shutdown code; no return value

randline:
push rbp      ; Prolog
mov rbp,rsp

mov rbx,BUFSIZE    ; BUFSIZE tells us how many chars to pull
mov byte [Buff+BUFSIZE+1],0 ; Put a null at the end of the buffer
; first

.loopback:
dec rbx           ; BUFSIZE is 1-based, so decrement
call pull6        ; Go get a random number from 0-63
mov cl,[CharTbl+rax]  ; Use random # in rax as offset into char
                      ; table and copy character from table
                      ; into cl
mov [Buff+rbx],cl ; Copy char from cl to character buffer
cmp rbx,0         ; Are we done having fun yet?
jne .loopback     ; If not, go back and pull another
mov rsi,Buff      ; Copy address of the buffer into rsi
```

```
    pop rbp      ; Epilog: Destroy the stack frame
    ret      ; and go home
```

12.10 永远学习，永远不要停下来

你永远都不会真正“学会”汇编语言。

你可以通过阅读相关主题的好书、阅读他人编写的优秀代码，以及最重要的是自己编写和汇编大量代码来提高技能。但你永远无法理直气壮地说：“我掌握了它”。

你不必为此感到难过。事实上，我偶尔会听说《汇编语言之禅》、《代码优化之禅》及巨著《迈克尔·阿布拉什的图形编程黑皮书》的作者迈克尔·阿布拉什对汇编语言有了新的认识，这让我感到鼓舞。迈克尔编写高性能汇编代码已有近40年的经验，已成为西半球两三位最优秀的汇编语言程序员之一。

如果迈克尔仍在学习，那么我们还有希望吗？

这是个错误的问题，也是个愚蠢的问题。如果迈克尔仍在学习，这意味着我们所有人都是学生，并且永远都是学生。只要我们不断探索、调试、尝试从未尝试过的事物，随着时间的推移，我们将推动技术的发展，并创造出会让该领域的先驱们惊叹的程序。

关键并不在于征服这个学科，而在于与它共存，并随着你对它的了解而成长。旅程本身就是目标，而在本书中，我努力帮助那些因为害怕而迟迟不敢开始这段旅程的人们。他们凝视着汇编语言的复杂性，不知所措。

关键就在这里，你只需要相信自己能做到。

你可以的。这不仅仅是汇编语言的问题。回顾一下我自己的经历。1974 年经济衰退，我以优异的成绩从学校毕业，获得了英语学士学位，但除了开出租车之外，几乎没有其他可靠的职业。我设法在施乐公司找到了一份修理复印机的工作。读书很有趣，但这份工作能赚钱——所以我拿起工具包，开心地干了几年，然后设法转到了计算机编程职位。我是怎么做到的？我通过读书和尝试自学编程。

但我永远不会忘记那可怕的一刻：我站在一位经验丰富的技术人员身后，看着一台 660 型号复印机的面板被拆开，里面仿佛是一个盘丝洞，塞满了小凸轮、齿轮、滚筒和链条，它们不停地转动、翻转，并来回敲击开关执行器。我被这种复杂性迷住了，以至于忘记注意到一张纸已经通过机器，并被转化为一份原始文件的复印件。我害怕自己永远无法弄清这些小凸轮的作用，也怀念大局的简单性——复印机的目标是制作复印件。

这是第一步：先发现大局。暂时忽略那些小凸轮和齿轮。你可以做到。找出

是什么在维系着大局(如果不清楚，可以问问别人)，在深入研究小凸轮和齿轮之前，先学习这些关键。找出过程中发生的步骤，将大局分解成子图，看看流程是如何运作的。只有这样，你才能把注意力集中在那些看似微小且杂乱无章的部件，比如一个凸轮或开关。

这就是你如何征服复杂性的方法，也是我在本书中呈现汇编语言的方法。有人可能会说我简化了指令集的内容，但全面覆盖整个(庞大的)指令集从来就不是这里的真正目标。

真正的目标是通过一些比喻和大量的图示，以及(这非常重要)轻松的心态，帮助你克服对这一学科复杂性的恐惧。

是否有用？你告诉我吧。我真的很想知道。

12.10.1　何去何从

有时人们会对我感到不满，因为这本书(自 1990 年以来已有五个版本)并没有深入探讨更多的内容。但我坚持自己的立场：本书是关于入门的，不会为了在结尾增加更多的内容而削弱对入门知识的讲解。书的篇幅也是有限的！要想更深入，你将不得不把这本书放在一边，继续自行探索。

你应该采用的整体方法大致如下：

- 学习 Linux。
- 学习汇编语言。
- 编写代码。
- 编写更多代码。

关于 Linux 的好书不胜枚举。大多数流行的发行版都有入门书籍，包括 *Linux Mint*。至于你的下一本汇编语言书籍，这里推荐两本书。

1. 《64 位汇编艺术》。作者：Randall Hyde

如果你在寻找下一本关于汇编语言的书，请考虑这本。它是市面上最好的书之一。它也非常厚，足有 1001 页！它涵盖了完整的 AVX 数学子系统、许多其他中高级主题，以及更多的机器指令。不过要注意：该书的目标读者是使用 Windows 和 MASM 汇编器的用户，并非所有内容都适用于 Linux。所需的集成开发环境(IDE)是微软的 Visual Studio(VS Code 不适用)。另外，该书也没有涉及 Randy 自己开发的高级汇编语言(HLA)，这正是该书的 2003 年版所关注的重点。

2. 《现代 x86 汇编语言编程》。作者：David Kusswurm

这是一本介绍高级主题的书，是一本好书。书中有很大一部分内容是关于 AVX 数学子系统的。核心的 x64 编程在书的开头有简要介绍。书名有点让人误解：

实际上这本书完全专注于 x64 处理器。如果你对计算数学感兴趣，这是我见过的对 AVX 最完整的讲解。

请记住，计算机书籍的电子版常常会把表格、代码片段和技术图示弄乱。尽管我非常喜欢电子书，但对于技术主题，我总是选择购买纸质版。

12.10.2 走出原点

好吧，手头有几本新书，睡个好觉，开始自己动手吧。给自己定一个目标，并努力实现它：一个有难度的目标，比如，一个汇编语言实用程序，它可以定位指定目录树上具有给定模糊文件名的所有文件。对于新手来说，这个目标很有挑战性，需要进行一些研究和学习，并且(也许)要经历几次失败的尝试。但你可以做到，一旦你做到了，你就会成为一名真正熟练的汇编语言程序员。

成为大师需要付出努力和时间。书籍只能带你走到某个程度。最终，你必须成为自己的老师。如今，掌握汇编语言意味着你需要理解操作系统内核及其底层机制，比如设备驱动程序。要做到这一点，你必须很好地掌握 C 语言，这是无法绕开的步骤。展望未来，你可能还要考虑学习一门叫 Rust 的新语言，它有可能——也应该——成为取代 C 语言的语言。此外，掌握汇编语言可能还需要编写运行在高性能图形协处理器(如 Nvidia 的产品)上的代码。如今，游戏行业推动了高性能桌面计算的发展，虽然编写高性能图形软件是一项非常艰巨的挑战，但其成果却令人叹为观止。

但无论你最终选择哪条道路，都要坚持编程。不管你编写什么类型的代码，在编写过程中你总会学到新东西，这些新知识又会带来新挑战。学习新东西总是伴随着认识到还有更多需要学习的内容。学习固然重要，但如果没有持续且积极的实践，学习就不会有太大帮助，而静态的知识如果没有真实世界经验的强化，很快就会变得过时。

有时候会感到害怕。计算机的复杂性似乎每隔几年就会翻倍。然而，你要不断告诉自己：可以做到。

相信这句话的真实性，就是从起点迈出的关键一步，而接下来的学习道路，就像所有的路一样，是一步一步走出来的。